国家出版基金项目
NATIONAL PUBLICATION FOUNDATION

丛书主编　于康震

动 物 疫 病 防 控 出 版 工 程

家畜血吸虫病

DOMESTIC ANIMAL
SCHISTOSOMIASIS

U0394964

林矫矫 ｜ 主编

中国农业出版社

图书在版编目（CIP）数据

家畜血吸虫病 / 林矫矫主编. —北京：中国农业
出版社，2015.9
（动物疫病防控出版工程 / 于康震主编）
ISBN 978-7-109-20925-1

Ⅰ．①家…　Ⅱ．①林…　Ⅲ．①家畜－血吸虫病－防治
Ⅳ．①S852.73

中国版本图书馆CIP数据核字（2015）第221444号

中国农业出版社出版
（北京市朝阳区麦子店街18号楼）
（邮政编码100125）
策划编辑　黄向阳　邱利伟
责任编辑　邱利伟　肖　邦

北京通州皇家印刷厂印刷　　新华书店北京发行所发行
2015年12月第1版　　2015年12月北京第1次印刷

开本：710mm×1000mm　1/16　印张：23.25
字数：430千字
定价：85.00元
（凡本版图书出现印刷、装订错误，请向出版社发行部调换）

本书编写人员

主　　编　　林矫矫 （中国农业科学院上海兽医研究所）
参编人员　　（按姓氏笔画排序）
　　　　　　朱传刚 （中国农业科学院上海兽医研究所）
　　　　　　刘金明 （中国农业科学院上海兽医研究所）
　　　　　　杜晓利 （中国农业科学院上海兽医研究所）
　　　　　　李　浩 （中国农业科学院上海兽医研究所）
　　　　　　陆　珂 （中国农业科学院上海兽医研究所）
　　　　　　金亚美 （中国农业科学院上海兽医研究所）
　　　　　　胡述光 （湖南省参事室）
　　　　　　洪　炀 （中国农业科学院上海兽医研究所）
　　　　　　韩宏晓 （中国农业科学院上海兽医研究所）
　　　　　　程国锋 （中国农业科学院上海兽医研究所）
　　　　　　傅志强 （中国农业科学院上海兽医研究所）

　　近年来，我国动物疫病防控工作取得重要成效，动物源性食品安全水平得到明显提升，公共卫生安全保障水平进一步提高。这得益于国家政策的大力支持，得益于广大动物防疫人员的辛勤工作，更得益于我国兽医科技不断进步所提供的强大支撑。

　　当前，我国正处于加快建设现代养殖业的历史新阶段，人民生活水平的提高，不仅要求我国保持世界最大规模的养殖总量，以满足动物产品供给；还要求我们不断提高养殖业的整体质量效益，不断提高动物产品的安全水平；更要求我们最大限度地减少养殖业给人类带来的疫病风险和环境压力。要解决这些问题，最根本的出路还是要依靠科技进步。

　　2012年5月，国务院审议通过了《国家中长期动物疫病防治规划（2012—2020年）》，这是新中国成立以来，国务院发布的第一个指导全国动物疫病防治工作的综合性规划，具有重要的标志性意义。为配合此规划的实施，及时总结、推广我国最新兽医科技创新成果，同时借鉴国外先进的研究成果和防控经验，我们通过顶层设计规划了《动物疫病防控出版工程》，以期通过系列专著出版，及时将研究成果转化和传播到疫病防控一线，全面提高从业人员素质，提高我国动物疫病防控能力和水平。

　　本出版工程站在我国动物疫病防控全局的高度，力求权威性、科学性、指导性和实用性相兼容，致力于将动物疫病防控成果整体规划实施，重点把国家优先防治和重点防范的动物疫病、人兽共患病和重大外来动物疫病纳入项目中。全套书共31分册，其中原创专著21部，是根据我国当前动物疫病防控工作的实际需要而规划，每本书的主编都是编委会反复酝酿选定的、有一定行业公认度的、长期在单个疫病研究领域有较高造诣的专家；同时引进世界兽医名著10本，以借鉴世界同行的先进技术，弥补我国在某些领域的不足。

本套出版工程得到国家出版基金的大力支持。相信这些专著的出版，将会有力地促进我国动物疫病防控水平的提升，推动我国兽医卫生事业的发展，并对兽医人才培养和兽医学科建设起到积极作用。

农业部副部长

前　言

　　日本血吸虫病（Schistosomiasis japonica）曾在我国长江流域及其以南的江苏、浙江、安徽、江西、湖南、湖北、广东、广西、福建、四川、云南、上海12个省（自治区、直辖市）的454个县（市、区）流行。20世纪50年代，我国累计查出血吸虫病患者1 160万人、病牛150万头，有1亿人受该病威胁。血吸虫病是我国最重要的公共卫生问题之一，被国家列为优先防治的重大传染病。60多年来，我国血吸虫病防控已取得举世瞩目的成就：广东、上海、福建、广西、浙江5省（自治区、直辖市）已在全省（自治区、直辖市）范围内阻断了血吸虫病的传播，余下7省2015年底也有望达到血吸虫病传播控制标准，即人、畜血吸虫病感染率均下降至1%以下。我国血吸虫病防治工作正处于从疫情控制向疫病消除推进的新时期。

　　除人以外，日本血吸虫还可感染牛、羊等40余种哺乳动物。流行病学调查表明，感染血吸虫的家畜（特别是牛）是我国血吸虫病最主要的传染源，做好家畜血吸虫病防治（以下简称"血防"）工作是早日在我国消除血吸虫病的保证。几十年来，我国农业血防部门的防治与科研工作者探索、提出和推广了一系列适用不同时期，先进、实用的家畜血吸虫病传染源控制技术和对策，为我国血吸虫病的有效控制和疫区社会经济发展做出了重要贡献。

　　同时，我们清醒地认识到：虽然我国血吸虫病流行区范围已显著压缩，病人、病畜数量已显著减少，疫情下降至历史最低水平，但反弹的风险在一些区域仍然存在，一些消除血吸虫病的技术难点仍未突破，要在我国最终消除血吸虫病仍是一项艰巨的任务，血防工作者仍须不懈努力。

本书重点介绍了血吸虫病原生物学、发育与生态、感染免疫学和中间宿主钉螺等相关基础知识，家畜血吸虫病流行病学、诊断、治疗、预防的相关研究成果和技术方法，总结了我国家畜/农业血防工作的发展历程、取得的成效和经验。全书共分11章，其中第1章和第6章由林矫矫编写，第2章由金亚美、洪炀、韩宏晓和林矫矫共同编写，第3章、第7章和第10章由刘金明编写，第4章由杜晓利和程国锋编写，第5章由陆珂编写，第8章由傅志强编写，第9章由朱传刚编写，第11章由胡述光编写。李浩负责书稿的初步编辑和图像处理、加工等工作。苑纯秀、杨健美、张旻和冯新港为本书的撰写提供了相关图片和资料。

谨将本书献给为我国家畜/农业血防事业做出贡献的防治和科研人员，也期望本书能为从事血防和畜禽寄生虫病防治工作的兽医、科研人员和在校学生等提供有益的参考。

由于时间仓促和编者水平有限，书中难免有疏漏和不足之处，敬请专家、同行和读者批评指正。

编　者

2015年4月

目　录

第一章

概　　述

第一节 我国血吸虫病流行及防治情况

一、我国早期血吸虫感染的相关报道

1905年，美籍医生罗根（Logan O. T.）在湖南常德广德医院一18岁渔民的粪便中检查到日本血吸虫虫卵，首次报道日本血吸虫病在我国人群中流行，血吸虫病的流行及危害从此受到人们的关注。我国寄生虫病学者1971年在湖南长沙马王堆出土的西汉女尸和1975年在湖北江陵凤凰山出土的西汉男尸中均查出了日本血吸虫虫卵，表明血吸虫病至少已在我国流行2 100多年。

1911年，Lanbert报告了江西九江的犬感染日本血吸虫。1924年，Faust和Meleney及Faust和Kellogg报告在我国福州的水牛粪便中查到了日本血吸虫虫卵。吴光1937年在杭州从2头屠宰的黄牛体内找到了日本血吸虫虫体；1938年他又在上海屠宰场调查了805头牛，发现黄牛日本血吸虫病的感染率为12.6%、水牛为18.7%；同年，他在另一次调查中发现绵羊感染率为1.7%、山羊感染率为8.2%。从此，家畜血吸虫病的普遍存在、家畜作为日本血吸虫保虫宿主的作用开始受到各方面的重视。

20世纪50年代以前，国内外寄生虫病学者主要通过现场调查，初步了解了我国部分地区血吸虫病的流行情况及感染宿主种类，并认识到我国血吸虫病流行及危害的严重性。文献大多都为临床报告。

二、20世纪50年代我国血吸虫病流行情况

新中国成立后，党和各级政府高度重视血吸虫病防治、科研工作，组建了国家和各流行省血吸虫病防治专业机构，组织了大规模的血吸虫病流行病学调查。结果表明该病在我国广泛流行，分布于长江流域及其以南的江苏、浙江、安徽、江西、湖南、湖北、广东、广西、福建、四川、云南、上海12个省（自治区、直辖市）的454个县（市、区）；流行区范围最北为江苏省的宝应县（北纬30°25′），最南为广西的玉林县（北

纬22°42′），最东为上海市南汇县沿海（东经121°51′），最西为云南的云龙县（东经99°05′）。全国累计查出病人约1 160万人，其中晚期病人50多万人，有1亿人受该病威胁。全国有钉螺面积148亿m²。

20世纪50年代后期，农业部和各流行省有关专家相继开展了家畜血吸虫病调查，结果发现我国一些地区家畜血吸虫病感染相当普遍和严重。如1957年安徽省宿松县复兴镇养牛场1 292头牛因血吸虫病死亡416头，死亡率32.2%。1957年农业部耕牛血吸虫病调查队在江苏省（含上海市）进行的耕牛血吸虫病调查中发现，11 034头牛中有2 567头阳性，感染率为23.27%。1958年，江西农学院和农业厅组成的调查队在江西调查耕牛12 096头，发现病牛3 850头，阳性率为31.83%。1958年，福建农业厅在福建福清调查，9 972头黄牛感染率为30.55%，371头水牛感染率为18.69%。1958年，浙江农业厅在浙江嵊县调查，3 089头黄牛感染率为35.38%，1 641头水牛感染率为14.81%。1957年，郑思民等在上海市郊区调查了667只绵羊，感染率为15.14%。1958年，黎由恺等在湖南城陵矶调查90只山羊，感染率为55.56%。1958年，云南血吸虫病防治委员会在云南凤仪等县调查214头猪，感染率为23.36%。1958年，韩盈周等在湖北蕲春调查100头猪，感染率为67%。1958年，王溪云等在江西省永修县城调查60只犬，感染率为56.66%。据统计，湖南省、湖北省、江西省、四川省、云南省、广东省、福建省、浙江省和上海市1958年耕牛感染率分别为9.94%、8.4%、17.5%、11.81%（1957—1958年）、5.53%、8.27%、12.42%、17.9%和7.7%。全国累计查出血吸虫病牛150万头。

三、现阶段我国血吸虫病流行现状

经过几代人的不懈努力，我国血吸虫病防治工作取得了举世瞩目的成就。在全国12个流行省（自治区、直辖市）中，已有广东（1985）、上海（1985）、福建（1986）、广西（1989）、浙江（1995）5省（自治区、直辖市）在全省（自治区、直辖市）范围内阻断了血吸虫病的传播。至2013年年底，全国454个流行县（市、区）中已有296个（65.20%）达到传播阻断标准，124个（27.31%）达到传播控制标准，尚有34个（7.49%）县仍处于疫情控制阶段。尚未控制血吸虫病流行的地区疫情已明显减轻。全国以行政村为单位，都达到了血吸虫病疫情控制标准（人、畜感染率<5%），其中四川、云南和江苏三省都已达到传播控制标准（人、畜感染率<1%）。全国推算的血吸虫感染病人数下降至155 139例，主要分布在湖北、湖南、江西和安徽4省。钉螺面积约为36.6亿m²。

通过农业部门血防工作者几十年的不懈努力，我国家畜血防工作取得了巨大的成绩。在全国12个流行省（自治区、直辖市）中，广东、上海、福建、广西、浙江5省（自治区、直辖市）都已连续20年以上没有查到当地感染的血吸虫病畜。2013年，湖南、湖北、江西、安徽、四川、云南和江苏7个流行省牛血吸虫病感染率分别下降至0.91%、0%、1.26%、0.31%、0.05%、0.05%和0%。

第二节　家畜血吸虫病与我国血吸虫病防控

一、患病家畜是我国血吸虫病最重要的传染源

流行病学调查表明，患病家畜，特别是病牛，是我国血吸虫病最重要的保虫宿主，在我国血吸虫病传播上具有重要意义。1979—1982年，许绶泰等在目平湖（西洞庭湖，属湖沼型流行区）草洲进行了5次野粪调查，总计查到野粪5 017份，其中畜粪4 996份，占总数的99.58%，人粪只占0.42%；畜粪中牛粪占87.14%，猪粪占3.71%，羊粪占8.51%，犬粪占0.2%，猫粪占0.02%。阳性野粪中99.8%属畜粪，其中阳性牛粪占87.8%。1991年，中国农业科学院上海兽医研究所等单位在云南南涧县试点地区（属山丘型流行区）调查野粪348份，其中黄牛粪151份，占43.39%；马属动物粪60份，占17.24%；猪粪100份，占28.74%；山羊粪30份，占8.62%；人粪7份，占2.01%。野粪中畜粪占98%，共查出阳性粪便31份，感染率为8.91%，全部为畜粪，其中阳性黄牛粪占阳性粪的83.87%。1987年，中国农业科学院上海兽医研究所等单位在安徽东至江心洲（属洲岛型流行区）进行野粪调查，发现野粪中牛粪占99.5%，羊粪占0.5%，牛粪的阳性检出率为33.1%。流行病学调查还显示，牛血吸虫病感染率与人血吸虫病感染率成正相关关系。如1980年，江西进贤新和村村民的感染率为11.7%，而耕牛的感染率为26.3%；同年湖南君山农场七分场居民的感染率为22.4%，黄牛的感染率为42.2%；1988年安徽东至江心洲村民感染率为22.4%，同期黄牛感染率为92.2%、水牛为27.0%。郭家钢等在江西省永修县选取两个单元性强、环境条件相似、人群及耕牛感染率接近的行政村进行对比试验，连续三年对干预村所有人群和所有小牛都进行治疗，而对照村只对人群进行治疗，结果显示干预村比对照村人群血吸虫病感染率减少70%。以上这些调查表明，患病家畜，特

别是病牛，是我国血吸虫病最主要的传染源，在我国血吸虫病传播和防治中占有重要的地位。做好家畜血吸虫病防治工作，对早日在我国控制和消灭血吸虫病具有重要意义。

二、我国家畜血吸虫病防控历程

20世纪50年代以来，我国的家畜/农业血吸虫病防治（以下简称"血防"）先后经历了四个阶段，采用了四种主要的防治对策：一是从50年代开始到80年代初期，结合农田水利基本建设，实施了以灭螺为主的综合防治对策，包括药物灭螺和环境改造灭螺、查治病畜、加强粪便管理等技术措施。农业部和各流行省相继开展了耕牛血吸虫病调查，基本摸清了我国家畜血吸虫病疫情。同时，农业部门和水利部门密切协作，开展农田水利基本建设，改造钉螺滋生环境。这一时期，在水网型流行区有效地控制了血吸虫病流行，广东、上海、福建和广西4个省（自治区、直辖市）及其他8个流行省一大批县（市、区）先后达到了基本消灭和消灭血吸虫病的标准。湖南、湖北、江西、安徽、广东通过围垦和对低洼有螺地带的改造，消灭了大量钉螺、降低了有螺面积。但这一策略无法在长江洲滩、洞庭湖、鄱阳湖等江湖洲滩型流行区实施。二是80年代以后，随着新的血吸虫病高效治疗药物吡喹酮的问世和世界银行贷款中国血吸虫病防治项目的启动，实施了以化疗为主、结合易感地带灭螺的防治策略。各省份农业血防部门按照农业部统一部署，对疫区牛、羊、猪、马、犬等家畜进行全面调查，并采用人畜联防、扩大化疗的方法，有效降低家畜感染率，遏制血吸虫病疫情回升。通过这一策略的实施，全国病人总数从163.8万减少到2001年的82万，下降了49.94%，病牛数下降了47.08%。浙江省于1995年达到了血吸虫病传播阻断标准。防治实践也表明，以化疗为主的防治策略虽可有效地控制疫情，但不能控制重复感染，难以巩固防治效果。三是90年代初期，农业部在湖北省潜江市设立试点，探索、确立了农业血防的基本思路、战略目标和具体措施，探讨、提出了"围绕农业抓血防，送走瘟神奔小康"的农业血防工作新思路，总结了一套行之有效的灭螺防病与生产开发有机结合的农业血防综合治理工作经验，实施了以"四个突破"为主的农业综合治理策略。各省结合"三农"工作，大力推行水改旱、水旱轮作、沟渠硬化，在有螺低洼地带开挖精养鱼池，实行改水改厕，建沼气池，开展人畜同步化疗等灭螺与消灭传染源相结合的农业综合治理措施，有效地控制了血吸虫病流行，促进了疫区社会经济发展。四是21世纪初，由于受自然、社会、经济等多种因素影响，局部地区血吸虫病疫情有所回升，钉螺扩散明显。在此情况下，2005年国务院提出实施以控制传染源为主的综合防治策略。根据这一策略，农业部实施了重疫区村综合治理、以机耕代牛耕、沼气池建设和畜源性传染源控制等"四大工程"，在血吸虫病重疫区、村，实施强化家畜查病治病，家畜圈养，以机耕代牛耕，发展非易感动物鸭和鹅，限养牛、羊等易感动物，建设沼气池等措施，取得了显著的防控效果，疫区人畜血吸虫病疫情进一步下降。

　　60年来，各种行之有效的农业血防措施的实施及家畜血吸虫病的有效控制，为我国各个阶段血吸虫病防控取得成效做出了应有的贡献。如果未能有效地阻断家畜血吸虫病传播，就很难最终在我国控制和消灭血吸虫病。因而，在江湖洲滩地区、大山区等流行区影响血吸虫传播的生态环境，以及疫区的社会经济条件未能得到明显改变的情况下，我国家畜血吸虫病防控工作仍是一项长期、艰巨、复杂的任务。

参考文献

李长友，林矫矫. 2008. 农业血防五十年 [M] . 北京: 中国农业科学技术出版社.

王陇德. 2006. 中国血吸虫病防治历程与展望 [M] . 北京: 人民卫生出版社.

徐百万. 2004. 中国农业血防 [M] . 北京: 中国农业科学技术出版社.

第二章

病　原　学

第一节 血吸虫种类和分类

一、血吸虫种类

已报道的裂体科血吸虫有86种，分隶于4个亚科、13个属，寄生于人体和哺乳动物的血吸虫主要是裂体属（*Schistosoma*）和东毕属（*Orientobilharzia*），有19种之多。寄生于人体的血吸虫有6种：曼氏血吸虫（*S.mansoni*）、日本血吸虫（*S.japonicum*）、埃及血吸虫（*S.haematobium*）、间插血吸虫（*S.intercalatum*）、湄公血吸虫（*S.mekongi*）和马来血吸虫（*S.malayensis*），其中分布广、危害大的血吸虫主要是前三种。曼氏血吸虫病主要流行于中南美洲、中东和非洲。埃及血吸虫病主要流行于非洲与东地中海地区。日本血吸虫病主要在亚洲的中国、日本、菲律宾和印度尼西亚流行。

在我国，寄生于人及哺乳动物、鸟类的、已报道的血吸虫有3亚科10属30种和1变种（周述龙等）。徐国余等2003年报道在南京发现一种以钉螺作为中间宿主的裂体吸虫，其在形态、生活史及分子水平上均有别于日本血吸虫，命名为一新种——南京血吸虫（*Schistosoma nangingi*）。在30余种血吸虫中，由日本血吸虫感染引起的日本血吸虫病是在我国危害最严重的人畜共患寄生虫病。其他种类血吸虫多寄生于家畜和禽类，其中东毕血吸虫在我国牛、羊等家畜中常有报道，给畜牧业造成严重的危害。

二、日本血吸虫分类地位

日本血吸虫（*Schistosoma japonicum*）又称日本裂体吸虫，1904年由日本人Katsurada定名为*Schistosoma japonicum* Katsurada，属扁形动物门（Platyhelminihes）、吸虫纲（Trematoda）、复殖目（Digenea）、裂体亚目（Schistosomatata）、裂体超科（Schistosomatoidea）、裂体科（Schistosomatidae）、裂体亚科（Schistosomatinae）、裂体属（*Schistosoma*）。由于该寄生虫成虫期寄生于脊椎动物血管中，通过口腔吞噬、消化宿主红细胞及通过体被吸收宿主血管内营养物质来维持其生存和发育，故得名血吸虫。由于血吸虫学名的希腊字意为裂体，故也有人将血吸虫称为裂体吸虫。

三、日本血吸虫中国大陆株地理株（品系）

由于受长期的地理隔离等影响，分布于不同国家或地区的日本血吸虫发生了一些遗传分化，形成了中国大陆、中国台湾、日本、菲律宾和印度尼西亚等几个地域品系。其中，在中国台湾分布的日本血吸虫只感染某些哺乳动物，不感染人体。原来以类日本血吸虫（*Schistosoma japonicum - like*，Cross，1976）为名，分布在东南亚湄公河和马来西亚一带的血吸虫，先后作为独立新种，分别命名为湄公血吸虫（*Schistosoma mekongi*，Voge等，1978）和马来血吸虫（*Schistosoma malayensis*，Greer等，1988）。

对中国大陆流行的日本血吸虫是否属同一个品系，何毅勋等通过形态学、哺乳动物易感性、幼虫与钉螺的相容性、对宿主的致病性、感染动物血清的免疫交叉反应、对治疗药物吡喹酮的敏感性、虫体的抗原分析、多位点酶电泳分析、DNA杂交及群体遗传学等研究，从形态到分子水平对来自安徽、湖北、广西、四川和云南5地日本血吸虫进行系统的分析和比较，认为分布在我国大陆各地的日本血吸虫不是单一的品系，而是至少由云南、广西、四川、长江4个不同分化的品系组成的一个品系复合体。

第二节　日本血吸虫的一般形态

一、日本血吸虫生活史

日本血吸虫的生活史包括成虫、虫卵、毛蚴、母胞蚴、子胞蚴、尾蚴、童虫七个阶段，须转换哺乳类终末宿主和中间宿主钉螺两种宿主，历经无性和有性两种繁殖方式的交替才能完成生活史循环。成虫寄生于人及牛、羊、猪、啮齿类动物等40余种哺乳动物的门静脉和肠系膜静脉内。成虫在宿主体内的寿命一般为1～4年，但有报道在黄牛体内寿命可达10多年甚至更长。雌虫在寄生的血管内产卵，一条成熟的日本血吸虫雌虫每天可产卵1 000～3 500枚。一部分虫卵顺血流至肝脏，另一部分逆血流沉积在肠壁。虫卵在肝脏或肠壁内发育成含毛蚴的成熟虫卵，时间需10～11d。虫卵随坏死的肠组织落入肠腔，再随宿主粪便排出体外。虫卵在有水的环境和适宜的条件下孵出毛蚴。毛蚴在水中遇到中间宿主钉螺，通过头腺分泌物的溶解组织作用，借助纤毛的摆动和体形的伸缩，经螺体的触角、头、足、外套膜、外套腔等软组织侵入螺体，脱去纤毛板和表皮层，先发育成母胞蚴，母胞蚴的生殖胚团形成许多子胞蚴，子胞蚴内的胚团陆续发育形成尾蚴。尾蚴成熟后穿破子胞蚴的体壁，自钉螺体中逸出。一条毛蚴在钉螺体内经无性繁殖后，可产生数万条尾蚴。毛蚴在钉螺体内发育成尾蚴所需时间与温度密切相关，在25～30℃时需2～3个月。人和动物由于生产和生活活动接触到含有尾蚴的水而感染血吸虫。感染途径主要是经皮肤感染，家畜也可通过吞食含尾蚴的草和水经口感染。尾蚴侵入皮肤后即变为童虫。童虫在皮下组织中停留5～6h，即进入小血管和淋巴管，随着血流经右心、肺动脉在入侵2d左右到达肺部，然后经肺静脉入左心至主动脉，随大循环经肠系膜动脉、肠系膜毛细血管丛在入侵后8～9d进入门静脉中寄生。也有报道童虫到达肺部后，可穿过肺泡壁毛细血管而到达胸腔，再经纵隔的结缔组织穿过横膈直接从表面侵入肝脏并到达门静脉。雌雄虫一般在入侵后14～16d开始合抱，21d左右发育成熟后开始交配产卵。童虫在终宿主体内发育为成熟成虫并产卵所需时间因宿主种类不同而有所差异，一般感染后39～42d可在黄牛粪便中检查到虫卵，而在水牛中则需要46～50d（图2-1）。

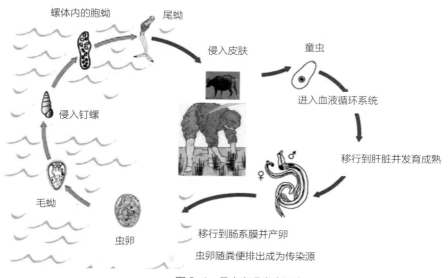

图 2-1　日本血吸虫生活史

二、血吸虫的异位寄生

日本血吸虫成虫主要寄生在终末宿主门脉系统的血管内，雌虫产出的虫卵主要沉积在宿主肝脏和肠壁组织内。如果成虫寄生或虫卵沉积在此范围以外的组织或器官，称为血吸虫异位寄生。已有一些有关血吸虫异位寄生的报道，详见异位寄生相关内容。

三、日本血吸虫各期虫体的一般形态

（一）成虫

血吸虫成虫雌、雄异体，通常以雌、雄虫合抱的状态存在。虫体呈圆柱状，体表具细皮棘。口、腹吸盘位于虫体前端，腹吸盘较口吸盘大。消化系统有口、食管和肠。口在口吸盘内，下接食管，无咽，在食管周围有食管腺。肠管在腹吸盘前背侧分成两支，向后延伸至虫体后端1/3处汇合成一单管，伸达体后端。排泄系统通过焰细胞收集体内代谢物质，由两侧的总排泄管汇集于体末端的排泄囊，再通向体后端的排泄孔排出虫体外。神经系统由中枢神经节、两侧纵神经节和延伸至口、腹吸盘和肌层的许多神经分支组成。血吸虫在终宿主脊椎动物体内进行有性生殖，雄虫的精子与雌虫的卵母细胞相遇受精，在卵膜形成虫卵，经子宫排出，在宿主体内进行胚胎发育，形成含毛蚴的成熟虫卵。

雄虫较粗短，长12～20mm，宽0.5～0.55mm，乳白色，虫体向腹侧弯曲。口、腹吸盘均较发达。自腹吸盘后，体两侧向腹面卷折，形成抱雌沟（gynecophoral canal）。雄虫生殖系统由睾丸、储精囊、生殖孔组成。雄虫睾丸多为7枚，呈椭圆形或类圆形，单行排列于腹吸盘背侧，储精囊位于睾丸前面，生殖孔开口位于腹吸盘下方和抱雌沟的入口处。每个睾丸发出一个出精管与输精管相连，输精管从最后一个睾丸开始，镶嵌穿过各个睾丸的腹侧进入储精囊，最后连接生殖孔。雄虫无阴茎，但在其生殖系统的末端部分，有一个能向生殖孔伸出的乳突状交接器，而在射精管的两边具有类似前列腺的单细胞腺体构造——摄护腺。

雌虫较雄虫细长，前细后粗，长20～25mm，宽0.1～0.3mm。口、腹吸盘均较雄虫小。肠管内含有虫体消化红细胞后残留的黑褐色或棕褐色的色素，故外观上呈黑褐色。生殖系统由卵巢、卵黄腺、卵模、梅氏腺、子宫等组成。卵巢呈椭圆形，位于虫体中部偏后方两侧肠管之间，不分叶。卵黄腺分布在虫体后端，卵巢之后，呈较规则的分支状。自卵巢后部发出的输卵管与来自卵黄腺发出的卵黄管在卵巢前面合并，形成卵模。卵模为梅氏腺所围绕。卵模前为管状的子宫，其中含虫卵50～300枚。雌性生殖孔开口于腹吸盘后方。无劳氏管（图2-2、图2-3）。

（二）虫卵

椭圆形或近圆形、淡黄色，大小为（70～100）μm×（50～65）μm。卵壳较薄，无卵盖。有一钩状侧棘。成熟卵卵内有纤毛颤动的毛蚴。在毛蚴与卵壳的间隙中常见有大小不等圆形或长圆形的油滴状毛蚴腺体分泌物（图2-4）。

（三）毛蚴

平均大小99μm×35μm，活动时细长，静止时或固定后呈卵圆形或略似瓜子形。前端有一锥形的顶突。毛

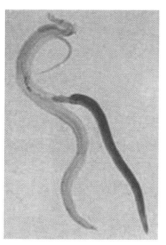

图2-2　日本血吸虫成虫（雌雄合抱）

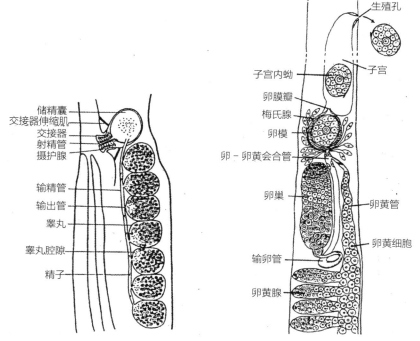

图2-3　血吸虫生殖系统

（据何毅勋）

蚴外表有21块纤毛板，分列4行，从前至后每列分别有6、8、4、3块纤毛板，纤毛板上有很多纤毛。在第1～2列纤毛板之间的体两侧各有一个司感觉的侧突。体前方中央有一顶腺，内含中性黏多糖，开口于顶突。顶腺稍后的两侧有一对长梨形的侧腺，内含中性黏多糖、蛋白质和酶等物质，开口于顶突的两侧方。毛蚴体内有神经团块，位于体正中部。体后半部生殖囊内有40～50个胚细胞。排泄系统有2对焰细胞，分列在毛蚴的前后，排泄管通入第三列纤毛板的排泄孔（图2-5）。

（四）母胞蚴

早期母胞蚴外形为袋形状，两端纯圆而透明。胞腔内含许多胚细胞和体细胞，及由胚细胞增生而形成的胚团和子胞蚴。胚细胞的细胞核和核仁都较大，体细胞的细胞核较大而核仁小。一个母胞蚴可产出50个以上的子胞蚴。

（五）子胞蚴

呈袋状，长度300～3 000μm或更长。有前后端之分，前端是一嘴样突起，带小刺，中段及后端无刺。子胞蚴能移动至螺体各组织，以后移向螺的肝脏继续发育。早期子胞蚴体内多为单细胞的胚细胞群，后增殖为胚球、胚胎等胚元（germinal element）。感染65d后子胞蚴出现不同成熟程度的尾蚴。

（六）尾蚴

血吸虫尾蚴属叉尾型，由体、尾两部分组成。尾部又分尾干与尾叉。大小为（280～360）μm×（60～95）μm，体长100～150μm，尾干

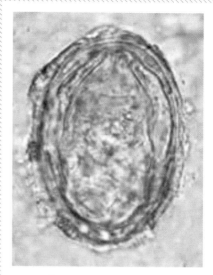

图2-4 日本血吸虫虫卵

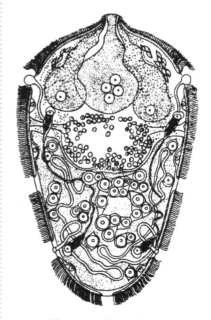

图2-5 日本血吸虫毛蚴

（仿唐仲璋）

长140～160μm，尾叉长50～70μm。全身披小棘，并有许多单根纤毛的乳头状感觉器，其中体部有28对（56个），尾部有19个（不对称），共75个。体壁为3层结构，外披一层薄的糖质膜或称糖萼（glycocalyx）。体前端为一头器，口在头器腹面亚顶端。腹吸盘位于体后半部。口下连食管，在体中部分成极短的肠叉。有5对由单细胞构成的钻腺（penetration gland），其中2对前穿刺腺位于腹吸盘前，内含嗜酸性的粗颗粒，3对后穿刺腺位于腹吸盘后，内含嗜碱性的细颗粒。穿刺腺分左右两束，开口于体前端。尾蚴神经系统由中枢神经节、神经干及其分支和感觉乳突等组成。排泄系统由焰细胞、排泄管、排泄囊等组成。焰细胞有4对，其中3对在体部，一对在尾干基部。每个焰细胞分别由一小排泄管汇成左右排泄管，最终汇入排泄囊，下通尾部单支排泄管，再分支入尾叉，并开口于尾叉的末端（图2-6）。

图2-6　日本血吸虫尾蚴

（据唐仲璋）

（七）童虫

尾蚴侵入终宿主后直至发育为成虫前这一阶段称为童虫。童虫在随血流移行至肺、肝、门静脉系统等部位的过程中，形态结构不断发生变化，有曲颈瓶状、纤细状、腊肠状、延伸状等。肝门期童虫肠管出现黑褐色颗粒，肠管向体中后侧延伸并汇合。生殖器官逐渐发育完备。后期雄虫出现7个睾丸和储精囊，囊中有精子。雌虫的卵巢、输卵管、受精囊、卵模、梅氏腺及卵黄腺逐渐发育完备。

第三节　**血吸虫的超微结构**

日本血吸虫成虫体表呈海绵状，具明显而复杂的褶嵴、凹窝、体棘和感觉乳突（图2-7、图2-8）。雄虫口吸盘表面有一层分布均匀的体棘，体棘从凹窝长出，体棘中夹杂有一些感觉乳突，感觉乳突边缘密中间稀（图2-9～图2-11）。在口吸盘的边缘上，长棘区和褶嵴区之间有明显的分界线。近口吸盘中央的口腔处有很多小凹陷，呈海绵状，无体棘。雄虫腹吸盘也有一层排列整齐的体棘，但中央无孔，在腹吸盘的近边缘处有一圈无棘带，表面呈海绵状，感觉乳突特别丰富（图2-12）。雄虫的背面及口、腹吸盘间有发达而回旋曲折呈木耳边状的皮嵴，其间有一些感觉乳突，但不见有体棘、凹陷及纤毛。在口、腹吸盘间腹面体壁的褶嵴中有一些大小不等的泡状突出物，呈细颗粒状。在两侧抱雌沟开始的中间有一个雄性生殖孔，半球状，由疏松粗网状的组织组成，生殖孔周围有许多有蒂感觉乳突（图2-13）。抱雌沟的内壁表面无褶嵴，前段布满凹陷，间有一些有蒂乳突及刚露头的体棘（图2-14、图2-15）。沿内壁向下，体棘逐渐增多，到中段时，抱雌沟内壁上密布体棘，再向后到中后1/3处体棘又逐渐变稀、变小，与前段类似，到近末端体壁上逐渐出现曲褶的嵴，感觉乳突也增加。在抱雌沟的外壁及边缘处，有一些直径约2μm的小孔，它们排列不规则，在前段边缘上较多，中后段上较少，有学者认为此为一种孔型乳突（图2-16）。雌虫的口腹吸盘表面均与雄虫的类似，但没有雄虫发达，由分布较均匀的体棘所覆盖；和雄虫比，雌虫的体棘无特殊结构。雌虫在口、腹吸盘间的体棘略小。在口腹吸盘边缘的外侧面上，除有蒂乳突外，还有一种末端钝圆的似纤毛状物。雌虫腹吸盘常缩在体壁所形成的凹窝中，其下方即为雌性生殖孔，生殖孔周围体壁也具有曲褶的嵴，较雄虫的低矮，但其中乳突分布较密。雌虫腹吸盘以后的体壁上均无褶嵴，呈海绵状，其上布满小凹陷，间有少量乳突。自虫体中段开始，有少量体棘出现。到后段时体壁又出现褶嵴，体棘也变密集。在虫体末端可见排泄孔（图2-17）。

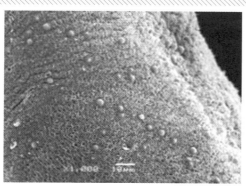

图2-7　雄虫体表

（杨健美提供）

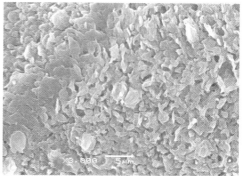

图2-8　虫体尾部体表

　　血吸虫成虫寄生于终末宿主血管内，其体表与宿主血液直接接触，不仅是血吸虫与宿主进行物质交换的重要界面，也是血吸虫与宿主免疫系统接触的界面，历来受到血吸虫学者的重视。血吸虫成虫体被由外质膜、基质和基膜三部分组成。外质膜为体被最外面的膜，该层可不断更新，电镜下可见2～3单位膜重叠，呈现电子致密区与透亮相间区，外质膜可能与血吸虫免疫逃避相关。外质膜及基质一方面向外侧突起或延展形成很多皱褶或皮嵴，另一方面外质膜内陷形成凹窝或孔或沟槽状，这样，由于体被的外伸和内陷，使体被切面呈现海绵样结构。一般雄虫体被外伸或内陷的程度比雌虫为甚，雄虫背面外伸或内陷的变化又比腹面的大。基质为外质膜与基膜之间的胞质层，其内含多种分泌小体，分泌物通过胞质小管由体被细胞体输送，可能与血吸虫代谢及外质膜的更新有关。血吸虫体被的

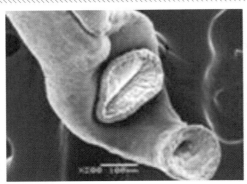

图2-9　雄虫口、腹吸盘

（杨健美提供）

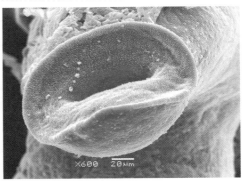

图2-10　口吸盘

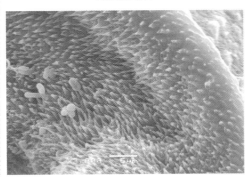

图2-11　口吸盘内侧

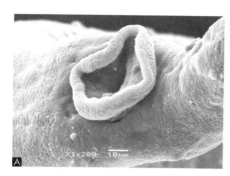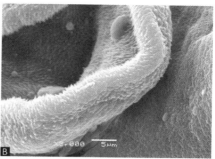

图 2-12　腹吸盘

A. 腹吸盘超微结构　B. 超微结构放大

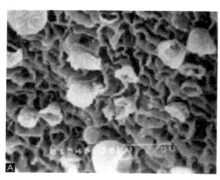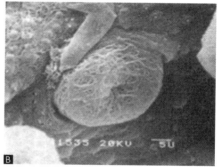

图 2-13　雄虫口腹吸盘间区的体壁及腹吸盘下方的生殖孔

A. 口腹吸盘间体壁呈木耳边状的褶嵴及泡状突起物　B. 雄性半球状生殖孔，由疏松网状组织组成

（据周述龙等）

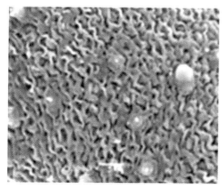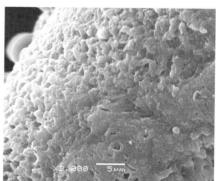

图 2-14　抱雌沟表面一

（杨健美提供）

图 2-15　雄虫抱雌沟表面二

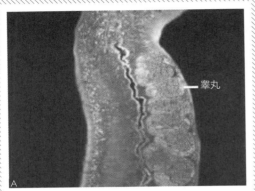

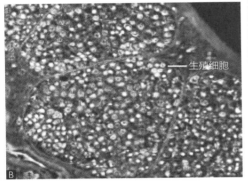

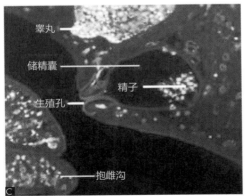

图 2-16　雄虫生殖系统（激光共聚焦）

A. 睾丸　B. 生殖细胞　C. 储精囊、生殖孔、精子、
睾丸等

（据张薇娜等）

基膜由基质膜、基底膜和间质层构成，它完整地包裹整个虫体。基质膜连接在基底膜之上，并有很多小管内陷入基质之中，基底膜与基质膜的连接处有间歇性排列的半胞质桥或半桥粒和线粒体，这可能与血吸虫在寄生微环境中的离子转运和调节有关。从半胞质桥发出的纤维与基质中的微管、小梁连接，使体被与体被下层的组织连成一个整体。上述血吸虫体被除了覆盖体表最外层外，还延伸至口吸盘、口腔、食管前段、排泄孔及生殖孔等处（图2-18）。

日本血吸虫卵壳表面布满微棘，微棘下为网状纤维基质。虫卵的侧刺有助于虫卵黏附于宿主血管壁，利于虫卵稳定于宿主组织，使虫卵分泌物定向分布于卵壳附近。透射电镜观察表明卵壳为双层结构，内层薄但电子密度致密，外层厚但电子密度较内层稀疏，内、外二层紧贴，壳层间有不定型弯曲的微管道（卵侧刺上同样存在微管道）。卵壳内胚膜层以及卵壳间的微管道可使卵内抗原性物质，毛蚴代谢产物，分泌物以及水分、气体等与外界进行交换，对卵的生理、孵化、生命与抗力有重要作用。

尾蚴全身被小棘，仅在体顶部、尾突、体尾交界处内侧未见。小棘间分布有一定数量的呈单根纤毛状的无鞘感觉乳突和多纤毛状的凹窝型感觉乳突，一般认为前者是触觉和流变感受器，后者为化学感受器。

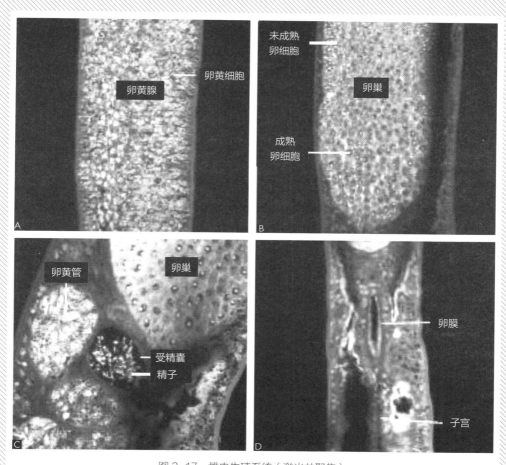

图 2-17 雌虫生殖系统（激光共聚焦）

A.卵黄腺、卵黄细胞　B.卵巢、卵细胞　C.卵黄管、受精囊、精子　D.子宫、卵膜

（据张薇娜等）

体前端特化为头器，为口孔、钻腺开口及附近感觉乳突所在。头器内有一单细胞腺体——头腺，头腺内含分泌颗粒，头腺并不在尾蚴体表开口，其分泌颗粒经腺管送入头器体被基质，其分泌物被认为与尾蚴穿过皮肤时对头器前端表膜造成损伤的修复有关。

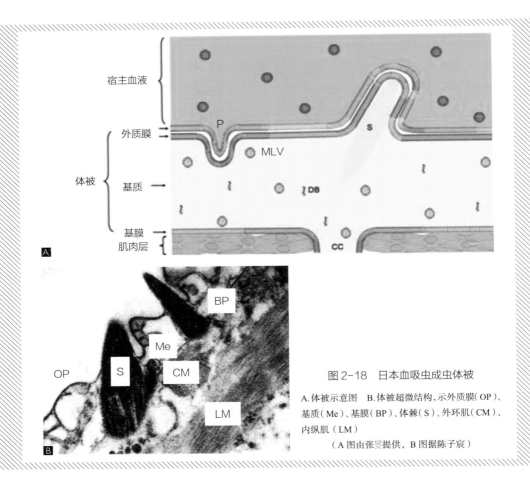

图 2-18　日本血吸虫成虫体被

A.体被示意图　B.体被超微结构,示外质膜(OP)、基质(Me)、基膜(BP)、体棘(S)、外环肌(CM)、内纵肌（LM）

（A 图由张旻提供，B 图据陈子宸）

第四节　**血吸虫的病原分子生物学**

一、染色体

20世纪50年代以来，随着遗传学研究突飞猛进地发展，寄生虫染色体的研究也得到重视。迄今，已有174种吸虫染色体的研究报道。有关血吸虫染色体的研究虽然早有报道，但其主要研究进展在50年代后期取得，Short（1983）、Grossman等（1980、1981a、1981b）对此做出了重要贡献。

（一）已知染色体数目的血吸虫种类

至今已知6属16种血吸虫的染色体数，其中2n=14者有杜氏小裂体吸虫（*Schistowomatium douthitti*）；2n=16者有曼氏血吸虫（*Schistosoma mansoni*）、罗德恒血吸虫（*S.rodhaini*）、埃及血吸虫（*S.haimatobium*）、牛血吸虫（*S.bovi*）、麦氏血吸虫（*S.mattheei*）、间插血吸虫（*S.intercalatum*）、马格里血吸虫（*S.margrebowiei*）、日本血吸虫（*S.japonicum*）、湄公血吸虫（*S.mekongi*）、异腺澳毕吸虫（*Austrobilharzia variglandis*）、小管鸟毕吸虫（*Ornithobilharzia canaliculata*）、瓶螺毛毕吸虫（*Tricobilharzia physellae*）、沼泽毛毕吸虫A（*T.stagnicolae* A.）；2n=18者有瓶螺毛毕吸虫B（*T.physellae* B.）；2n=20者有美洲异毕吸虫（*Heterobilharzia americana*）。

（二）血吸虫性染色体与核型

吸虫中唯一有两性染色体的为寄生于恒温动物的血吸虫。一般雄性动物的染色体为（XY），雌性为（XX）。但血吸虫雌虫的染色体为（ZW），雄虫为（ZZ）。Short等（1983）比较了11种哺乳类血吸虫的核型，认为可分为三大组，即非洲组、亚洲组和美洲组。它们之间不仅染色体数目不同，而且其核型也不相同（Grossman等，1980，1981a，1981b；Short等，1981）。传统姬姆萨染色均为16条染色体，其中大型而亚端（subtelocentric）着丝粒2对，中型而亚端着丝粒3对，小型而亚中（submetacentric）或中着丝粒（metacentric）3对。非洲组血吸虫种间的最重要区别在于应用C带显示异染色质染色技术时出现第2对染色体为性染色体。亚洲组（日本血吸虫、湄公血吸虫）除了染色体长、短臂长度有区别外，重要一点在于第2对性染色体具有中着丝粒和少量异染色质（heterochromatin）。美洲组的两种血吸虫，不仅染色体数目上不同，其性染色体亦有明显的区别。

高隆声等（1985）对我国大陆株（湖南岳阳）日本血吸虫染色体核型作了研究，其结果与上述的日本血吸虫染色体资料大致相似。如染色体数目为2n=16，n=8。8对染色体分成3组，即大型的1～2号染色体为亚端着丝粒，其中2号染色体为性染色体。雌虫为异配性别（ZW），雄虫为同配性别（ZZ）。中型3～5号染色体为亚端着丝粒，小型6～8号染色体着丝粒位置在亚中。许阿莲等（1985）对大陆株日本血吸虫也进行了研究，结果除染色体着丝粒位置与上述有些出入外，其他方面基本相似。

（三）血吸虫核型的演化与亲缘关系

Short等（1983）除了研究哺乳动物血吸虫染色体核型外，也研究旋睾（Spirochiidate）和鸮形类吸虫（Strigeidae）的核型。旋睾科吸虫寄生在变温动物如爬行类宿主的血管中，虫体均为雌雄同体。鸮形科吸虫为鸟类肠道吸虫，雌雄同体，但尾蚴为叉尾型。在比较裂体科、旋睾科和鸮形科吸虫染色体后，认为现在的血吸虫是由血吸虫祖先演化而来，由雌雄同体向雌雄异体演化。理由是这些吸虫染色体核型大多数为端着丝粒染色体，通过易位（robersonian translocation）、融合（chromosomal dissociation）、倒位（inversion）及非整数（aneuplovitry）等过程及通过染色体异质化（differential heterochromatinization）发展而来。

血吸虫祖先染色体核型可能来自旋睾类吸虫的染色体出现一次中间融合，产生第二对双臂的染色体，即血吸虫潜在的性染色体（potential sex chromosomes）。非洲组与亚洲组血吸虫可能由1、2号染色体出现臂间倒位（pericentric inversions）以及W染色体出现异质性分化发展而来。日本血吸虫的W染色体出现部分缺失（deletion）的现象。

异毕吸虫（Heterobilharzia）染色体核型的演化是在血吸虫祖先染色体组的基础上，由于W移位到Z，同时在W发生异质化现象，第2号双臂染色体融合及非整数过程而使染色体数增加。小裂体血吸虫由血吸虫祖先染色体组的常染色体的两个端着丝粒经过中间融合发展而来。

Grossman等根据上述吸虫染色体的研究，提出血吸虫染色体核型演化的理论，认为这一理论还有不少不足的地方，特别是鸮形类吸虫向旋睾类吸虫演化的论据不足。鸮形类吸虫寄生于鸟类的肠腔，成虫形态与结构与血吸虫相差甚远。鸮形类的尾蚴虽为叉尾型，但具咽，不具穿刺皮肤的能力，具囊蚴期。因此，结合酶遗传学和分子生物学的研究，将有助于对血吸虫演化及其亲缘关系的认识。

二、基因组

在过去的20年里，基因组计划开始出现，越来越多的基因组序列被测定。寄生虫基因组知识的获得，对理解寄生虫生物学、耐药机制和逃避宿主免疫的抗原变异显得日益重要。同时，通过寄生虫基因组学的深入研究，发现新的药物靶标、疫苗候选分子和诊断抗原，可为控制寄生虫病的传播提供新思路、新途径。

血吸虫基因组计划（SGP）于1992年启动。1994年起，WHO资助建立了血吸虫基因组研究网络，但主要集中在曼氏血吸虫基因的发现和基因功能研究。1997—2000年，中国疾病预防控制中心寄生虫病预防控制所获 WHO/TDR 资助启动"日本血吸虫基因发现项目"，获得800个基因表达序列标签（EST）。由于种间的差别，其他血吸虫的研究结果并不能为我国的日本血吸虫病防治关键技术提供确切依据。开展日本血吸虫基因组和功能基因组研究非常必要和重要。因此，2000年国家人类基因组南方研究中心与中国疾病预防控制中心寄生虫病预防控制所等单位合作，启动了日本血吸虫基因组学研究。

血吸虫基因组计划是国际寄生虫学界解析重要寄生虫基因组信息的主要目标之一。通过对基因组的研究可以从本质上解析病原的生物学特征，阐述虫体的发育、繁殖、抗原变异及耐药性产生机理，也可为寻找新的药物靶标分子和疫苗候选抗原提供依据。

（一）完成了日本血吸虫基因组框架图

采用全基因组随机测序（whole genome shotgun sequencing，WGS）方法结合大片段克隆（BAC，Fosmid）末端测序方法的综合战略，共完成了367多万个序列的测定，总序列长度为 1.682×10^9bp，相当于推测日本血吸虫基因组（270Mb）的6.2倍。应用Phusion（Mullikin J. 2003）WGS序列拼装软件系统，成功地进行了高达 17亿bp数量级的日本血吸虫基因组序列的拼装。共获得9.5万个序列重叠群（contig），其中最长的序列重叠群达 92.5kb，序列重叠群全长343.7Mb。框架序列重叠群2.5万个，最长1.7Mb，总长度397.8Mb。结果证明日本血吸虫基因组大于原先估计的270Mb。通过与精确测序的22个BAC克隆比对，序列重叠群和框架序列重叠群序列分别覆盖了BAC的 90%和99%的序列，表明日本血吸虫基因组框架图代表了90% 以上基因组序列。2006年5月16日和2009年 7月 16日分别通过上海市研发公共服务平台生命科学与生物技术数据中心（http://lifecenter.sgs.tcn/s.jdo）和欧洲分子生物数据库（EMBL，http://www.eb.iac.uk/embl），向全世界公布了日本血吸虫基因组框架图所有数据，供全球开展血吸虫病及其他寄生虫病的研究机构和科学家共享。

通过基因组序列特征分析发现了大量重复序列，如SINE、LINE、satellite、转座子（transposon）和反转座子（retro-transposon）等，约占基因组序列的36.7%，其中反转座子约占重复序列的39%。特别是首次在日本血吸虫基因组中发现了25个反转座子。这些反转座子包含有完整的多蛋白（polyprotein）结构，并被转录。这表明这些广泛地分布在基因组中的反转座子具有活性，在基因组重组和进化过程中起着重要作用。在日本血吸虫基因组框架图中，识别出编码基因 13 469个，其中有首次鉴定的与血吸虫感染宿主密切相关的弹力蛋白酶（elastase）基因。在与具有同等大小基因组的非寄生生物比较中，发现虽然基因数量相近，但其功能基因的组成却有较大差别。日本血吸虫一方面丢失了很多与营养代谢相关的基因，如脂肪酸、氨基酸、胆固醇和性激素合成基因等，血吸虫必须从哺乳动物宿主获得这些营养物质；另一方面，扩充了许多有利于蛋白质消化的酶类基因家族的成员。这一变化充分体现了血吸虫适应寄生生活，与宿主协同进化的重要特性。这一研究成果于2009年7月16日在《自然》(Nature)以封面论文形式发表。国内外同行评价，"该论文代表了第一个扁形动物基因组序列，是寄生虫研究史上的里程碑"。血吸虫基因组学研究成果将促进与这一重要传染病相关的诊断、治疗和预防的研究，为实现我国乃至世界范围控制和消除血吸虫病的战略目标提供了重要的生物信息资源和平台。这一成果也提高了我国寄生虫学研究在世界的地位，成为我国科技界主导的国际合作为维护人类健康所做出的努力和贡献的范例之一。

（二）揭示了血吸虫在分子进化上的独特特征

以往研究主要根据个别基因序列数据，如线粒体基因进行血吸虫进化分析，这样的认识有局限性。而基因组研究根据更多的基因分析血吸虫的进化特征，尤其是鉴定血吸虫特殊基因以及分析血吸虫与宿主的相互作用过程中的进化特征。基因组研究揭示了血吸虫在分子进化上的独特特征：血吸虫除了有大量与其他物种同源的基因外，还有许多血吸虫特有基因。研究人员比较了多个物种的基因信息，尤其比较了不同寄生虫的基因信息，鉴定出1 300多个血吸虫和扁形虫特有基因，为认识血吸虫生物学特征、开发抗虫药物、疫苗奠定了理论基础；分析了1 500多个血吸虫基因分子进化过程，发现少数基因在进化过程中处于进化正选择，其蛋白产物定位在表皮和卵壳上，带有遗传多态性，说明血吸虫在进化过程中不断适应变化的环境，尤其是在与宿主免疫系统相互作用中进化。一些血吸虫基因与脊椎动物特有基因同源，提示其可能与哺乳动物宿主协同进化。血吸虫有众多的基因参与代谢，其中含有分解蛋白质的复杂水解酶体系（至少16种），并且这些水解酶的结构与宿主（如人类）的同类分子类似，具有分解血红蛋白的作用，在成虫表达量高，反映了血吸虫的摄血特性有其分子生物学基础。血吸虫含有一些与宿主（如人类）高度同源的激素受体（如胰岛素受体、性激素受体、细胞因子FGF受体、神经肽受体），可以借助于宿主内分泌激素、细胞因子的信息，促进血吸虫自身的生长、发育、分化和成熟。这个发现可以解释血吸虫依赖宿主内分泌系统生长的现象。

（三）揭示了宿主—血吸虫相互作用的分子基础

血吸虫如何逃避宿主免疫攻击一直是人们关注的核心问题之一，以往研究主要从免疫学相关研究探讨。另外，一些学者也观察到血吸虫依赖宿主免疫系统生长发育，但分子机制不清楚。该研究从血吸虫遗传多态性和宿主与血吸虫相互作用的界面——血吸虫表皮和卵壳蛋白分析和鉴定探讨该问题。首次大规模地分析了血吸虫基因的遗传多态性，如单核苷酸多态性、插入和缺失多态性和微卫星多态性等，揭示了血吸虫遗传多态性的基本特征和分布规律。一些遗传多态性能使蛋白质变异，这些多态性在不同地区（安徽、江西、湖南、湖北和四川）来源的血吸虫中大量存在，提示血吸虫众多的遗传多态性可能是免疫逃逸机制之一。血吸虫一些表皮和卵壳蛋白与哺乳动物宿主有很高的序列同源性，可以通过抗原模拟逃避宿主免疫攻击。血吸虫表皮和卵壳蛋白有许多氧化还原酶体系用于分解宿主攻击分子。有些蛋白可以调节宿主免疫细胞、激发特殊的宿主免疫反应，有利于肉芽肿形成。有趣的是，血吸虫一些基因与宿主同类分子相似，可以接受宿主免疫相关信息，促进血吸虫更好地生长和发育，这可能是血吸虫依赖宿主免疫系统生长发育的部分原因。

日本血吸虫基因组数据的完成及公布，充分显示了我国在血吸虫研究领域所取得的成果，并且为国内外血吸虫研究人员提供了一个进行深入数据挖掘和分析的平台，必将有力地促进血吸虫研究领域以及其他寄生虫的研究发展。

三、转录组

广义的转录组代表细胞或组织内全部的 RNA 转录本，包括编码蛋白质的 mRNA 和各种非编码RNA（rRNA、tRNA、microRNA等）；而狭义的转录组指所有编码蛋白质的mRNA总和。转录组研究能够从整体水平研究基因功能以及基因结构，反映细胞中基因表达情况及其调控规律，揭示特定生物学过程以及疾病发生过程中的分子机理，已广泛应用于基础研究、临床诊断和药物研发等领域（图2-19）。

在日本血吸虫基因组测序完成后，也开展了日本血吸虫大规模转录组学研究，从而全面、系统地揭示了日本血吸虫不同发育阶段和不同性别转录组学特征。在转录组学研究中，进一步获得了5万条基因片段，获得约10万条来自日本血吸虫不同发育阶段（包括尾蚴、童虫、成虫、虫卵、毛蚴）、不同性别的基因表达序列标签（EST），代表了约15 000个基因种类。从中分离出8 400多个编码蛋白的血吸虫基因，其中包括3 000多个全长新基因，约400个分泌蛋白和约580个膜蛋白基因，为认识日本血吸虫基因组结构奠定了基础，相关研究在《自然遗传学》（Nature Genetics）以封面文章发表。

在对日本血吸虫转录组的其他研究中，苑纯秀等应用抑制性消减杂交技术首次构建了日本血吸虫尾蚴、虫卵和成虫三个发育期的差异表达基因cDNA质粒文库。多项评价结果表明，所建差异表达基因文库质量较高，适用于在转录组水平分离日本血吸虫差异表达基

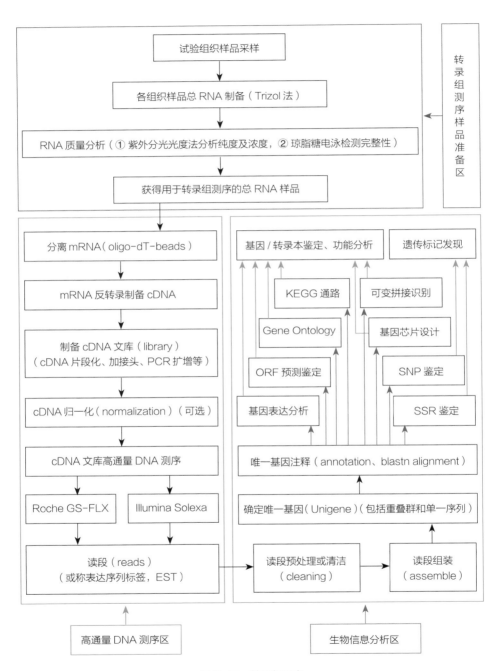

图 2-19　转录组研究

因。对来自三个文库的共257个EST序列的分析提示：来自尾蚴消减文库的ESTs所代表的基因主要与运动、能量代谢、转录调节及致病性等相关；来自虫卵消减文库的ESTs所代表的基因主要与信号转导、细胞黏附、蛋白质和碳水化合物的代谢以及抗氧化反应等相关；而来自成虫消减文库的ESTs所代表的基因主要与蛋白质的合成、转运、分解代谢及虫体的运动等相关。利用cDNA微阵列技术进一步筛选和鉴定期别差异表达基因。由尾蚴、虫卵和成虫的消减文库挑选共3 111个插入片断大于500bp的基因克隆制成cDNA微阵列。杂交结果显示共有1 620个克隆在试验组与对照组间呈现差异表达。其中尾蚴差异表达基因克隆374个，虫卵差异表达基因克隆701个，成虫差异表达基因克隆545个。应用RT-PCR及Northern blot对部分差异表达基因克隆进行了验证，其结果与芯片杂交结果相一致，进一步肯定了芯片杂交输出结果的可靠性。研究结果表明抑制性消减杂交结合cDNA微阵列用于大规模、高通量筛选血吸虫不同发育阶段的差异表达基因是可行的。从上述差异表达基因中选择108个杂交结果重复性比较好的克隆测序分析，结果表明代表44种单基因。所匹配的5个血吸虫已知基因已被报道为差异表达基因，所匹配的6个血吸虫已知基因经本研究发现为差异表达基因；并发现其余测序的克隆所代表的33种单基因中，一个与假想蛋白基因相似，一个与红色蚓氨肤酶基因同源，另外31种均为血吸虫未知的新基因。该研究获得了有关血吸虫期别差异表达基因大量新的数据和结果，有助于深入研究血吸虫的生长发育及其与宿主的相互作用机制，为开拓防治新途径提供了重要基础。

　　王欣之等利用抑制性消减杂交（SSH）技术，以日本血吸虫7d童虫为实验组，42d成虫为驱动组，首次构建了日本血吸虫早期童虫期别差异表达消减cDNA文库。获得的文库重组率为90%，大部分cDNA插入片段在500bp左右。从文库中选取6 000个克隆测序，得到5 474个ESTs信息，EST大小大多在300~900bp，平均长度为571bp。使用在线的PHRED工具对EST进行拼接，得到1 764条clusters，包含456个序列重叠群和1 306个singletons。所得的clusters数量占日本血吸虫基因组的8.8%~11%（预计血吸虫表达基因为15 000~20 000个）。利用半定量PCR验证在童虫消减文库所获呈高表达的四次跨膜蛋白（tetraspanin）、细胞色素C氧化酶（cytochrome C oxidase）、还原型辅酶脱氢酶（NADH dehydrogenase）、热休克蛋白90（HSP90）、可溶性血管内皮细胞生长因子受体（soluble vascular endothelial cell growth factor receptor）和IBI protein基因在7d童虫和42d成虫中的表达情况，结果显示，这些基因在童虫中的表达量均高于成虫。在日本血吸虫基因组数据库报道数量有限的童虫期别差异表达基因（156条clusters）也与该研究的clusters一致。这都说明该研究构建的童虫消减cDNA文库具有较高的质量。

　　将所得的1 764条clusters与日本血吸虫基因组数据库（http：//function.chgc.sh.cn/

sj–proteome/index. htm）进行比对，结果显示，65%（1 146 条）的 clusters 与已知日本血吸虫基因组序列一致或相似，35%（617 条）clusters 在日本血吸虫数据库中未见报道，占日本血吸虫基因组的3%～4.1%。将 617 条日本血吸虫数据库无匹配的clusters与曼氏血吸虫数据库（http://www.sanger.ac.uk/Projects/S_mansoni/）进行比对，结果显示仅有92条 clusters 与曼氏血吸虫同源，525 条 clusters 在曼氏血吸虫中也未见报道。把与已知血吸虫数据库均无同源的clusters与NCBI的Nr数据库（http://www.ncbi.nlm.nih.gov/blast/Blast.cgi）比对，有 211 条 clusters和数据库无任何同源性，提示他们可能是血吸虫特有的新基因。利用生物信息学技术对1 764个clusters的初步分析表明，虽然只有约7.5%的clusters可查询获知其功能，但显示这些 clusters 都具有重要生物学意义。对所有功能明确的基因进行 GO（Gene Ontology）分类，结果显示，所占比例最大的三类分别为：代谢进程（metabolic process）相关分子，占31%；调节生物进程（regulation of biological process）相关分子，占12%，胚胎发育（embryonic development）相关分子，占11%。通过与秀丽杆线虫同源性比对进行 KEGG 信号通路分析，表明有 175 条 clusters参与到糖酵解（glycolysis）、氨基酸代谢（amino acid metabolism）、花生四烯酸代谢（arachidonicacid metabolism）、嘌呤代谢（purine metabolism）等代谢途径和细胞通讯（cell communication）、泛素生物合成（ubiquinone biosynthesis）、尿素循环（urea cycle）、氧化磷酸化（oxidative phosphorylation）、磷酸戊糖途径（pentose phosphate pathway）、碳固定（carbon fixation）、蛋白酶体（proteasome）、泛素调节的蛋白质降解（ubiquitin mediated proteolysis）等 25 条信号通路中。值得一提的是，参与抗寄生虫药物丙体六氯苯降解途径（gamma–Hexachlorocyclohexane degradation）中的重要基因之一 ——脱氢酶与文库中chgc_new_contig 406 基因同源；对维持日本血吸虫在宿主血管内的生存极为重要的血管内皮细胞生长因子受体（soluble vascular endothelial cell growthor receptor）也在差异表达基因中出现。

　　同时，王欣之等为分析日本血吸虫不同发育阶段差异表达基因状况，将5 000 个日本血吸虫 cDNA 克隆（4 000个来自7d 童虫消减 cDNA 文库的克隆；1 000 个来自尾蚴，雌、雄虫，成虫和虫卵消减 cDNA 文库的克隆）定制 cDNA 芯片，每个克隆在芯片上重复点样3次。以7d 虫体cDNA 为对照，分别和日本血吸虫 6 个不同发育阶段（7、13、18、23、32和42d）和 42d 雌虫、42d 雄虫 cDNA 进行双通道杂交，发现了一批不同发育阶段差异表达的基因。聚类分析表明差异基因主要归为 9 类变化趋势。GO的功能分析显示，合抱前虫体（13d和18d）的差异表达基因主要与转录调节活性（transcription regulator activity）、代谢（metabolism）、结合（binding）、蛋白水解（proteolysis）相关；而合抱之后的虫体（23d以后）差异表达基因，除了与代谢（metabolism）、转录调节活性（transcription regulator activity）、生物合成（biosynthesis）等基本的生物学功能相关之外，出现较多的是与有性生殖（sexual reproduction）、配子发育（gametogenesis）、生殖（reproduction）、产卵（oviposition）等相关的基因。这些基因表达特点正和日本血吸虫发育特征相符合。23 d之后的虫体处于雌雄虫合抱、性成熟，生殖产卵阶段。

彭金彪等应用寡核苷酸芯片技术，比较分析了小鼠、大鼠和东方田鼠来源的日本血吸虫10d童虫的基因表达差异。结果表明，与小鼠来源童虫相比，东方田鼠来源童虫有3 293个基因呈下调表达（fold<0.5），71个基因呈上调表达（fold>2）；大鼠来源童虫有3 335个基因呈下调表达（fold<0.5），133个基因呈上调表达（fold>2）。其中，东方田鼠来源童虫显著性下调表达基因81个（fold<0.2），显著性上调表达基因18个（fold>5）；大鼠来源童虫显著性下调表达基因210个（fold<0.2），显著性上调表达基因54个（fold>5）。东方田鼠和大鼠来源童虫具有相似表达趋势的显著性下调表达基因有27个（fold<0.2），显著性上调表达基因有7个（fold>5）。对显著性差异表达基因进行GO分类和KEGG通路等生物信息分析，结果显示，东方田鼠来源童虫显著性上调表达基因主要与细胞（cell）、细胞凋亡（apoptosis）、细胞外组成部分（extracellular region part）、细胞组成（cell part）、酶调节活性（enzyme regulator activity）和转录调节活性（translation regulator activity）等相关。东方田鼠来源童虫显著性下调表达基因主要与代谢过程（metabolic process）、催化活性（catalytic activity）、发育过程（developmental process）、转运活性（transporter activity）、细胞进程（cellular process）、定位（localization）和结合（binding）等相关。东方田鼠和大鼠来源童虫均显著下调表达基因与代谢过程（metabolic process）、定位（localization）、结构形成自动修饰（anatomical structure formation）和催化活性（catalytic activity）等相关。对东方田鼠和大鼠来源童虫均显著下调表达的基因进行KEGG pathway分析，发现这些蛋白主要为甘氨酸/苏氨酸/丝氨酸代谢分子（glycine, serine and threonine metabolism）、DNA复制关键分子（DNA replication）、MAPK 信号通路分子（MAPK signaling pathway）、蛋白转运（protein export）及氨酰基tRNA生物合成（aminoacyl–tRNA biosythesis）等分子。该研究发现一批基因在三种宿主来源10d童虫中呈现差异表达，它们可能是不同宿主来源童虫发育差异的关键分子，影响血吸虫在不同宿主中的发育。如东方田鼠来源童虫显著上调表达，小鼠来源虫体显著下调的基因有与细胞增殖密切相关的颗粒蛋白（granulin）基因，细胞凋亡通路中发挥凋亡效应的关键分子如cell death protein 3、caspase 7与caspase 3；在小鼠来源童虫显著上调表达，东方田鼠来源童虫显著下调表达的基因中与生长发育相关的甲硫氨酰胺肽酶2（*MAP 2*）和Sj *mago–nashi*基因，与胰岛素代谢相关的胰岛素分子（insulin–2）和胰岛素受体蛋白激酶（insulin receptor protein kinase）基因，与脂肪酸代谢相关的脂肪酸去饱和酶（fatty acid desaturase）、长链脂肪酸延伸相关蛋白（elongation of very long chain fatty acids protein）、脂肪酸脱氢酶（fatty-acid amide hydrolase）、脂肪酸结合蛋白（fatty acid-binding protein）基因，与细胞凋亡通路中发挥抑制凋亡效应的关键分子相关Sj IAP（baculoviral IAP repeat-containing protein）、cytokine-induced apoptosis inhibitor，与信号传导相关的cyclophilin家族基因，TGF通路分子如eukaryotic translation initiation factor 3与transforming growth factor beta-1，Wnt通路分子wnt inhibitory factor 1等。这些重要功能分子的发现，将为阐明血吸虫在不同宿主生存环境中的生长发育机制，探讨血吸虫与宿主相互作用关系、发现新的血吸虫病候选疫苗分子和新药物靶标提供重要基础。

杨健美等利用寡核苷酸基因芯片技术分析黄牛、水牛和山羊三种天然保虫宿主来源的日本血吸虫基因表达差异。芯片总体分析结果表明，水牛来源虫体与黄牛来源虫体有66个差异表达基因（$p<0.05$，FC>2），水牛来源虫体与山羊来源虫体有491个差异表达基因（$p<0.05$，FC>2），其中共同的差异表达基因有46个。在非适宜宿主水牛组来源虫体上调表达的基因主要有蛋白磷酸酶/蛋白激酶类基因（PP2A，CDK6）、神经调节相关基因（protocadherin，Rab3 interacting molecule-related，lim-homeobox family transcription factor）、发育相关基因（iroquois homeobox family transcription factor，lim-homeobox family transcription factor）、核苷酸代谢相关基因（NDK6，EIF3，histone h4-like，pumilio）、超长链脂肪酸延伸酶基因（elongase of very long chain fatty acids）、凋亡诱导基因（TSP-1）、Wnt信号通路基因（beta-catenin-like protein，wnt-related）等；而在水牛组来源虫体下调表达的基因主要有细胞结构组成相关基因（spectrin，ciliary rootlet，cell wall protein，gamma-tubulin complex，macroglobulin，eggshell protein）、凋亡有关的蛋白激酶类基因（tyrosine-protein kinase，serine threonine protein kinase Akt，MAPK/ERK kinase 4，MAPK/ERK kinase 1）、繁殖和胚胎发育相关的Dlx同源蛋白基因（distal-less/Dlx homeobox）、神经调节有关基因（taurine transporter，glutamate receptor，glutamic acid-rich protein）、表皮生长因子受体基因（epidermal growth factor receptor）、多功能的亮氨酸富集重复区极性蛋白基因（leucine-rich repeat protein scribble complex protein）和锌指蛋白基因等。这些差异表达基因主要参与核苷酸代谢、脂肪代谢、能量代谢、遗传信息加工、免疫系统和Wnt信号通路等，这些差异表达基因可能对虫体的生长和发育甚为重要，是影响日本血吸虫生长发育的重要虫源性分子。该研究为筛选家畜用血吸虫病疫苗候选分子提供了基础。

通过对日本血吸虫转录组的相关研究，寻找并鉴定出了一批不同生活史阶段、性别和不同宿主来源的相关基因，为血吸虫病的诊断和疫苗研制奠定了重要理论基础。

四、蛋白质组

（一）期别差异蛋白质组研究

蛋白质组学是研究一种细胞、组织或完整生物体在特定时空上由全部基因表达的全部蛋白质及其存在方式，注重研究参与特定生理或病理状态下所表达的蛋白质类型及其同周围生物大分子之间的相互关系。蛋白质是基因功能的具体实施者，因而蛋白质组研究可为揭示生命活动现象的本质提供直接的依据。与基因组相比，蛋白质组的组成更为复杂，功能更为活跃，更贴近生命活动的本质，因而其研究的应用前景也更加广泛和直接。

日本血吸虫生活史复杂，各发育阶段虫体具有独特的生命特征，通过蛋白质组学的方法对血吸虫虫体及其排泄、分泌蛋白进行分析，有助于深入了解日本血吸虫的生长、发育、代谢、生殖、免疫逃避等机制，为开发新型抗血吸虫病疫苗、治疗药物和诊断提供基础。

尾蚴是血吸虫生活史中唯一一个具有感染性的阶段，经射线致弱的血吸虫尾蚴免疫动物，可诱导动物产生高水平的保护性免疫力，是目前公认的诱导保护效果最高、最稳定的抗血吸虫病疫苗。

Yang等对紫外线辐照致弱日本血吸虫尾蚴及正常尾蚴的可溶性虫体蛋白进行分析、比较，发现部分蛋白点存在显著性差异，经过质谱鉴定得到20种差异表达蛋白，根据功能分为五大类，即Actin等结构动力蛋白、甘油醛-3-磷酸脱氢酶等能量代谢相关酶类、14-3-3蛋白等信号传导通路相关分子、HSP70家族等热休克蛋白以及20S蛋白酶体等功能蛋白。为从蛋白水平上探讨紫外线辐照致弱尾蚴诱导的免疫保护机制，发现新的抗日本血吸虫病疫苗候选分子提供了新思路。

血吸虫童虫是血吸虫在终末宿主体内发育的早期阶段，也是虫体发育最关键的阶段，对日本血吸虫童虫差异蛋白质组学研究，不仅有助于揭示日本血吸虫的生长发育机制，还为开拓抗血吸虫病疫苗和潜在药物靶标的研究提供了基础。

赵晓宇等对日本血吸虫16日龄童虫和40日龄的雌、雄成虫的可溶性蛋白进行分离、分析，获得（26±1）个童虫特异表达的蛋白斑点，对其所代表的16种蛋白进行生物信息学功能预测分析表明，这些蛋白可能与血吸虫能量代谢、生物合成、信号传导和细胞构成等相关。孙安国等对日本血吸虫尾蚴、童虫（8日龄、19日龄）、成虫（42日龄、雌、雄虫）和虫卵的可溶性及疏水性蛋白进行了研究，对其中22个童虫特异表达蛋白的生物信息学分析表明，这些蛋白主要参与细胞代谢、应激反应、生长发育等过程。

血吸虫童虫经雌雄合抱后发育为成虫，寄居于终末宿主的门脉—肠系膜静脉系统，雌虫产卵所引起的肠、肝脏肉芽肿和纤维化是血吸虫病的主要病变，也是疾病传播的主要原因。因此，有关日本血吸虫成虫蛋白质组学的研究也较多。

（二）成虫性别差异蛋白质组研究

雌雄虫合抱是血吸虫发育成熟的关键，也是雌虫性成熟和产卵的前提，通过对两者比较分析获得雌雄虫差异表达蛋白，有助于揭示血吸虫发育机理、探索控制血吸虫雌虫成熟产卵的有效方法以及开发新的抗生殖等疫苗候选抗原分子和药物靶标。朱建国等利用双向电泳技术对日本血吸虫雌、雄虫体蛋白进行了分析比较，结果表明：雄虫在42kD、PI 5.60～5.90和28kD、PI 6.90～7.30两个区域表达量高于雌虫，在其他区域后者显示的特异性蛋白更多。吴忠道等用双向电泳分析了日本血吸虫雌、雄虫可溶性蛋白组分，两者共有的多肽斑点仅有51个，多数斑点不同，认为二者差异较大。程国锋等系统地分离了日本血吸虫成熟雌虫和成熟雄虫的可溶性和疏水性蛋白。通过比较分析获得合抱后成熟雌雄虫独特呈现的差异蛋白质谱，二者特异表达的可溶性蛋白分别为（23±2）个和（41±4）个，疏水性蛋白分别为（26±3）个和（11±1）个，鉴定了其中28个蛋白质点（雄虫16个、雌虫12个），结果表明这些差异表达蛋白质主要参与虫体代谢、信号转导、调控雌雄虫的发育和雌虫的成熟等生命活动。袁仕善等用双向电泳技术分别对日本血吸虫雌、雄成虫的可溶性蛋白和疏水性蛋白进行了分离，二者特异表达的可溶性蛋白为（255±10）个、（224±12）个蛋白点，疏水蛋白为（200±11）个、（132±8）个蛋白点。经 MALDI-TOF-MS/MS对雌虫和雄虫特异表达的各10个蛋白点进行质谱分析，分别鉴定到5个和1个蛋白，与日本血吸虫的发育、生殖、营养和信号转导等过程有关。Dai等利用双向电泳技术和质谱技术，对日本血吸虫雄虫在合抱与未合抱状态下蛋白质表达上的差异进行了分析，成功鉴定到二者差异表达蛋白9个，功能涉及血吸虫的生长发育、生殖、营养、运动、信号传递等过程，为揭示雌雄合抱机制提供了理论依据。曲国立等收集日本血吸虫湖南株、江西株和江苏株的成虫，分别制备三者雌、雄虫的可溶性蛋白，用双向电泳技术分离，两两比较后获得14个雄虫差异蛋白点和18个雌虫差异蛋白点，从中分别选择7个、3个蛋白点进行 MALDI-TOF-MS 鉴定分析，结果表明这些不同地理株差异表达的蛋白可能与蛋白翻译后修饰、蛋白代谢、信号转导、细胞调控及能量代谢等过程相关，从而为了解不同地理株对吡喹酮敏感性的机制提供了基础。

（三）不同易感性啮齿类宿主来源日本血吸虫童虫蛋白质组研究

洪炀等收集来源于易感宿主 BALB/c 小鼠、半易感宿主 Wistar 大鼠和非适宜宿主东方田鼠体内的10日龄日本血吸虫童虫，应用荧光差异凝胶双向电泳（2D-DIGE）和质谱技术鉴定蛋白表达情况。生物信息学分析表明：与大鼠来源10日龄童虫相比，小鼠来源10日龄童虫有27个蛋白高表达、12个蛋白低表达，这些蛋白与蛋白质、糖类、RNA代谢，应激反应，蛋白转运，调节基因表达和细胞骨架蛋白有关；与东方田鼠来源10日龄童虫相比，小鼠来源10日龄童虫有13个蛋白高表达、8个蛋白低表达，这些蛋白主要涉及蛋白质、RNA、糖类代谢途径，还有部分参与构成细胞骨架。通过比较三个宿主来源10日龄童虫的蛋白表达差异情况，有助于进一步了解血吸虫的生长发育机制。

（四）成虫排泄、分泌物蛋白质组研究

血吸虫在终末宿主体内完成其生活史的过程中，通过体被、肠上皮表面或者是其他器官释放分泌物，诱导或干扰宿主对血吸虫感染的免疫应答。鉴定血吸虫排泄、分泌物中的蛋白质组分，有助于深入了解血吸虫如何调节宿主免疫应答反应而建立慢性感染，从而发现抗血吸虫感染的疫苗候选分子、药物靶标和诊断抗原。Liu等收集日本血吸虫成虫排泄、分泌物，经SDS-PAGE分离后，用LC-MS/MS鉴定得到101个蛋白点，其中包括53个分泌蛋白。深入分析显示：脂肪酸结合蛋白为其主要组成部分。热休克蛋白HSP70、HSP90和HSP97是其最大的蛋白家族，表明这些蛋白在免疫调节中起到重要作用。还有包括肌动蛋白、Sj14-3-3、氨肽酶、烯醇化酶以及甘油醛-3-磷酸脱氢酶在内的其他分泌蛋白，其中部分蛋白已经作为候选疫苗分子和治疗靶标进行研究。抗菌蛋白CAP18、免疫球蛋白、补体等7种宿主源性蛋白也被鉴定，为表明血吸虫的免疫逃避机制等提供了有价值的信息。余传信等用双向电泳技术对日本血吸虫成虫排泄、分泌物的蛋白质组成进行分离、分析，获得1 012个蛋白点，质谱鉴定得到139种蛋白质，其中虫源性蛋白为76种，包括谷胱甘肽转移酶、抑免蛋白、硫氧还蛋白过氧化物酶等蛋白，这些蛋白主要与血吸虫生命代谢、生长发育、免疫调控相关。

（五）日本血吸虫体被蛋白质组研究

体被不仅是血吸虫直接与宿主免疫效应分子直接接触的界面，而且不停地更新，从而导致不同发育阶段虫体体被结构和生物学功能不断改变，而这一切变化的分子基础是虫体体被蛋白的改变。所以，通过对日本血吸虫体被蛋白的研究有可能发现候选疫苗分子、新药靶标以及新诊断抗原。Liu等通过Triton X-100技术获得了日本血吸虫四个阶段（肝型童虫、雄虫、雌虫及合抱型成虫）的体被并进行了蛋白质组学分析，共鉴定获得159个肝型童虫、134个雄虫、58个雌虫以及156个合抱成虫体被蛋白。值得注意的是，合抱型成虫有85个体被蛋白并不存在于单独提取的雄虫或雌虫体被中，这可能是

由于体被蛋白在分离或用质谱鉴定的过程中出现了差异。一些重要的血吸虫功能分子，在该研究中得到鉴定，比如膜相关蛋白Sj22.6、谷胱甘肽-S-转移酶、Sj14-3-3抗原，以及一些细胞骨架蛋白和包括肌动蛋白、微管蛋白在内的动力蛋白等。另外，还有一些分子伴侣（60、70、86、90kD），维持氧还稳态的酶（如抗氧化的硫氧还蛋白过氧化物酶和超氧化物歧化酶）以及一些 Ca^{2+} 信号通路中的关键物质（卡配因、肌钙网蛋白、肌钙网蛋白A），后两类物质很可能在血吸虫病的药物治疗中具有重要意义。Liu等收集制备日本血吸虫尾蚴、童虫、成虫、虫卵、毛蚴、成虫体被以及卵壳样品，用2D-LC或1-DE/1-DLC和串联质谱进行分析，共鉴定到55个宿主源性蛋白，包括蛋白水解酶抑制剂、超氧化物歧化酶在内的一些宿主源性蛋白，它们可能与血吸虫抵抗宿主攻击有关。这一结果说明血吸虫在终末宿主体内寄生的过程中，通过利用后者的激素、信号分子来维持自身的生长发育及逃避宿主免疫应答，有助于探讨宿主抵抗血吸虫感染的免疫机理、血吸虫免疫逃避机制、肉芽肿的形成原因，从而加深对宿主和寄生虫相互作用机制的理解。Mulvenn等应用链霉亲和素—生物素的方法提取成虫体被蛋白，酶切后经游离胶分馏器（OFFGEL）分离后，进一步用LC-MS/MS鉴定得到54个体被蛋白，包括一些葡萄糖转运蛋白，氨基通透酶和亮氨酸氨肽酶、Sm29同源物各1个，四次跨膜蛋白家族成员，以及一系列的转运蛋白、热休克蛋白和新发现的具有免疫活性的蛋白质。此外，通过使用电子显微镜对标记的体被蛋白进行观察，还发现部分膜蛋白经内化而进入连接体被细胞体和体被基质的胞质桥中，这不仅在一定程度上解释了日本血吸虫是如何躲避宿主免疫系统攻击的，而且为筛选血吸虫新药物靶标以及候选疫苗分子提供了新思路。

张旻等应用非渗透性生物素sulfo-NHS-SS-biotin标记14d童虫和32d成虫的体被表膜蛋白，利用链霉亲和素—生物素系统纯化获得生物素标记蛋白，随后利用液相色谱串联质谱法进行高通量蛋白质组学分析。结果显示，童虫和成虫分别鉴定到了245个和103个蛋白质分子，包括59个共有的蛋白，186个童虫高表达的蛋白及44个成虫高表达的蛋白。90%的差异表达体被表膜蛋白的理论分子质量为10~70kD，等电点为4~10。GO分析显示，童虫高表达蛋白主要与RNA代谢过程、基因表达、大分子生物合成过程、RNA结合等相关。而成虫高表达蛋白主要与中性粒细胞凋亡过程的调节、过氧化氢分解代谢过程、丝氨酸型肽酶活性等相关。本研究为揭示血吸虫在终末宿主体内的生长发育机制提供重要信息，为筛选血吸虫疫苗候选分子、药物靶标及诊断抗原分子提供新思路。同时，作者利用相同的方法，分析了日本血吸虫雌、雄虫体被表膜蛋白质组，二者分别鉴定到了179个和300个蛋白分子，包括119个雌、雄虫共有的，60个雌虫高表达的和181个雄虫高表达的蛋白。生物信息学分析表明，在这些被鉴定的体被表膜蛋白中，有的参与到了血吸虫与宿主的相互作用中，如serpin和CD36-like class B scavenger receptor，有的与雌雄虫之间的相互作用有关，如gynecophoral canal protein。GO分析显示，雌虫高表达蛋白主要与蛋白质糖基化和溶酶体功能等相关，而雄虫高表达蛋白主要与细胞内信号转导、丝状肌动蛋白聚合作用的调控、蛋白酶体复合物功能等相关。该研究结果为明确雌、雄虫在生理学上的差异及更好地理解雌、雄虫相互作用和性成熟机制提供重要的试验依据。

（六）与诊断抗原和药物靶标筛选相关的蛋白质组研究

虽然以吡喹酮为主的化学疗法是治疗血吸虫病和控制传播的重要手段之一，但是大规模反复化疗会引起抗药性，同时不能解决重复感染等问题。因此，有必要阐明吡喹酮等血吸虫治疗药物的作用机制，为新药的开发提供依据。张玲等用二维—纳喷雾—液相色谱联合串联质谱（2D-nano-LC-MS/MS）技术鉴定、比较吡喹酮处理前后日本血吸虫成虫蛋白质组，共鉴定到16个药物处理前后差异表达的蛋白质，主要涉及细胞骨架、细胞应激反应、细胞间信号传导等功能，提示这些蛋白与吡喹酮的作用机制有关。

蛋白质组学自形成之后，逐渐向生命科学的各个领域渗透，形成了许多交叉研究领域。免疫蛋白质组学（immunoproteomics）是由新兴的蛋白质组学技术与传统的免疫学技术相结合而产生的一门交叉学科。免疫蛋白质组学作为蛋白质组学中一个新的分支，成功地将大规模、高通量、高分辨率地分离鉴定生物体的全部蛋白与抗原抗体在体外特异性结合这两个特点进行融合，为大规模、高通量研究生物体的免疫原性蛋白提供了强有力的技术手段。

近年来，免疫蛋白质组学技术逐步运用在多个研究领域，不仅使研究者对疾病的致病机制有了更深的理解和认识，同时在疾病诊断标志物、药物靶标和疫苗候选分子的筛选上展示出广阔的应用前景，成为生物学和医学研究人员的研究热点。免疫蛋白质组学的研究策略主要分为以胶和不以胶为基础两种，其中前者主要是基于双向凝胶电泳（two-dimensional gel electrophoresis，2DE）技术将特定的蛋白进行分离，之后与特定的抗体（如血清）进行免疫印迹（Western blotting）试验，也被称为血清蛋白质组分析，目前该方法已成为免疫蛋白质组学分析的经典途径，大多数研究均利用该技术来完成；后者主要是基于多维液相层析技术和蛋白质芯片技术来完成。

目前，在血吸虫病诊断技术上，缺乏敏感、特异的，尤其是缺少能区分现症感染和既往感染，或对早期血吸虫感染的检测技术。免疫蛋白质组学与传统的免疫学研究方法相比，在免疫原的研究以及诊断抗原和疫苗候选分子的筛选上具有高通量和高效率等优势，因此近几年许多科研人员逐渐开始利用该技术对日本血吸虫进行相关研究。

Zhong等用二维电泳技术分离日本血吸虫成虫可溶性抗原，以血吸虫兔阳性血清为一抗进行免疫印迹分析，获得10个蛋白点进行LC/MS-MS分离、鉴定，研制了其中两个抗原SjLAP和SjFABP的重组蛋白，并以它们作为诊断抗原，应用酶联免疫吸附（ELISA）方法来诊断人血吸虫病。结果显示：二者检测的特异性高达96.7%；二者检测急性血吸虫病感染的敏感性分别为98.1%和100%，检测慢性血吸虫病感染的敏感性为87.8%和84.7%。经吡喹酮治疗后，SjLAP和SjFABP的抗体滴度也显著性降低。因而，SjLAP和SjFABP不仅可以用于对血吸虫病的检测，还能用于评估药物治疗效果。Huang等用日本血吸虫尾蚴感染新西兰大白兔，1周后收集阳性血清，经弱阳离子磁球处理，进一步用MALDI-TOF-MS分析。与阴性血清相比，阳性血清鉴定到7个特异性峰，将此特异性蛋白质组模型用于检测1~4周感染兔血清，有效率分别为30%、55%、75%和80%，结果表明：在试验兔子模型中，MALDI-TOF-MS与磁珠分离联合使用，可以准确、快速地检测早期血吸虫感染。

Wang等（2013）利用免疫蛋白质组学技术分析鉴定具有较好抗原性的排泄/分泌蛋白，从中筛选出了能够诱导短程免疫应答反应的抗原成分，并探讨了这些抗原在血吸虫病诊断中的价值。他们以排泄/分泌蛋白作为抗原，以不同阶段的兔源血清（健康血清、血吸虫感染2~6周的血清以及吡喹酮治疗4~16周后的血清）为一抗，利用免疫印迹技术比较分析了不同时期血清所识别的具有抗原性的蛋白点，从中筛选出能够诱导短程抗体的蛋白点并进行MALDI-TOF/TOF-MS质谱鉴定，并对甘油醛-3-磷酸脱氢酶（glyceraldehyde-3-phosphate dehydrogenase，GAPDH）作为诊断抗原分子进行深入研究。结果显示，针对该蛋白的特异性免疫应答反应在吡喹酮治疗后4周开始下降并于8~12周消失，一直持续到吡喹酮治疗1年后。另外，以重组蛋白rSjGAPDH作为诊断抗原，应用ELISA方法评估其在诊断血吸虫病上的潜力。结果表明，该蛋白检测的特异性和敏感性分别为91.3%及82.5%。他们的结果认为，通过检测针对rSjGAPDH的短程抗体不仅能够有效地检测出血吸虫病，而且能够区分现症感染和既往感染。

张旻等以日本吸虫体被蛋白作为抗原，以日本血吸虫感染前，感染后的2周和6周，以及吡喹酮治疗后1、2、3、4、5、6、7和8个月的兔血清为一抗，利用免疫蛋白质组学技术筛选具有免疫诊断价值的抗原分子。研究结果显示，有10个蛋白点未被感染前兔血清识别，但在感染后的第2周和第6周都呈阳性反应，而在治疗后的早期阶段又转为阴性反应。经质谱鉴定，这10个蛋白点分属于6个不同蛋白质。从中挑选磷酸甘油酸酯变位酶（phosphoglycerate mutase，PGM）进行了克隆、表达。经免疫组织定位分析表明SjPGM为一体被蛋白。ELISA法分析结果显示，试验兔感染日本血吸虫2周后，所有兔子都可检测出抗rSjPGM和SEA的特异性抗体。在吡喹酮治疗后的第2~7个月，以rSjPGM作为诊断抗原，所有试验兔都陆续转为阴性，而直至吡喹酮治疗后第8个月，以SjSEA作为诊断抗原，所有试验兔仍都呈阳性。表明在考核药物疗效或区分现症感染和既往感染方面，rSjPGM作为诊断抗原要明显优于目前最常用的SjSEA。进一步应用ELISA法检测了104份血吸虫感染阳性水牛血清和60份健康水牛血清，结果以rSjPGM和SjSEA作为诊断抗原，其敏感性分别为91.35%和100.00%，特异性分别为100.00%和91.67%。而在检测14份前后盘吸虫、9份大片吸虫感染水牛血清时，rSjPGM的交叉反应率为7.14%和11.11%，SjSEA为50.00%和44.44%，表明rSjPGM作为牛血吸虫病的诊断抗原具有潜在的应用价值。

Chen等通过血吸虫转录组数据库，结合生物信息学的分析，制备了日本血吸虫体被蛋白的蛋白芯片，其包含了200种虫体体被蛋白。利用该蛋白芯片与人血吸虫病病人血清及非疫区健康人血清分别进行杂交筛选，并从中挑选出30个具有较好免疫原性的蛋白，其中10个抗原的曲线下面积值超过0.9，其中STIP1蛋白具有很好的免疫原性，可以作为潜在的疫苗和诊断的候选分子。

Xu等对日本血吸虫的分泌蛋白进行了预测，并对这些蛋白进行了带有GST标签的融合表达。将这些融合表达的蛋白分别用血吸虫感染的病人血清进行筛选，最终从204个重组蛋白中挑选到一个具有较好诊断价值的抗原SjSP-13。在对476份人血清进行诊断时，其敏感性可以达到90.4%，特异性为98.9%。

此外，郑辉等用双向电泳技术分离日本血吸虫成虫可溶性蛋白，以血吸虫病患者血清为一抗，经Western blotting免疫印迹检测，鉴定到57个特异性日本血吸虫成虫抗原。Abdel-Hafeez等用高效二维液相色谱分离系统（proteome PF 2D）分离日本血吸虫可溶性虫卵抗原和成虫抗原，以辐射致弱尾蚴免疫血清为一抗，经免疫斑点法筛选获得8个抗原候选分子，其中有两个蛋白能与免疫血清发生强烈反应且不能被阴性血清识别。

（七）翻译后修饰的蛋白质组研究

蛋白质是机体内各种功能的执行者，如机体免疫、细胞凋亡、信号转导、刺激反应及个体发育等。蛋白质功能的正常发挥决定着有机体能否有序、高效地运行。体内基因表达产物的正确折叠、空间构象的正确形成决定了蛋白质的正常功能，而翻译后修饰在这个成熟过程中发挥着重要的调节作用。因为翻译后修饰使蛋白质的结构更为复杂，功能更为完善，调节更为精细，作用更为专一。并且，细胞内许多蛋白质的功能也是通过动态的蛋白质翻译后修饰来调控的；细胞的许多生理功能，如细胞对外界环境的应答，也是通过动态的蛋白质翻译后修饰来实现的。正是这种蛋白质翻译后修饰的作用，使得一个基因并不只对应一个蛋白质，从而赋予生命过程更多的复杂性。因此，阐明蛋白质翻译后修饰的类型、机制及其功能对保障生命有机体的正常运转，预防、治疗相关的疾病有着重要意义。真核动物细胞中有 20 多种蛋白质翻译后修饰，常见的有泛素化、磷酸化、糖基化、酯基化、甲基化和乙酰化等。

在有机体内，磷酸化是蛋白翻译后修饰中最为广泛的共价修饰形式，同时也是原核生物和真核生物中最重要的调控修饰形式。磷酸化对蛋白质功能的正常发挥起着重要调节作用，涉及多个生理、病理过程，如细胞信号转导、新陈代谢、神经活动、肌肉收缩以及细胞的增殖、发育和分化等。

由于生物体中的磷酸化蛋白所涉及的生物进程通常都错综复杂，如细胞信号转导通路网络等，传统地针对单条信号转导通路以及单个磷酸化蛋白分子的研究策略存在一定的局限性。因此，利用蛋白质组学的理念和分析方法研究蛋白质的磷酸化修饰，可以从整体上观察细胞或组织中蛋白磷酸化修饰的状态及其变化，进而分析特定磷酸化修饰对生命过程的调控作用及其分子机制。由此派生出磷酸化蛋白质组学（phosphoproteomics）的概念。其研究的内容主要包括：① 磷酸化蛋白质和磷酸肽的检测，② 磷酸化位点的鉴定，③ 磷酸化蛋白质定量。通过该研究，可以揭示蛋白激酶和磷酸酶各自对磷酸化和去磷酸化的影响，以及靶蛋白的结构、功能经修饰后所产生的生物活性。近几年在寄生虫领域，已经有不少科学家对不同虫体的磷酸化蛋白组进行了相关研究。

在血吸虫前期的研究中发现，血吸虫体内磷酸化蛋白的差异可能是造成日本血吸虫童虫在不同适宜性宿主体内生存状态不同的重要原因之一，蛋白磷酸化对虫体的生长发育可能具有重要作用。因此，对日本血吸虫磷酸化蛋白组进行相关研究，有助于寻找到影响虫体生长发育的重要蛋白，为寻找新的药物靶标及疫苗候选分子提供基础。

Luo等通过IMAC法对14d童虫和35d的日本血吸虫虫体蛋白中的磷酸化位点和磷酸化蛋白进行了相关研究，结果发现虫体中的92种蛋白一共含有127个不同的磷酸化位点。将14d的童虫和35d的日本血吸虫虫体蛋白中的磷酸化肽段进行比较分析后，一共在两种虫体中找到30种磷酸化蛋白。这些蛋白包括一些信号分子和酶类，如14-3-3蛋白、热休克蛋白90、肽基脯氨酰异构酶G、磷酸果糖激酶、胸苷酸激酶等。另外，试验还发现这些蛋白磷酸化位点的基序在生物进化上是比较保守的。Cheng等通过二氧化钛富集磷酸化蛋白的方法对日本血吸虫14d和35d的雌雄虫体内的磷酸化蛋白质组进行了分析，一共鉴定到180个磷酸化肽段，代表了148个蛋白。进一步的分析显示，热休克蛋白90在这两个阶段的虫体和雌雄虫体中都能检测到，因此推测该蛋白能够直接或间接与其他检测出的信号分子相互作用，并在调节虫体的发育过程中具有重要作用。同时，作者对一些检测到的性别特异性的磷酸化蛋白通过免疫组化或实时定量PCR的方法进行了验证。

五、miRNA组

microRNAs（miRNAs）是一类长度为18～25nt，内源性、非编码的单链小分子RNA，广泛存在于真核生物体中，能通过与靶标mRNA的3′-非编码区（3′UTR）完全或非完全互补结合，引起靶mRNA的降解或抑制其翻译，从而对基因进行转录后表达调控。早在1993年，Lee等发现了秀丽杆线虫中第一个miRNA分子lin-4，lin-4的缺失导致线虫幼虫由L1期向L2期的转化发生障碍。2000年，Reinhart等发现了秀丽杆线虫中第二个具有时序调控作用的miRNA分子let-7。后来在不同物种中相继发现了许多miRNA分子，收录在miRBase数据库。至今Sanger miRBase（Release：21 June 2014）中收录的miRNA数目达到28 645个，覆盖包括植物、动物和病毒等在内的223个物种。在蠕虫、苍蝇和哺乳动物中，1%～2%的基因由miRNAs参与组成。miRNA的作用和功能丰富，靶基因广泛分布，一种miRNA可以靶向多种基因的mRNA，而一种基因的mRNA也可能会受到多种miRNA的共同调节。由此形成复杂而精细的调控网络，调控功能基因的表达，进而影响多种生物学过程。已有研究证实，miRNA参与到包括胚胎发育、细胞凋亡、细胞分裂、细胞分化、死亡、造血作用、癌症发生以及病毒感染等多种基因表达调控途径。

（一）血吸虫microRNA的发现

Gomes等利用生物信息学方法发现：和其他生物一样，曼氏血吸虫存在Dicer、Drosha、Ago和expotin-5等13种蛋白类似物，这些蛋白不同程度地参与了miRNA的生物合成过程。Chen等（2010）发现，日本血吸虫有3个Ago蛋白，其在血吸虫的不同生活阶段呈现差异表达。2008年，Xue等利用克隆和测序技术分析鉴定了日本血吸虫5种新的miRNA，深入分析表明这些miRNA具有高度的期别特异性，其中let-7表达量在毛蚴期最低、胞蚴期较高，在尾蚴期达到最高，推测它可能与毛蚴到尾蚴在中间宿主钉螺体内的发育调控相关。另两种miRNA分子Sja-bantam和Sja-miR-71的表达与let-7相似，均在毛蚴期开始表达，在尾蚴期达到最高。在寄生虫感染宿主时，会有一些基因和蛋白的表达发生改变，以适应其入侵寄生虫宿主的需要。bantam和miR-71的前体序列高度保守，有关其功能的研究结果初步表明，它们可能与寄生虫侵染宿主过程中基因调控有关。2010年，Wang等利用高通量测序技术（illumina solexa）分析了日本血吸虫早期童虫的小RNA数量，获得了20个结构保守的miRNAs和16个童虫特异miRNAs。Huang等利用同样的技术报道了日本血吸虫童虫和成虫中176个特异性的miRNAs，而Hao等报道了日本血吸虫16种保守的miRNAs，22种特异性的 miRNAs。Cai 等对不同生活阶段的日本血吸虫进行高通量测序，分析了非编码小RNA的表达谱。Simoes等对曼氏血吸虫成虫小RNA文库测序后，鉴定了211个新的miRNA候选分子。Gomes鉴定发现了曼氏血吸虫中的16个miRNA前体和32个成熟体miRNAs。曼氏血吸虫大概有13 200个基因，而推测miRNA占基因总数的0.5%～1.5%，据此可计算出曼氏血吸虫可能有66～198条miRNA。迄今，miRbase数据库收录了225条血吸虫成熟体miRNA序列，115条前体序列。

（二）miRNA与血吸虫的生长发育

研究发现日本血吸虫存在数个与人、小鼠、果蝇和线虫等高度保守的miRNAs，包括 miR-1b、miR-124、miR-8/200b、miR-190 和 miR-7等，这些高度保守的miRNAs在人、果蝇及线虫等物种中已被证实参与 IGF、EGF、Wnt、Notch、TGF-β 等重要信号通路，生物信息学分析靶基因后推测在血吸虫中miRNAs也可能参与上述重要通路。2011年，Simoes等对曼氏血吸虫不同期别miRNA的表达分析发现7种miRNA只存在于成虫中，5种仅存在于童虫中，另外有2种在童虫和成虫中均存在，提示这些miRNA分子在寄生虫的生长发育过程中有重要的调控作用。血吸虫虫体miRNA分子可通过调节血吸虫的基因表达从而影响其生长发育、营养代谢等生物进程。

（三）miRNA在血吸虫感染宿主过程中的作用

血吸虫在感染进程中与宿主发生的相互作用机制十分复杂，miRNA可能在其中发挥一定的生物学功能。Han等利用miRNA芯片技术，检测不同适宜性宿主小鼠、大鼠和东方田鼠感染日本血吸虫早期宿主肝脏、脾脏和肺脏组织中的miRNA表达谱变化，发现了一些差异表达的miRNA分子，对这些差异表达miRNA的靶基因进行GO分类和KEGG分析，发现这些miRNA分子可能与免疫应答、营养代谢、细胞分化、凋亡及其他信号通路相关，预测宿主miRNA分子在日本血吸虫早期感染中可能发挥了重要的生物学功能，并影响着日本血吸虫在不同适宜性宿主体内的生长发育及存活。

Cai等利用基因表达谱芯片技术分析了血吸虫感染小鼠后不同时期肝脏中基因的表达变化，同时利用miRNA深度测序技术分析了肝脏中miRNA的表达水平，构建了miRNA-gene动态调控的网络图，为进一步研究由血吸虫虫卵诱发的肝脏病理变化及其分子机制提供了信息。

目前，随着高通量测序技术和生物信息学分析的发展，更多新的血吸虫miRNA被发现和研究，但对大多数血吸虫miRNA的靶基因及其调控机制仍了解甚少，须继续加强这一方面的探索。

参考文献

陈竺，王升跃，韩泽广3. 2010. 日本血吸虫全基因组测序完成[J]. 中国基础科学，3：13－17.

戴橄，汪世平，余俊龙，等. 2007. 日本血吸虫单性感染雄虫和双性感染雄虫差异表达蛋白的筛选与鉴定[J]. 生物化学与生物物理进展，34（3）：283－291.

高隆声，游绍阳，陈善龙，等. 1984. 日本血吸虫中国大陆株染色体组型研究初报[J]. 衡阳医学院学报，1：15－20.

高隆声，游绍阳，陈善龙，等. 1985. 日本血吸虫染色体组型的研究[J]. 寄生虫与寄生虫病杂志，3：29－31.

何东苟，余新炳，吴忠道. 2003. 蛋白质组学研究及其在寄生虫学上的应用[J]. 中国热带医学，3（4）：507－512.

何毅勋. 1962. 日本血吸虫形态的若干观察[J]. 动物学报，4：453－457.

孔繁瑶. 1997. 家畜寄生虫学[M]. 第2版. 北京：中国农业大学出版社.

农业部血吸虫病防治办公室. 1998. 动物血吸虫病防治手册[M]. 第2版. 北京：中国农业科学技术出版社.

彭金彪. 2010. 不同宿主来源日本血吸虫童虫差异表达基因的研究[D]. 北京：中国农业科学院.

曲国立，陶永辉，李洪军，等. 2010. 中国大陆日本血吸虫地理株间成虫蛋白质组分的差异[J].中国血吸虫病防治杂志，22（4）：315－319.

唐仲璋，等. 1973. 日本血吸虫成虫和童虫在终末宿主体内异位寄生的研究[J]. 动物学报，19：220－237.

王欣之. 2008. 日本血吸虫不同发育阶段虫体差异表达基因解析[D]. 北京：中国农业科学院.

吴忠道，徐劲，孟玮，等. 2001. 日本血吸虫雌雄成虫可溶性蛋白组分的双向电泳分析[J]. 热带医学杂志，1（2）：120－123.

许阿莲，王炳夫. 1985. 日本血吸虫染色体的初步研究[J]. 寄生虫学与寄生虫病杂志：287－289.

杨健美，石耀军，冯新港，等. 2012. 3种保虫宿主日本血吸虫特征性差异表达基因的筛选与验证[J]. 中国血吸虫病防治杂志，24（3）：279－283.

杨健美. 2012. 不同终末宿主对日本血吸虫感染适宜性的差异分析[D]. 北京：中国农业科学院.

余传信，赵飞，殷旭仁，等. 2010. 日本血吸虫成虫呕吐和排泄分泌物的蛋白质学分析[J].中国血吸虫病防治杂志，22（4）：304－309.

袁仕善，邢秀梅，刘建军，等. 2009. 日本血吸虫成虫性别差异蛋白的筛选及鉴定[J]. 中华预防医学杂志，43（8）：695－699.

苑纯秀. 2005. 日本血吸虫发育期别差异表达基因的筛选研究及新基因的克隆分析[D]. 北京：中国农业科学院.

苑纯秀，冯新港，林娇娇，等. 2005. 日本血吸虫期别差异表达基因文库的构建及分析[J]. 生物化学与生物物理进展，32（11）：1038－1046.

苑纯秀，冯新港，林娇娇，等. 2006. 日本血吸虫（中国大陆株）虫卵全长cDNA文库的构建及分析[J].

中国预防兽医学报, 28 (1): 109－112.

张玲, 徐斌, 周晓农. 2008. 吡喹酮处理日本血吸虫成虫蛋白质组学分析[J]. 中国寄生虫学与寄生虫病杂志, 26 (4): 258－263.

张薇娜, 黄大可, 张鹏, 等. 2008. 日本血吸虫成虫生殖系统的激光共聚焦显微镜形态学观察[J].中国寄生虫学与寄生虫病杂志, 26 (5): 392－394.

赵晓宇, 姚利晓, 孙安国, 等. 2007. 日本血吸虫童虫部分差异表达蛋白的质谱分析[J]. 中国兽医科学, 37 (1): 1－6.

赵晓宇. 2005. 日本血吸虫童虫差异表达蛋白质组研究和童虫差异表达基因SjEnol的克隆和表达[D]. 北京: 中国农业科学院.

郑辉, 吴赟, 余轶婧, 等. 2009. 双向电泳联合免疫印迹技术分析日本血吸虫成虫可溶性抗原[J]. 临床输血与检验, 11 (2): 107－112.

周述龙, 林建银, 蒋明森. 2001. 血吸虫学[M]. 第2版. 北京: 科学出版社: 50－54.

朱建国, 林矫矫, 苑纯秀, 等. 2001. 日本血吸虫成虫蛋白质的性别差异性研究[J]. 中国寄生虫学与寄生虫病杂志, 19 (2): 107－109.

Abdel-Hafeez E H, Kikuchi M, Watanabe K, et al.2009.Proteome approach for identification of schistosomiasis japonica vaccine candidate antigen[J].Parasitol Intl, 58: 36－44.

Ambros V.2003.MicroRNA pathways in flies and worms: growth, death, fat, stress and timing[J].Cell, 113(6): 673－676.

Bartel DP.2009.MicroRNAs: Target recognition and regulatory functions[J].Cell, 136(2): 215－233.

Berriman M, Haas BJ, LoVerde PT, et al.2009.The genome of the blood fluke *Schistosoma mansoni* [J]. Nature, 460(7253): 352－358.

Brennecke J, Hipfner DR, Stark A, et al.2003.Bantam encodes a developmentally regulated microRNA that controls cell proliferation and regulates the proapoptotic gene hid in Drosophila [J].Cell, 113(1): 25－36.

Cai P, Hou N, Piao X, et al.2011.Profiles of small non-coding RNAs in *Schistosoma japonicum* during development[J].PLoS neglected tropical diseases, 5(8): e1256.

Cai P, Piao X, Hao L, et al.2013.A deep analysis of the small non-coding RNA population in *Schistosoma japonicum* eggs[J].PloS one, 8(5): e64003.

Cai P, Piao X, Liu S, et al.2013.MicroRNA-gene expression network in murine liver during *Schistosoma japonicum* infection[J].PloS one, 8(6): e67037.

Carthew RW.2006.Molecular biology. A new RNA dimension to genome control[J].Science, 313(5785): 305－306.

Cheng G, Jin Y, MicroRNAs.2012.Potentially important regulators for schistosome development and therapeutic targets against schistosomiasis[J].Parasitology, 139(5): 669－679.

Cheng G F, Lin J J, Feng X G, et al.2005.Proteomic analysis of differentially expressed proteins between the male and female worm of *Schistosoma japonicum* after pairing[J].Proteomics, 5(2): 511–521.

Chen J, Yang Y, Guo S, et al.2010.Molecular cloning and expression profiles of Argonaute proteins in *Schistosoma japonicum*[J].Parasitology research, 107(4): 889–899.

de Souza Gomes M, Muniyappa MK, Carvalho SG, et al.2011.Genome-wide identification of novel microRNAs and their target genes in the human parasite *Schistosoma mansoni* [J].Genomics, 98(2): 96–111.

Du T, Zamore PD.2007.Beginning to understand microRNA function[J].Cell Res, 17(8): 661–663.

Esquela-Kerscher A, Slack FJ.2006.Oncomirs - microRNAs with a role in cancer[J].Nat Rev Cancer, 6(4): 259–269.

F. Liu, J. Lu, W. Hu, et al.2006.New perspectives on host-parasite interplay by comparative transcriptomic and proteomic analyses of *Schistosoma japonicum*[J].PLoS Pathog, 2 (4): e29.

F. Liu, P. Chen, S. J. Cui, et al.2008.SjTPdb: integrated transcriptome and proteome database and analysis platform for *Schistosoma japonicum*[J].BMC Genomics, 9: 304.

F. Liu, S. J. Cui, W. Hu, et al.2009.Excretory/secretory proteome of the adult developmental stage of human blood fluke, *Schistosoma japonicum*[J].Mol Cell Proteomics, 8(6): 1236–1251.

F. Liu, W. Hu, S.J.Cui, et al.2007.Insight into the host-parasite interplay by proteomic study of host proteins copurified with the human parasite, *Schistosoma japonicum*[J]. Proteomics, 7(3): 450–462.

G. Cheng, R. Luo, C. Hu, et al.2013.TiO(2)-Based Phosphoproteomic Analysis of Schistosomes: Characterization of Phosphorylated Proteins in the Different Stages and Sex of *Schistosoma japonicum*[J].Proteome Res, 12(2): 729–742.

Gomes MS, Cabral FJ, Jannotti-Passos LK, et al.2009. Preliminary analysis of miRNA pathway in *Schistosoma mansoni* [J].Parasitology international, 58(1): 61–68.

Grossman AI. et al.1980.Sex heterochromatin in *Schistosoma mansoni* [J].Parasitol, 66: 368–370.

Grossman AI et al.1981a.Karyotype evolution and sex Chromosome differentiation in schistosomes (Trematoda, Schistosomatidae)[J].Chromosoma, 84: 413–430.

Grossman AI et al.1981b.Somatic chromosomes of *Schistosoma roahaini, S. mattheei*, and *S.intercalutun*[J].Parasitol, 67: 41–44.

Guo H, Ingolia NT, Weissman JS, et al.2010.Mammalian microRNAs predominantly act to decrease target mRNA levels[J].Nature, 466(7308): 835–840.

Hu W, Yan Q, Shen DK, et al.2003.Evolutionary and biomedical implications of a *Schistosoma japonicum* complementary DNA resource [J].Nat Genet, (2): 139–147.

Han H, Peng J, Han Y, et al.2013.Differential Expression of microRNAs in the Non-Permissive Schistosome Host Microtus fortis under Schistosome Infection [J].PloS one, 8(12): e85080.

Han H, Peng J, Hong Y, et al.2013.MicroRNA expression profile in different tissues of BALB/c mice in the early phase of *Schistosoma japonicum* infection[J].Mol Biochem Parasitol, 188: 1－9.

Han H, Peng J, Hong Y, et al.2013.Comparison of the differential expression miRNAs in Wistar rats before and 10 days after *S.japonicum* infection [J].Parasit Vectors, 24, 6(1): 120.

Hao L, Cai P, Jiang N, et al.2010.Identification and characterization of microRNAs and endogenous siRNAs in *Schistosoma japonicum*[J].BMC genomics, 11: 55.

Hoefig KP, Heissmeyer V. 2008. MicroRNAs grow up in the immune system [J]. Curr Opin Immunol, 20(3): 281－287.

Huang J, Hao P, Chen H, et al.2009.Genome-wide identification of *Schistosoma japonicum* microRNAs using a deep-sequencing approach[J].PloS one, 4(12): e8206.

Huang Y Z, Yang G J, Kurian D, et al.2011.Proteomic patterns as biomarkers for the early detection of Schistosomiasis japonica in a rabbit model [J].Int J Mass Spectron, 299: 191－195.

J. H. Chen, T. Zhang, C. Ju, et al.2014.An integrated immunoproteomics and bioinformatics approach for the analysis of *Schistosoma japonicum* tegument proteins[J].Proteomics, 98: 289－299.

Jason Mulvenna, Luke Moertel, Malcolm K, et al.2010. Exposed proteins of the *Schistosoma japonicum* tegument[J].Int J Parasitol, 40(5): 543－554.

Johnson DA.1997.The WHO/ UNDP/World Bank schistosoma genomeinitiative: current status[J]. Parasitol Today, 13(2): 45－46.

J. Peng, H. Han, G. N.Gobert, et al.2011.Differential gene expression in *Schistosoma japonicum* schistosomula from Wistar rats and BALB/c mice[J].Parasit Vectors, 4 (1): 155.

J.Peng, G.N.Gobert, Y. Hong, et al.2011.Apoptosis Governs the Elimination of *Schistosoma japonicum* from the Non-Permissive Host Microtus fortis[J].PLoS One, 6 (6): e21109.

J. Wang, F. Zhao, C. X. Yu, et al.2013.Identification of proteins inducing short-lived antibody responses from excreted/secretory products of *Schistosoma japonicum* adult worms by immunoproteomic analysis[J].Proteomics, 87: 53－67.

J. Yang, X. Feng, Z. Fu, et al.2012.Ultrastructural Observation and Gene Expression Profiling of *Schistosoma japonicum* Derived from Two Natural Reservoir Hosts, Water Buffalo and Yellow Cattle [J].PLoS One, 7 (10): e47660.

J. Yang, Y. Hong, C. Yuan, et al.2013.Microarray Analysis of Gene Expression Profiles of *Schistosoma japonicum* Derived from Less-Susceptible Host Water Buffalo and Susceptible Host Goat[J].PLoS One, 8 (8): e70367.

Lee RC, Feinbaum RL, Ambros V.1993.The *C. elegans* heterochronic gene lin-4 encodes small RNAs with antisense complementarity to lin-14 [J]. Cell, 75(5): 843－854.

L. L. Yang, Z. Y. Lv, S. M. Hu, et al.2009.*Schistosoma japonicum*: proteomics analysis of differentially expressed proteins from ultraviolet-attenuated cercariae compared to normal cercariae[J].Parasitol Res, 105 (1): 237－248.

M. Zhang, Y. Hong, Y. Han, et al.2013.Proteomic Analysis of Tegument-Exposed Proteins of Female and Male *Schistosoma japonicum* Worms[J].Proteome Res, 12 (11): 5260－5270.

Mullikin J.C. and Ning Z .2003. The phusion assembler[J]. Genome Res , 13: 81－90.

R. Luo, C. Zhou, J.Lin, et al.2012.Identification of in vivo protein phosphorylation sites in human pathogen *Schistosoma japonicum* by a phosphoproteomic approach[J].Proteomics, 75 (3): 868－877.

Reinhart BJ, Slack FJ, Basson M, et al.2000.The 21-nucleotide let-7 RNA regulates developmental timing in *Caenorhabditis elegans*[J].Nature, 403(6772): 901－906.

Short RB.1983.Presidential address [J].Parasitol, 69: 4－22.

Simoes MC, Lee J, Djikeng A, et al.2011.Identification of *Schistosoma mansoni* microRNAs [J].BMC genomics, 12: 47.

Wang Z, Xue X, Sun J, et al.2010.An "in-depth" description of the small non-coding RNA population of *Schistosoma japonicum* schistosomulum[J].PLoS neglected tropical diseases, 4(2): e596.

Wasinger VC, Cordwell SJ, Cerpa-Poljak A, et al.1995.Progress with gene-product mapping of the Mollicutes: Mycoplasma genitalium[J].Electrophoresis, 16(7): 1090－1094.

Wienholds E, Plasterk RH. 2005. MicroRNA function in animal development [J]. FEBS Lett, 579(26): 5911－5922.

X. Wang, G. N. Gobert, X. Feng, et al.2009.Analysis of early hepatic stage schistosomula gene expression by subtractive expressed sequence tags library[J].Mol Biochem Parasitol, 166 (1): 62－69.

X. Xu, Y. Zhang, D. Lin, et al.2014.Serodiagnosis of *Schistosoma japonicum* infection: genome-wide identification of a protein marker, and assessment of its diagnostic validity in a field study in China[J].Lancet Infect Dis, 14 (6): 489－497.

Xue X, Sun J, Zhang Q, et al.2008.Identification and characterization of novel microRNAs from *Schistosoma japonicum* [J].PLoS One, 3(12): e4034.

Y. Hong, A. Sun, M. Zhang, et al.2013.Proteomics analysis of differentially expressed proteins in schistosomula and adult worms of *Schistosoma japonicum*[J]. Acta Trop, 126(1): 1－10.

Y. Hong, J.Peng, W. Jiang, et al.2011.Proteomic Analysis of *Schistosoma japonicum* Schistosomulum Proteins that are Differentially Expressed Among Hosts Differing in Their Susceptibility to the Infection [J].Mol Cell Proteomics, 10 (8): M110 006098.

Yan Zhou, Huajun Zheng, Feng Liu, et al.2009.The *Schistosoma japonicum* genome reveals features of host-parasite interplay [J].Nature, 460: 345－352.

Z. R. Zhong, H. B. Zhou, X. Y. Li, et al.2010. Serological proteome-oriented screening and application of antigens for the diagnosis of Schistosomiasis japonica[J]. Acta Trop, 116 (1): 1－8.

第三章

血吸虫的发育与生态

　　血吸虫生活史复杂，既涉及在哺乳动物体内和钉螺体内的寄生生活，又涉及体外短暂的自由生活。了解血吸虫的生态与发育是制订防控对策、实施干预措施的基础。

第一节　虫卵的发育与生态

一、虫卵发育

　　血吸虫雌虫在肠系膜静脉和肝门静脉中产卵。初产虫卵为单细胞虫卵。根据虫卵中胚细胞发育、器官形成和毛蚴的发育状况，可将虫卵分为单细胞期、细胞分裂期、器官发生期和毛蚴成熟期四个阶段。

　　依据何毅勋（1979）对感染血吸虫家兔肝脏的组织学观察以及许世锷（1974）对日本血吸虫在离体培养中产卵和虫卵发育过程的研究，各期虫卵的主要特征如下。

　　1. 单细胞期　血吸虫初产虫卵和子宫内虫卵为单细胞期。该期虫卵内含有18～24个边界清楚的卵黄细胞和1个卵细胞。卵黄细胞内充满高度反光的颗粒，而卵细胞则含有黑色颗粒的细胞质和显著而折光性较高的细胞核。卵细胞的大小等于虫卵横径的1/4～1/3。核仁在核的中央，为黑色致密的颗粒。核膜内缘还有折光较高的染色质。卵细胞核有旋转现象。在卵细胞细胞质中可见一个精子核。

　　2. 细胞分裂期　初产出的单细胞期虫卵，在24h之内其中的卵细胞就开始分裂。卵细胞经第一次分裂后形成二个大小不等的细胞，体积较小而细胞核较为致密的一个，称为繁殖细胞；另一个休积较大而细胞核较为松散的细胞，称为外胚叶细胞。小形细胞反复分裂成40～50个细胞群，位于卵的中央呈团块状。随着细胞分裂的继续进行，分裂的细胞群呈实体状，犹如桑葚。而大形细胞分裂后离开中央的分裂细胞群，接近卵壳的边缘，然后沿着卵壳内壁继续分裂并分化成将来包围于胚胎外面的胚膜。在卵裂的早期，卵黄细胞呈现膨胀，残存在细胞质中的颗粒球已散失在分裂的细胞群周围，致使卵黄细胞显得透亮无色，形如空泡。随后，极度膨胀而透亮的卵黄细胞破裂、崩解，失去细胞的结构。至卵裂后期，卵黄颗粒球也逐渐消失，或只残留少许更细碎的崩解小颗粒。自单一卵细胞分裂为繁殖细胞和外胚叶细胞，经外胚叶细胞的连续分裂，直至繁殖细胞开始分裂前的细胞分裂期，共历时7～8d。

3. 器官发生期　也有人称其为胚胎发育期。在细胞分裂后期，细胞群中出现有规则的排列和分化。最早分化形成的是神经团，它由具有丰富核染色质特点的许多小细胞聚集而成，位于胚胎的中央。继而分化出现的器官是头腺细胞、焰细胞及纤毛上皮细胞等。在此末期已能分辨出胚胎体形的前后端。本期发育共历时3～4d。许世锷对离体培养日本血吸虫虫卵器官发生期观察结果为：到培养后第8天时，繁殖细胞开始分裂为二，其中的一个再分裂形成毛蚴的生殖细胞，另一个则发育为体细胞的一部分；到第9天卵内开始出现似毛蚴状的胚胎，但内部器官尚不能看出；至第11天，由体细胞分化而来的头腺、原肠、神经系统以及生殖细胞已能清楚看到，但排泄系统及毛蚴的外部结构尚不清楚。

4. 毛蚴成熟期　在卵内有一个椭圆形的毛蚴，有时尚可见到毛蚴的伸缩活动。自产卵至毛蚴发育成熟需时12d左右。

血吸虫虫卵从雌虫子宫中产出一般在动物感染后的25～26d，在组织内发育成熟需10～12d，成熟虫卵到死亡需10～12d，故虫卵寿命一般为20～22d。动物从感染到肝脏出现虫卵的时间，家兔为23d，小鼠为24d。在感染动物的肝脏和肠壁组织，一般可以观察到上述各期虫卵，同时也可以观察到死亡和钙化虫卵（感染后期）。从尾蚴感染动物到粪便中出现虫卵的时间，称为虫卵开放前期。虫卵开放前期的长短依动物种类不同而有差异，且与血吸虫和宿主的适应性有关，适应性差、虫体发育缓慢、开放前期长。黄牛和羊的虫卵开放前期一般在35d左右，水牛的虫卵开放前期在42d左右。

血吸虫虫卵在动物体内的发育，需要宿主提供各种营养物质。体外培养的结果显示培养基中含有血清及红细胞，特别是后者的存在，是血吸虫卵发育至成熟的必需条件。

二、外界环境对虫卵发育和孵化的影响

（一）外界环境对虫卵发育的影响

在粪便内，大多数虫卵含有毛蚴即为成熟卵，未成熟和萎缩性虫卵占少数。根据体外培养血吸虫虫卵发育所需条件看，粪便中未成熟虫卵在体外一般不能再发育成为成熟虫卵。

（二）外界环境对虫卵寿命的影响

血吸虫虫卵随粪便排出体外后，影响其寿命的主要是水和温度两个因素。血吸虫虫卵只有在湿粪内才能保持活力，如果粪便干燥后，虫卵会快速死亡。随粪便排出体外的

虫卵如果入水，待粪便被稀释到一定混浊度以下始能孵化。

（1）水渗透压或盐浓度　1.2%以下食盐溶液中对虫卵活力和寿命没有影响；在3.5%～4.3%食盐溶液中虫卵24h内死亡，在5%以上食盐溶液中虫卵迅速死亡，在12%甘油溶液中血吸虫虫卵迅速死亡。

（2）pH　水的pH在3～10范围内时，对虫卵活力和寿命没有明显影响。

（3）水的深度　血吸虫虫卵密度大，在水中沉于水底。水的深度对血吸虫虫卵寿命的影响未见研究报道。

日本血吸虫虫卵在湿粪内28℃气温12d有3.2%虫卵存活，18℃气温85d有2.9%存活，8℃气温180d有77%虫卵存活。全部虫卵死亡温度与时间分别为：−20℃为30min，−10℃为4h，38℃为19d，45℃为8h，55℃为3min；0℃保存81d、3℃保存37d虫卵均不死亡。因此，在0℃以上气温，虫卵寿命随温度升高而减少；而在0℃以下，温度越低，死亡率越高。

碳酸氢铵、石灰氮、生石灰可以迅速杀灭虫卵，人和动物尿液对血吸虫虫卵具有很强的杀灭作用，一般在24～72h内即能杀灭虫卵内的毛蚴。

（三）外界环境对虫卵（毛蚴）孵化的影响

排出体外的虫卵在未入水的粪便中是不能孵化的。

入水以后，毛蚴的孵出受水的深度、渗透压、温度、光照和pH等因素的影响。其中水的渗透压和温度为主要因素。

1. 水的深度　梁幼生等（1999）将相同量的血吸虫虫卵分别放在不同水深处观察孵化率，结果在水深分别为33.5、28.5、22.5、17.5、13.5和7.5cm以下，如果以7.5cm深处虫卵孵化率作100%计算，其相对孵化率分别为18.54%、36.89%、50.35%、51.69%、69.38%和100%，水深度与相对孵化率呈非常显著性负相关（r = −0.9968，$p<0.01$），水深度越大，成熟虫卵的孵化率越低。

2. 渗透压　血吸虫虫卵中毛蚴的孵出与渗透压有明显关系。成熟的虫卵在血液、肠内容物或尿中不能孵化，在等渗的环境中也不能孵化，只有被淡水稀释后方能孵化。以血吸虫虫卵在清水中的孵化率为100%，则在0.2%以下盐水中孵化率可达100%，在0.5%盐水中孵化率降低至60%，在0.8%盐水中孵化率降低至7.5%，1%盐水中孵化率降低至1.8%，1.2%盐水中虫卵孵化完全被抑制。

3. 温度　血吸虫虫卵可在2～37℃的水中孵化，但在10～30℃时孵化居多，而孵化的适宜温度为25～30℃。当水温在11℃以下或37℃以上时，大部分虫卵孵化被抑制。在13～28℃条件下，大部分虫卵在48h内孵出。温度越高，孵化越快。

4. 光照　光照能加速血吸虫虫卵的孵化，光照愈强虫卵孵化速度愈快，在75W人工灯光照下，大多数在5~6h内孵化。在完全黑暗的环境中，虫卵仅部分孵化或完全不能孵化。

5. 水质及pH　血吸虫虫卵在自然环境的清水中均能孵化，但水质及水的pH对血吸虫虫卵的孵化有显著影响。水质越好（如井水）孵化率越高，但在新放出的自来水（余氯含量大于30mg/L）中不能孵化。孵化的最适pH为7.5~7.8，但在pH为3.0~8.6的范围内均可以孵化。水的酸性或碱性过高均不利于虫卵孵化，pH为2.8时或pH为10时，虫卵孵化完全被抑制。水的混浊度也会影响血吸虫虫卵的孵化。

第二节　毛蚴的生态

一、毛蚴的寿命

毛蚴的寿命很短，一般在15~94h。毛蚴寿命与水质、水温、pH有关。适宜虫卵孵化的温度和水质也适宜毛蚴的活动。当水温在10~33℃时，温度越高，毛蚴活动越多，其衰竭与死亡也愈快。在较低的水温（5~10℃）条件下，毛蚴的寿命显著低于18~33℃时的寿命。在37℃时放置20min，活动毛蚴的数量就大大减少，1h后仅有少数毛蚴缓慢活动，2h后全部停止活动并趋于死亡。孙乐平（2000）的观察显示，毛蚴在20℃时的期望寿命为10.11h，最长存活时间为38h；25℃时的期望寿命为9.07h，最长存活时间为26h。

毛蚴对氯的抗力低于虫卵，水中含氯0.7~1.0μL/L或余氯0.2~0.4μL/L时，在30min内毛蚴全部死亡。

二、毛蚴活动及其影响因素

毛蚴孵出后，借助其纤毛在水中作直线运动，如遇障碍物则作探索性的转折或回转后再作直线运动。

毛蚴的活动具有向上（背地）性，因此，毛蚴多分布于水体的表层。

毛蚴在水中的游速平均为2.19mm/s，但游速与毛蚴时龄、温度、光照强度有关。刚孵出的毛蚴游速为2.27mm/s，1h后为2.0mm/s，随后保持此游速至6h，8h时降为1.5mm/s。

刚孵出的毛蚴游动方向改变率为55°/s，5h后增加到110°/s。光照强度与毛蚴游速成正相关，但与毛蚴游动方向的改变率无明显关系。

毛蚴活动具有向光的特性，表现为趋向弱光、回避强光和黑暗。毛蚴的向光性与温度有密切关系：水温在10℃以下或35℃以上时，毛蚴无向光性；在15℃时对4 500lx以下各种强度的光照、20℃时对2 000lx以下的光照、在25℃时对500lx以下光照、在30℃时对50lx以下光照具有趋光性。

毛蚴活动还具有趋清、趋温性等特性。

毛蚴运动还具有一定的"穿泳性"，即毛蚴孵出后具有穿过粪层或棉花纤维构成的微隙层而达到水体上层的特性。羊的粪粒放入水中，其中的虫卵孵化后毛蚴能穿出粪粒。

水质、水温、pH等环境条件均能影响毛蚴的活动。毛蚴在一定盐浓度下（如生理盐水）或低温（1～4℃）时，会沉于水底，停止游动。

毛蚴具有主动寻找钉螺的特性。试验观察，在含毛蚴的水体中置入活的钉螺后，毛蚴定向运动显著，相对地聚集于钉螺所在位置。毛蚴寻找钉螺的过程可分为两个时相，第一时相是受物理因素的影响到达钉螺所在的环境，第二时相是受钉螺释放化学物质的引诱而主动寻找。Chernin（1972）提出螺类释放一种水溶性物质即"毛蚴松"来刺激毛蚴改变游动状态，有助于寻找螺类宿主。据观察，放置螺类越久的水对毛蚴的吸引越强。对养螺水进行分析，纯化后的"毛蚴松"主要成分是镁离子。根据多方研究，"毛蚴松"实际上是由多种元素组成的，是螺的排泄、分泌物综合起到对毛蚴的吸引作用，其中包括氨、一些脂肪酸、氨基酸以及胺类（5-羟色胺、多巴胺等）。总之，镁离子、钙镁离子摩尔比、氨、多种氨基酸等都对毛蚴向性有影响。其机制有化学趋向和化学激动两种学说。

三、毛蚴对钉螺的感染及其影响因素

毛蚴侵袭钉螺是由前端突出的钻器的吸附作用和一对侧腺分泌液作用的共同结果。当毛蚴接触到钉螺时，首先是毛蚴前端钻器上的微绒毛吸附在螺软组织表面，在纤毛强烈运动的作用下，前端钻器明显伸长作钻穿动作，于袭击和吸附后10～20min，将螺体软组织钻破，从裂口处进入。同时，在毛蚴头腺分泌物的溶解作用下，借助纤毛的摆动和体形的伸缩而迅速钻入。毛蚴经螺体的触角、头、足、外套膜、外套腔等软组织侵入螺体。整个钻入过程是吸附作用、机械运动和化学溶解等共同作用的结果。

在自然条件下，许多因素，如水温、水流速、水质、水的pH、水的深度、水的浊度、水的盐度、风力和风向、阳光和紫外线照射、毛蚴数量和时龄、钉螺密度、毛蚴与钉螺接触时间的长短、血吸虫地理株与钉螺地理株的相容性等，均可影响毛蚴对钉螺的感染。

（1）水温　当水温为5～38℃时，毛蚴均可感染钉螺，但适宜温度为21～33℃，在此温度范围内钉螺的感染率并无差异，低温或高温时钉螺感染率则显著下降。据报道，日本血吸虫毛蚴感染钉螺的最低临界温度为3.24℃。

（2）水的流速　Webbe和Shiff均报告流动的水会增加曼氏血吸虫或埃及血吸虫毛蚴感染螺蛳的机会，当水的流速为15.24～115.82cm/s时，可获得较高的螺蛳感染率。但Upatham指出当水的流速大于13.11cm/s时，双脐螺几乎不发生曼氏血吸虫感染。

（3）水的pH　曼氏血吸虫的观察显示，当水的pH为7～9时，螺蛳的感染率较高，且pH8时感染率最高。在pH为5或10时感染率非常低，当pH为4时已无螺蛳发生感染。

（4）水的深度　当钉螺在水深分别为30、18、12、10、7.5、4和2cm的水下，水深与感染率成非常显著性负相关，即深度越深，感染率越低（梁幼生等，1999）。

（5）毛蚴数量与时龄　用1只毛蚴感染单只钉螺，其感染率为20%～27%；以4只毛蚴感染单只钉螺，其感染率为45%；以10～20只毛蚴感染单只钉螺，其感染率为76%～95%。

（6）毛蚴时龄　曼氏血吸虫的研究资料表明，刚孵出的毛蚴70%具有感染螺蛳的能力，3h后降为52%，6h后降为11.5%，8h后降为3.9%。

（7）毛蚴与钉螺接触时间的长短　钉螺的感染率随暴露时间的增加而升高。

（8）毛蚴的性别　雄性毛蚴更容易感染和在钉螺体内发育。

（9）螺龄与性别　螺龄对毛蚴的感染基本没有影响，但对钉螺存活有影响；钉螺性别对毛蚴感染也没有影响，但现场雌螺血吸虫阳性率高于雄螺。

第三节　日本血吸虫幼虫在钉螺体内的发育及其生态

一、日本血吸虫在钉螺体内的发育

毛蚴感染钉螺后，先发育成母胞蚴，母胞蚴的生殖胚团形成许多子胞蚴，子胞蚴内的胚团陆续发育形成尾蚴。整个发育过程为无性繁殖。

（一）母胞蚴的发育

毛蚴侵入螺体后，早期发育多在钻入处的组织及淋巴窦中，5h后停止游走，纤毛板脱落；24h后胚细胞分裂；48h后已失去毛蚴的特点，并发育成为一个具有薄壁而充满胚细胞的母胞蚴。毛蚴入侵螺体后一般在其入侵点附近组织内发育成母胞蚴，因此在感染早期（前9d内）母胞蚴主要寄生在钉螺的头、足和鳃部，占总数的90%，其他部位如外套膜、触足等处仅占10%。但母胞蚴有一定的活动性和移行能力，可从螺体的头、足部等移向内脏，感染45d以前的母胞蚴仍有55.5%见于头足部，44.5%见于内脏；45d后有14.2%见于头足部，85.8%见于内脏。

母胞蚴的发育可分为单细胞期、胚球期、成熟期和衰退期。

单细胞期：持续约1周，可分为3个阶段：神经环阶段，约2d；单细胞阶段，约4d，即见于感染后6 d；胚球早期阶段，见于感染后6～7 d。单细胞期母胞蚴较小，多呈球形，以后逐渐增大且形状多样，如椭圆形、葫芦形或哑铃形等。

胚球期：从感染后第2周开始至第3周末。此时的母胞蚴具有较多的胚球，随着时间延长，胚球进一步发育、增长、增粗、初具子胞蚴形状，并逐渐充满整个母胞蚴。每一个胚球最后均发育成一个子胞蚴。胚球期早期，母胞蚴壁较厚，随后逐渐变薄。胚球期母胞蚴的形状、大小常因寄生部位和组织的不同而有差异。

成熟期：母胞蚴的胚球期和成熟期之间没有明显界限，一般在感染后第4周左右，母胞蚴进入成熟期。成熟期母胞蚴体内充满由胚球发育而来的子胞蚴，且子胞蚴陆续突破变薄的母胞蚴壁而排出母胞蚴体外。此期母胞蚴的大小、形态不一，但多为椭圆形，其体内子胞蚴的大小、形态也不一样，有球形、三角形、椭圆形和梨形等形状。

衰退期：一般见于感染后5周中期到第40天。这一时期的母胞蚴体内子胞蚴不断排出，数量逐渐减少，最后全部排出，因而母胞蚴的体积随时间延长而逐渐变小。这一时期的母胞蚴一般不再增殖，但少数母胞蚴体内残存的生发细胞仍会继续发育成幼胚细胞进而形成少量的子胞蚴并在低水平维持一定时间。一般到65d后，母胞蚴即严重萎缩。

（二）子胞蚴的发育

在感染钉螺后22 d左右，子胞蚴由母胞蚴体内逸出，移行至消化腺并最终寄居，继续发育、繁殖，经过4周即可成熟并逸出尾蚴。据观察毛蚴感染钉螺后49～56d，子胞蚴即可散在地寄生于整个消化腺的管间组织内。

子胞蚴的发育可分为单细胞期、胚球期和尾蚴期三个时期。

单细胞期：持续时间短，在3d左右，体积较小，多呈细长形、袋状，分布于螺的消化腺、胃肠周围、鳃和头颈等部位。

胚球期：持续2周左右。该阶段子胞蚴体内开始出现几个甚至几十个数目不等的胚球。胚球在早期较小，后逐渐增大且细胞数也逐渐增多。随着胚球的发育，子胞蚴逐渐增长、增大、增宽，其形态可呈细长状、节段状、香肠状等。

尾蚴期：持续时间1.5周左右。这一时期子胞蚴体内的大胚球逐渐发育成尾蚴。根据尾蚴的发育状况，可将该期子胞蚴的发育分为初期、中期和成熟期。子胞蚴体内的胚球是逐渐发育成尾蚴的，一般一个胚球可发育成一个尾蚴。开始时胚球数多、尾蚴少，随时间延长，尾蚴数增加而胚球数减少。后期一方面原有胚球不断发育成尾蚴并逸出体外，另一方面新的胚球不断产生、发育并最后形成尾蚴。

根据对曼氏血吸虫和牛血吸虫（*S.bovis*）的观察，血吸虫子胞蚴除产生尾蚴外，还可以产生第三代甚至第*n*代子胞蚴。

（三）尾蚴的发育

尾蚴的发育是在子胞蚴体内完成的。毕晓云和周述龙（1991）将尾蚴的发育分为5期，即胚细胞期、胚球期、雏体期、成熟前期和成熟期。

胚细胞期：胚细胞存在于子胞蚴体内，附着在子胞蚴体壁内壁。外形为圆形或椭圆形。核和核仁均较大，圆形或椭圆形，居中或稍偏。核质中有明显颗粒状染色质，胞质少，透亮，质匀。

胚球期：胚细胞开始分裂产生两种细胞，一种细胞仍保留胚细胞的特点，另一种细胞明显不同于胚细胞，即细胞小、圆形，核相应亦小，核仁点状，胞质丰富，称体细胞。随后，由于体细胞分裂加快并在数量上占优势，而胚细胞数目达到8～16个时则未再增加，这时外形如桑葚。之后，一部分细胞移行到外围，其胞质伸延，覆盖于表面而形成一层表膜细胞，整个外形呈球状。随后，进一步发育，外形呈椭圆形。此期由于胚细胞和体细胞不断分裂，胚球的体积逐渐变大，但是这两种细胞的直径却相应变小。

尾蚴雏体期：此期最大特点是外形开始出现尾蚴的雏形，内部器官逐步分化。在椭圆形体的一端的1/4或1/3处出现收缩，分为一大一小两部分，但两者无分割。小的部分较窄，它的中轴末端出现浅的凹陷，后来凹陷加深，并向两侧分开形成尾叉。大的部分即为体部，呈椭圆形，体部前端出现袋状的头器，先由6个细胞排列成环状，中间分化为口，下连原肠细胞。体部后端另有6个细胞排列成环状，以后发育为腹吸盘。头腺出现在头器中央椭圆形的致密区，有膜包绕。钻腺由体中部的10个特大而透亮细胞（钻腺原始细胞）发育而来。4对焰细胞及其相应管道均在此期出现，分布在体部有3对，尾部有1对。每个焰细胞发出一条收集管，并汇集成较粗的排泄管，贯穿尾干，后端分支入尾叉。分散在体部的胚细胞结集在腹吸盘附近。体表有突出的表膜细胞。它的下方有一层规则排列细胞，可能是肌细胞的分化和参与尾蚴体壁的形成。此期有时见到胚胎前端具有缓慢伸缩活动能力。

成熟前期：体表出现体棘，头器的前端突起，出现钻腺出口围褶及感觉乳突。此期尾蚴外形接近成熟，但尾部总长不超过体的长度。口与下方的原肠相通，原肠约在体前1/3处分叉，叉内各有一个核的结构。腹吸盘隆起，它的中央有浅的凹陷。头腺仍为致密、匀质样结构。钻腺细胞增大。2对前钻腺胞质内有许多粗大颗粒，3对后钻腺胞质均匀而透亮。钻腺细胞开始向前伸展形成腺管。渗透压调节系统进一步分化，体后部两侧排泄管汇合处已形成一个圆形排泄囊，焰细胞仍为4对。体部胚细胞进一步向腹部下方结集，并形成生殖始基。虽然体尾两部表膜细胞消失，而尾部排泄管的两侧各有两列圆形肌细胞的分化。此期尾蚴除体部能伸缩外，尾部出现摇摆和弯曲活动。

成熟期：尾蚴完全发育成熟时，体尾进一步延长，但尾部延长更快而超过体长。有的时候体表出现10条左右的环褶。体表布满体棘，体前比体后及尾部更为密集。体的两侧见到具有单纤毛的感觉乳突。腹吸盘中央有深的凹陷。头腺中央透亮而边缘致密。钻腺体进一步增大，几乎占满虫体的中后部，钻腺管分左右两束向前曲折，分别从两侧穿入头器到达前端。尾干两边外侧各有一列圆形肌细胞。尾叉各有20个排列不规则的细胞核。此期尾蚴活动十分活跃。

成熟尾蚴从子胞蚴体壁突破并进入螺组织，在头腺的作用下，通过螺体组织进入消化腺的小叶间隙，再经血窦到外套膜及暴露于水中的伪鳃，然后溢出螺体。最快可在毛蚴感染螺体后47d溢出尾蚴。

二、影响日本血吸虫在钉螺体内发育的因素

日本血吸虫从毛蚴入侵到尾蚴发育成熟的整个过程，除受钉螺机体自身生物因素（内部生物因素）的影响外，还受外部环境因素的影响。

（一）内部生物因素

钉螺是日本血吸虫幼虫发育的直接环境，其细微的变化即可能影响血吸虫的发育，甚至使血吸虫发育受阻。这样的生物因素包括钉螺的防御力和钉螺体内其他吸虫的感染状况等。

钉螺缺少免疫球蛋白和免疫记忆反应，其抵御外物入侵的系统被称为"内部防御

系统"。该系统包括细胞和体液因子两方面。其中参与内部防御的细胞至少包括四种细胞，即内皮细胞、网状细胞和极性细胞等3种"固定"非循环细胞，以及第4种最重要的移动细胞——血淋巴细胞。血淋巴细胞为阿米巴样细胞，具有吞噬、消除异物的功能。体液因子主要是植物血凝素，起调理作用，促进血淋巴细胞的吞噬作用。由于钉螺防御作用，使得钉螺具有抗感染现象，其一是感染性钉螺的自愈现象，其二是血吸虫幼虫入侵后不能在钉螺体内正常发育并被钉螺体内防御力所消灭。

血吸虫不同地理株与钉螺不同地理株之间常表现出不同的相容性，这一方面可能与同一地理株血吸虫毛蚴对不同地理株钉螺的感染力有关，另一方面也可能是不同地理株钉螺影响了不同地理株血吸虫的发育。

通常，一种贝类可充当多种吸虫的中间宿主，但在多种吸虫同时流行的地区，一个贝类（螺体）通常都只存在一种吸虫幼虫期，显示其中一种吸虫的感染会对后续感染的其他吸虫具有抗性。唐崇惕等（2008）通过现场调查发现钉螺可以感染日本血吸虫、外睾类吸虫、斜睾类吸虫、侧殖类吸虫和背孔类吸虫5种吸虫的幼虫期，但没有发现双重感染。唐崇惕等（2009）通过试验验证如钉螺先感染外睾类吸虫幼虫后，对日本血吸虫幼虫的感染具有100%抗性。

一个钉螺可以同时感染多个毛蚴，但一般只有一个毛蚴能最终发育成尾蚴，说明钉螺体内前期感染日本血吸虫幼虫对后期感染的血吸虫幼虫的发育或同时感染的血吸虫幼虫及其他幼虫的发育，具有显著影响。

幼螺与成螺、雄螺与雌螺对血吸虫幼虫的发育没有明显影响。不同种群钉螺间的变异对血吸虫发育的影响较小，如孙乐平（2003）对日本血吸虫在不同种群钉螺体内发育的有效积温进行了比较，发现不同地理种群的钉螺体内微环境的不同并未影响同一品系血吸虫幼虫发育积温。

（二）外部环境因素

影响血吸虫幼虫在钉螺体内发育的环境因素较多，但试验观察最多的是温度。一般环境温度越高，血吸虫在钉螺体内的发育速度越快。钉螺体内血吸虫尾蚴平均开放前期与环境温度成正相关，其回归方程为$Y=730.68X^{-0.8918}$；血吸虫发育速度与环境温度的回归方程为$Y=0.02351\ln(x)-0.0639$，以此推算出血吸虫在钉螺体内发育的起点温度为（15.17 ± 0.43）℃，在21~30℃试验条件下，日本血吸虫在钉螺体内发育至尾蚴开放的平均有效积温为（842.91 ± 143.63）日度，在自然环境中的平均有效积温为（611.17 ± 82.62）日度。

在钉螺体内的幼虫发育的快慢与环境温度密切相关。平均温度在16.2~17.0℃

时，幼虫发育为成熟尾蚴需159～165d，若平均温度升高为30.0～30.6℃时，则仅需47～48d。在10℃以下的低温时则停止发育。一般在6～7月份血吸虫在钉螺体内发育需47～48d，10～11月份需159～165d，在22～26℃条件下需60d。

第四节　尾蚴的逸出及尾蚴生态

一、尾蚴的逸出及其影响因素

成熟的尾蚴首先钻破子胞蚴体壁，进入螺的组织。夏明仪（1989）用电镜证明血吸虫尾蚴成熟期的子胞蚴壁具有产孔结构，认为尾蚴是从产孔产出。成熟的尾蚴以头部或尾部从子胞蚴体壁钻出，其速度较快，在脱氯水中可在放入后1min内钻出。钻出的尾蚴在相关腺体的作用下，通过螺体组织，首先聚集于消化腺周围的间隙结缔组织内，然后移行至内脏血腔或静脉（血窦），从直肠周围抵达鳃管和颈部组织，穿过固有组织和钉螺体壁，到达外套膜及暴露于水中的伪鳃，从套膜边沿或伪鳃进入水体。尾蚴从螺体逸出时，一个一个快速向水下或侧面逸出，距离2～3cm，然后折转慢慢地向上浮至水面下。尾蚴从螺体逸出过程是一个主动逸出的过程。

子胞蚴可长时间持续产生尾蚴，一个毛蚴感染钉螺后可产生数万条尾蚴。钉螺逸出尾蚴具有间歇性，在人工饲养条件下，1周左右可释放一次尾蚴。

一个阳性钉螺排出的尾蚴多为单性，但不能排除有两性尾蚴存在的可能。

毛蚴进入钉螺体内后进行一系列多种形式的无性增殖，毛蚴体内的细胞增殖是以有丝分裂的形式进行的，形成一个具有共同后代的单元。所以，单个毛蚴感染钉螺后溢出的尾蚴为同一性别。

单个毛蚴与多个毛蚴感染一个钉螺，其逸出的尾蚴总数差异不大。

据观察，一只钉螺每天逸出的尾蚴数为200～300条不等，大部分在24h内逸出的总数不超过1 000条，但个别钉螺可达2 469条。一只钉螺分次逸出的尾蚴总数在2 000～3 000条，但个别的可达6 000条以上。国外学者报道，一只南非曼氏血吸虫感染的双脐螺一生最多可逸出32 417条尾蚴。

影响尾蚴自钉螺逸出的因素很多，最主要的是水、温度和光照。

1. 水 尾蚴逸出必须有水。钉螺在露水和潮湿的泥土中均可逸出尾蚴。水的pH对尾蚴逸出有一定影响。pH在6.6～7.8范围内变化不影响尾蚴逸出。在pH4.0的水中仍有部分尾蚴逸出，但过高或过低的pH会影响尾蚴逸出。水质和水的流速对尾蚴逸出有一定的影响。在一般的江、河、湖、田、沟或静止过夜的自来水中，尾蚴逸出同样良好，但在蒸馏水中逸出会受到影响，含有微氯（40mg/L）的自来水，会影响尾蚴的逸出。在缓慢的流水中，尾蚴逸出的数量大增，平均逸蚴数与流速（对数）成比例增加。

2. 温度 尾蚴逸出的最适水温为20～25℃，但10～35℃范围内均可逸出，15℃时逸出数为10℃时的10倍，20～25℃时则为15℃时的2～3倍，30℃时显著减少。故当水温在适宜温度以下时，逸出数随水温降低而减少，而当水温高于适宜温度是随水温升高而减少。

3. 光照 光照对尾蚴逸出有良好的促进作用。钉螺在黑暗的环境中只有少数尾蚴逸出，在光亮的环境中则能大量逸出。在自然光照情况下，上午4～8时尾蚴逸出数开始上升，8～12时达高峰。处于完全黑暗中的阳性钉螺，如果立刻暴露于光亮之下（且有水），也可大量逸出尾蚴。汪民视等（1960）在安徽省贵池县南湖湖边定时感染小鼠，观察一昼夜内日本血吸虫尾蚴的感染性，0～4、4～8、8～12、12～16、16～20 和20～24h小鼠感染率分别为14.3%、90.0%、100.0%、68.0%、41.7%和40.0%，平均每鼠回收的虫体数也呈现类似变化，结果表明湖水中尾蚴的数量以8～12h最高，0～4h最低。

钉螺在入水后40min开始有尾蚴逸出，80min以后开始大量逸出，3～6h逸出的尾蚴数达到高峰。

在室外自然条件下，尾蚴逸出同时受多种因素的影响，且这种因素相互制约。昼夜循环、季节变化、阴晴变化，水位及水温高低均会影响尾蚴的逸出和释放。一般在一天当中，白天逸出尾蚴多于夜晚，在一年当中冬季逸出数少于其他季节。春、夏、秋季节，雨量的多少也会影响尾蚴的逸出。春季多雨，钉螺和尾蚴均会随之增多；雨后，草叶和地面滴水增多，会增加尾蚴逸出机会；久旱无雨时，水位下降，但钉螺一般不随水位下降而下降，故尾蚴逸出机会少；但"久旱逢甘雨"时，钉螺体内积累发育的尾蚴增多，逸出的尾蚴数量较其他时间大大增加，是感染的最危险时节。

二、尾蚴的活动与分布

日本血吸虫尾蚴从螺体逸出后，向上游动并分布于水的表面，以其腹吸盘附在水体界面，以尾下垂并略向后弯曲的姿势，呈静止状态并漂浮于水面上，或作短暂游动后又恢复静止状态。根据唐仲璋（Tang CZ，1938）的观察，上升进而静止漂浮于水表的尾蚴占98.19%，在水中游动的占0.39%，沉于水底的占1.42%。

尾蚴的游动常是尾部在前，体部在后，尾部是推进的主力。尾蚴上双极肌细胞的伸缩，使尾干反复作弧形摆动，加上尾叉的转动，拖着尾蚴的体部前进。

尾蚴在水体中的分布与钉螺逸出尾蚴时的位置有关。钉螺在50～165cm的水中，可逸出大量的尾蚴，但钉螺距水面越近，尾蚴上升至水面的越多，当钉螺在水面下155～180cm时，90%左右的尾蚴则集中在钉螺的周围或附近活动，即使在水面增加光度或温度也不影响尾蚴的上升率。

张功华等（2006）采用哨鼠测定法观察洪水中血吸虫尾蚴分布及其漂移扩散范围，研究表明长江洪水中血吸虫尾蚴主要分布在距阳性螺点2 000m以内的区域，人群血吸虫感染率与距阳性螺点的距离成负相关关系，居住在距阳性螺点1 000m以内者人群血吸虫感染率显著高于1 000m以外人群。长江洪水中尾蚴分布及人群血吸虫感染率与距阳性螺点的距离成负相关关系。

三、尾蚴的寿命、感染力及其影响因素

尾蚴是血吸虫在动物体外的一个短暂的自由生活阶段。尾蚴的生活离不开水，一旦干燥，立刻死亡。

尾蚴在水中不摄食，必须依靠其体内储存的内源性糖原代谢提供能量。如果没有遇到合适的感染宿主，一旦能量消耗完，即会导致尾蚴死亡。

影响血吸虫寿命和感染力的因素众多，包括水温、水的pH和盐度、光照等。

1. 水温　尾蚴的生存时间与水温密切相关，水温越高，生存的时间越短。日本血吸虫尾蚴在水中存活时间最长的温度为18℃左右。在18～20℃水温环境中，尾蚴死亡率在24h内为11.9%，48h为39.0%，72h为72.7%，96h为85.2%，120h为94.2%，114h为100.0%。姜王骥等（1998）报道，在25℃水温环境中，尾蚴平均期望寿命为27.5 h，最长为46h；在动水中平均期望寿命为25h，最长可活50h。在5℃时最长可存活204h。Jones 和Brady（1947）的试验结果表明，尾蚴在水中的寿命55℃时为1s，50℃时为3s，45℃时为20s，40℃时为4h。

尾蚴的感染力是指尾蚴感染终末宿主的能力。尾蚴的感染力因环境温度、水的性质和逸出后的时间长短而异。

水温对尾蚴感染力的影响，主要表现在低温和高温时感染力下降。尾蚴感染动物的适宜水温为20～30℃。水温低于20℃时尾蚴感染力随水温降低而降低，5℃以下水温一

般难以感染成功。水温高于30℃时尾蚴感染力随水温升高而降低，当水温达40℃难以感染成功。低温有助于保存尾蚴的感染力。日本血吸虫尾蚴在3～5℃经过72h、15～18℃经过60h、25℃经过56h，感染力没有明显变化（邵宝若，1956）。

2. pH 当水的pH为4.6、6.6～7.5、8.4～8.6时（水温18～20℃），尾蚴感染力（感染小鼠后的回收率）分别为65.2%和72.5%～85.2%和8.7%～38%，显示pH为6.6～7.5时对尾蚴感染力影响较小，但过低或过高的pH会使尾蚴感染力显著下降。当pH为1.0～1.2时，尾蚴立刻死亡。

3. 盐度 有关水的盐度对尾蚴寿命和感染力的影响的研究较少，但一般认为低浓度（0%～5%氯化钠）没有影响，但盐浓度的提高会加速尾蚴的死亡、降低其感染力。在自然情况下，疫水pH、盐度变动不大，不会影响尾蚴的生活时间和感染力。

尾蚴对水中明矾的抵抗力较强，在一般用于净水的明矾浓度（0.53g/L）范围内，尾蚴不容易死亡。尾蚴对氯较为敏感，当余氯为0.1μL/L时在60min内死亡，余氯为0.2μL/L时在30min内死亡，余氯为0.35μL/L时在10min内死亡。

水中缺乏钙离子和镁离子时可使尾蚴的游动能力降低，进而使其感染力下降。

4. 光照 光照对尾蚴寿命和感染力的影响，主要是光照影响了水温（特别是水体小且深度小）以及日光中紫外线的作用。日光对尾蚴有显著损害，夏季直接日晒2～3h(水温29～30℃)，春季日晒3～4h(水温20～21℃)，均能使尾蚴死亡。用紫外线灭菌灯距6cm处照射16s可使尾蚴全部失去感染力。

季节对尾蚴寿命和感染力的影响，是气温以及光照的综合影响结果。在血吸虫疫区，一般每年的4～7月份、9～11月份自然水体中尾蚴密度最高。尾蚴失去感染力的时间，夏季为8h，最长不超过2d；春、秋季和冬季大部分为3d，最长春季为5d，冬季为8d。

四、尾蚴入侵

尾蚴借助尾叉的推动运动、口、腹吸盘的附着作用，并借助于穿刺腺分泌蛋白酶溶解宿主皮肤组织的作用，而钻入宿主皮肤。试验证明：小鼠及家兔接触10s即可感染，接触3min的动物几乎全部可以发生感染。在实际情况下，须视不同宿主的皮肤部位、结构、年龄及所附部位毛发的多寡等而定，但总体而言，尾蚴钻入动物突破宿主皮肤的时间是十分短促的。

根据何毅勋（1989）的观察结果，尾蚴的入侵过程大致如下：当尾蚴与宿主皮肤接触后，尾蚴首先以体部腹面紧贴在皮肤表面上爬动，通过头器和腹吸盘反复交替地伸缩动作，它们随机地对皮肤界面不断进行探查，寻找入侵的部位。继而，头部前端静止于皮肤接触点上，头器对准皮肤的接触点不断地伸缩施压。与此同时，腹吸盘放松吸着，体部略向上倾斜，致使体部纵径与皮肤表面约呈40°的倾斜角度，摆出钻穿的姿态。此时，尾蚴躯干呈现强烈的伸缩交替动作，并且尾部徐徐摆动以助推进。通过其全身肌肉一伸一缩的机械运动和头器对皮肤接触点的伸缩施压，以及钻腺分泌物的酶促作用，尾蚴头器很快钻破皮肤的角质层，一旦钻破后即从角质层裂口处进入，而后丢弃尾部。此时虫体所在的角质层部位隆起，并且虫体周围的组织被溶化。进入角质层后，童虫以纵径与表皮呈平行的角度平卧于其中。经过短暂的静止后，童虫又以40°左右的倾斜角度钻穿过malpighii层，进入真皮层浅部，然后抵达真皮层深部。因真皮层是由大量胶原纤维和网状及弹力纤维所构成的网状结构，是一层黏稠胶状物和密集的血管淋巴管网，所以童虫在其中移动很快。遇血管，童虫亦以约40°的倾斜角度钻破血管壁，而迅速进入血管腔和循环系统。

第五节 童虫的移行与发育

一、童虫的移行与发育

自然水体中的尾蚴遇到适宜的终末宿主，即侵入宿主皮肤，变为童虫。童虫在皮下组织中停留5~6h，即进入皮肤小血管和淋巴管，随着血流经右心、肺动脉在入侵2d左右到达肺部，穿越肺部毛细血管，经肺静脉、左心、主动脉弓、背大动脉后到腹腔动脉及前（后）肠系膜动脉，经肠系膜毛细血管分别从胃静脉、肠系膜静脉，在入侵后8~9d汇聚到肝门静脉并在肝内生长发育，然后从肝的门静脉分支逆行至肠系膜静脉定居。也有学者提出童虫到达肺部后，可穿过肺泡壁毛细血管而到达胸腔，再经纵隔的结缔组织穿过横膈直接从表面侵入肝脏并到达门静脉。多数学者认为前一途径是主要途径，后一途径是次要的，但客观存在。

在前一种途径中，一般认为童虫离开背大动脉后，从肠系膜动脉到达门静脉系统。但唐仲璋（1973）观察到童虫在移行过程中在胃壁上造成的瘀血点数超过全部肠壁上的总和，从而认为胃静脉是日本血吸虫从背大动脉经腹腔动脉到达肝门静脉的主要通路，而经过肠系膜静脉再汇聚到肝门静脉的途径是次要的。

何毅勋等（1980）将日本血吸虫童虫在宿主体内发育成为成虫的过程分为体壁转化期、细胞分化期、肠管会合期、器官发生期（第11～14天）、合抱配偶期（第15～18天）、配子发生期（第19～21天）、卵壳形成期（第22～23天）、排卵期（第24天以后）（以上时间为小鼠体内发育时间，图3–1）。

1. 体壁转化期　从尾蚴钻入皮肤脱去尾部至第2天的童虫。虫体停留在皮肤，部分已向肺部移行。此期童虫在外形与内部构造上与尾蚴体部相似，但略微细长、穿刺腺内容物已基本排空，体表糖膜消失。此期童虫完成了从自由生活的尾蚴向寄生生活的童虫的转变，并不仅仅是尾部的脱落，其生理生化发生了巨大变化，从适应淡水变为适应血清，使其适应新条件下的寄生、移行、定居、发育和繁殖的需要。

2. 细胞分化期　第3～7天童虫，大部分在肺部，部分已移行至肝脏。虫体变长变粗，头器分化成口吸盘的雏形，肠管呈马蹄形。消化器官摄食了寄主红细胞并经消化而残留棕褐色素。

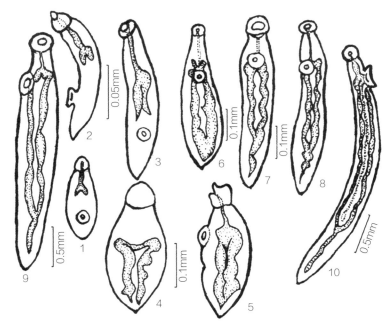

图3-1　不同发育时间的日本血吸虫童虫

1.0d 皮肤型童虫　2.3～5d 肺型童虫　3.5d 肝门型童虫　4～10.10～15d 各种形态的肝门型童虫
（据周述龙等）

3. 肠管会合期　第8～10天的童虫，虫体寄居肝脏。虫体继续增长增大，口吸盘已形成，马蹄形的两支肠管会合成单一盲管。两性生殖细胞明显分化。

4. 器官发生期　第11～14天的童虫。虫体向肝外血管移行并定居于门静脉和肠系膜静脉。虫体迅速增长、增大。完整的消化器官已形成。雄虫生殖细胞分化成3～5个睾丸，出现了抱雌褶的轮廓。雌虫生殖细胞分化成卵巢、输卵管、卵模及子宫的雏形。

5. 合抱配偶期　第15～18天的童虫，寄居于门静脉和肠系膜静脉。雌虫较雄虫为细。雄虫有6或7个睾丸，抱雌褶增宽，抱雌沟明显。雌虫的输卵管、卵黄管及子宫的腔道尚未全部形成。雌、雄虫体出现合抱配偶。

6. 配子发生期　第19～21天的虫体，两性生殖器官及其相应的管道已全部形成。睾丸及卵巢分别有精子及卵子的产生。合抱的虫体寄居于门静脉和肠系膜静脉。

7. 卵壳形成期　第22～23天的虫体，雌虫卵黄腺小叶开始明显，成熟卵黄细胞出现了制造卵壳的酚、酚酶及蛋白质等物质，并且卵黄细胞进入卵模开始造卵。新形成的虫卵暂贮于子宫内。

8. 排卵期　第24天以后，雌虫开始排卵，卵黄腺继续产生成熟卵黄细胞，连续不断形成新虫卵。

血吸虫童虫在宿主体内移行和发育速度依血吸虫虫种、虫株、宿主种类的不同而不同。日本血吸虫中国大陆株，一般黄牛在感染后39～42d、水牛在46～50d可以从粪便中查到虫卵或孵化出毛蚴。

二、童虫移行和发育的生理

按照血吸虫童虫移行过程和寄生部位，可以将其分为皮肤型、肺型和肝门型。皮肤型、肺型童虫的发育基本是同步的，即同期感染的血吸虫基本处于同一发育阶段。达到肝门后童虫的发育期则处于不同步状态。

血吸虫童虫从肺到肝门静脉的移行在血管内进行，可能会经过多次的肺—体循环，即到达门静脉的童虫常再回到肺部，经过一次或数次循环，然后定居于门脉系统进而发育成成虫。

在移行过程中的血吸虫童虫，其体积变化不大，显示移行的日本血吸虫童虫未见生长，只有到达门脉系统开始采食红细胞后，即感染后5～10d开始生长。根据曼氏血吸虫0～24d童虫的湿重、氮含量、氧消耗量等变化，认为移行的童虫即从皮肤到门脉系统前的童虫处于半静止状态，虽然它们具有摄食物质的能力并在形态上有所变化。到达门脉系统后，半静止状态终止，童虫短期萎缩、活动减弱，接着出现急剧快速生长。

快速生长的童虫主要摄食宿主红细胞并消化后作为主要营养物质来源，在营养物质的吸收和代谢、能量代谢等方面与成虫大同小异。近年来血吸虫基因组和蛋白质的研究结果显示，血吸虫常利用宿主的生长调节因子如甲状腺素、表皮生长因子、细胞因子等来促进或调节生长发育。

三、影响血吸虫生长和发育的因素

（一）宿主的种类、性别和生理状况

宿主为血吸虫提供了生长和发育的环境。不同种类宿主血管内理化条件不同，对血吸虫发育具有显著的影响。血吸虫发育的好坏与血吸虫和宿主的适应性有关，在适宜的宿主体内血吸虫发育好、生长快。血吸虫在非适宜性宿主大鼠体内大多数不能发育成成熟虫体，但将大鼠体内血吸虫转移至其他适宜宿主（如仓鼠），则可继续发育并产卵；反之，将适宜宿主体内发育成熟的虫体转移到大鼠体内，虫体会不断萎缩。

日本血吸虫对羊、黄牛、水牛、马属动物等家畜的适应性有较大差异，在适宜宿主黄牛和羊体内发育速度优于非适宜宿主水牛和马属动物。

血吸虫在同种宿主的不同品系之间的发育亦可能存在较大差异，这与宿主血液中化学物质的细微变化有关。对曼氏血吸虫的观察显示，甲状腺素的分泌状况、IL-7的过量表达或不足，均会影响血吸虫的发育。当分泌（表达）不足时，血吸虫发育受阻，成为侏儒虫；而当过量分泌（或表达）时，虫体体积较正常虫体大，为巨型虫。例如，Wolowczuk I等（1999）对曼氏血吸虫的研究显示，在IL-7不足的小鼠体内成熟虫体的减少率可达28%。

宿主的性别和年龄对血吸虫的发育有细微影响。雄虫在雄性动物体内的发育较在雌性动物体内发育为快，成熟后的长度更长。一般幼龄动物较老龄动物易感，也更有利于血吸虫的发育，这在日本血吸虫感染水牛后的发育中更为明显。流行病学调查表明，3岁以下水牛血吸虫感染率明显高于3岁以上水牛，而这一现象在黄牛则不明显。

（二）宿主营养状况

宿主的饮食与营养状况可以影响宿主自身的生理状况和对病原的防御，进而影响血吸虫的发育。有报道，大鼠喂饲缺乏维生素A的饲料后，其体内发育成熟的虫体数增多，而用缺乏维生素C的饲料喂饲豚鼠对雌虫和虫卵具有不良影响。

（三）感染度

用不同剂量的尾蚴感染动物，虫体回收率是不同的，攻击剂量越高，回收率越低。虫体的大小亦与感染度有关，感染度越高，虫体长度相对较小。同时，感染度的高低，影响血吸虫在宿主体内的寄生部位（见异位寄生相关内容）。

四、血吸虫的异位寄生

如果血吸虫的成虫寄生于门脉系统以外和虫卵沉积在肝脏和肠壁组织以外，并造成损害的，称为血吸虫异位寄生或异位血吸虫病。

唐仲璋等（1973）等用实验动物小鼠和家兔观察，以50~100条不同数量的日本血吸虫尾蚴感染小鼠75只，在感染后23~56d期间解剖，有成虫异位寄生的小鼠共19只，占全部感染鼠数的25.3%。以2 750~7 200条尾蚴感染兔子9只，在感染后28~62d解剖，全部有成虫异位寄生。日本血吸虫成虫在动物体内的异常部位，最常见的是肺动脉（77.8%）、后大静脉（88.9%）、右心（66.7%），其次是肺静脉、前大静脉、椎静脉和肝静脉（22.2%~33.3%），较少见的是肋间静脉和左心、主动脉弓及背大动脉等处（各11.1%）。

我国异位血吸虫病人体病例的报道在20世纪较多。主要有脑型血吸虫病（脑部异位寄生约占一般血吸虫病人的4.27%），肺部血吸虫病（更为普遍，尸体解剖常找到成虫），皮肤血吸虫病，膀胱和肾脏血吸虫病和卵巢、输卵管、子宫颈黏膜、睾丸鞘膜和阴囊等生殖系统血吸虫病和胃血吸虫病。

血吸虫成虫在家畜体内的异位寄生未见相关的报道，但日本血吸虫虫卵在家畜体内的异位寄生，如泌尿系统、呼吸系统等的异位寄生则较为常见。

血吸虫的异位寄生与感染的尾蚴量密切相关，一般感染剂量越大，异位寄生的概率以及严重程度也越大。

有关异位寄生的成因，学者作多样的推测，主要推论有：① 溢满现象，即由于寄生与侵入宿主体内童虫过多，部分虫体离开了移行的常轨而被阻留在异常的位置；也可能成虫在门脉系统内堆积过多，引起血管的扩大，童虫越出门脉系统，经肝脏的窦状隙越过肝脏的阻隔而入肝静脉，并从而转移他处。② 童虫扩散与滞留，童虫经过多次肺—体循环进入门脉系统，每次只有16%虫体进入肝门静脉系统，而其他虫体随感染时间延长而逐渐进入，但有部分虫体残留在相关组织的血管内，生长后因体积增大而不能随血流进入正常寄生部位。③ 成虫通过侧支循环移行。

第六节　成虫的生殖及其生理

一、雌、雄虫合抱与性成熟

日本血吸虫雌性童虫和雄性童虫定居于门脉系统后，在感染后的第15～16天开始配对合抱，合抱后继续发育，在感染后第24天发育成熟并开始产卵。

雌、雄虫合抱是日本血吸虫童虫特别是雌虫发育的基础和前提条件。单性感染的雌虫不能在宿主体内发育成熟，其生殖器官小而不显眼，始终处于童稚状态，唯有雌、雄性复性感染方能发育成熟并产卵。合抱雌虫与未合抱雌虫在形态学和组织学上都存在着很大的差异，单性感染的雌虫平均长度仅为复性感染并发育成熟雌虫长度的1/3左右。裂体科中其他吸虫单性感染雌虫的发育不完全相同，大多数不能发育成熟，但梅氏血吸虫（*S.matthei*）的单性雌虫能部分发育成熟，寄生于北美啮齿动物的杜氏小血吸虫（*Schistosmatium douthitti*）则能完全发育成熟。单性感染的日本血吸虫雄虫能发育成熟，但长度较合抱雄虫平均短3mm。

已经合抱且发育成熟的血吸虫，如果将雌、雄虫分开并单独转移至其他宿主动物的肠系膜静脉中，已成熟的雌虫能单独生活，但其体长逐渐变短，生殖器官逐渐萎缩退化，卵巢和卵黄腺中的细胞停止分化和更新，部分退化死亡，到移植后35d，虫体长度和生殖器官几乎完全退化到单性感染雌虫的水平。这些萎缩的雌虫，如果置入雄虫给予其重新配对的机会，则可以重新合抱且回春排卵。同样，如果将合抱且发育成熟的血吸虫雌虫与雄虫分离然后再单独培养，雌虫生殖器官特别是卵黄细胞和卵细胞出现退行性变化，再次加入雄虫后，重新合抱雌虫出现回春现象，而同一培养瓶中未重新合抱雌虫则不能。因此，雄虫的合抱，不仅可以刺激雌虫的发育和成熟，而且对维持雌虫的性成熟和产卵具有重要作用。

血吸虫的配对合抱，一般认为是"一夫一妻制"的，但有人在曼氏血吸虫观察到一条雄虫抱两条雌虫以及雄虫将雌虫从另一条雄虫的抱雌沟中拉出的现象，因此也不排除在感染数较大时存在性竞争和性选择、更换合抱对象的可能性。

若将配对的血吸虫分开进行体外培养，原先配偶伴侣的雌、雄虫的合抱率显著高于非原先配偶的合抱率。

血吸虫雌、雄虫的配对合抱，基本上是前端对前端和后端对后端的位置。这可能是因为雌、雄虫均具有线性感受器的构造以识别合抱和合抱的正确位置。雄虫的感受器主要分布于后端，致使雄虫的后2/3片段的合抱速度和程度比前1/3片段要高。

有一些关于合抱机制及合抱对生长发育影响的假说：① 雌、雄虫先随机接触，再靠触觉相互识别进行合抱；② 雄虫传递的性信息素（激素）影响雌虫的生长和性成熟；③ 雄虫传递的营养物质影响雌虫生殖器官的发育；④ 雄虫传递的精子或精子分泌物影响雌虫生殖器官的发育。

有人将合抱的雌、雄虫分开且将雄虫的睾丸切除，雌虫仍能与雄虫合抱，故认为雌雄合抱的发生不依赖雄虫完整的睾丸精子，也不受雄虫的脑神经节的控制。

大量的研究表明，在合抱的雌、雄虫之间具有营养性和信号性物质的交换。合抱中的雄虫为雌虫提供的物质，可能是雌虫所需的营养物或者能够调节雌虫的生长、代谢、性成熟的物质。只有与雄虫直接接触的雌虫才出现卵黄细胞的发育和卵细胞的形成，因而雄虫的直接接触是物质传递以及刺激影响卵黄腺和卵巢发育成熟的必要条件。

合抱后，雌虫卵巢、卵黄腺开始分化、发育、成熟。卵黄细胞经历未分化、发育开始、发育旺盛和成熟4个时期发育。未合抱的雌虫具有高度盘绕的卵巢，卵巢由卵原细胞构成，内部充满未成熟的卵胚细胞。合抱之后卵原细胞开始经历有丝分裂和减数分裂产生成熟的卵母细胞。到发育后期，卵原细胞汇聚在卵巢的前端，而卵母细胞位于卵巢的后端，最后被释放到输卵管。当成熟的卵细胞被输送到输卵管，在输卵管的基部有无数的精子，卵细胞在此处受精，受精的卵母细胞继续沿着输卵管向前移动，经过卵—卵黄会和管进入卵模，在这里形成虫卵。卵黄细胞在通过卵模前房的途中与梅氏腺的分泌物接触，在进入卵模时卵黄细胞中的颗粒释放到卵模腔中，在卵黄细胞群表面形成薄壳状物，即卵壳。

二、雌虫的排卵习性及生育力

不同种的血吸虫排卵习性略有不同。日本血吸虫常在肠系膜等寄居处长时间地排卵。雌虫排卵时呈阵发性成串排出，在肝脏、肠组织血管中虫卵沉积呈念珠状。

血吸虫的生育力依血吸虫虫种、不同地理株、感染的不同阶段以及寄生的宿主的不同而不同。日本血吸虫台湾株感染仓鼠后的58～63d，平均每条雌虫每天产卵数为3 500枚，其中16%随粪便排出体外。日本血吸虫中国大陆株雌虫的产卵数在其感染的不同阶段是不同的，最高时可能每条雌虫每天1 000～3 500枚。在小鼠体内，每条雌虫每天平均产卵数在感染后26～33d为150枚；感染后34d为664枚；感染后44d产卵数达高峰，每条雌虫平均每天产卵2 092枚；随后逐渐下降，至感染后58d为929枚；感染后68d为370枚。这些虫卵中7.7%随粪便排出体外，18.3%沉积于小肠组织，50.8%沉积于大肠组织，

22.5%沉积于肝脏，1%沉积于肠系膜和其他组织。日本血吸虫虫卵在各组织中沉积的数量比，在感染的不同时期可能是有差异的。早期可能主要沉积于肝脏组织。在家兔中，日本血吸虫日本品系每对虫每天从粪便中排出的虫卵数平均为（289±41）枚。

日本血吸虫在不同动物体内的生育力是不同的，其生育力与血吸虫和宿主的适应性有关，适宜宿主体内血吸虫生育力高。从血吸虫子宫内的虫卵数看，在适宜宿主体内产卵初期（35d前）虫卵数较少（小于100），之后平均每条雌虫子宫含卵数在100～200枚；大鼠、马、褐家鼠和水牛体内血吸虫子宫内平均含卵数较少，分别为6.5枚、7.2枚、80.3枚和88.3枚，显示血吸虫在这些宿主的生育力相对较低。

三、影响血吸虫产卵的因素

影响血吸虫产卵的因素是多方面的，包括血吸虫自身因素和宿主因素。血吸虫自身因素主要体现在不同虫种、地理株之间以及不同感染阶段产卵量具有差异。宿主因素包括宿主种类、宿主的生理状况等。

血吸虫繁殖机能发达，必须从宿主摄取大量营养物质以满足造卵需要。因此，营养可能是影响血吸虫产卵的最大因素。就血吸虫从宿主获取营养物质来源看，红细胞居于重要地位。合抱的雌虫摄入红细胞的数量约为雄虫的10倍，可达33万个/（条·h）。有研究表明，血吸虫肠道消化酶对不同哺乳动物红细胞特别是血红蛋白的消化能力是有差异的，这也可能是血吸虫在不同动物体内发育和产卵差异的一个重要因素。

宿主体内包括IL-7、胰岛素、甲状腺素等细胞因子和激素的分泌/表达水平的差异对血吸虫生长、发育有重要影响，进而影响血吸虫产卵。在IL-7缺乏小鼠体内，曼氏血吸虫感染后，肝脏EPG较正常小鼠减少68%，平均每条雌虫的产卵量减少64%（Wolowczuk I 等，1999）。

虫卵在家畜和人血吸虫病的发病学中具有重要意义。大量虫卵抗原与宿主抗体形成的免疫复合物是急性血吸虫病的主要原因；其所引起的肉芽肿，是血吸虫病的基本病理变化。探寻影响血吸虫雌雄虫合抱、雌虫性发育成熟以及产卵的因素，特别是在分子水平阐明血吸虫生殖机理与过程，可为研制抗血吸虫生殖、产卵的药物或疫苗提供新思路。

四、血吸虫在终末宿主体内的寿命

血吸虫在性成熟后的相当长时间内，能保持旺盛的生殖力而不断产卵，再之后生殖力逐渐减弱直至衰老、死亡。

　　血吸虫的衰老、死亡是血吸虫自身的衰老和宿主抗性演变的综合作用结果，因而血吸虫在不同动物中的寿命是不同的。

　　一般认为日本血吸虫在人体中的平均寿命为3.5年，但少数可活30余年甚至更久。日本血吸虫在感染兔、犬、山羊、猪、黄牛、水牛后，于感染后约1年开始，血吸虫存活数和排卵数均有下降趋势。林邦发等（1977）用日本血吸虫尾蚴人工感染1岁左右的健康水牛，2个月后粪便排卵呈强阳性，粪孵毛蚴数随着时间的增长而减少，在感染2年后全部转阴；对感染牛进行解剖集虫，检获成虫数占感染尾蚴数的比例感染4个月为27.5%，13个月为2.70 %，24个月为0.45%。何永康等（2003）的研究也发现，1岁以内的水牛感染血吸虫后1年无需治疗，虫体均可消亡，粪卵排出消失。因此，日本血吸虫在水牛体内的寿命一般为1～2年。

参考文献

毕晓云，周述龙，李瑛. 1991. 钉螺体内日本血吸虫尾蚴发育期的形态及其扫描电镜观察[J].动物学报，37（3）：244－252.

何永康，刘述先，喻鑫玲，等. 2003. 水牛感染血吸虫后病原消亡时间与防制对策的关系[J]. 实用预防医学，10（6）：831－834.

何毅勋，杨惠中. 1979. 日本血吸虫卵胚胎发育的组织化学研究[J]. 动物学报，2，5（4）：304－308.

何毅勋，杨惠中. 1980. 日本血吸虫发育的生理学研究[J]. 动物学报，26（1）：32－39.

何毅勋，郁平，郁琪芳等. 1989. 日本血吸虫尾蚴钻穿宿主皮肤的方式[J]. 动物学报，35（1）：66－72.

姜玉骥，洪青标，周晓农，等. 1998. 日本血吸虫尾蚴平均期望寿命的初步实验观察[J]. 中国血吸虫病防治杂志，10（5）：283－285.

梁幼生，姜元定，姜玉骥，等. 1999. 三峡建坝后长江江苏段水位变化对血吸虫病流行影响的研究Ⅲ. 不同水深对血吸虫虫卵孵化、毛蚴感染钉螺的影响[J]. 中国寄生虫病防治杂志，12（4）：47－49.

林邦发，童亚男. 1977. 水牛日本血吸虫病自愈现象的观察[J]. 中国农业科学院上海家畜血吸虫病研究所论文集，453－454.

毛守白. 1990. 血吸虫生物学与血吸虫病的防治[M]. 北京：人民卫生出版社.

邵宝若，许学积. 1956. 钉螺人工感染血吸虫的研究[J]. 中华医学杂志，42：357－372.

孙乐平，洪青标，周晓农，等. 2000. 日本血吸虫毛蚴存活曲线和期望寿命的实验观察[J]. 中国血吸虫病防治杂志，12（4）：221－223.

孙乐平，周晓农，洪青标，等. 2003. 日本血吸虫幼虫在钉螺体内发育有效积温的研究[J]. 中国人兽共患病杂志，19（6）：59−61.

唐崇惕，卢明科，陈东，等. 2009. 日本血吸虫幼虫在钉螺及感染外睾吸虫钉螺发育的比较[J]. 中国人兽共患病学报，25（12）：1129−1134.

唐崇惕，彭晋勇，陈东，等. 2008. 湖南目平湖钉螺血吸虫病原生物控制资源调查及感染试验[J]. 中国人兽共患病学报，24（8）：689−695.

唐仲璋，唐崇惕，唐超. 1973. 日本血吸虫童虫在终末宿主体内迁移途径的研究[J]. 动物学报，19（4）：323−336.

唐仲璋，唐崇惕，唐超. 1973. 日本血吸虫成虫和童虫在终末宿全体内异位寄生的研究[J]. 动物学报，19（3）：220−236.

汪民视，蔡士椿，顾金荣，等. 1960. 贵池县南湖一昼夜同一时间内湖水的血吸虫感染性调查[J]. 流行病学杂志，3（3）：180.

夏明仪，A. FOURNIER，C. COMBES. 1989. 日本血吸虫子胞蚴超微结构的研究：产孔的形态学证明[J]. 动物学报，35（1）：1−4.

许世锷. 1974. 日本血吸虫在离体培养中的产卵和虫卵发育过程的研究[J]. 动物学报，20（3）：231−240.

张功华，张世清，汪天平，等. 2006. 长江洪水中日本血吸虫尾蚴分布及其对人群血吸虫感染的影响[J]. 热带病与寄生虫学，4（1）：20−22，46.

Chirnin E.1972.Penetrative activity of *Schistosoma mansoni* miracidia stimulated by exposure to snail-conditioned water [J].Parasitol, 58(2): 209−212.

Tang CZ.1938.Some remarks on the morphology of miracidium and cercariae of *Schistosoma japonicum*[J].Chin Med J, Supp 2: 423−432.

Wolowczuk I, Nutten S, Roye O, et al.1999.Infection of mice lacking interleukin−7（IL−7）reveals an unexpected role for IL−7 in the development of the parasite *Schistosoma mansoni* [J].Infect Immun., 67(8): 4183−4190.

第四章

中间宿主——钉螺

　　钉螺是日本血吸虫的唯一中间宿主，分布于亚洲东部和东南部，包括中国的长江流域以南地区。钉螺隶属于软体动物门（Adollusca）、腹足纲（Gastropoda）、前鳃亚纲（Pwsobranchia）或扭神经亚纲（Streptoneura）、中腹足目（Mesogaslropoda）、圆口螺科（Pomatiopsidae）、圆口螺亚科（Pomatiopsidae）、圆口螺族（Pomatiopsini）、钉螺属（*Oncomelania*）（图4-1）。

　　日本血吸虫毛蚴进入钉螺体内经过无性繁殖，释放出具有感染性的尾蚴入水中，人或动物接触含有尾蚴的疫水导致感染。因此，钉螺在血吸虫病传播过程中起到至关重要的作用，对钉螺的控制和净化也成为控制血吸虫病的重要措施。

　　长期以来，我国血吸虫病的防控一直以科学研究为主导，疾病监测为依据，投入大量人力、物力以及财力，因地制宜地制订防治政策与措施，使我国血吸虫防治工作取得了举世瞩目的成就。但是，由于血吸虫病传播环节多、影响因素复杂，加之当代经济、社会和环境等因素，血吸虫病的防控仍面临新的挑战。深入了解血吸虫中间宿主——钉螺的分类、形态、分布、生态和生殖发育等特征，对血吸虫病的有效控制具有重要意义。

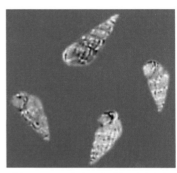

图 4-1　日本血吸虫中间宿主钉螺

（据唐仲璋）

第一节　**钉螺的分类**

一、传统分类及分类依据

（一）传统分类

在追溯物种起源上，生物地理学家和古生物学家通常根据物种后代的现今地理分布推测某一物种祖先的地理分布。对于钉螺，Davis曾经研究并提出钉螺起源于南非冈瓦纳古陆（Gondwana land），然后经印度传播到缅甸西北部，再经由中国大陆传播到中国台湾、日本、菲律宾和印度尼西亚等地。Davis在此基础上采用地理隔离及生殖隔离理论对钉螺分类进行了概括性总结，认为钉螺（*Oncomelania*）应为一属，下隶微小钉螺（*O.minuma*）和湖北钉螺（*O.hupensis*）两种。前者为单型种，分布在日本，不传播日本血吸虫病；后者为多型种，分5个亚种，即邱氏亚种（*O.h.chiui*）、台湾亚种（*O.h.formosana*）、指名亚种（*O.h.hupensis*）、林杜亚种（*O.h.lindoenis*）和日本亚种（*O.h.nosophora*）。但是，对于我国大陆的指名亚种分类却一直存在争议，其中刘月英等根据钉螺在我国的地理分布及结合壳高、壳形指数等形态学指标，将我国大陆的钉螺划分为5个亚种：指名亚种、丘陵亚种、滇川亚种、广西亚种和福建亚种。

（二）分类依据及进展

1. 钉螺形态特征　　形态特征是早期研究钉螺分类的主要依据，如螺纹数、长度及宽度、最后3圈的纵肋数和齿舌公式等。但是，形态特征有时不稳定，易受环境、发育状况和生理条件等因素的影响，可能存在表型相似而遗传物质不同或者表型不同而遗传物质相同的现象，有时会导致分类不够准确。毛守白和康在彬等对钉螺形态特征进行研究，发现钉螺种群间颜色、厣、螺旋数和长宽度，最后3个螺旋的纵肋数无明显界限，认为以形态为分类依据并不可靠。王少海对我国4省11个地区的钉螺齿舌进行观察研究，结果也表明钉螺齿舌公式不宜作为分类的唯一依据，如云南楚雄和丽江的钉螺，尽管地理位置相近，但也无法确定其优势齿舌公式；采集于同一地点的钉螺，其齿舌不一致的现象也常见；而不同地区、不同类型钉螺间亦常见相同占优势的齿舌公式，如采自湖北江陵和四川天全的钉螺有占相同优势的齿舌公式。

另外，随着计算机技术的普遍应用，生物学家也将数值分类学（numerical taxonomy）应用于钉螺的分析研究，即将尽可能多的钉螺性状特征进行指标量化，并借助于计算机对获得的大量的形态特征信息进行整合，从而进行分类。周晓农等对我国9省34个现场采集的钉螺16项壳形指标进行了数值分类研究，分析了壳体大小、壳形和壳厚3类指标，结果表明对于光壳钉螺，壳形特征较壳体大小和壳厚更重要；而肋壳钉螺三者重要性相同。周艺彪等对21个湖北钉螺种群的11个螺壳形态数量性状指标进行聚类分析，并用聚类分析中的UPGMA方法和邻结法（neighbor-joining method）绘制树状图，UPGMA法将21个钉螺种群划分为3类，而邻结法划分为2类，这是可能由于指名亚种内存在不同程度的分化，导致划分为不同的类别。因此，虽然形态特征对钉螺鉴定分类具有重大意义，但是不能作为分类的唯一依据。

2. **染色体结构和数量特征** 除形态特征之外，细胞学标记也应用于钉螺的分类，如染色体的结构特征和数量特征。钉螺染色体研究开展较早，20世纪60年代Burch对钉螺的染色体研究发现，中国台湾、日本、菲律宾、中国大陆四种钉螺都是17对（2n = 34）染色体，认为它们是同一个种的四个地理亚种。另外，郭源华等对我国11省18个县的钉螺染色体进行研究，发现染色体数目也为17对。王国棠对湖北省的肋壳钉螺和光壳钉螺以及云南省4个县钉螺的核型进行了研究，发现钉螺染色体总数为34条，进一步证实了以往的研究。Wanger等用湖北钉螺（湖北亚种）、菲律宾亚种、台湾亚种和带病亚种四种钉螺进行杂交试验，发现它们之间没有生殖隔离现象。倪传华等对我国7省的钉螺进行杂交实验，并将四川和湖北两省的钉螺分别与菲律宾钉螺进行杂交，发现均可以产生后代，表明中国大陆钉螺与菲律宾钉螺应为同一种。染色体技术为钉螺分类提供了大量的参考信息，但须克服样品需求和观察困难等局限。

3. **蛋白生化标记物** 蛋白质生化标记物主要包括机体贮藏的蛋白质和同工酶。蛋白质作为基因表达的直接产物和生命活动的重要功能分子，其多样性在一定程度上反映出DNA组成上的差异和生物体的遗传多样性。周晓农等研究了我国湖北、江苏和四川三地钉螺与菲律宾钉螺的7种酶的14个等位点，结果表明中国大陆钉螺种群的变异程度较高，进一步分析表明中国大陆钉螺存在多个亚种。Davis研究了采自我国大陆不同水域、不同螺壳类型14个螺群的同工酶数据，结果表明螺群的遗传分化与形态特征、地理分布相一致，并认为丘陵亚种实为湖北钉螺的同物异名，而广西钉螺虽有可能，但尚不确定其为独立的亚种，并将我国大陆湖北钉螺群分成3个亚种，即滇川亚种、福建亚种和指名亚种。总之，上述研究表明湖北钉螺在我国大陆存在多种亚种。

二、现代DNA分子标记分类

DNA分子标记分类研究检测DNA碱基序列的遗传差异，同时反映生物个体或种群间基因组中某种差异特征的DNA片段。目前，DNA分子标记主要包括限制性片段长度多态性（restriction fragment length polymorphism，RFLP）、随机扩增多态性DNA（random amplified polymorphic DNA，RAPD）、微卫星（microsatellite）和扩增片段长度多态性（amplified fragment length polymorphism，AFLP）等。此外，线粒体DNA（mitochondria DNA，mtDNA）由于具有进化速度快、母系遗传、分子简单、无组织特异性等特点，且mtDNA分子相对稳定，因此mtDNA也视为研究生物进化和分类的有利工具。

DNA分子标记技术为钉螺的分类研究提供了强有力技术依据。例如，周晓农等利用RFLP技术研究了我国9省的钉螺，结果表明不同螺群之间存在一定的同源和亲缘关系；

许静等利用RAPD技术对我国不同地区的光壳钉螺进行研究，发现不同地区的钉螺存在较大遗传变异；刘蓉等同样应用RAPD技术对我国9省17地区的湖北钉螺进行研究，计算地域株的遗传距离，并绘制系统进化树；赵恺等也同样应用该技术对湖北省3地区钉螺进行了研究。上述研究表明不同地区的钉螺存在着较大的遗传变异，且变异程度和钉螺的地理分布位置具有一定的相关性。

另外，周艺彪等利用AFLP技术对我国9省的湖北钉螺进行研究，发现我国湖北钉螺种群内存在一定程度的变异，且不同地区种群内遗传变异程度不同。李石柱等分析我国钉螺核糖体DNA的*ITS1－ITS2*和线粒体*mtDNA－16S*基因序列，构建了我国大陆湖北钉螺不同地理景观群体的系统发生关系，表明我国湖北钉螺群体可分为4个主要类群，即长江中下游地区群体（指名亚种）、云南和四川的高山型群体（滇川亚种）、广西内陆山丘型群体（广西亚种）和福建沿海山丘型群体（福建亚种）。

总之，钉螺传统的形态学、生态学及地理分布并结合现代DNA标记技术及生物信息学技术已经对我国湖北钉螺群体的亚种分类有了一个相对清晰的认识。相信随着现代分子技术的进步，特别是DNA测序技术的成熟以及成本降低，对钉螺分类会有一个更清晰的认识。

第二节 钉螺的形态和结构

钉螺体包括两部分，外壳和厣主要用以包藏软体；而软体部分包括头、颈、足、外套和内脏囊。钉螺的外壳形态呈右螺旋状圆锥体，螺壳大小常因滋生地不同而不一样。湖沼地区的钉螺最粗大，长度在8.64～9.73mm（最长可达14mm）；山区钉螺最小，长度在5.80～6.93mm；而水网区钉螺介于二者之间，长度一般在7.54～7.87mm。

一、钉螺的外壳

钉螺的外壳分为螺旋部和体螺旋两部分（图4-2）。螺旋部包括壳顶、核螺旋、核后螺旋、体前螺旋和壳缝部分，体螺旋包括壳口、壳脐、壳唇和壳基部分。钉螺的厣呈桃形，为角质，较透明，附于腹足后面，有梭状肌与之相连。厣受到刺激时封闭壳口保护软体，或在环境干燥时防止体液损失。

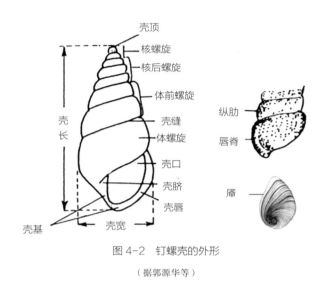

图 4-2　钉螺壳的外形

（据郭源华等）

二、钉螺的软体

钉螺的软体包括头、颈、足、外套膜和内脏囊（图4-3）。内脏囊包含各脏器，盘曲于壳中，不能伸出壳外；而头、颈、足部可伸出壳口活动。

简单说，头部位于软体前端，头前端为吻，背方两侧各有一个触角。眼在触角基部的外侧，各具一个，稍向外突出。眼后方皮下组织中的淡黄色眉状颗粒为假眉。颈部连接头、足和内脏囊，且头与颈界限不明显，常以眼后作为颈部；颈部富有伸缩性，能作上下左右活动，常被外套膜所遮盖。雄螺的交接器（阴茎）盘曲于颈部背面，可借以分辨钉螺的性别。足位于头颈部的腹面，活动时常伴随头部伸出壳外。足底部为足趾，能匍匐和吸着且吸着时呈圆形，匍匐时向前后延伸。外套膜位于体螺旋内，由内脏囊向前延伸折叠而成。内脏囊位于外套膜的后部，与外套膜相连，随着螺旋的扭曲，上端几乎达到壳顶，其内包藏内脏，包括钉螺的感觉器官、神经系统、肌肉系统、呼吸系统、排泄系统、血循环系统、消化系统和生殖系统等。

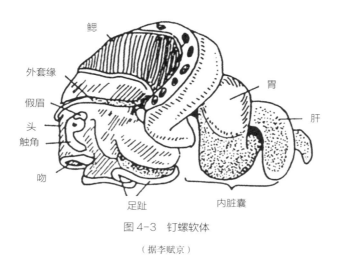

图 4-3 钉螺软体

（据李赋京）

（一）感觉器官

钉螺的感觉器官主要包括皮肤、触角、眼、嗅检器和平衡囊等，负责钉螺对外部环境的感知。全部皮肤均具有感觉，特别是头、颈和足部的感觉最灵敏。触角主要功能为感觉作用。钉螺眼内有感光细胞，与脑神经节相连。嗅检器主要检验流入外套腔内水流的质量。平衡囊负责保持身体平衡作用。

（二）神经系统

神经系统主要由神经节、神经联合、神经构成（图4-4）。神经节主要集中于头颈部，形成咽环，包括一对脑神经节、一对足神经节、一对咽下神经节、一对胸神经节、一个内脏神经节、一个肠上神经节和一个肠下神经节。

（三）呼吸系统

钉螺呼吸器官是鳃，有33～38个鳃管，血液通过各鳃管的两层细胞间的空隙腔流过。

（四）排泄系统

钉螺的主要排泄器官是肾，位于肠、胃、鳃和心囊间，是一个广阔的囊，肾主要负责排泄尿素与尿酸功能。

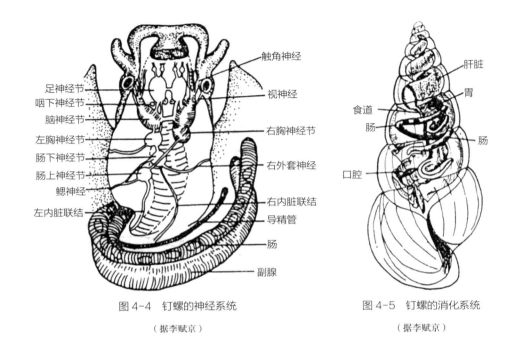

图 4-4　钉螺的神经系统

（据李赋京）

图 4-5　钉螺的消化系统

（据李赋京）

（五）循环系统

钉螺的血液循环由心脏、主动脉、静脉窦组成。心脏分为一心室一心房。钉螺的血液为无色或浅蓝色的液体，没有红细胞与白细胞，只有少量的血淋巴细胞。

（六）消化系统

钉螺消化系统由消化器官和消化腺所构成（图4-5）。消化器官包括口、口球、齿舌带、咽、食管、胃、肠和肛门。消化腺主要是唾液腺和肝。钉螺摄取食物后，食物在口腔内经齿舌磨碎，通过咽进入胃，在胃中变成食糜。

（七）生殖系统

钉螺为雌雄异体，交配后在体内受精（图4-6）。雌螺生殖系统主要由卵巢、输卵管、受精囊、副腺、导精管和交接器构成。雄螺生殖系统主要由睾丸、输精管、前列腺和阴茎等组成。

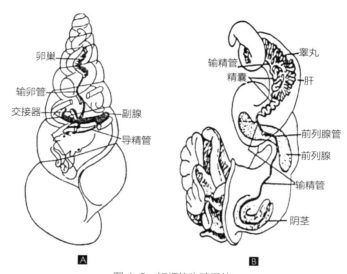

图 4-6　钉螺的生殖系统

A. 雌性生殖系统　B. 雄性生殖系统

（据李赋京）

 ## 第三节　钉螺的生存环境、分布及繁殖

一、钉螺的生存环境

钉螺作为水陆两栖生物，成螺一般生活在潮湿而食物丰富的陆地上生活，幼螺喜在水中生活，钉螺的生长繁殖受土壤、植被、光照、温度、水等多因素影响。

（一）土壤

土壤是钉螺生存繁殖的主要场所，土壤的理化性质均会影响钉螺的滋生。研究表明富含氮、磷、钙等有机物质的肥沃土壤更适宜钉螺繁殖，钉螺在此类土壤中的分布密度高于贫瘠的土壤。土壤的pH对钉螺影响不大，微酸性、微碱性或中性的土壤都适合钉螺生存。另外，钉螺的分布还与土壤的物理性质有关，板结的土壤钉螺不易打洞，完全干燥的土壤钉螺不能在其上爬行，不长杂草的土壤缺乏抵御烈日和寒流的条件，均不适宜钉螺生存。此外，土壤含水量也直接影响着钉螺的生存状态。例如，在含水量<60%时，钉螺密度随含水量的增加而升高；含水量60%~80%时，钉螺密度波动不大；若含水量继续增加，钉螺密度则开始逐渐下降。

研究钉螺分布的土壤因素，不仅有利于实验室大量饲养钉螺供研究用，还通过分析土壤理化性质，可以初步判断钉螺是否可以在此地区生存，为论证一些水利工程能否引起钉螺扩散提供了一定依据。

（二）植被

植被是钉螺生存的重要条件之一，适度的植被能提供适宜钉螺生存繁殖的湿度、温度和食物等条件。研究表明在水网地区，钉螺的分布和密度与草量有显著关系，草多的地区，有螺比例高，钉螺的数量和密度也高，反之则较低。进一步研究表明钉螺分布与植被类型也具有一定的关系。例如，草滩是感染性钉螺分布的主要环境，占感染性钉螺总面积的66.19%。在江、洲滩地区，芦苇滩生长区地面腐殖层较厚，往往钉螺密度最高。在长江下游滩地中，钉螺分布密度最高是莎草繁盛的环境。

另外，不同植被对钉螺的滋生也呈现一定的促进或抑制作用。例如，在鄱阳湖区钉螺密度高的区域多有薹草或南荻分布。利用卫星遥感技术对鄱阳湖的蚌湖钉螺滋生区植被的分类进行研究，结果表明此区域最适于钉螺滋生的为薹草地带，其次为薹草和菊叶委陵菜群落带，而不适宜钉螺滋生的地带为马眼子菜、苦草群落带和水藻以及马眼子菜、苦草、黑藻带的混合植被带。因此，根据植被与钉螺滋生分布的关系，可以通过植被种类的分布预测钉螺的滋生。还可以通过人工措施，改变某一区域的植被类型，从生态层面控制钉螺繁殖、滋生。

（三）光照

钉螺能感受到光照强度的变化，最适宜的光照强度为3 600~3 800lx。观察表明钉螺白昼活动较少，通常夜间活动比较活跃。另外，钉螺对光强具有一定的选择性，在实验室条件下，白炽灯达到1 050lx照射时，钉螺明显远避光；而节能灯在605lx及以上强度照射时，钉螺90%集中在远光源处。

（四）温度

环境温度是影响钉螺的分布、生长、发育与繁殖的重要生态因素。研究表明适合钉螺的温度为20～30℃。在天然环境中，4～6月份钉螺活动较频繁，7～8月份明显下降，9～10月份增加，11月份下旬之后活动减少。调查发现我国钉螺分布地区的平均年气温都在14℃以上，或1月份平均气温在0℃以上。进一步调查表明钉螺在年极端气温低于−7.6℃的地区不适宜生存。洪青标等在试验条件下，发现环境温度降到−3℃时，干燥环境和潮湿环境12h后钉螺的死亡率分别为73.3%和56.7%。由于钉螺活动受温度影响，因此随着全球气候变暖，钉螺北移的潜在可能性增加。

温度也影响钉螺的繁殖，主要表现在钉螺的交配、螺卵的发育、幼螺的孵化等方面。例如，钉螺交配的最适宜气温为15～20℃，30℃以上或10℃以下则不适；最适宜钉螺产卵的温度为20～25℃；螺卵发育以及幼螺孵化的温度在13～23℃。另外，环境温度对钉螺的寿命影响显著，在室温22.1℃条件下，钉螺的平均寿命为16.88个月，最长可达52.2个月。

（五）水

水是钉螺生长、繁殖的必要条件之一，尤其是幼螺，多滋生于pH为中性或弱碱、弱酸性，以pH6.7～7.8为宜的水中。虽然钉螺具有一定的耐旱能力，但环境温度越高，钉螺耐受时间越短。

（六）天敌

钉螺是传播日本血吸虫病的关键，因此利用钉螺的天敌可从生态角度上控制血吸虫病。钉螺天敌有昆虫类（沼蝇、萤类、蚜虫、银蜻蜓、豆娘、步行虫、介形虫等）、龟类（花龟、金龟和鳖等），鱼类（青鱼、鲤、鳝和草鱼等），蟹等。其中，鱼类尤其值得重视，因为在灭螺的同时，还具有一定的经济效益，而且有的鱼类能适应如沟、渠和稻田等小环境，更宜推广。另外，在洞庭湖饲养的滨湖麻鸭、狮头鹅等水禽品种，可捕食部分钉螺或破坏钉螺的滋生环境。

（七）共栖或寄生物

钉螺除了被日本血吸虫毛蚴感染外，也可能被其他寄生虫感染，如侧殖吸虫、外睾吸虫、盾盘吸虫、肝片吸虫等。例如，1993年张仁利等在湖北钉螺中发现外睾吸虫，发现被外睾吸虫感染的钉螺影响日本血吸虫毛蚴在其体内的发育。1997年唐崇惕等发现湖北钉螺也可作为福建的叶巢外睾吸虫的第一中间宿主，进一步研究发现感染外睾吸虫后，钉螺分泌物颗粒及淋巴细胞、副腺细胞等会出现在血吸虫幼虫周围或侵入其体内，使血吸虫幼虫结构异常，停止发育并死亡。

二、钉螺的分布

钉螺分布区主要在亚洲东部和东南部，包括中国、日本、菲律宾、泰国和印度尼西亚等国家。在我国，钉螺主要分布于我国北纬33°15′以南的长江流域及以南各省份（除贵州省）。

三、钉螺的繁殖

（一）雌、雄螺交配

钉螺的交配可随各地的气候情况不同略有不同。一般情况下，4、5、6月份的钉螺交配最为频繁，最宜温度是15～20℃。在雌螺卵巢和雄螺睾丸发育旺盛的春季，钉螺交配较频繁。

（二）产卵

钉螺产卵的时间大抵与性腺变化的周期一致，通常每年从11月份开始，一直延续到次年7月份上旬或中旬，共约8个月。各地气候不同，钉螺的产卵时间也有所不同，但一般均以春季为最盛期，秋季次之。南方地区因气候转暖较早，产卵的开始时间也较早。

（三）螺卵发育

刚产出的钉螺卵为单细胞，经纵裂和横裂发育为桑葚期，然后再次螺旋形卵裂，形成囊胚。囊胚经3～4d进一步发育成原肠胚。随后，卵胚层分化和发育较快，胚胎已具钉螺雏形，可见头、足、厣、螺壳，但脏器构造仍不能分辨。第16天左右，钉螺内脏明显分化，可见肝、肠、心脏，头部神经细胞也可辨认。到1个多月后，卵壳发育至2层，便可从卵中孵出。

（四）幼螺发育

幼螺发育的快慢、成长的迟早与当地的地理、气候等自然条件有密切关系。在第1～3周，幼螺生活在水中，聚集在水的边缘，第3周以后逐渐到陆上生活，第6周以后完全与成螺一样栖息在潮湿的泥面。

（五）成螺生长

当幼螺生长到一定阶段，就会成长为成螺。通常将钉螺壳高大于5mm作为判定钉螺成熟的间接指标。另有研究表明，钉螺自孵出后第24天开始陆续观察到发育中的性器官的形状，能辨别雌雄性别。洪青标等报道钉螺从螺卵发育至成熟产卵的平均历期为（334.22±7.52）d。

第四节 钉螺的调查及解剖

一、钉螺调查的必要性

钉螺是血吸虫的唯一中间宿主，所以钉螺分布调查是了解血吸虫病疫区范围和血吸虫病流行病学研究的重要工作内容之一。

二、钉螺的调查方法

为了掌握钉螺的分布，人们在长期的实践过程中创造了许多现场调查钉螺的方法，主要有直接查螺法和间接查螺法，对钉螺的分布范围、分布密度和感染性情况进行调查。

三、钉螺解剖

在血吸虫病的防治和科研工作中，解剖钉螺，对了解疫区分布和动态变化具有重要意义，同时也是对钉螺进行分类定种、雌雄鉴别、感染性观察等研究的关键环节。

（一）解剖设备和试剂

解剖钉螺所需的器械，常根据解剖的目的、解剖的器官不同而有异。常用的解剖器械包括解剖显微镜（供钉螺的大体解剖用）、光学显微镜（供器官测量、齿舌计数、组织器官观察等）、解剖台（供解剖操作时支持和固定钉螺软体组织用）、尖头小镊子、解剖针、眼科剪、小手术刀、移动标尺（供测量钉螺外壳用）、标本针（供固定钉螺软体组织用）、玻璃片和盖玻片等。另外，通常钉螺解剖还需螺壳清洗液（0.2%草酸）和软体平衡液（0.3%氯化钠）等试剂。

（二）解剖步骤

1. **麻醉钉螺** 通常情况下，解剖钉螺可活体进行而不必麻醉，但若是比较软体组织大小或快速固定组织等，须在解剖前将钉螺进行麻醉。常用的麻醉方法有以下几种：① 樟脑麻醉法，将钉螺连壳浸入含1%樟脑液的小培养皿内，盖上培养皿盖，静置20min后便可。② 冷冻法，将带壳的钉螺放入−80℃冰箱内5min后取出。③ 药物麻醉法，取钉螺放入盛有2/3凉开水的指形瓶中，加1～2滴乙醚，紧闭瓶塞，静置一段时间。

2. **去螺壳** 对钉螺软体进行解剖前，首先要去掉钉螺的外壳。去螺壳看似简单，实际需要掌握一定的技巧。常用的去螺壳方法有玻片重压法和血管钳夹碎法：① 玻片重压法是将钉螺置于两块厚玻片之间，对上面一块玻片自壳口逐渐向壳顶方向加压，至螺壳在各部位出现裂缝，然后将整个钉螺移入加有螺平衡液或清水的解剖台内，用小镊子和解剖针轻轻分离破碎螺壳即可。② 血管钳夹碎法是将螺壳纵轴方向与血管钳成90°后，然后在体螺旋位置上轻轻夹碎，置于螺平衡液或清水中去壳。

3. **确定解剖体位** 最常用的解剖体位是使钉螺软体仍保持向前爬行的姿势，即头足部朝向解剖者、软体后部保持自然弯曲的状态。

4. **打开外套膜** 正确安置钉螺解剖体位后，用标本针插入头足部前沿至入解剖台，以固定钉螺头足。然后用小镊子轻挑外套膜左侧前沿部，同时执眼科剪沿左侧外套膜根部的壳轴肌边缘剪开，打开外套膜翻至钉螺右侧，充分展开后用昆虫针固定，将外套腔和软体充分暴露。

5. **打开头颈部** 用手术刀在头颈部背面中线轻轻切开平层，向两侧打开皮层，此时可见红色口球，内有齿舌及齿舌上面的一条齿舌带，另可见一对管状的唾液腺，一个比较肥大的咽和食管。

6. **分离组织系统** 对不同的组织系统分离的方法有所不同。对于神经系统，在打开头颈部皮肤后，即可见咽部神经环，要保持该神经环完整，须割断咽管。用解剖针挑开红色口球，然后用解剖针先分离各神经节、节间联合及足神经节后缘的平衡囊，然后再逐步分离出全部神经；对于头颈部后面的内脏囊，外被有一层结缔组织膜，需用解剖针轻轻挑破并打开这层组织膜后，可见胃、心、肾等较大的器官，以及后部的肝和被肝包裹的生殖器官；对于生殖器官，用昆虫标本针固定头足部后，用解剖针在肝部位轻轻拉直，继而用标本针将其固定。在挑破内脏囊膜后，用解剖针轻轻剥去肝组织，即可取出雌性生殖腺——卵巢或雄性生殖腺——精巢。

参考文献

毕研云，图立红，李枢强，等．2006．我国常用的灭螺方法[J]．生物学通报 (11)：17－18.

蔡新．2012．食物与温度对湖北钉螺生长发育及繁殖率的影响研究[D]．湖北大学.

王小红，蔡永久，王金昌，等．2013．鄱阳湖湿地钉螺种群生态变化的初步调查 I．干旱因子对湿地钉螺分布的影响[J]．江西科学 (4)：450－452，460.

陈柳燕，徐兴建，杨先祥，等．2002．三峡建坝后江汉平原土壤含水量及气温对钉螺生态的影响[J]．中国血吸虫病防治杂志 (4)：258－260.

郝阳，郑浩，朱蓉，等．2010．2009年全国血吸虫病疫情通报[J]．中国血吸虫病防治杂志 (6)：521－527.

郝阳，郑浩，朱蓉，等．2009．2008年全国血吸虫病疫情通报[J]．中国血吸虫病防治杂志 (6)：451－456，579.

洪峰．2010．江湖浅滩血吸虫生态控制技术探讨[J]．人民长江 (12)：102－104.

洪青标，周晓农，孙乐平，等．2003．全球气候变暖对中国血吸虫病传播影响的研究 II．钉螺越夏致死高温与夏蛰的研究[J]．中国血吸虫病防治杂志 (1)：24－26.

洪青标，周晓农，孙乐平，等．2002．全球气候变暖对中国血吸虫病传播影响的研究 I．钉螺冬眠温度与越冬致死温度的测定[J]．中国血吸虫病防治杂志 (3)：192－195.

洪青标，周晓农，孙乐平，等．2003．全球气候变暖对中国血吸虫病传播影响的研究 IV．自然环境中钉螺世代发育积温的研究[J]．中国血吸虫病防治杂志，15 (4)：269－271.

胡相，王茂连．1987．湖北钉螺作为一种侧殖吸虫中间宿主的发现[J]．淡水渔业 (4)：3－4.

黄玲玲．2006．山丘区钉螺分布特征及其与环境因子的关系[D]．中国林业科学研究院.

姜庆五，林丹丹，刘建翔，等．2001．应用卫星图像对江西省蚌湖钉螺孳生草洲植被的分类研究[J]．中华流行病学杂志 (2)：34－35，81.

康在彬，王萃锴，周述龙．1958．湖北省钉螺的形态及地理分布[J]．动物学报 (3)：225－241.

柯文山，陈玺，陈婧，等．2014．湖北钉螺 (*Oncomelania hupensis*) 对光照的感觉反应[J]．湖北大学学报 (自然科学版)(2)：103－105，109.

梁幼生，孙乐平，戴建荣，等．2009．江苏省血吸虫病监测预警系统的研究 I 水体感染性监测预警指标及方法的构建[J]．中国血吸虫病防治杂志 (5)：363－367，451.

李赋京．1956．钉螺的解剖与比较解剖[M]．武汉：湖北人民出版社.

李召军．2007．鄱阳湖区植被与钉螺分布关系的研究[D]．南昌大学.

李召军，陈红根，刘跃民，等．2006．鄱阳湖区圩垸内外植被与钉螺分布关系研究[J]．中国血吸虫病防治杂志 (6)：406－410.

李忠武，张艳，崔明，等．2013．洞庭湖区钉螺及疫情的空间分布与水环境质量关系[J]．地理研究 (3)：403－412.

林丽君，闻礼永．2013．湖北钉螺在日本血吸虫病传播中的作用[J]．中国血吸虫病防治杂志 (1)：

83－85，89.

刘年猛. 2008. 湘江长沙段洲滩钉螺防治前后的种群动态研究[D]. 湖南师范大学.

刘蓉，牛安欧，李莉. 2004. 用RAPD技术对湖北钉螺遗传变异的研究[J]. 中国寄生虫病防治杂志(3)：13－16.

刘燕. 2013. 湖北钉螺生存环境主要影响因素探析[J]. 九江学院学报(自然科学版)(3)：1－4.

刘月英. 1974. 关于我国钉螺的分类问题[J]. 动物学报(3)：223－230.

刘月英，楼子康，王耀先，等. 1981. 钉螺的亚种分化[J]. 动物分类学报(3)：253－267.

吕大兵，姜庆五. 2003. 钉螺生态学研究及其应用[J]. 中国血吸虫病防治杂志(2)：154－156.

毛守白. 1990. 血吸虫生物学与血吸虫病的防治[M]. 北京：人民卫生出版社.

毛守白，李霖. 1954. 日本血吸虫中间宿主—钉螺—的分类问题[J]. 动物学报(1)：1－14.

倪传华，郭源华. 1991. 中国大陆钉螺杂交的研究[J]. 四川动物(4)：20－22.

卿上田，胡述光，张强，等. 2003. 结合农业综合发展进行灭螺与控制血吸虫病[J]. 中国兽医寄生虫病(3)：32－33，44.

申云侠，诸葛洪祥，梁幼生，等. 2010. 光强和光色对钉螺趋光性的影响[J]. 中国人兽共患病学报(10)：939－941.

孙乐平，周晓农，洪青标，等. 2003. 日本血吸虫幼虫在钉螺体内发育有效积温的研究[J]. 中国人兽共患病杂志(6)：59－61.

孙启祥，彭镇华，周金星. 2007. 抑螺防病林生态控制血吸虫病的策略与机理分析[J]. 安徽农业大学学报(3)：338－341.

唐崇惕，王云. 1997. 叶巢外睾吸虫幼虫期在湖北钉螺体内的发育及生活史研究[J]. 寄生虫与医学昆虫学报(2)：20－24.

唐崇惕，郭跃，卢明科，等. 2012. 先感染外睾吸虫的钉螺其分泌物和血淋巴细胞对日本血吸虫幼虫的反应[J]. 中国人兽共患病学报(2)：97－102.

田艳，陈桂芳，张宏，等. 2013. 三峡库区生态环境对钉螺滋生适宜性的影响[J]. 现代农业科技(17)：232－233，235.

王海银. 2009. 日本血吸虫中间宿主——钉螺的螺口动力学研究[D]. 复旦大学.

王海银，张志杰，周艺彪，等. 2009. 湖南省洞庭湖区钉螺分布状态的动态分析[J]. 复旦学报(医学版)(2)：138－141，148.

王少海，何立，康在彬，等. 1994. 钉螺齿舌的光学显微镜和扫描电镜结果分析[J]. 中国人兽共患病杂志(6)：26－28，28－29，63.

王国棠. 1989. 湖北钉螺两个亚种核型的初步研究[J]. 遗传(5)：21－23.

王国棠. 1991. 云南省钉螺染色体核型的研究[J]. 中国人兽共患病杂志(3)：29－30.

吴刚，苏瑞平，张旭东. 1999. 长江中下游滩地植被与钉螺孳生关系的研究[J]. 生态学报(1)：120－123.

向瑞灯，徐新文，徐诗文. 2005. 刁汉湖河滩钉螺分布影响因素研究[J]. 中国血吸虫病防治杂志(1)：67－68.

许静，郑江. 2003. 中国大陆不同地区光壳钉螺遗传多样性的RAPD分析[J]. 中国血吸虫病防治杂志
　　(4)：251－254.

姚超素，石孟芝，胡代炎. 1996. 在日本血吸虫中间宿主钉螺体内发现盾盘吸虫[J]. 实用预防医学 (3)：
　　154－155.

姚超素，石孟芝，蔡文华，等. 1996. 钉螺体内发现侧殖吸虫幼虫的报告[J]. 中国血吸虫病防治杂志
　　(2)：93－95，129.

袁鸿昌，姜庆五. 1999. 我国血吸虫病科学防治的主要成就——庆祝建国50周年血防成就回顾[J]. 中国
　　血吸虫病防治杂志 (4)：193－195.

赵恺，石鑫玮，陈兴华，等. 2006. 用RAPD技术对湖北大口等3地的钉螺遗传差异初探[J]. 中国人兽
　　共患病学报 (10)：978－980.

张垒，庄黎，陈婧，等. 2008. 湖北钉螺在不同温度下的发育速率及形态变化[J]. 湖北大学学报 (自然
　　科学版)(2)：205－207.

张仁利，左家铮，刘柏香，等. 1993. 洞庭湖外睾吸虫新种及其生活史[J]. 动物学报 (2)：124－129.

张世萍，李安平，徐纯森，等. 1995. 几种水生经济动物灭钉螺的初步研究[J]. 华中农业大学学报 (1)：
　　85－88.

张薇，滕召胜. 2006. 血吸虫病预防与治疗的研究进展[J]. 实用预防医学 (3)：798－800.

张旭东，漆良华，黄玲玲，等. 2007. 山丘区土壤环境因子对钉螺(*Oncomelania* Snail) 分布的影响[J].
　　生态学报 (6)：2460－2467.

张志杰，彭文祥，庄建林，等. 2005. 湖北钉螺分布与年极端低气温的关系分析[J]. 中国血吸虫病防治
　　杂志 (5)：341－343.

周晓农，洪青标，孙乐平，等. 1997. 中国钉螺螺壳的聚类分析[J]. 动物学杂志 (5)：5－8.

周晓农. 2005. 实用钉螺学[M]. 北京：科学出版社.

周晓农，孙乐平，洪青标，等. 1995. 中国大陆钉螺种群遗传学研究. 种群遗传变异[J]. 中国血吸虫
　　病防治杂志 (2)：67－71.

周晓农，孙乐平，徐秋，等. 1994. 中国大陆不同地域隔离群湖北钉螺基因组DNA的限制酶切长度差异
　　[J]. 中国血吸虫病防治杂志 (4)：196－199，258.

周晓农，杨国静，孙乐平，等. 2002. 全球气候变暖对血吸虫病传播的潜在影响[J]. 中华流行病学杂志
　　(2)：8－11.

周艺彪，姜庆五，赵根明，等. 2006. 中国大陆钉螺螺壳形态性状聚类分析[J]. 动物分类学报 (2)：
　　441－447.

周艺彪，赵根明，韦建国，等. 2006. 湖北钉螺种群内AFLP分子标记遗传变异分析[J]. 中国寄生虫学
　　与寄生虫病杂志 (1)：27－30，34.

周艺彪，赵根明，韦建国，等. 2006. 25个湖北钉螺种群扩增片段长度多态性分子标记的遗传变异研究
　　[J]. 中华流行病学杂志 (10)：865－870.

朱中亮. 1992. 我国钉螺地理分布规律的研究[J]. 动物学杂志 (3)：6－9.

Burch JB.1965.Chromosomes of intermediate hosts of human bilharziasis[J].Malacolyia, (5): 25–28.

Davis GM.1980.Snail hosts of Asian Schistosoma infecting man: evolution and coevolution[J].The Mekong schistosome (Malacological Review, Supplement 2) : 195–238.

Davis GM, Zhang Y, Guo YH.1995.Population genetics and systematic status of *Oncomelania hupensis* (Gastropoda: Pomatiaopsida) throughout China [J].Malacologia (37): 133–156.

Li SZ, YX Wang, K Yang, et al.2009.Landscape genetics, the correlation of spatial and genetic distances of *Oncomelania hupensis*, the intermediate host snail of *Schistosoma japonicum* in mainland China[J].Geospat Health, 3(2): 221–231.

Wanger ED, Wong LW1959. Species crossing in *Oncomelania*[J]. American journal of tropical medicine and hygiene(8): 195–198.

第五章

临床症状与
病理变化

第一节　家畜血吸虫病的发生与临床症状

含有血吸虫虫卵的粪便污染水源，钉螺的存在，以及人畜在生产、生活活动过程中接触含有尾蚴的疫水，是血吸虫病传播的三个重要环节。家畜由于农田耕作、易感地带放牧等接触疫水，或吞食含尾蚴的水草或水而感染了血吸虫病。此外，牛、猪中都有发现血吸虫也可通过胎盘垂直传播。曾报道人工感染6头妊娠黄牛，剖检结果5头母牛的胎儿发现有虫体。人工感染8头妊娠奶牛，其中3例胎儿发现有虫体。

血吸虫病严重危害疫区人民身体健康。血吸虫感染人体后，急性患者出现皮疹、发热等症状；慢性患者可出现肝脾肿大、腹泻、咳嗽、消瘦等症状；晚期血吸虫病患者可引起肝硬化、腹水、丧失劳动能力，甚至危及生命。儿童患血吸虫病，会引起发育不良，甚至成为侏儒；妇女患血吸虫病，会影响妊娠和生育。

20世纪50年代以前，我国血吸虫病流行猖獗，曾使许多疫区人亡户绝、田园荒芜，呈现一片凄凉景象。上海市青浦县任屯村20世纪30—40年代有500多人被血吸虫病夺去了生命，其中全家死亡的有97户，只剩1人的有28户，侥幸活下来的461人也都患有血吸虫病。江西省余江县的蓝田畈，在20世纪前50年内，有3 000多人因患血吸虫病死亡，20多个村庄毁灭。湖北省阳新县40年代有8万多人死于血吸虫病，毁灭村庄7 000多个。江西省羊城县百富乡梗头村百年前有100多户，至1954年只剩2人，其中90%死于血吸虫病。湖南省汉寿县张家石昏村1929年有100多户700多人，50年代初只剩下31个寡妇，12个孤儿，变成了"寡妇村"。云南楚雄县枣子园村，原有50户300多人，到新中国成立时，只剩下7户20多人。1950年，江苏省高邮县新民乡群众发生急性感染4 019人，死亡1 335人，全家死亡的有31户，其景惨不忍睹。毛泽东同志"千村薜荔人遗矢，万户萧疏鬼唱歌"的诗句，正是新中国成立前血吸虫病流行区的真实写照。

除人以外，日本血吸虫还可感染牛、羊、猪等40余种哺乳类动物。动物感染血吸后出现症状的强弱与动物的种类、年龄、感染程度、营养状况、饲养管理和动物免疫力等都有关。不同动物对日本血吸虫感染呈现不同的易感性，出现的症状也有较大的差别。黄牛较水牛症状明显，奶牛和山羊的症状较本地黄牛严重，山羊比黄牛耐受性更差，马、驴、犬、育肥猪一般未见到明显的临床症状。小牛较成年牛症状明显。小猪大量感染后也有明显的症状。

　　家畜，特别是幼龄家畜大量感染时，往往出现急性感染症状。体温可达40～41℃，或呈不规则间歇热型，也有个别牛呈稽留热型。病牛（畜）表现精神不佳、食欲不振、行动缓慢、离群久卧或呆立不动。感染20d以后开始腹泻下痢，粪便夹带血液、黏液，被毛粗乱，肛门括约肌松弛，排粪失禁，严重者直肠外翻，牛只严重消瘦、黏膜苍白、严重贫血，步态摇摆、起卧困难，最终倒地不起，呼吸缓慢，衰竭死亡。患病幼畜发育缓慢，往往成为侏儒牛。胎儿期感染血吸虫病的犊牛，症状更为明显，并常常引起死亡。母牛往往有不妊娠或流产现象，奶牛产奶量下降。

　　感染较轻者，一般都为慢性经过，症状表现不明显，体温、食欲及精神尚好，但都表现消瘦、时有腹泻，使役能力降低。据四川、浙江和江苏等地的报告，血吸虫病畜的耕作能力可能下降1/3、1/2或2/3不等，使役年限也相应减少。血吸虫轻度感染的黄牛和山羊，如遇冬季天气寒冷，营养不良，病情可日趋加重。但如果饲养管理良好，不再重复感染，通过治疗可以恢复健康。

第二节　家畜血吸虫病的病理变化

　　血吸虫的主要感染途径是经皮肤感染。刚入侵的童虫在宿主皮下组织中短暂停留后即进入小血管和淋巴管，随着血流经右心、肺动脉到达肺部的毛细血管。然后经肺静脉入左心至主动脉，随大循环经肠系膜动脉、肠系膜毛细血管丛而进入门静脉分支中寄生。成虫寄生于终宿主的门静脉和肠系膜内。雌虫在寄生的血管内产卵，多数虫卵随血流到达肝脏，部分逆血流沉积在肠壁。虫卵在肝脏或肠壁内逐渐发育成熟，成熟虫卵内卵细胞发育成毛蚴。日本血吸虫可感染人和其他40余种哺乳动物，不同宿主感染血吸虫后产生不同的免疫应答反应，影响了血吸虫在不同宿主体内的生长发育，同时，血吸虫感染也引起不同宿主产生程度不同的病理变化。

Yang 等对黄牛和水牛感染日本血吸虫前后免疫学应答差异进行了比较分析，结果表明黄、水牛感染日本血吸虫后呈现较大的免疫应答差异。无论是感染前或感染后，黄牛的CD4⁺T细胞比例一直高于水牛，而水牛的CD8⁺T细胞比例一直显著高于黄牛。在感染血吸虫尾蚴后，黄牛的CD4⁺T细胞比例下降，水牛的CD8⁺T细胞比例升高，黄牛和水牛的CD4/CD8比率都下降。黄牛的IFN-γ比例在感染前至感染后4周较高，至感染后7周时显著下降至较低水平；黄牛IL-4比例在感染前至感染后2周很低，感染4周后稍有升高，至感染7周时继续升高。水牛的IFN-γ比例在感染前较低，感染2周后有所升高，之后至感染7周时都呈下降趋势；水牛的IL-4比例在感染前较高，感染之后一直下降，至7周时降至一个很低水平。应用ELISA检测感染前和感染后2、4、7周的血清特异IgG抗体，结果显示黄牛组在感染之后特异IgG抗体水平逐渐增加，并显著高于水牛，而水牛组特异性抗体应答启动较慢，至感染后7周，特异性IgG抗体仍处于较低水平。

血吸虫尾蚴钻入宿主皮肤后会出现尾蚴性皮炎反应，主要由Ⅰ型和Ⅳ型超敏反应引起。童虫在宿主体内移行时，会因机械性损伤而引起弥漫性出血性肺炎等病理变化。童虫和成虫的排泄、分泌物和更新脱落的表膜，在宿主体内可形成免疫复合物，引起Ⅲ型超敏反应。

血吸虫感染导致的终宿主主要病理变化是由虫卵引起的，受损最严重的组织是肝和肠。刚产出的未成熟虫卵会引起肝、肠等组织的轻度增生。成熟虫卵内毛蚴释放的可溶性虫卵抗原经卵壳上的微孔渗到宿主组织中，引起淋巴细胞、巨噬细胞、嗜酸性粒细胞、中性粒细胞及浆细胞趋向、集聚于虫卵周围，形成细胞浸润，并逐渐生成虫卵结节或肉芽肿（Ⅳ型超敏反应）。一个虫卵结节中有虫卵一个至数十个不等。在成熟虫卵周围常见呈放射性状、由许多浆细胞伴以抗原—抗体复合物沉着的嗜酸性物质，称何博礼现象（Hoeppli phenomenon）。虫卵肉芽肿反应一方面有助于破坏和消除虫卵，减少虫卵分泌物对宿主的毒害作用，另一方面它也损害了宿主正常组织，严重时导致宿主肝硬化和肠壁纤维化，直肠黏膜肥厚和增生性溃疡，消化吸收机能下降等一系列病害。与人血吸虫病相比，血吸虫病牛、病羊腹水少，肝、脾肿大不显著。同时，血吸虫成虫持续地吸血，大量吞噬宿主的红细胞，及其表皮脱落物、代谢产物、排泄物引起的免疫效应和毒性作用是造成宿主贫血、消瘦、发热、精神沉郁的原因之一。

江西省（1959）在解剖的65头病牛中，除两例单性感染（只找到雄虫）的牛外，其余均有肝脏的病变，占总数的96.9%。病牛肝脏一般无明显肿大，表面有大量的粟粒大到高粱米大的灰白色颗粒，压片镜检内含有数量不等的虫卵，老年牛则出现部分肝萎缩、硬化或结缔组织形成的粗网状花纹与斑痕。虫卵肉芽肿中心有1个至多枚虫卵，周围有大量的嗜酸性粒细胞、小单核圆形细胞或巨噬细胞和上皮细胞，中央呈现细胞组织浸润，或模糊不清的团块，外层为结缔组织。肝小叶间结缔组织增生；有多量嗜酸性粒细胞，小单核圆形细胞和组织细胞浸润，肝细胞则呈萎缩、轻度脂变和混浊肿胀等营养不良变化。血窦内皮细胞肿胀，有暗褐色颗粒性色素沉着于窦内皮细胞、星状细胞及小叶间质内的游走细胞中，胆囊黏膜上有时有息肉状肿瘤，镜检时发现部分组织坏死并有大量虫卵和变性虫卵沉着。

一部分虫卵进入肠黏膜血管形成虫卵结节。严重感染时，肠道各段黏膜均可找到虫卵结节，尤以直肠的病变更为严重。一般在小牛直肠黏膜距肛门10～15cm处，可见到增生性溃疡或炎性肿胀。黏膜上有多量黏液，并有灰白色、线状或块状的虫卵肉芽肿。严重者直肠黏膜肥厚，表面呈现粗糙的颗粒状突起，有的直肠有赘瘤样病变。肠系膜和大网膜也常可发现虫卵肉芽肿。

此外，心、肾、胃、胰、脾脏等器官也常可发现虫卵肉芽肿。Yang 等以日本血吸虫尾蚴人工感染黄牛、水牛、山羊、Wistar大鼠、BALB/c小鼠及新西兰大白兔，结果表明适宜宿主（黄牛、山羊、BALB/c小鼠和新西兰大白兔）感染后肝脏布满虫卵结节，而非适宜宿主的肝脏只有少量虫卵结节（水牛），或者几乎看不到虫卵结节（Wistar大鼠）。对日本血吸虫感染黄牛、水牛和山羊三种天然宿主后宿主的肝脏组织病理变化差异作了比较，观察到适宜宿主黄牛和山羊的肝脏组织产生了更为强烈的免疫应答，肝细胞肿大，炎性细胞明显增多且聚集，虫卵周围有大量嗜酸性粒细胞、炎性淋巴细胞聚集浸润，或呈浸润性坏死，形成典型条纹状嗜伊红沉淀物，呈现特征性何博礼现象。而水牛组的肝细胞以中央静脉为中心，呈放射状排列，无明显肝细胞变性、无大量坏死及炎症细胞的聚集浸润，小叶结构完整，白细胞少于红细胞，呈散在分布，且以中性粒细胞和单核细胞居多，淋巴细胞很少（图5-1）。

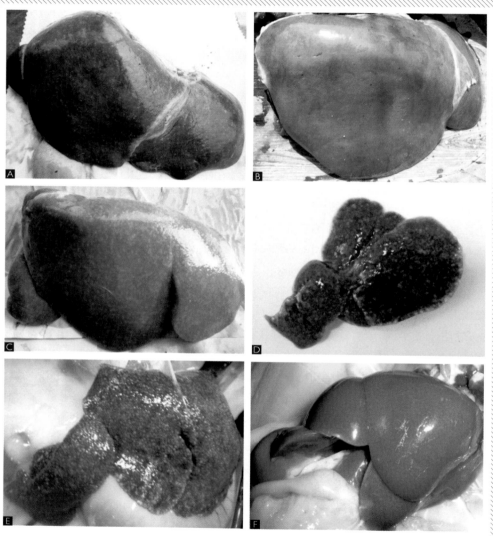

图 5-1　不同动物宿主感染日本血吸虫尾蚴后 49d 的肝脏病变损害观察

A、黄牛　B. 水牛　C. 山羊　D. BALB/c 小鼠　E. 新西兰兔　F. Wistar 大鼠

（杨健美提供）

第三节 重要家畜血吸虫病

一、牛血吸虫病

　　流行病学调查表明，在我国大部分血吸虫病流行区，血吸虫感染牛是血吸虫病最主要的传染源。在我国血吸虫病流行区饲养的牛主要有黄牛和水牛两种，不同流行区的调查结果都显示，黄牛比水牛对日本血吸虫更易感，黄牛感染日本血吸虫后出现的症状比水牛严重。在同一流行区，黄牛血吸虫病感染率一般高于水牛。水牛对日本血吸虫感染的易感性呈现明显的年龄依赖性，一般3岁以上的成年水牛的血吸虫感染率要明显低于3岁以下水牛。调查还显示，黄、水牛犊牛感染血吸虫后出现的症状要比成年牛明显。妊娠牛感染本病时，生出的胎儿伴有生长发育受阻、死亡等症状。病牛临床表现为消瘦、贫血、腹泻，粪便混有黏液和血液，急性发病常伴有体温升高到40℃以上，呈不规则的间歇热，若不及时治疗，可因严重的贫血致全身衰竭而死亡。常见的牛血吸虫病多为慢性病例，通常病牛仅见消化不良、发育迟缓、长期腹泻（止泻治疗无效）及便血，逐渐消瘦；若饲养管理条件较好，则症状不明显，常成为带虫者和血吸虫病的传染源。

　　20世纪，我国疫区牛血吸虫病感染普遍，危害严重，阻碍着疫区湖区和洲滩牧草资源的利用及养牛业的发展，影响了当地农民增收和社会经济发展。1957年，安徽宿松县复兴镇养牛场有牛1 292头，因血吸虫病死亡达416头，死亡率达32.2%，严重者甚至一天死亡18头。江西九江新生农牧场的牛群，因连年出生的小牛受血吸虫病的危害，严重地影响牛群的繁殖。1957年，九江南郊农牧场的全部牛群都因急性血吸虫病而出现下痢、消瘦和生长发育停滞、孕牛流产、小牛死亡等现象。1962年，鄱阳湖昌邑东湖农场的黄牛，暴发急性血吸虫病，47头犊牛死亡42头，死亡率达89.36%。江苏省南京市和安徽省安庆市畜牧部门曾试图利用南京市新生洲和东至县江心洲的长江洲滩的牧草资源来发展奶牛，引进的奶牛在江滩上放牧经过一个感染季节，全部感染了血吸虫病而被转移或淘汰。为了开发利用丰盛的牧草资源发展草食家畜，贵池县唐田乡于1995年建成了沙山养牛场，分别从血吸虫病非疫区购进成年杂交黄牛56头，除1头种公牛实施舍饲外，其余55头黄牛半天到升金湖湖洲放牧、半天圈养舍饲，3个月后，整个牛场除1头舍饲的种公牛外全部发病，在不到1个月的时间内，黄牛死亡16头。

　　流行病学调查还表明，在我国大部分流行区，血吸虫感染的黄、水牛是我国血吸虫病最重要的传染源。湖沼型流行区和山丘型流行区的野粪调查都表明，牛粪和血吸虫阳性牛粪在野粪和阳性野粪中所占比例高者达95%以上，低者也有50%以上。同时，相对于羊粪、鼠粪等，牛的粪便量大，不易干燥，有利于粪便中的血吸虫虫卵在野外环境中存活更长时间及在传播中起到更大的作用。研究还表明，牛在一些流行区对血吸虫病传播的贡献率在70%以上（图5-2）。

图5-2　血吸虫疫区放牧牛

对牛血吸虫病的防控，可采取以下措施减少牛感染血吸虫的概率及牛粪中血吸虫虫卵对环境的污染：① 加强易感地带放牧牛的查病和治病，及时治疗血吸虫感染牛；② 在流行区推广以机耕代牛耕、圈养或限养牛、在易感季节禁止牛在有钉螺滋生的易感地带放牧；③ 加强对牛粪便的管理，推广沼气池建设等技术。

二、羊血吸虫病

山羊和绵羊等都是日本血吸虫的易感宿主。血吸虫病疫区湖洲土壤肥沃，气候温和，野草繁茂，一年四季各种杂草不断更替，为羊群放牧提供了天然条件，羊群常年在湖洲放牧或活动而感染了血吸虫。同时羊群活动范围大，排粪分散，污染面广，在血吸虫病传播中的作用应引起高度重视，在一些流行区，羊被认为是仅次于牛的第二重要的家畜血吸虫病传染源。胡述光等用日本血吸虫人工感染考湖杂交绵羊，发现绵羊体内成虫发育高，试验羊均表现出明显的临床症状、食欲减退、精神沉郁、逐渐消瘦。感染后50d试验羊先后发现下痢，粪便带血，并出现急性死亡。江苏省进行了血吸虫感染对山羊体重变化的试验，6只试验山羊感染前体重共135kg，感染后饲养40d，粪检均为阳性，称重6只羊总共只有99kg，体重下降了26.6%；其中1只重度感染的羊，体重由试验前的37.7kg减少至27kg，净减重10.7kg。20世纪50年代，湖南、广东、福建调查报道，羊血吸虫病自然感染率分别高达55.56%、73.91%、66.67%，其中山羊感染率高于绵羊，给养羊业带来巨大损失。1954年，九江赛湖农场50余只山羊因感染血吸虫病一年内全部死亡。1957年4月，湖南岳阳城陵矶农场140只山羊因感染血吸虫病不到三个月的时间死亡60余头。1960年，湖口、九江两个垦殖场从新疆引进细毛羊1 100余头，因放牧湖洲，不到一年时间90%的羊死于血吸虫病。江西省永修县吴城镇20世纪90年代末期有3个专业户饲养山羊100余只，因在湖洲草地上放牧而感染血吸虫病最终被淘汰。星子县浅湖村有2个养羊专业户于2004年1月分别从血吸虫病非疫区引进南江黄羊27只和30只，将羊群在湖洲上放牧，母羊在秋季妊娠后有31只羊发生流产，占产羔总数的73.8%，其余羊只虽经吡喹酮治疗，但肝脏受损，生长发育不良而被淘汰。血吸虫病的流行影响了疫区养羊业的发展及农民的经济收入。这些年，随着羊肉价格的持续上涨，个别疫区养羊的数量有所上升，应加强管理并引起重视。要及时查治病羊，严禁在易感地带放牧羊，同时加强羊粪便的管理，防止羊感染血吸虫病及病羊粪便对环境的污染。

三、猪血吸虫病

猪也是日本血吸虫的天然宿主之一。猪对血吸虫的易感性比牛、羊低，也有报道，猪感染日本血吸虫后也会和水牛一样出现自愈现象。猪在有钉螺滋生的湖洲等易感地带放牧会发生血吸虫感染，给养猪业带来损失，同时病猪粪便也污染了湖洲环境，成为疫病传播的传染源。据湖南省30个纵向观察点调查，洞庭湖区生猪血吸虫病感染率平均为9.71%，其中南洞庭湖最为严重，达17.7%～45.94%，平均为27.62%。血吸虫病猪生长缓慢，病猪表现被毛粗乱、贫血、下痢、发育不良、进行性消瘦，最后形成"老头猪"或"僵猪"。血吸虫病猪解剖可见脏器受损严重，肝脾肿大、质地坚硬、肝表面布满虫卵肉芽肿或假性结节、胆囊增大、胆汁浓缩、肠壁溃疡，往往不可食用而废弃，利用率下降。病猪生长缓慢，饲养周期延长，一般要饲养1年以上才能上市，死亡率增高，据观测点统计，湖区放牧猪死亡率达16.67%，而圈养猪死亡率一般在10%以内。

刘耀兴等在猪血吸感染的生物学特性观察中发现，猪人工感染血吸虫的潜伏期为35d，较乳牛36～38d、黄牛39～42d及水牛46～50d更早。解剖冲虫结果表明，生猪日本血吸虫感染的发育率为12%～20.5%，较黄牛、山羊为低，和水牛相近；猪感染血吸虫后35d粪孵呈现阳性，到感染后95d粪孵转阴，解剖时虽然找到虫体，但肝脏孵化亦呈阴性，和水牛一样有自愈现象。

湖南省在进行吡喹酮治疗人工感染血吸虫病试验时，由非疫区购进生猪20头，每头感染血吸虫尾蚴1 000条，感染后50d全部粪检阳性，进行治疗试验，治疗组15头，对照组（不治疗）5头。治疗组15头始重1 252kg，每头平均83.47kg，50d后共重1 598kg，共增重346kg，每头平均增重23.06kg。对照组5头猪始重471.9kg，每头平均94.38kg，50d后共重554.4kg，共增重82.5kg，每头平均增重16.5kg。未经治疗的病猪较治愈的病猪体重平均每头下降6.56kg，日差131g。

目前在有钉螺的湖洲放牧生猪已少见，但仍应禁止这一行为，防止生猪感染血吸虫病，给农民带来经济损失。同时，一旦查到生猪感染，应尽快给予治疗。

四、其他家畜和家养动物血吸虫病

除牛、羊、猪以外，马、驴等家畜在云南等一些山丘型流行区被用于农田耕作，运输粮食、肥料等，或有时在有钉螺地区放牧，也可能接触含血吸虫尾蚴的疫水而感染血吸虫病。多年来云南等省都对部分疫区的马和驴血吸虫病进行监测，都有检出阳性病畜，但数量比牛、羊少。马、驴对日本血吸虫的易感性不如黄牛和羊，一般不出现明显的临床症状。

此前我国重点防控的是人和牛、羊血吸虫病，在人、牛、羊血吸虫病得到有效控制，我国血吸虫病防控逐步从疫情控制转入疫情消除阶段，其他家养动物和野生动物在血吸虫病传播中的作用应引起重视。犬、猫等家养动物，鼠、野兔等野生动物都是日本血吸虫的易感动物，野生动物中感染血吸虫的主要种群和各种动物的感染率也因地而异。在20世纪50—60年代，部分疫区野生动物的血吸虫感染率也相当高，如江苏省东台和大丰野兔感染率为19.9%，浙江省金华褐家鼠的感染率最高达61.1%、姬鼠为16.6%，安徽省贵池褐家鼠的感染率为32.0%，江西省星子县华南兔的感染率为26.1%。随着社会经济的发展和自然生态环境的变化，疫区饲养的家养动物数量和湖区、洲滩野生动物的种群及动物数量都发生了改变；至今，人们对家养动物和野生动物血吸虫感染情况及在血吸虫病传播中的作用仍了解甚少，应加强这方面的工作。已有报道一些流行区饲养犬的数量和犬血吸虫感染数量都明显增多，它们在血吸虫病传播中的作用应引起重视。

参考文献

胡荣青. 2010. 浅析牛血吸虫病的检查与防治[J]. 江西畜牧兽医杂志（1）：32.

胡述光，卿上田，张强，等. 1996. 考湖杂交绵羊对日本血吸虫易感性的试验[J]. 中国血吸虫病防治杂志，(8) 4：246.

胡述光，卿上田，石中谷，等. 1996. 洞庭湖区生猪血吸虫病流行及危害情况的调查[J]. 湖南畜牧兽医，(4)：25-26.

王龙. 2012. 牛血吸虫病防治[J]. 草业与畜牧，(9)：52.

李长友，林矫矫. 2008. 农业血防五十年[M]. 北京：中国农业科学技术出版社.

林邦发，童亚男. 1977. 水牛日本血吸虫病自愈现象的观察[J]. 中国农业科学院上海家畜血吸虫病研究所论文集：453-454.

刘耀兴，邱汉辉，张观斗，等. 1991. 猪血吸虫感染一些生物学特性的观察[J]. 中国血吸虫病防治杂志，(3) 5：138-140.

卿上田，胡述光，丁国华，等. 1998. 华容县羊群血吸虫病感染情况调查[J]. 中国兽医寄生虫病，(6) 1：45-46.

王陇德. 2006. 中国血吸虫病防治历程与展望[M]. 北京：人民卫生出版社.

汪恭琪，杨正刚，李德泽，等. 1997. 沙山养牛场黄牛血吸虫病的疫情报告[J]. 中国兽医寄生虫病，(5) 1：47.

J. Yang, X.Feng, Z. Fu, et al.2012.Ultrastructural Observation and Gene Expression Profiling of *Schistosoma japonicum* Derived from Two Natural Reservoir Hosts, Water Buffalo and Yellow Cattle[J].PLoS One, 7(10): e47660.

J. Yang, Z. Fu, X. Feng, et al.2012.Comparison of worm development and host immune responses in natural hosts of *Schistosoma japonicum*, yellow cattle and water buffalo[J].BMC Vet Res, 8: 25.

Liu JM, Yu H, Shi YJ, et al.2013.Seasonal dynamics of *Schistosoma japonicum* infection in buffaloes in the Poyang Lake region and suggestions on local treatment schemes[J].Vet Parasitol, 198(15, 1~2): 219-222.

Liu J, Zhu C, Shi Y, et al.2012.Surveillance of *Schistosoma japonicum* Infection in Domestic Ruminants in the Dongting Lake Region, Hunan Province, China[J].PLoS One, 7(2): e31876.

第六章

血吸虫感染免疫学与疫苗的探索

从血吸虫尾蚴入侵终末宿主，血吸虫在宿主体内感染的建立和维持及虫卵诱发宿主产生的病理变化，均与宿主对寄生虫感染产生的免疫应答及其免疫病理变化有关。从疾病的本质来讲，血吸虫病属一种免疫性疾病。

第一节　血吸虫感染的免疫学特点

一、抗原复杂性

血吸虫为雌雄异体的多细胞生物，其体积比细菌、病毒、原虫等其他病原微生物大，形态结构复杂。基因组分析表明，日本血吸虫基因组大小为1.682×10^9bp，是秀丽杆线虫基因组的2.7倍，果蝇基因组的2.3倍，预测含有13 469个表达基因，编码的蛋白种类多、数量大。血吸虫生活史复杂，含有尾蚴、童虫、成虫、虫卵、毛蚴、母胞蚴、子胞蚴7个不同发育阶段虫体，它们分别营自由生活（毛蚴、尾蚴等）和寄生生活（童虫、成虫、母胞蚴、子胞蚴等）两种不同生活方式。血吸虫分布的地理范围广，寄生的终末宿主种类多，为适应周围不同的外环境和不同宿主体内环境，不同虫株和不同发育期虫体既具有一些共有的抗原，同时也有一些特异或差异表达的抗原。因此，血吸虫的抗原成分极其复杂。这些抗原大致可分为排泄/分泌抗原（excretory/secretory antigen，ES antigen）和体抗原（somatic antigen）。在免疫学上较受关注的抗原有与宿主直接接触的虫体体表表面抗原（surface antigen）、虫体排泄/分泌抗原等。

二、宿主免疫效应机制的多样性

在血吸虫感染过程中，宿主对感染的免疫应答是复杂多样的，体液免疫和细胞免疫均参与了抗血吸虫感染应答。无论是体液免疫缺陷，或是细胞免疫缺陷，均会影响宿主对血吸虫的免疫效应。不同适宜性宿主对血吸虫感染呈现不同的免疫应答机制，影响着血吸虫在不同宿主体内的存活和生长、发育。

三、不完全免疫与免疫逃避

血吸虫感染适宜宿主后，可产生针对血吸虫的免疫应答，这种免疫应答只能减轻、增强或限制血吸虫感染所致的宿主免疫病理损害，但无法完全清除宿主体内已有的血吸虫，最终的结果是血吸虫与宿主长期共存，并导致多数病例在临床上出现慢性病程。同时这种免疫力不能抵抗再感染的发生，在血吸虫病流行区反复感染时常发生。血吸虫在宿主体内寄生过程中，不断地适应宿主的内环境，逃避宿主免疫应答并在宿主体内长期存活。血吸虫逃避宿主免疫应答的机制主要包括了抗原模拟、抗原变异、抗原伪装等被动手段及特异性B细胞克隆衰竭、诱生封闭型抗体、激活$CD4^+CD25^+$调节性T细胞（Treg）和抑制性T细胞（Ts）等具有免疫抑制功能的细胞、诱导Th1/Th2免疫应答漂移、促使T细胞凋亡等抑制宿主免疫应答的主动手段。

四、宿主免疫应答作用的两面性

血吸虫与宿主之间建立的寄生关系是两者在长期进化过程中积累形成的相互适应的结果，其中免疫学相互适应是寄生虫可在宿主体内存活和生长发育的重要因素之一。宿主针对血吸虫的Th1、Th2应答均有利于杀伤体内童虫并抵抗血吸虫尾蚴的再感染，但同时，Th1类应答启动了肝脏与肠壁内虫卵肉芽肿的形成，而逐渐增强的Th2类应答更是使虫卵肉芽肿反应和随后的纤维化愈加严重。另有一些研究报道也表明，血吸虫还可利用宿主的免疫应答来促进自身的生长发育和生活史的完成。在小鼠体内，宿主在抗感染免疫应答过程中产生的一些分子可促进血吸虫生长发育，甚至缺少了宿主免疫系统或免疫应答，血吸虫无法正常发育（Davies S J 等，2003）。

第二节　**抗感染免疫**

血吸虫病是一种免疫性疾病。血吸虫在宿主体内的生长发育及其对宿主产生的病理损害，均与宿主对血吸虫感染产生的免疫应答有关。

一、先天性免疫

宿主对血吸虫感染的先天性免疫是宿主在长期进化中逐渐积累形成的天然防御能力，受遗传因素的控制，具有相对稳定性，但也受到机体生理因素的影响，包括宿主皮肤厚度、脂肪含量、激素水平、年龄等。

血吸虫入侵宿主后，首先启动了宿主的先天性免疫应答，主要包括：① 皮肤黏膜的屏障作用；② 吞噬细胞的吞噬作用；③ 一些体液因素如补体等对寄生虫的杀伤作用等。

尾蚴入侵宿主的第一道天然屏障即为宿主皮肤。在钻穿皮肤过程中，部分尾蚴储存的能量耗竭，或受激活的巨噬细胞杀伤，一些童虫出现受损或死亡。童虫受损或死亡的百分率与宿主的种类及其年龄等都有一定的关系。初次感染曼氏血吸虫动物皮肤中童虫的死亡率小鼠约为30%，大鼠约为50%，而在田鼠中仅10%左右。年长的小鼠由于皮肤密集，对曼氏血吸虫感染的易感性要比年幼小鼠低。

先天免疫应答主要依赖于一些模式识别受体（pattern recognition receptors，PRRs）对病原相关的分子模式（pathogen-associated molecular patterns，PAMPs）的识别。PAMPs包括一系列的组分：糖类、蛋白质、脂类和一些核酸。模式识别受体可以激活先天免疫效应细胞如巨噬细胞和中性粒细胞，被活化的巨噬细胞通过分泌多种酶（如溶酶体酶、过氧化物酶等）、细胞因子（如IL-1、IL-6、IL-12、IFN-γ、GM-CSF、TGF-β等）、补体成分（C1~C9、B因子、P因子等）、反应性氧中间物等其他生物活性物质参与宿主早期的抗血吸虫感染作用。同时，巨噬细胞、树突状细胞（dendritic cells，DC）等吞噬细胞均具有抗原呈递作用，它们能够产生多种细胞因子和化学因子（cytokines and chemokines），启动相应的特异性免疫应答，被视为非特异性免疫应答和特异性免疫应答之间的桥梁。

Toll样受体（Toll-like receptors，TLRs）分子家族是巨噬细胞、树突状细胞上的重要模式识别受体，PRRs激活树突状细胞、巨噬细胞等抗原呈递细胞对处于初始状态的T、B细胞的活化、分化，T细胞免疫应答的启动和T细胞极化为Th1、Th2或Treg细胞的过程起了决定性作用（Perona-Wright等，2006），而且在免疫应答的效应阶段也扮演了关键角色，决定了随后宿主免疫应答的类型和倾向、强弱与变化，对血吸虫感染建立和维持产生了重要的影响。血吸虫抗原经巨噬细胞、树突状细胞等抗原呈递细胞处理和递呈后，可活化Th0细胞并使之分化为Th1或Th2细胞。Th1和Th2细胞产生的Th1/Th2类细胞因子活化并调控下游的细胞与体液免疫应答。随后还活化诱导具有免疫抑制作用的专职免疫调节细胞，抑制或下调宿主的某些免疫应答反应。TLRs是目前研究最多的一类模式识别受体。研究发现一些蠕虫来源的分子可以与Toll样受体结合诱导先天免疫应答，如血吸虫的Lacto-N-fucopentaose Ⅲ（LNFPⅢ）可以与人的血清白蛋白结合，通过TLR4来激活鼠的树突状细胞（Thomas PG 等，2003）。曼氏血吸虫成虫和虫卵中的lysophosphatidylserine（溶血磷脂酰丝氨酸，Lyso-PS）-containing molecules可以刺激TLR2和TLR4的表达，从而影响了宿主免疫反应的极化（Van der Kleij D 等，2002）。也有研究表明，日本血吸虫在与宿主的相互作用中产生一系列对抗宿主免疫杀伤的机制：如曼氏血吸虫表膜蛋白Sm16可通过阻遏TLR复合物的形成，抑制外周血单个核细胞（PBMC）的白细胞介素的生成，降低宿主对虫体的免疫杀伤作用。TLRs家族成员所介导的信号传导通路主要分为两种，分别是髓样分化因子88（myeloid differentiation primary response protein 88，MyD88）介导的MyD88 依赖途径和由 β 干扰素TIR 结构域衔接蛋白（TIR-domain-containing adaptor inducing interferon-β，TRIF）介导的MyD88 非依赖途径。MyD88依赖途径是多数TLR家族成员的信号传导途径，同时也是不成熟DC发挥吞噬功能、释放炎性细胞因子的信号传导途径。DC通过此途径接受刺激信号，释放IL-10、IL-12以及TNF-γ 等细胞因子。MyD88非依赖途径激活独特的转录因子，干扰素调节因子3（interferon regulation factor 3，IRF-3）在产生干扰素、上调DC表面共刺激分子的表达和增强DC的抗原呈递功能方面发挥重要的作用。

Jiang等利用全基因组寡核苷酸芯片技术，对小鼠、大鼠和东方田鼠感染日本血吸虫前和感染后10d肝脏、脾脏和肺脏转录组进行比较分析。转录组分析结果表明，和血吸虫适宜宿主小鼠相比，非适宜宿主东方田鼠一些与免疫相关的基因表达显著上调，如补体成分1q（C1qa）、补体成分8a（C8a）、蛋白酪氨酸磷酸酶受体C（Ptprc）、免疫球蛋白 γ Fc受体1（cgr1）、免疫球蛋白 γ Fc受体3（cgr3）、干扰素调节因子7（IRF-7）、血小板活化因子（PAF）、CD74等，提示一些先天性免疫相关基因上调表达可能影响血吸虫在非适宜宿主东方田鼠体内的生长发育和存活（Jiang 等，2010）。Han等应用miRNA芯片分析发现一些miRNA分子在小鼠、大鼠和东方田鼠三种不同适宜性宿主呈现差异表达，其中一些差异表达的miRNA分子（如miR-223、miR-146a和miR-181等）的靶基因与Toll-like受体信号通路、TGF-β 信号通路等多个信号通路有关，可能在宿主日本血吸虫早期感染中发挥了重要的调控功能，并可能影响日本血吸虫在不同适宜性宿主体内感染的建立和其后的生长发育和存活（Han 等，2013）。至今为止，有关大家畜血吸虫感染的先天免疫应答机制尚未见深入的研究报道。

迄今，人们对血吸虫感染的先天免疫机制还了解甚少，一些血吸虫感染的有趣现象有待从先天免疫角度作深入的阐述。如就对人体危害最大的三种血吸虫来说，为什么埃及血吸虫的宿主特异性最高，曼氏血吸虫次之，而日本血吸虫最低？为什么同一种血吸虫对不同宿主感染的适宜性存在较大的差别？为什么中国大陆株日本血吸虫感染水牛和猪后会出现自愈现象？为什么雄性小鼠和田鼠对曼氏血吸虫的易感性较雌性高？

二、获得性免疫

在终末宿主体内寄生的血吸虫包括童虫、成虫和虫卵三个不同发育阶段的虫体，各期虫体排泄/分泌的抗原均可诱导宿主免疫系统致敏和产生抗感染的免疫应答。宿主免疫相关细胞受到血吸虫抗原选择性地刺激后分化、增殖并释放淋巴因子或分泌特异性抗体。

血吸虫一进入宿主皮肤，抗原即被皮肤局部的吞噬细胞捕获，经抗原呈递细胞（APC）加工处理后与主要组织相容性复合物（MHC）分子共同表达于此类细胞表面。之后，T细胞/B细胞通过表面受体TCR/BCR特异性识别APC表面的MHC-抗原肽复合物，从而启动了T、B细胞的活化、分化与效应过程。T细胞增殖分化为淋巴母细胞，最后成为致敏T细胞。B细胞增殖分化为浆细胞，合成和分泌抗体。部分T、B细胞分化为记忆细胞。参与获得性免疫应答的主要有辅助性T细胞（Th）、迟发型超敏反应T细胞（TD）、调节性T细胞（Treg）、细胞毒性T细胞（Tc）及抑制性T细胞（Ts）。前三个功能亚群在分化抗原表型上都是$CD4^+$细胞，Tc和Ts是$CD8^+$细胞。免疫应答的效应是杀伤血吸虫虫体，或阻碍虫体正常发育，诱发宿主病理变化，或对血吸虫生长发育产生促进作用。

（一）Th1/Th2漂移和极化

实验动物相关研究表明，Th细胞的激活在宿主抗血吸虫感染中具有重要作用。血吸虫感染后即能引起宿主Th1和Th2类免疫应答，在自然感染的不同阶段Th1与Th2类应答之间存在着此消彼长、相互抑制的调节机制，会出现不同的Th1/Th2漂移（shift）和极化（polarization）。对血吸虫易感宿主小鼠模型的研究表明，不同发育阶段虫体及其抗原引起的宿主优势免疫效应机制不尽相同，小鼠早期感染通常以Th1类应答占优势，随着感染进程的发展，Th1/Th2应答均逐渐增强。伴随着虫卵肉芽肿的形成与发展，渐渐地Th2类应答占据了优势并在肉芽肿的高峰期达到最高峰。随着感染病程进入慢性期，虫卵抗原活化的$CD4^+CD25^+$Treg细胞参与了宿主免疫应答的负调控，减轻了宿主过度的免疫反应及由其引起的严重病理损害，抑制了宿主免疫系统对体内血吸虫的清除而使感染变为慢性化（Hesse等，2004；McKee等，2004）。这一阶段，宿主体内Th1/Th2应答均出现一定程度的下降并逐渐稳定而维持于较低的水平。对牛、羊等家畜日本血吸虫感染免疫的相关研究至今只有一些零星的报道，对其免疫应答机制仍了解甚少。Yang等的初步研究结果表明，黄牛、水牛感染日本血吸虫前及感染后不同阶段CD4$^+$T、CD8$^+$T细胞比例，IL-4、IFN-γ水平都呈现较大的差别，提示这两种血吸虫不同适宜性宿主对日本血吸虫感染可能呈现不同的Th1/Th2免疫应答特征，但对牛、羊感染血吸虫后是否存在Th1/Th2漂移和极化，目前还没有充分的试验证据，有待进一步研究明确（Yang等，2012）。

（二）特异保护性抗体和封闭抗体

血吸虫感染适宜和非（半）适宜宿主后，宿主血清中可检测到不同水平的各种亚类的特异性抗体，但这些抗体并不能清除宿主体内的所有血吸虫和保护宿主抵抗再感染。小鼠模型血吸虫感染体外试验发现，IgE和IgG$_1$等抗体可通过细胞介导的、抗体依赖的细胞毒性作用（ADCC）杀伤血吸虫童虫，在嗜酸性粒细胞等效应细胞的协同下这种杀伤作用得到显著增强，是具有杀伤血吸虫功能的功能抗体，而IgG$_4$和IgG$_{2\alpha}$等抗体却是只能与血吸虫特异抗原结合，但不具有杀伤虫体功能的封闭抗体。Yang等的初步结果表明，黄牛、水牛感染日本血吸虫后不同阶段特异性IgG抗体水平具有较大的差别，对黄牛、水牛等家畜血吸虫感染后其他亚型抗体的特异性免疫应答分析目前仍鲜有报道，是否和啮齿类动物一样存在保护性抗体和封闭抗体仍待研究（Yang等，2012）。

（三）专职免疫抑制细胞在血吸虫感染免疫应答中的调节作用

血吸虫感染后，血吸虫抗原特异性的专职免疫抑制细胞的诱导与活化可能是宿主免疫抑制现象产生的最重要机制，也可能是血吸虫能够逃避宿主免疫杀伤，在适宜宿主体内长期生存的重要原因。专职免疫调节细胞主要有CD4$^+$的CD4$^+$CD25$^+$Treg细胞、Tr1细胞、Th17细胞和CD8$^+$的Ts细胞，它们在免疫应答中主要起负调控作用。曼氏血吸虫的研究发现，在血吸虫慢性感染期，虫卵抗原活化的CD4$^+$CD25$^+$Treg细胞抑制了宿主的Th1类应答，导致宿主呈现Th2类极化，减轻了宿主过度的免疫反应及由其引起的严重病理损害，抑制了宿主免疫系统对体内血吸虫的清除而使感染变为慢性化（Hesse等，2004；McKee等，2004）。Yang等和Mo等的研究表明，血吸虫抗原除可以活化天然存在的nTreg（nature CD4$^+$CD25$^+$Treg）发挥免疫抑制作用外，更重要的是能够诱导生成iTreg（induced CD4$^+$CD25$^+$Treg），使得外周血中iTreg细胞占CD4$^+$T细胞的比例由感染前的5%～7%提高至感染后的12%～15%，甚至更高。这种血吸虫抗原诱导的iTreg细胞可抑制CD4$^+$CD25$^+$靶细胞增殖和IL-4、IFN-γ等细胞因子产生（Yang等，2007；Mo等，2007）。以上这些说明血吸虫抗原特异性的专职免疫抑制细胞在血吸虫感染的免疫调节，特别是免疫逃避中可能起了非常重要的作用，但相关分子机制尚不明确。

三、免疫相关因子对血吸虫生长发育的影响

宿主对血吸虫感染产生的免疫应答除了参与抗感染、诱导免疫病理变化外，以小鼠作为动物模型的研究也表明，宿主免疫应答过程中产生的一些细胞/分子可促进血吸虫生长发育，甚至缺少了宿主免疫系统或免疫应答，血吸虫不能在宿主体内正常发育（Davies S J 等，2003）。

1957年，Coker等人首先报道了宿主的免疫因子可以影响血吸虫生长发育，他们给曼氏血吸虫感染小鼠注射免疫抑制剂皮质类固醇后，发现可以明显影响虫体的发育。1960年，Weinmann 和 Hunter 等人也报道了类似的研究结果。Doenhoff 等（1978）和Harrison 等（1983）先后报道了在免疫抑制小鼠体内，曼氏血吸虫的发育及产卵受到阻抑。这一系列研究提示，皮质类固醇、免疫抑制剂和T淋巴细胞缺失都会延迟血吸虫在小鼠体内的成熟及产卵，提示了宿主的免疫系统能够促进曼氏血吸虫的发育。

血吸虫生长发育受免疫因子的影响在免疫缺陷小鼠模型上得到了进一步的验证。1992年，Amiri等人在《自然》杂志报道，在T、B淋巴细胞均被抑制的免疫缺陷SCID小鼠体内，血吸虫的生殖力被阻抑，而加入外源性的肿瘤坏死因子（tumour necrosis factor，TNF）可以恢复血吸虫的生殖力。2001年，Davies 等人在免疫缺陷小鼠模型RAG-1[-/-]中发现曼氏血吸虫感染后出现了表型的显著抑制，包括虫体大小、虫体发育和虫体生殖力。研究还证实宿主的CD4[+]T淋巴细胞起到了主要作用，仅用TNF不足以恢复曼氏血吸虫感染免疫缺陷小鼠导致的缺损表型。在血吸虫发育的早期注入CD4[+]T细胞后，虫体发育以及产卵都得到了恢复。在野生型小鼠体内注入特异性的抗CD4[+]抗体后，发现虫体产卵受到了抑制，而加入抗CD8[+]抗体则不影响（Davies S J 等，2001）。Hernandez等人（2004）利用单性曼氏血吸虫尾蚴感染免疫缺陷小鼠（RAG-1[-/-]），发现是雄虫受到宿主适应性免疫的直接影响，而雌虫是通过雄虫间接受影响的。2007年Lamb等人进一步揭示了虫体发育对宿主CD4[+]T细胞的依赖不仅发生于曼氏血吸虫，同样存在于日本血吸虫、埃及血吸虫和间插血吸虫，说明这一现象普遍存在于人体血吸虫病原，说明这种宿主和血吸虫之间的相互关系一直存在，且能够影响寄生虫发育，他们认为这或许能为发展抗血吸虫感染提供了一个新的手段。在人类免疫缺陷病毒（human immunodeficiency virus，HIV）与曼氏血吸虫共感染人群的调查研究中也发现，HIV病人的粪便虫卵数目显著减少，提示虫体发育受到宿主免疫因子的影响同样在人类存在。2010年，Lamb等人进一步证实了CD4[+]T细胞是通过单核/巨噬细胞等先天免疫信号分子间接促进虫体发育的。

Wolowczuk等人最早发现外源性IL-7可以增加曼氏血吸虫的皮肤感染，之后他们

又继续在IL-7-/-缺陷小鼠模型上感染曼氏血吸虫，结果发现与感染RAG-1-/-小鼠有着类似的结果，血吸虫的生长发育受到了很大的阻碍，表型发生了明显的改变（Wolowczuk，1997；1999）。Roye等人在转基因小鼠皮肤上过表达IL-7，结果表明IL-7会直接或间接地影响血吸虫的生长发育（Roye，2001）。Wolowczuk等人认为是IL-7直接与血吸虫的生长发育相关，而另一种观点认为IL-7的缺陷是通过影响淋巴细胞而间接影响了血吸虫的发育（von Freeden-Jeffry，1995）。

2011年，在对小鼠、大鼠和东方田鼠三种不同适宜性宿主感染日本血吸虫后的免疫应答差异研究中发现，IL-10在非适宜宿主SD大鼠和东方田鼠血清中的含量均显著高于适宜宿主BALB/c小鼠，提示Th2型免疫应答相关的细胞因子IL-10可能在抗血吸虫机制中发挥了作用（卢潍媛等，2011）。

Yang等的初步研究结果注意到，适宜性宿主黄牛感染日本血吸虫前、后不同阶段CD4$^+$T细胞水平都明显高于非适宜宿主水牛。先前曼氏血吸虫小鼠模型的研究结果认为血吸虫虫体发育对宿主CD4$^+$T细胞有一定的依赖性，宿主体内CD4$^+$T细胞水平是否影响日本血吸虫在黄牛、水牛体内的发育有待于进一步重复验证（Yang等，2012）。

前几年日本血吸虫基因组、转录组和蛋白质组学等研究（Hu等，2003；Liu等，2006；Zhou等，2009）也表明，血吸虫一些基因和宿主同类分子相似，可以接受宿主免疫相关信息，促进其更好地生长发育。

四、免疫调节与效应机制

虽然国内外在血吸虫感染机制研究方面已有不少探索，但更多的报道是以小鼠或大鼠作为动物模型，以曼氏血吸虫作为研究对象。已有的研究表明，不同适宜性宿主对血吸虫感染呈现不同的应答机制。大鼠对曼氏血吸虫感染的免疫应答主要以抗体依赖细胞介导的细胞毒性作用（ADCC）机制为主，参与的抗体主要是IgG$_{2a}$和IgE，参与的细胞有嗜酸性粒细胞、巨噬细胞、单核细胞和肥大细胞（Butterworth A E，1984）。而小鼠对这种寄生虫的抗感染免疫机制则是非抗体依赖的、以激活巨噬细胞为中心的Th1型保护性应答为主，依赖于CD4$^+$T淋巴细胞和IFN-γ并与巨噬细胞的活化及一氧化氮的产生有关。Jiang等近期应用全基因组寡核苷酸芯片技术，以日本血吸虫适宜宿主小鼠、非（半）适宜宿主大鼠和对血吸虫具有抗病作用的东方田鼠作为模型，比较分析了三种不同适宜性啮齿类动物感染日本血吸虫前和感染早期肺和肝组织基因表达差异，结果表明感染日本血吸虫10d时东方田鼠肺、肝中一些与免疫相关的基因表达明显上调，三种宿主对血吸虫感染呈现不同的应答机制，东方田鼠可能通过Jak-STAT、

VEGF、Notch及Fcε RI等信号途径介导；大鼠通过补体级联途径介导；小鼠则通过多种细胞因子（主要是趋化因子和TNF）相互作用及Ca^{2+}信号途径等介导（Jiang 等，2010）。人体感染曼氏血吸虫和埃及血吸虫的研究发现，血清中高水平的抗原特异性IgE和嗜酸性粒细胞，以及抗原刺激特异性的IL-4和IL-5水平均与获得性抵抗力相关，表明与大鼠的效应机制相类似。至今，人们对大家畜血吸虫感染的免疫调节和效应机制仍知之甚少。

第三节　血吸虫的免疫逃避

血吸虫能以多种方式逃避宿主的免疫攻击，包括抗原伪装、抗原模拟、虫体表面抗原的改变、下调或抑制宿主免疫反应等。

一、抗原伪装和模拟

抗原伪装和抗原模拟是血吸虫免疫逃避的重要机制。抗原伪装指血吸虫在宿主体内发育过程中，可以通过摄取宿主蛋白、糖脂并结合于虫体的表面，以应对宿主免疫系统对异己的识别，从而逃避宿主的免疫攻击。抗原模拟指血吸虫一些体表抗原的抗原决定簇与宿主抗原相似，使宿主不产生针对这些抗原的免疫应答。

二、体被抗原更换和抗原变异

血吸虫体被是虫体和宿主物质交换的场所，也是宿主对血吸虫感染免疫应答最直接的部位。血吸虫在宿主体内生长发育过程中，不同发育阶段都出现一些体被蛋白的更换，每个阶段都呈现一些特异或差异表达的虫体抗原，使宿主的免疫应答难以发挥免疫杀伤作用。血吸虫转录组、蛋白质组和基因组信息分析注释表明，副肌球蛋白等72个表膜蛋白存在单核苷酸多态性，Actin等抗原的同型异构体呈现期特异性表达，这些都有利于削弱宿主对感染的免疫应答。

三、宿主的免疫抑制或下调

血吸虫感染后，特异的血吸虫抗原可诱导和活化CD4$^+$CD25$^+$Treg细胞，抑制了宿主血吸虫抗原特异的Th细胞的活化和细胞因子的产生，感染早期Th1类应答优势受到抑制，并导致宿主在慢性感染期呈现Th2类极化，其结果是减轻宿主肝脏免疫病理损伤，抑制了宿主的抗感染免疫应答，这可能也是血吸虫能够逃避宿主免疫杀伤的一个重要原因（McKee等，2004；Yang 等，2007）。血吸虫也可以通过产生某些物质（如蛋白酶等），主动下调宿主免疫反应，或分解、破坏宿主产生的效应抗体，诱导产生封闭抗体来对抗保护性抗体对虫体的杀伤作用，也是血吸虫与宿主长期进化过程中形成的免疫逃避手段之一。T细胞依赖性的虫卵多聚糖抗原可诱导产生IgM和IgG$_2$型抗体，此类抗体不能诱导抗体依赖性细胞介导的细胞毒作用，而且可封闭IgE和IgG$_1$类效应抗体的作用。人体血吸虫感染可诱导产生高滴度的IgE和IgG$_4$，IgG$_4$具有封闭IgE介导的保护作用。

第四节　疫苗探索

一、疫苗研究的必要性

我国血吸虫病防控的主要难点是中间宿主钉螺难于消灭和保虫宿主种类多，数量大。近些年我国血吸虫病的主要防治对策是查治病人、病畜，在易感地区大规模化疗、灭螺以及健康教育。吡喹酮是目前唯一大规模使用的治疗血吸虫病药物，但已有一些吡喹酮耐药性产生的相关报道。同时，多年来的实践证明连续群体化疗在江湖洲滩地区和大山区血吸虫病流行区可有效降低发病率，但由于血吸虫病传播的自然生态环境难于得到彻底改变，以及受到防治投入力度等因素的影响，防控效果难于巩固和难于阻断该病的传播。寄生虫病学者普遍认为：化疗的"短效"作用如果能与疫苗的"长效"免疫预防作用相结合，将有助于在我国控制和消灭血吸虫病。发展血吸虫病疫苗是综合防控血吸虫病的一项重要科技需求。世界卫生组织热带病研究培训特别规划署（WHO special programme for research and training in tropical diseases，TDR）也将血吸虫病疫苗研制置于血吸虫病防治研究的优先地位，我国也将日本血吸虫病基因工程疫苗项目纳入了国家863高技术计划等国家科研计划的资助范畴。

20世纪以来，人们一直想通过研制血吸虫病疫苗来预防血吸虫病的感染和传播，血吸虫病疫苗研究也经历了死疫苗、活疫苗、基因工程疫苗等一系列探索过程。但迄今仍未有兽用或者人用血吸虫病疫苗可在现场推广应用。

牛、羊等家畜是日本血吸虫最重要的保虫宿主，血吸虫病牛是我国血吸虫病最重要的传染源，牛等家畜用的血吸虫病疫苗如能研制成功并应用于现场，可有效减少传染源对环境的污染，对保障疫区人、畜健康，促进疫区生产发展、农民增收将发挥重要的作用。

二、疫苗研究的可行性

因血吸虫在其终末宿主体内不繁殖，疫苗应用后即可降低宿主的虫体负荷和产卵量，减轻宿主病理损害，减少粪便虫卵对环境的污染，降低血吸虫病的传播风险，特别在低感染度的情况下，疫苗和药物治疗结合使用，对有效阻断该病传播将有重要意义。

血吸虫病流行区人群流行病学调查研究表明，人群感染血吸虫后存在对再感染的部分免疫力。动物试验也显示血吸虫感染后机体可产生部分的获得性带虫免疫。用辐照尾蚴或童虫免疫啮齿类动物和牛、羊、猪等家畜，都诱导产生了较高的对攻击感染的免疫保护力和粪便虫卵减少率，提示血吸虫病疫苗研制是可行的。

这些年，寄生虫病学者对大鼠、小鼠抗血吸虫感染的机制已基本明确，对人群抗血吸虫感染机制的认识也更深入。日本血吸虫和曼氏血吸虫基因组测序和注释的完成，血吸虫转录组学、蛋白质组学、miRNA组学、血吸虫生长发育机制及与宿主相互作用机制研究等知识的不断积累，都为血吸虫病疫苗研制提供了更丰富的理论基础。

分子免疫学、分子生物学、组学等领域新技术的快速发展，为诱导高免疫保护效果的疫苗候选分子的筛选鉴定、疫苗的生产制备等提供了有力的技术支撑，将会加速疫苗的研制和应用步伐。家畜用疫苗研制成功，在当前我国血吸虫病防控难点地区——江湖洲滩地区和大山区的放牧家畜和耕牛中应用，将会对这类地区阻断血吸虫病传播发挥重要的作用。

三、疫苗研究的历史和现状

在血吸虫病疫苗研制发展中，以往的主导策略是试图模拟宿主自然感染血吸虫后产生的免疫保护机制，或仿效病毒、细菌疫苗发展策略来设计疫苗，经历了从全虫体疫苗

（不同发育阶段虫体死疫苗、致弱尾蚴/童虫活疫苗）到分子疫苗（单分子的虫体抗原、基因重组抗原苗、DNA疫苗、表位疫苗、抗独特型抗体疫苗）的探索和发展历程。虽取得诸多进展，但迄今尚未有一种能诱导稳定有效的疫苗可在现场应用。

（一）虫源性疫苗

1. 死疫苗　早期的血吸虫病疫苗研究主要受到了传染病疫苗研制的启示，采用虫体粗抗原和纯化的虫体蛋白组分对动物进行免疫。1940年，Ozawa首先用血吸虫成虫和尾蚴匀浆分别免疫家犬，获得35%和25%的减虫率。此后，不少学者采用尾蚴、成虫、虫卵等不同阶段虫体的裂解抗原免疫实验动物，结果表明死疫苗诱导的免疫保护效果有限。James等（1984）应用冻融曼氏血吸虫尾蚴加卡介苗皮内免疫小鼠，对血吸虫攻击感染获得35%～70%的减虫率，作者提出免疫成功与否取决于抗原的呈递情况。Xu等应用冻融日本血吸虫童虫结合BCG皮内注射免疫绵羊，获得40.36%～37.26%的减虫率（$p<0.05$）和39.29%～42.90%肝脏虫卵减少率。该种疫苗需要大量的血吸虫虫体，限制了研究的深入进行。

2. 活疫苗　活疫苗含异种活疫苗与同种活疫苗两种。

异种活疫苗是用动物血吸虫（如台湾株日本血吸虫、土耳其斯坦东毕吸虫）或人血吸虫（如大陆株日本血吸虫、曼氏血吸虫）免疫，再攻击人血吸虫或动物血吸虫，观察免疫保护效果。徐锡藩（1961）用台湾株日本血吸虫免疫恒河猴，再用大陆株日本血吸虫攻击，结果获得部分免疫保护作用。

同种活疫苗包括射线或化学方法致弱尾蚴或童虫疫苗。至今，在所有研制的血吸虫病疫苗中，用射线照射致弱的血吸虫尾蚴或童虫苗获得的保护效果最高。以γ-射线致弱的血吸虫尾蚴或童虫苗在多种小鼠品系中均能诱导较高的免疫保护效果，减虫率达60%～80%（Bickle等，1979；Li Hsu等，1981；Sher等，1982）。沈际佳等用紫外线照射日本血吸虫尾蚴减毒活疫苗分别免疫BALB/c小鼠1～3次后，其减虫率分别为59.7%、75.8%和76.3%，肝脏减卵率分别为85.5%、83.9%和85.3%。Ford等发现大鼠虽然不是血吸虫的适宜宿主，但致弱的曼氏血吸虫和日本血吸虫尾蚴均能使其对同种血吸虫攻击感染产生60%～90%的保护效果，高于小鼠模型。Hsu等（1984）用辐照致弱的日本血吸虫童虫免疫黄牛和水牛，每头牛分别用10 000条辐照童虫免疫2～3次，再实验室人工攻击感染日本血吸虫尾蚴500条（黄牛）～2 000条（水牛），或运送至血吸虫病轻度和重度流行区进行现场感染，结果获得65.1%～75.7%的减虫率，在免疫水牛中获得70.4%～80.9%的肝脏虫卵减少率，在免疫黄牛中获得54.9%的肝脏虫卵减少率。以灵长目作为实验动物模型发现，免疫保护力跟免疫次数、实验动物有关。在黑长尾猴实验中，免疫3次获得的保护力最高（48%）；在狒狒试验中，4次致弱尾蚴疫苗可达到84%保护力，明显高于3次免疫获得的52%保护力。为解决辐照致弱疫苗不易保存、不能运输的难题，许绥泰等采用乙二醇两步加入速冻法制成冷冻致弱血吸虫童虫疫苗，应用该种疫苗免疫绵羊、黄牛和水牛，分别获得55.1%、55%～57%和53%～65%的减虫率。化学致弱尾蚴疫苗，是采用烷化剂NTG诱导尾蚴细胞DNA突变，从而使血吸虫在宿主体内生长发育受限，使致病性减弱。蒋守富等（1999）用10μg/mL吖啶诱变剂ICR-170致弱日本血吸虫尾蚴作免疫原免疫小鼠，获得的减虫率为68.9%，肝组织减卵率为74.9%。尽管致弱尾蚴疫苗对多种宿主包括非人的灵长类可诱导较高的免疫保护力，但此类疫苗由于虫源有限、成本大及安全性问题，无法在现场得到推广和应用。

3. 单一分子量虫体抗原疫苗　林矫矫等（1996）应用免疫亲和层析法和生物化学方法分别纯化了日本血吸虫GST和paramyosin虫体蛋白，结合弗氏佐剂或BCG免疫BALB/c小鼠，虫体GST蛋白免疫鼠获得29.58%～32.71%的减虫率及52.94%～68.13%的粪便虫卵减少率。paramyosin虫体蛋白免疫鼠获得32.18%～48.52%的减虫率。许绥泰等用纯化的虫体GST蛋白结合弗氏佐剂免疫绵羊，获得24.73%～35.93%的减虫率及49.29%～47.9%的粪便虫卵减少率。Shi 等（1998）用纯化的paramyosin虫体蛋白结合BCG免疫黄牛，获得30.7%的减虫率和36.4%的粪便虫卵减少率。以上结果表明一些日本血吸虫单一分子量虫体纯化抗原疫苗可在小鼠及牛、羊中诱导部分的免疫保护作用，但这类抗原的制备需要大量的虫体，难于大规模生产和在现场应用。

（二）基因工程疫苗

主要包括重组亚单位疫苗、核酸疫苗和基因工程活载体疫苗等。

重组亚单位疫苗指用原核表达系统（大肠杆菌）或真核表达系统（酵母菌、昆虫细胞以及哺乳动物细胞系）表达血吸虫候选疫苗编码基因，以重组抗原作为免疫原与佐剂配伍后进行免疫。核酸疫苗又名基因疫苗，是指将编码血吸虫保护性抗原的DNA或RNA基因片段重组到真核表达载体中，用纯化的重组真核表达质粒经肌肉或皮下等途径免疫动物。重组活载体疫苗是指应用基因工程的方法，使非致病性的微生物携带并表达某种血吸虫的基因，将整合重组抗原的活载体作为免疫原或通过饲喂等方式进行免疫。

至今，已有上百个血吸虫抗原基因被克隆和鉴定，其中有几十个基因被亚克隆至原核或真核表达载体或其他载体，用于研制重组亚单位疫苗、核酸疫苗和基因工程活载体疫苗，一些基因工程疫苗已在实验动物和牛、羊等家畜中证明可诱导较高的免疫保护效果。根据曼氏血吸虫的研究成果，WHO/TDR 20世纪末推荐了六种有发展潜力的曼氏血吸虫疫苗候选分子：Sm28GST（谷胱甘肽-S-转移酶，28kD）、SmParamyosin（副肌球蛋白，97kD）、Sm23（23kD膜蛋白）、SmTPI（3-磷酸丙糖异构酶）、SmIrV-5（irradiated vaccine 5，照射减毒抗原IrV5）、Sm14FABP（脂肪酸结合蛋白）（Bergquist NR等，1998）。国内外寄生虫病学者也对日本血吸虫、埃及血吸虫以上六种候选疫苗分子在实验动物和家畜中诱导的免疫保护效果进行了评估。同时，基于血吸虫基因组学、转录组学、蛋白质组学、分子生物学、血吸虫感染免疫学、血吸虫与宿主相互作用机制研究等取得的研究成果，寄生虫病学者继续努力筛选、鉴定重要的血吸虫生长发育相关基因，评估其作为疫苗候选分子的潜力。但至今，仍没有一种能诱导稳定、高免疫保护效果的基因工程疫苗可在现场应用。

（三）表位疫苗

表位（epitope），即抗原决定簇（antigenic determinant），是决定抗原特异性的化学基团。T细胞和B细胞表面均存在特异性抗原受体，根据受体所识别的抗原不同，分别称为T细胞表位和B细胞表位。表位疫苗（epitope vaccine）是用抗原表位制备的疫苗，包括合成肽疫苗（synthetic peptide vaccine）、重组表位疫苗（recombinant epitope based vaccine）及表位核酸疫苗（epitope DNA vaccine）。表位疫苗可利用反向疫苗学、噬菌体展示、生物信息学等技术将确定能诱导保护性免疫或能与主要组织相容性复合体（MHC）结合的抗原决定簇的编码核苷酸，插入到合适的载体上，最后将表达的含抗原决定簇的蛋白用于免疫接种；或者是用人工方法按天然蛋白质的氨基酸顺序合成保护性短肽，与载体连接后加佐剂所制成的疫苗。Fonseca等（2004）用TEPITOPE软件预测了3个能和不同的HLA-DR分子结合的Sm14抗原表位与9个副肌球蛋白的抗原肽段，这两个肽段具有较好的抗原价值，在T细胞增殖试验中，这些肽段能被血吸虫病流行区的人外周血单核细胞所识别。周东明等（2002）用紫外线致弱尾蚴免疫兔血清IgG筛选噬菌体随机七肽库，经3轮筛选，得到较高富集程度的24个特异性噬菌体克隆，其中22个能与致弱尾蚴免疫兔血清发生反应。用第三轮洗脱的噬菌体接种昆明系小鼠，结果获得33.57%减虫率和56.07%减卵率。周智君等（2007）用4个模拟抗原表位短肽与KLH偶联后，对昆明小鼠进行免疫，结果发现短肽具有良好的抗原性。这类疫苗安全且稳定性高，运输方便。但一般合成多肽疫苗的免疫原性较弱，需要配合较强的免疫佐剂；另外，合成肽生产成本高，限制了该疫苗的广泛应用。

（四）抗独特型抗体疫苗

由于一些保护性抗原分子是多糖或糖基蛋白，而带有糖基表位的碳链用重组DNA技术或合成肽的方法无法解决，而且多糖的免疫原性较低，若制成疫苗则效力不高，应用单克隆抗体技术生产的抗独特型抗体可解决这一问题。针对抗原决定簇的抗体分子（Ab1）可变区上独特位（idiotype，Id）刺激机体产生相应的抗Id抗体（Ab2），其中，Ab2β具有与抗原相似的氨基酸排列顺序或空间构型，能够在体内模拟始动抗原，即"内影像"抗原——抗独特型抗体。抗曼氏血吸虫38kD表膜糖蛋白的抗体Ab1免疫小鼠后获得单克隆抗体Ab2，然后用该Ab2免疫大鼠，在鼠的血清中刺激产生了抗体Ab3。该抗体Ab3不仅能与虫体表膜糖蛋白结合，而且在嗜酸性粒细胞存在时表现出很强的细胞毒性作用。用该Ab2免疫大鼠，获得50.10%～80.10%的免疫保护作用。管晓虹等建立了一株日本血吸虫单克隆抗独特型抗体NP30，已证实为肠相关抗原（GAA）的内影像抗独特型抗体，其抗体亚型为IgM，与可溶性虫卵抗原（SEA）及膜相关抗原（MAA）有部分交叉反应。冯振卿等（2000）用NP30免疫山羊，获得42.78%的减虫率和35.83%的减卵率，还明显抑制了肝脏虫卵肉芽肿的大小和数量。林矫矫等（1994）研制了一株日本血吸虫特异性单克隆抗体SSj14，把该单抗被动转移昆明系小鼠，获得32.23%的减虫率。田锷等（1994）研制了针对该单抗的抗独特性抗体D5和E4，用这两种抗Id抗体免疫BALB/c小鼠，诱导了44.67%～47.28%的减虫率。抗Id抗体疫苗与其他类型的疫苗相比也有一些不足，如免疫原性弱、有异种蛋白的副作用等，主要适用于目前病原不能培养或培养困难的生物疫苗探索。

（五）多价疫苗或多表位疫苗

血吸虫虫体大、抗原性复杂，单一的抗原或抗原表位诱导产生的免疫保护力都不够高，将多种抗原或抗原的不同表位进行联合免疫，或构建多表位基因重组抗原疫苗和核酸疫苗，评估多价疫苗或多表位疫苗诱导的免疫效果能否高于单一抗原诱导的效果，是提高疫苗免疫保护效果值得探讨的途径之一。

中国农业科学院上海兽医研究所以BALB/c小鼠作为实验动物，应用Sj28GST（日本血吸虫谷胱甘肽-S-转移酶）、Sj23（日本血吸虫23kD膜抗原）、SjGCP（日本血吸虫抱雌沟蛋白）的基因重组抗原疫苗或DNA疫苗进行多价疫苗研究，结果表明三价重组抗原苗诱导的免疫保护效果高于双价或单价疫苗。进一步应用三价基因重组抗原Sj28GST+LHD-Sj23+SjGCP免疫水牛获得55.32%～73.84%减虫率和45.62%～84.34%粪便孵化毛蚴减少率。胡雪梅等（2002）用日本血吸虫Sj338及膜蛋白Sj22.6抗原的各4个有效表位混合免疫小鼠，取得45.4%的减虫率和59.1%的减卵率的保护效果，比Sj338的4个有效表位混合免疫组在保护力上有了显著的提高。曹胜利等设计合成了曼氏血吸虫28kD GST和日本血吸虫26kD GST中的两种不同肽段组成的血吸虫混合多抗原肽疫苗，对BALB/c小鼠进行免疫试验，获得73.6%的减虫率和75.9%的减卵率。结果表明一些多价疫苗组合或多表位疫苗确实可增强疫苗的免疫保护效果。

（六）血吸虫病疫苗候选抗原筛选

在血吸虫病疫苗研究中，除虫源性疫苗外，疫苗研究和开发的重要一环是有效、具有较好免疫原性的保护性抗原的筛选。保护性抗原基因的筛选和鉴定主要采用以下几种方法：① 建立血吸虫表达性cDNA文库，使用抗血吸虫某一抗原特异性的单克隆抗体、多克隆抗体、自然感染血清或辐射致弱血吸虫尾蚴及童虫免疫血清筛选cDNA文库，通过抗原抗体反应挑选出阳性克隆；② 建立血吸虫DNA或cDNA文库，用标记的特异性寡核苷酸作探针与重组体DNA杂交，经过反复筛选得到表型一致的阳性克隆；③ 基于血吸虫功能基因组学、蛋白质组学、血吸虫与宿主相互作用关系等的研究成果，分离、鉴定可能与血吸虫生长发育、繁殖等相关的重要功能分子，利用PCR或RT-PCR技术，克隆血吸虫保护性抗原编码基因；④ 基于血吸虫基因组提供的信息，利用反向疫苗学技术、生物信息学技术等，从血吸虫基因组序列中分析和寻找能诱发细胞免疫和体液免疫的基因序列或肽段；⑤ 基于免疫蛋白质组学技术，使用抗血吸虫某一抗原特异性的单克隆抗体、多克隆抗体、自然感染血清或辐射致弱血吸虫尾蚴及童虫免疫血清筛选保护性抗原。这些年，寄生虫病学者在血吸虫病疫苗研究上取得一定的成绩，获得一些保护性抗原基因，主要可归纳为以下几类：表膜蛋白抗原、信号转导相关抗原、性别与发育相关抗原、酶类抗原和肌球蛋白等。

1. 表膜蛋白抗原　　血吸虫虫体膜蛋白暴露于体表，与宿主免疫系统直接作用，是宿主对虫体免疫应答的重要靶标。开展血吸虫膜相关蛋白研究可为筛选血吸虫病疫苗候选抗原和诊断抗原分子，及探索血吸虫与宿主相互作用关系提供基础。

血吸虫体被表膜在血吸虫营养吸收、信号传导及逃避宿主免疫应答中起到了非常重要的作用，使虫体得以维持在宿主体内的生长发育与繁殖。在长期的进化过程中，血吸虫为了适应宿主体内复杂的环境，逃避宿主的免疫攻击，通过一系列的免疫逃避途径来维持自身的生存，诸如抗原模拟（Thompson，2001）、表膜翻转（Pearce，1986）、蛋白酶降解宿主免疫分子（Fishelson，1995）及表膜抗原分子的表达调控等。这些生物过程许多都发生在宿主免疫系统与血吸虫虫体接触的界面——表膜。同时表膜也是虫体被宿主攻击的重要部位，许多表膜及表膜相关抗原是宿主保护性免疫反应的靶点（姜宁，2009）。因此，表膜蛋白被认为是鉴定抗血吸虫病疫苗的理想靶标。如血吸虫表膜中表达丰富的四次跨膜蛋白分子（tetraspanin superfamily，TM4SF）家族成员（如23kD膜抗原、29kD膜蛋白、TSP-1、TSP-2等）被证明是很好的疫苗候选分子。同时四次跨膜蛋白分子等膜蛋白分子又可能是宿主体内某些蛋白的受体，与血吸虫的营养吸收和免疫逃避有重要关系（Tran等，2006；Loukas等，2007）。

曼氏血吸虫Sm23和日本血吸虫Sj23是血吸虫的一种膜蛋白，存在于血吸虫尾蚴、童虫和成虫，尤其是晚期童虫的表膜上。血吸虫23kD抗原编码基因的ORF含657个碱基，编码218个氨基酸，结构分析表明该抗原含4个跨膜区及2个亲水区，其亲水区具有较强的抗原性，含有多个T细胞表位和B细胞表位。林矫矫等克隆了23kD抗原大亲水区编码基因，并在大肠杆菌里得到高表达，融合蛋白具有较强的抗原性；动物试验结果表明，与空白对照组和载体pGEX表达蛋白组小鼠相比，应用重组抗原免疫小鼠分别获得了57.80%～70.30%和52.63%～62.96%的减虫率。任建功等用Sj23DNA疫苗免疫BALB/c小鼠诱导的减虫率和减卵率分别为26.19%和22.12%。朱荫昌等将全长的*Sj23*基因克隆到真核表达载体pcDNA3.1中，成功构建Sj23 DNA疫苗，并与已构建好的细胞因子佐剂IL－12联合免疫BALB/c小鼠使减虫率提高至35.4%。IL－12的这种协同作用在猪免疫试验中效果更显著，减虫率由29.12%提高至58.6%。Shi等用重组的23kD抗原大亲水区多肽结合FCA/FIA免疫水牛和黄牛，分别获得33.2%和31.8%的减虫率及50.6%和71.4%的粪便虫卵减少率。Taylor等用重组的23kD抗原大亲水区多肽结合FCA/FIA免疫绵羊，和对照组相比，分别获得66.1%的减虫率和66.4%的减卵率。

Tsp－2也在血吸虫表膜表达，有研究表明Tsp－2以融合表达蛋白的形式与弗氏佐剂进行配伍免疫小鼠，免疫组小鼠能得到较好的免疫保护作用，平均成虫负荷和肝脏虫卵负荷分别减少57%和64%（Tran等，2006）。陈虹等（2009）研究显示重组表膜蛋白rSj29在BALB/c小鼠中分别诱导了23.15%的减虫率和18.6%的肝组织减卵率。有学者对曼氏血吸虫表膜钙蛋白酶亚单位进行研究，结果显示其重组蛋白和核酸疫苗可以诱导产生29%～60%不等的免疫保护效果（Hota－Mitchell等，1997；Hota－Mitchell等，1999）。中国农业科学院上海兽医研究所用重组的SjTSP2结合206佐剂免疫水牛，获得52%的减虫率、62.08%的粪便孵化毛蚴减少率和66.13%的肝脏虫卵减少率。

22.6kD蛋白也是血吸虫一种重要的膜蛋白，存在于童虫和成虫表膜。Stein等（1986）最初以慢性血吸虫病患者血清从曼氏血吸虫cDNA文库中筛选获得了编码该蛋白的基因。苏川等（1998，1999）修饰了该编码基因，获得高效表达菌株并进行了免疫保护试验，证实该蛋白可诱导较高的抗感染免疫力。

以上这些说明血吸虫表膜蛋白是一类重要的疫苗候选分子，重组的23kD抗原大亲水区多肽、SjTSP2等日本血吸虫表膜抗原已在实验动物及牛、羊等大家畜中证明可诱导较高的免疫保护作用。

2. 信号转导相关抗原　血吸虫童虫和成虫在终末宿主体内发育成熟，雌虫在终宿主体内产卵。基因组和转录组研究表明，血吸虫存在多种信号转导通路，它们可利用自身的或终末宿主体内的各种信号分子影响各项生命活动，在其生长发育中发挥重要的作用。因而，一些血吸虫的信号转导分子已被鉴定，并被用来评估作为血吸虫药物靶标和疫苗候选分子的潜力。

陶丽红等（2007a，2007b）对日本血吸虫信号转导蛋白*Sjwnt10a*基因和*Sjwnt-4*基因进行了克隆、表达及功能分析。实时定量PCR分析显示这两个基因在14d童虫、19d童虫、31d成虫、44d雌虫及44d雄虫中均有表达。苑纯秀等利用日本血吸虫基因组、转录组及蛋白质组数据资源，通过生物信息学分析，预测构建了日本血吸虫Wnt信号通路。提出Wnt4信号转导蛋白可能通过经典通路调控血吸虫的生长、发育。克隆了日本血吸虫全长Wnt配体和Frizzled受体各4个，获得了Wnt经典信号通路的关键分子Sjβ-catenin的全长cDNA序列，并对其中的2个配体、3个受体及β-catenin进行了不同发育阶段的mRNA表达和免疫组化定位分析。扩增了该通路的组分元件SjMAPK7、SjSSP1、SjPKA、SjTrCP、SjCAMII、SjCK2、SjJNK、SjProc、SjPresenilin、SjRaS、SjNLK、SjMAD和SjCtBp13个分子。对SjWnt4进行了RNA干扰研究，初步结果提示，血吸虫Wnt信号途径可能具有调控虫体的生长、生殖系统的发育等功能。陶丽红等应用重组蛋白rSjWnt4免疫BALB/c小鼠，获得了19.90%的减虫率和20.58%的肝组织减卵率。

日本血吸虫14-3-3（Sj14-3-3）主要分布于表皮、肌肉以及成虫和童虫的实质层，作为一种信号转导蛋白在血吸虫生活史的各个时期都表达。以Sj14-3-3重组蛋白免疫BALB/c小鼠后进行攻击感染试验，获得34.2%的减虫率和50.74%的减卵率。日本血吸虫钙激活中性蛋白激酶主要分布于成虫的真皮层和表层，该酶在细胞膜和细胞骨架的更新过程中发挥着重要的作用。以该重组蛋白免疫BALB/c小鼠，获得40%的减虫率。

3. 血吸虫的发育调节和性别相关分子　血吸虫在终末宿主体内需要通过雌、雄虫合抱，进行物质交换或信号分子转导才能发育成熟并且产卵。日本血吸虫雌、雄虫合抱是雌虫成熟产卵的前提，同时血吸虫雌虫产出的虫卵是引起宿主病理损害的主要原因和血吸虫病传播的传染源。抑制血吸虫虫体的性成熟是控制血吸虫病的关键。找到可能与血吸虫雌、雄虫生殖发育、性别分化和发育相关的基因，将血吸虫阻断在特定的发育阶段，可以明显减轻血吸虫病造成的危害。

血吸虫性别和发育调节相关蛋白目前研究较多的主要有抱雌沟蛋白、虫卵相关蛋白、卵壳蛋白和卵黄铁蛋白等。Gupta 和 Basch（1987）证明了曼氏血吸虫的抱雌沟蛋白是由雄虫分泌的，通过抱雌沟传递给雌虫的，在雄虫该蛋白仅局限于抱雌沟，而在雌虫的表面广泛存在。Chen等应用RNAi干扰技术证明日本血吸虫抱雌沟蛋白的表达影响了雌、雄虫的合抱及虫体的发育。中国农业科学院上海兽医研究所在大肠杆菌体系中成功地表达了日本血吸虫抱雌沟蛋白SjGCP。应用纯化的*SjGCP*基因重组抗原结合206佐剂免疫水牛，初次试验获得了50%的减虫率及55%的粪便孵化毛蚴减少率。表明SjGCP值得作为一种血吸虫病候选疫苗分子深入研究。

卵壳蛋白基因是一种在血吸虫雌虫体内特异性表达的基因，它与雌虫的性成熟和产卵等方面关系密切。卵黄铁蛋白基因也是血吸虫雌虫体内呈特异性表达的基因，只有在性器官发育成熟并且产卵的雌虫体内才会大量表达，在未发育成熟的雌虫体内以及雄虫体内的表达水平都很低。而它在雌虫的卵黄腺中呈高水平的表达，是一种具有性别和组织特异性的发育调节蛋白。用卵黄铁蛋白基因核酸疫苗免疫小鼠，获得较高的减虫率和肝脏减卵率（Henkle 等，1990；Sugiyama，1997）。

王艳等（2010）研究显示血吸虫SjNANOS和SjMSP这两个蛋白都在日本血吸虫雌、雄虫中差异表达，它们可能与日本血吸虫的生长和发育，特别是性器官发育、成熟等有关。动物保护试验的结果表明，重组的SjNANOS蛋白诱导了31.4%的减虫率和53.8%的肝脏减卵率，重组的SjMSP蛋白诱导了24.8%的减虫率和20%的肝脏减卵率。

血吸虫在其终末宿主体内不繁殖，只要能降低感染动物的成虫负荷和产卵量，有效地减轻由血吸虫虫卵引起的虫卵肉芽肿及其纤维化所致的病理损害，就可以减少感染者发展成严重晚期病例，同时也减少血吸虫虫卵对环境的污染，降低血吸虫病的流行传播概率。

4. **酶类抗原** 寄生虫病学者研究发现一些与血吸虫代谢等相关的酶类除了执行着重要的生物学功能外，还具有一定的免疫原性，能够有效地刺激机体产生较强的免疫保护效果。其中研究较多的有谷胱甘肽-S-转移酶、组织蛋白酶、磷酸丙糖异构酶、烯醇化酶、磷酸甘油酸变位酶、天冬酰胺酰基内肽酶、硫氧还蛋白等。

谷胱甘肽-S-转移酶（glutathione-S-transferase，GST）包含有分子量分别为26kD和28kD的两种GST同工酶。它们具有解毒和抗氧化的功能，是血吸虫及其他蠕虫的重要疫苗候选分子和药物靶标。林矫矫等用纯化的日本血吸虫虫体谷胱甘肽-S-转移酶（Sj26GST 和Sj28GST）结合FCA/FIA免疫BALB/c小鼠，获得29.58%～32.71%的减虫率和52.94%～68.13%的粪便减卵率。Xu 等用纯化的虫体GST结合FCA/FIA免疫绵羊，获得35.93%的减虫率和47.9%的粪便虫卵减少率。Taylor 等用重组的Sj28GST结合FCA/FIA免疫绵羊，获得33.5%～69%的减虫率和56.2%～69%的减卵率。Shi 等用重组的Sj28GST结合FCA/FIA免疫水牛，获得32.9%的减虫率和36.2%的粪便虫卵减少率。Wei等（2008）用pVAX/Sj26GST重组真核质粒与含有Sj26GST和小鼠IL-18的pVAX重组质粒分别免疫BALB/c小鼠，和对照组相比pVAX/Sj26GST组诱导了30.1%的减虫率、44.8%的肝脏减卵率以及53%的粪便减卵率；而含有Sj26GST和小鼠IL-18的pVAX重组质粒组诱导了49.3%的减虫率、50.6%的肝脏减卵率和56.6%的粪便减卵率。

血吸虫含有多种组织蛋白酶。血吸虫可以通过分泌溶血素来溶解宿主体内的红细胞，进而从溶解的红细胞中释放的血红蛋白获取营养物质，这是血吸虫生存的基础。存在于血吸虫肠管中的蛋白水解酶能降解血红蛋白，降解后的产物被血吸虫吸收进入营养代谢途径，这些营养物质为虫体的生长、发育和繁殖提供所必需的氨基酸和其他物质，所以组织蛋白酶在血吸虫的营养代谢和生长发育过程中发挥着重要作用。目前许多学者已经将组织蛋白酶作为抗血吸虫病的药物靶标和疫苗候选分子来进行研究。

磷酸丙糖异构酶（triose phosphate isomerase，TPI）作为血吸虫糖酵解过程的一个关键酶，能够催化磷酸甘油醛和磷酸二羟丙酮间的可逆反应。缪应新等克隆了SjTPI全长cDNA，并在大肠杆菌中实现了高效表达。将该基因与IL-12重组后构建了核酸疫苗进行了小鼠免疫保护试验，结果获得超过30%的减虫率和减卵率（缪应新等，1996）。

烯醇化酶和磷酸甘油酸变位酶也都是糖酵解过程中的重要酶类。Yang等（2010）研究显示大肠杆菌表达的重组日本血吸虫烯醇化酶蛋白与206佐剂配伍后免疫BALB/c小鼠，获得了24.28%的减虫率和21.45%的减卵率。郭凡吉等（2010）用重组的磷酸甘油酸变位酶rSjPGAM免疫小鼠，获得18.5%的减虫率和47.5%肝组织减卵率。该研究团队还串联表达了SjPGAM-SjEnol，试验结果显示与空白对照组相比，SjPGAM-SjEnol重组蛋白在BALB/c小鼠中诱导了39.7%（$p<0.01$）的减虫率和64.9%（$p<0.05$）的肝脏减卵率。另外，孙帅等（2009）报道应用纯化的重组蛋白天冬酰胺内肽酶免疫BALB/c小鼠，初步结果获得了44.50%的减虫率和56.14%的肝脏组织减卵率。

5. 肌球蛋白　研究较多的血吸虫肌球蛋白抗原主要包括副肌球蛋白（paramyosin）、辐射照射致弱抗原（IrV25）、肌球蛋白、原肌球蛋白、肌动蛋白等。副肌球蛋白和照射致弱抗原为WHO /TDR推荐的曼氏血吸虫疫苗候选分子。副肌球蛋白是一种肌原纤维蛋白，分子量大小为97kD，主要位于血吸虫各个发育期肌组织内，也分布于尾蚴的呼吸盘腺体内，以及肺期虫体的表膜和基底层。该蛋白可分泌到体外，在虫体发育过程中分泌并结合到虫体表面。该蛋白能与动物和人的Fc片段结合，抑制补体介导的免疫反应。副肌球蛋白能刺激小鼠T淋巴细胞产生IFN-γ，直接注射特异性抗副肌球蛋白抗体不能使动物抵抗感染，提示副肌球蛋白可能激发了依赖细胞介导的免疫反应抵抗再感染。林矫矫等应用日本血吸虫虫体副肌球蛋白结合佐剂FCA/FIA或BCG免疫BALB/c小鼠，获得32.18%～48.52%的减虫率。施福恢等应用天然虫体副肌球蛋白或重组的日本血吸虫副肌球蛋白C端蛋白结合BCG皮内免疫绵羊，结果天然蛋白获得17.4%～55.3%的减虫率、14.6%～68.1%的粪便虫卵减少率和48.9%～76.7%的组织虫卵减少率；重组蛋白获得41.4%～44.2%的减虫率、15.9%～25.1%的粪便虫卵减少率和41.4%～48.0%的肝组织虫卵减少率。Shi 等用重组副肌球蛋白C端蛋白结合BCG免疫水牛，获得34.7%的减虫率；用天然虫体副肌球蛋白结合BCG免疫黄牛，获得30.7%的减虫率。周金春等用重组日本血吸虫副肌球蛋白免疫水牛,结果免疫组减虫率为49.9%(p<0.05),肝脏减卵率为57.3%(p<0.05),说明副肌球蛋白可诱生水牛产生一定程度的抗血吸虫攻击感染的保护性免疫。通过RNAi技术干扰副肌球蛋白的表达,发现其可影响排卵。Zhang Y Y等研究发现重组日本血吸虫IrV25抗原可被紫外线致弱尾蚴免疫鼠血清识别,慢性感染鼠血清也能产生较弱反应,但免疫小鼠后未取得明显免疫保护作用。用构建的IrV25核酸疫苗免疫小鼠,发现其可诱导产生高滴度的特异性IgG类抗体,且免疫鼠虫体数明显减少,结果表明IrV25具有部分抗血吸虫感染的作用(Zhang 等,2000)。

另外,其他一些血吸虫肌相关蛋白,如肌球蛋白、原肌球蛋白、肌动蛋白等的编码基因也已得到了克隆和表达,并对其重组蛋白进行了动物保护试验,这些肌肉相关蛋白可诱导动物产生不同程度的保护力。

6. 其他蛋白　血吸虫自身无法合成长链脂肪酸,必须利用其胞膜中的FABP从宿主中吸收、运输和吞噬所需的衍生脂肪酸。因此,FABP在血吸虫脂肪酸代谢中起着非常重要的作用。日本血吸虫脂肪酸结合蛋白分子量大约为14kD,包含133个氨基酸,分析发现其具有良好的免疫原性。日本血吸虫FABP不仅是潜在的疫苗候选分子,也是抗血吸虫药物作用的重要靶标之一。Gobert等人首次对日本血吸虫脂肪酸结合蛋白进行了免疫定位,他们发现SjFABP主要存于雌虫皮下脂质小滴内及雌虫卵黄腺内的卵黄小滴内。蔡学忠等用重组SjFABP皮内免疫绵羊获得59.2%的减虫率和44.9%的肝组织减卵率。赵巍等用研制的SjFABP重组抗原和SjFABP/Sj26GST融合蛋白分别免疫BALB/c小鼠,结果分别诱导小鼠产生了23.60%和21.72%的减虫率、59.36%和49.68%的减卵率。Liu等用SjFABP/GST融合蛋白免疫小鼠、大鼠和羊,分别取得了34.3%、31.9%和59.2%的减虫率。

血吸虫线粒体相关蛋白在虫体的能量代谢及调节过程中发挥着重要的作用,提供虫体肌肉活动或神经传导所需的能量,维持虫体生殖。从干扰虫体的能量代谢及代谢调节入手,寻找新的疫苗候选分子,是筛选、鉴定日本血吸虫病疫苗候选分子的一个有效途径。已报道重组的日本血吸虫线粒体相关蛋白Sj338具有良好的免疫原性,免疫动物后可诱导30.4%(p<0.01)的减虫率和43.5%(p<0.01)肝脏减卵率。

血吸虫感染宿主后,由于生存环境、生理生化条件等的改变,免疫等多重因素的影响,使血吸虫处于应激状态,诱导虫体热休克蛋白等一些应激相关蛋白的表达。热休克蛋白具有参与寄生虫分化、诱导宿主产生保护性免疫、非特异性增强寄生虫毒力、逃避宿主免疫应答、降解宿主蛋白为虫体提供营养等许多生物学功能。血吸虫热休克蛋白表达受不同虫体发育阶段和热应激调控,热休克蛋白普遍存于胞蚴、童虫和成虫,而在尾蚴几乎不表达。Scott 等(1999)克隆了日本血吸虫HSP70序列,但未对该蛋白的免疫保护功能作研究。

四、血吸虫病疫苗研究展望

虽然几十年来，寄生虫病学者已尽了很大努力，但由于血吸虫虫体大、抗原成分复杂，宿主对血吸虫感染免疫应答的复杂多样性，血吸虫在与宿主长期进化过程中形成的免疫逃避机制及宿主适应性等原因，至今还没有一种高效、安全的血吸虫病疫苗进入实际临床应用阶段。今后要继续充分利用现代生物学和生物学技术的快速发展，加强血吸虫功能基因组学、蛋白质组学、血吸虫与宿主相互作用机制等研究，筛选、鉴定血吸虫生长发育关键分子，探讨其作为疫苗候选分子的潜力，进一步筛选、鉴定可诱导更高免疫保护作用的抗原分子。同时加强多价疫苗、多表位疫苗、活载体疫苗、免疫佐剂、免疫程序、抗原制备技术等研究，进一步提高候选疫苗分子的免疫保护效果。经过努力，期望首先研制出一种高效、安全的家畜用疫苗，并应用于血吸虫病防控实践。

参考文献

蔡学忠, 林矫矫, 付志强, 等. 2000. 重组日本血吸虫中国大陆株脂肪酸结合蛋白的动物免疫试验[J]. 中国血吸虫病防治杂志, 12 (4): 198–201.

郭凡吉, 王艳, 李晔, 等. 2010. 日本血吸虫重组抗原SjPGAM–SjEnol的保护性免疫效果评价[J]. 中国寄生虫学与寄生虫病杂志, 48 (4): 246–251.

林矫矫, 田锷, 傅志强, 等. 1995. 中国大陆株日本血吸虫基因重组抗原的研究——重组的抗原大亲水区多肽对小鼠的免疫试验[J]. 中国兽医科技, 25 (8): 20–21.

林矫矫, 田锷, 叶萍, 等. 1996. 日本血吸虫谷胱甘肽–S–转移酶小鼠免疫试验[J]. 中国兽医寄生虫, 4 (1): 5–8.

林矫矫, 叶萍, 田锷, 等. 1996. 日本血吸虫副肌球蛋白小鼠免疫试验[J]. 中国血吸虫病防治杂志, 8 (1): 17–21.

林矫矫, 叶萍, 田锷, 等. 1996. 日本血吸虫副肌球蛋白小鼠免疫试验[J]. 中国血吸虫病防治杂志, 8 (1): 17–21.

缪应新, 刘述先. 1996. 日本血吸虫磷酸丙糖异构酶小鼠免疫试验[J]. 中国寄生虫学与寄生虫病杂志, 14 (4): 257–261.

陶丽红, 姚利晓, 苑纯秀, 等. 2007. 日本血吸虫信号转导蛋白Sjwnt10a基因的克隆及其在童虫和成虫中mRNA表达量的变化[J]. 中国兽医科学, 37 (2): 93–97.

陶丽红, 姚利晓, 付志强, 等. 2007. 日本血吸虫信号转导蛋白Sjwnt–4基因的克隆、表达及功能分析[J]. 生物工程学报, 23 (3): 1–6.

田锷, 叶萍, 林娇娇, 等. 1994. 日本血吸虫抗独特型单克隆抗体的建株及特性测定[J]. 中国血吸虫病防治杂志, 6 (5): 269-273.

王艳, 郭凡吉, 彭金彪, 等. 2010. 日本血吸虫新基因Sjnanos的克隆、表达及免疫保护效果评估[J]. 中国人兽共患病学报, 26 (7): 631-637.

许绥泰, 施福恢, 沈纬, 等. 1993. 应用冷冻保存辐照童虫苗和冻融童虫苗免疫接种牛预防日本血吸虫病[J]. 中国兽医寄生虫病, 1 (4): 6-13.

周智君, 唐连飞, 黄复深, 等. 2007. 日本血吸虫合成表位肽疫苗对小鼠的保护性免疫[J]. 湖南农业大学学报 (自然科学版), 33 (1): 44-48.

朱荫昌, 任建功, 司进, 等. 2002. 日本血吸虫SjCTPI和SjC23DNA疫苗联合免疫保护作用的研究[J]. 中国血吸虫病防治杂志, 14 (2): 84-87.

Bergquist N.R., Leonardo L.R., Mitchell G. F.2005.Vaccine-linked chemotherapy: can schistosomiasis control benefit from an integrated approach [J].Trends Parasitol, 21(3): 112-117.

Bickle Q.D., Dobinson T., James E.R.1979.The effects of gamma-irradiation on migration and survival of *Schistosoma mansoni* schistosomula in mice [J].Parasitology, 79(2): 223-230.

Butterworth AE.1984.Cell-mediated damage to helminthes [J].Adv.Parasitol., 23: 143-235.

Davies SJ, Grogan JL, Blank RB, et al.2001.Modulation of blood fluke development in the liver by hepatic CD4[+] lymphocytes. Science [J].294(5545): 1358-1361.

Davies SJ, McKerrow JH.2003.Development plasticity in schistosomes and other helminthes[J].Int J Parasitol, 33(11): 1277-1284.

Fonseca C.T., Cunha-Neto E., Kalil J., et al.2004.Identification of immunodominant epitopes of *Schistosoma mansoni* vaccine candidate antigens using human T cells[J].Mem Inst Oswaldo Cruz, 99(5 Suppl 1): 63-66.

Guofeng Cheng, Zhiqiang Fu, Jiaojiao Lin, et al.2009.In vitro and in vivo evaluation of small interference RNA-mediated gynaecophornal Canal protein silencing in *Schistosoma japonicum* [J]. Journal of gene medicine, 11: 412-421.

Gupta B. C., Basch P. F.1987.Evidence for transfer of a glycoprotein from male to female *Schistosoma mansoni* during pairing[J].Parasitol, 73(3): 674-675.

Hernandez DC, Lim KC, McKerrow JH, et al.2004.*Schistosoma mansoni*: sex~specific modulation of parasite growth by host immune signals[J].Exp Parasitol, 106(1-2): 59-61.

Hesse M, Piccirillo CA, Belkaid Y, et al.2004.The pathogenesis of schistosomiasis is controlled by cooperating IL-10 producing innate effector and regulatory T cells[J].Immunol, 172(5): 3157-3166.

Hongxiao Han, Jinbiao Peng, Yanhui Han, et al.2013.Differential Expression of microRNAs in the Non-Permissive Schistosome Host *Microtus fortis* under Schistosome Infection[J].PLoS One, 8(12): e85080.

Hongxiao Han, Jinbiao Peng, Yang Hong, et al.2013.Comparison of the differential expression miRNAs in Wistar rats before and 10 days after *S. japonicum* infection[J].Parasit Vectors, 6(1): 120.

Hongxiao Han, Jinbiao Peng, Yang Hong, et al.2013.MicroRNA expression profile in different tissues of BALB/c mice in the early phase of *Schistosoma japonicum* infection[J].Mol Biochem Parasitol, 188(1): 1－9.

Hsu SY, Hsu HF, Burmeister LF, 1981.*Schistosoma mansoni*: vaccination of mice with highly X-irradiated cercariae[J].Exp Parasitol, 52(1): 91－104.

Hsu SY, Xu ST, He YX, et al.1984.Vaccination of bovines against *Schistosoma japonicum* with highly irradiated schistosomula in China[J].Am J Trop Med Hyg, 33: 891－898.

Hu W, Yan Q, Shen DK, et al.2003.Evolutionary and biomedical implications of a *Schistosoma japonicum* complementary DNA resource[J].Nat Genet, (2): 139－147.

JYang, Z Fu, X Feng, et al.2012.Comparison of worm development and host immune responses in natural hosts of *Schistosoma japonicum*，yellow cattle and water buffalo[J].BMC Vet Res, 8: 25.

J Yang, X Feng, Z Fu, et al.2012.Ultrastructural Observation and Gene Expression Profiling of *Schistosoma japonicum* Derived from Two Natural Reservoir Hosts，Water Buffalo and Yellow Cattle[J].PLoS One, 7(10): e47660.

Jiang Weibin, Hong Yang, Peng Jinbiao, et al.2010.Study on differences in the pathology，T cell subsets and gene expression in susceptible and non～susceptible hosts infected with *Schistosoma japonicum*[J].PLoS One, 5(10): e13494.

Jianmei Yang, Chunhui Qiu, Yanxun Xia, et al.2010.Molecular cloning and functional characterization of *Schistosoma japonicum* enolase which is highly expressed at the schistosomulum stage[J]. Parasitology Research, 107(3): 667－677.

Lamb EW, Crow ET, Lim KC, et al.2007.Conservation of CD4[+] T cell－dependent developmental mechanisms in the blood fluke pathogens of humans[J].Int J Parasitol, 37: 405－415.

McKee AS, Pearce EJ.2004.CD25[+] CD4[+] cells contribute to Th2 polarization during helminth infection by suppressing Th1 response development[J].Immunol, 173(2): 1224－1231.

Mo HM, Liu WQ, Lei JH, et al.2007.*Schistosoma japonicum* eggs modulate the activity of CD4[+]CD25[+]T Tregs and prevent development of colitis in mice[J].Exp. Parasitol, 116(4): 385－389.

Perona Wright G., Jenkins SJ, MacDonald AS.2006.Dendritic cell activation and function in response to *Schistosoma mansoni*[J].Parasitol, 36(6): 711－721.

Roye O, Delacre M, Williams IR, et al.2001.Cutaneous interleukin－7 transgenic mice display a propitious environment to *Schistosoma mansoni* infection[J].Parasite Immunol, 23: 133－140.

Sher A., Hieny S., James S.L., et al.1982.Mechanisms of protective immunity against *Schistosoma mansoni* infection in mice vaccinated with irradiated cercariae. II. Analysis of immunity in hosts deficient in T lymphocytes, B lymphocytes or complement[J].Immunol, 128(4): 1880 – 1884.

Shi F, Zhang Y, Lin J, et al.2002.Field testing of *Schistosoma japonicum* DNA vaccines in cattle in China[J].Vaccine, 20(31 – 32): 3629 – 3631.

Shi F, Zhang Y, Ye P, et al.2001.Laboratory and field evaluation of *Schistosoma japonicum* DNA vaccines in sheep and water buffalo in China[J].Vaccine, 20(3 – 4): 462 – 467.

Shoutai Xu, Fuhui Shi, Wei Shen, et al.1995.Vaccination of sheep against schistosomiasis japonicum with either glutathione–S–transferase, keyhole limpet haemocyanin or the freeze/thaw Schistosomula/BCG vaccine[J].veterinary parasitology, 58: 301 – 312.

Shoutai Xu, Fuhui Shi, Weishen, et al.1993.Vaccination of bovines against schistosomiasis japonicum with crypreserved-irradiated and freeze/thaw schistomula[J].Veterinary Parasitology, 47: 37 – 50.

Thomas PG, Carter MR, Atochina O, et al.2003.Maturation of dendritic cell 2 phenotype by a helminth glycan uses a Toll-like receptor 4-dependent mechanism[J].Immunol, 171: 5837 – 5841.

Tylor M.G., Maureen C.Huggins, Shi Fuhui, et al.1998.Production and testing of *Schistosoma japonicum* candidate antigens in the natural bovine host[J].Vaccine, 16(13): 1290 – 1298.

Van der Kleij D, Latz E, Brouwers JF, et al.2002.A novel host – parasite lipid cross-talk. Schistosomal lyso-phosphatidylserine activates toll-like receptor 2 and affects immune polarization[J].J Biol Chem, 277: 48122 – 48129.

Yan Zhou, Huajun Zheng, Feng Liu, et al.2009.The *Schistosoma japonicum* genome reveals features of host-parasite interplay[J].Nature, 460: 345 – 352.

Yang JH, Zhao JQ, Yang YF, et al.2007.*Schistosoma japonicum* egg antigens stimunate CD4[+]CD25[+]T T cell and modulate airway inflammation in a murine model of asthma[J].Immunol, 120(1): 8 – 18.

第七章

家畜血吸虫病
的流行病学

第一节　传染源和易感动物

　　日本血吸虫病是一种危害严重的人兽共患寄生虫病，其终宿主除人以外，还有多种家畜和野生动物，涉及7个目28个属40余种。根据国内各地调查记载，我国自然感染日本血吸虫的家养动物有黄牛（包括奶牛）、水牛、山羊、绵羊、马、骡、驴、猪、犬、猫、兔11种，野生动物有猕猴、野猪、豪猪、华南兔、豹猫、金钱豹、赤狐、獐、鹿、狗獾、小灵猫、貉、黄鼬、鼬獾、狗獾、蟹獴、刺猬、灰麝鼩、野兔、棕色田鼠、小家鼠、黑家鼠、褐家鼠、黄胸鼠、社鼠、黑线姬鼠、赤腹松鼠、黑腹绒鼠、针毛鼠、罗寨鼠、大足鼠31种。

　　理论上，上述40余种哺乳动物感染血吸虫后均是血吸虫病传染源。但在不同流行区因家畜饲养方式、耕作方式、野生动物的种群和数量差异等，各种动物呈现出不同的流行病学意义。就全国而言，在流行病学上具有重要意义的主要是黄牛、水牛和羊，尤其是黄牛和水牛。

　　从20世纪50年代我国开展大规模血吸虫病防治以来，大量的流行病学调查资料显示，病牛一直是我国血吸虫病最重要的传染源（图7-1、图7-2）。

图 7-1　血吸虫疫区放牧以及水田中耕作的黄牛

湖南省1956年开始有计划开展耕牛血
吸虫病调查，当年查畜1 883头，查出阳
性牛1 615头，阳性率高达85.77%（李长友
等，2008）。1957年，许绥泰带领农业部
家畜血吸虫病调查队深入江苏的五个县，
调查了11 034头耕牛，其中712头公黄牛中
279头（38.2%）有血吸虫感染，3 773头母
黄牛中1 727头（45.8%）有感染，3 051头
公水牛及3 498头母水牛中，分别有348头
（11.4%）及373头（10.7%）阳性。据1958
年家畜血防会议统计，全国有病牛约150
万头，受血吸虫病威胁的牛约500万头。

20世纪80年代和90年代初野粪调查
结果显示，湖南省常德五一村牛粪占所
有野粪的92.18%，阳性牛粪占所有阳性
野粪的87.1%；江西省鄱阳湖江滩型流行
区野粪中虫卵99.8%来源于牛粪、洲滩型
100.0%来源于牛粪；高原峡谷型流行区
云南乐秋山牛的相对污染数占67.0%；四

图7-2　有螺洲滩放牧水牛

川省凉山牛的相对污染指数为97.4%（郭家钢，2006）。2000年以后，汪天平等在安徽省
长江流域的两个村对人和动物的粪便虫卵和排粪量进行计数，结果牛的相对传播指数超
过80%（Wang 等，2005）。湖南省岳阳县麻塘和沅江市南大善两个农业部血吸虫病流行
病学纵向观测点2005—2010年连续6年观测结果显示，23.5%～58.2%阳性家畜为牛，其
中南大善观测点阳性野粪全部为牛粪，麻塘观测点的阳性野粪中61.22%为牛粪（Liu 等，
2012）。刘金明等根据各省牛、羊及其他家畜感染率和放牧家畜数推算，2011年全国理
论病畜数为10 894头（只、匹），其中病牛为8 433头，占77%（刘金明等，2012）。

牛粪内虫卵密度虽远较人粪少，但每头牛每天排出的牛粪量远比人排出的粪量多，
二者每日排出的虫卵数相近。据调查，自然感染的牛每头每天排出的虫卵数为811.5枚，
每人每天排出的虫卵数为805 枚；牛粪量大、成堆，不似羊粪、鼠粪量少、呈粒状，
易于干燥，在低温、潮湿的地方，牛粪内的虫卵数经数月后仍可孵出毛蚴（毛守白，
1991）。因此，病牛在血吸虫病传播中起到了重要的作用。

羊作为血吸虫病传染源也应引起足够重视（图7-3）。特别在湖区，羊一般在防洪大

堤和居民生活区周围放牧，和人的接触比牛更为密切。湖南省岳阳县麻塘观测点2005—2010年查出的阳性病畜中41.8%～76.5%为羊，阳性野粪中38.78%来自羊，根据诊断时孵出的毛蚴数初步估算，羊在血吸虫传播中的作用最高可达16.47%（Liu等，2012）。

一些疫区有放牧生猪的习惯，生猪在当地血吸虫病流行和传播上也曾具有重要意义，在一些地方甚至是主要传染源。石中谷等1991—1992年在湖南益阳的淯江村调查，发现在湖洲上活动的动物（包括人）中，生猪所占比例最大，达82.85%，活动范围比耕牛集中，一般在距大堤300m以内，该区域内猪粪占野粪总数的82.22%，且阳性率高达23.29%（石中谷等，1992）。不过，随着疫区农村经济的发展和饲养方式的改变，近年来生猪放牧的习惯已得到根本改变，生猪在血吸虫病传播上的作用几乎可以忽略不计。

马和骡对血吸虫的易感性虽然较黄牛和羊差，但在云南、四川的大山区有时也用于耕作、粮食和肥料等的运输，接触疫水并感染血吸虫病的机会多，也是当地重要的传染源。

在一些已实施牛、羊圈养或没有饲养牛、羊的地方，家犬和其他野生动物可能会成为当地主要传染源。家犬对日本血吸虫非常易感，在20世纪50年代，犬的感染率一般较高，江苏省东台、大丰县的感染率高达69.3%；江西波阳等6县调查平均为49.3%；四川天台县的感染率达52.9%。安徽石台县2000年后牛、羊饲养量极少且未发现血吸虫阳性，但家犬饲养量较大，且阳性率高达4.35%～26.47%，野鼠阳性率高达22.22%～33.33%，解剖两只野兔即在其中一只体内发现血吸虫成虫和虫卵，显示犬和野生动物已成为当地的主要传染源（吕大兵等，2007）。

一般来说，上述40余种哺乳动物均为血吸虫病的易感动物，但无论现场观察还是试验感染均显示各种哺乳动物对血吸虫的易感性或适应性存在差异。何毅勋等（1960）曾

图7-3   有螺滩地上放牧的羊

在相同条件下比较12种动物的易感性，血吸虫在不同动物体内的发育率高低依次为山羊（60.3%）、小鼠（59.3%）、家犬（59.0%）、家兔（52.3%）、猴（46.0%）、黄牛（43.6%）、豚鼠（35.2%）、绵羊（30.3%）、大鼠（20.9%）、猪（8.5%）、马和水牛（1%以下）；不同宿主来源的虫体大小差异悬殊，其中雄虫由大到小的宿主依次为黄牛、山羊、绵羊、家犬、猪、豚鼠、猴、家兔、水牛、马、小鼠和大鼠；雌虫由大到小依次为山羊、猪、绵羊、黄牛、豚鼠、家犬、家兔、水牛、猴、小鼠、马和大鼠。

黄牛、绵羊、山羊、小鼠、家兔、犬、猴等均为日本血吸虫适宜宿主。这些动物的年龄、性别以及是否感染过血吸虫等对其易感性没有显著影响或影响较小。

水牛、猪、大鼠等为非适宜宿主。虽然猪感染血吸虫后具有自愈现象，显示其为血吸虫非适宜宿主，且感染的后期对血吸虫具有抗性，但未感染过血吸虫且在易感地带放养的生猪却有较高的感染率。安徽贵池白杨河边食品公司饲养场放养于草洲上的猪，1979年和1980年感染率高达88.8%和90.9%（农业部血吸虫病防治办公室，1998）。水牛对血吸虫易感性与其年龄和是否感染过血吸虫相关，一般小水牛易感而大牛特别是感染过血吸虫的大牛不易感。湖南省岳阳县麻塘观测点家畜血吸虫病流行病学调查结果显示，2005—2010年的6年间，3岁以下水牛的感染率显著高于3岁以上水牛（Liu等，2012）；在江西鄱阳湖地区的一项横向调查发现12月龄以下水牛感染率为12.82%，显著高于13～24月龄水牛和24月龄以上水牛的感染率（Liu等，2013）。水牛感染血吸虫后具有自愈现象，说明水牛和猪在感染血吸虫后对血吸虫具有抗性。

东方田鼠在血吸虫疫区广泛存在，但其感染日本血吸虫后大部分虫体在2周内死亡，是至今发现的唯一一种感染日本血吸虫后不致病的哺乳动物。

第二节　传播途径

血吸虫病传播需要中间宿主钉螺和水的存在。日本血吸虫病传染源包括感染血吸虫的家畜、人和野生动物，中间宿主为钉螺。传染源体内血吸虫虫卵随粪便入水，孵化出毛蚴并感染钉螺，发育成尾蚴后从螺体溢出，浮于水表，易感动物接触含尾蚴的水（称为疫水）而感染。因此，虫卵入水、钉螺存在以及接触疫水是血吸虫病传播和流行的关键。

　　通过钉螺和水传播是日本血吸虫病最主要的传播途径。在这种传播途径下，血吸虫感染途径有两种方式。① 皮肤感染，人、牛、羊及其他动物的皮肤接触疫水时，疫水中尾蚴侵入表皮进而进入动物体内。这种感染方式不受皮肤的厚薄和部位限制，也不受体表被毛稀疏的影响，只要疫水在体表停留足够时间，均可感染；尾蚴侵入数量与水源污染程度、皮肤暴露面积、接触疫水时间和次数成正比；该感染方式是人和动物感染血吸虫最主要的方式。② 黏膜感染，当人或动物饮用含尾蚴的水或吞食带有含尾蚴露水的青草时，尾蚴可以从口腔黏膜进入体内而发生感染。曾有用疫区带有露水的青草喂食圈养奶牛和家兔而发生感染的报道，也有羊吞食阳性钉螺而感染的报道（农业部血吸虫病防治办公室，1998）。

　　除通过螺和水传播外，血吸虫还可通过经胎盘垂直传播。王溪云等报道，在江西某一农场调查，发现10头死胎均为严重血吸虫病所致，而4头初产胎牛经粪便孵化均为阳性。1958年，在鄱阳湖的专项调查中，137头1月龄以内的犊牛感染率为54.7%，其中黄牛为75%、水牛为41%。Navabay ashi（1914）在人工感染血吸虫的犬、鼠和兔的子代动物中发现血吸虫；1916年，在一新生儿粪便中检测出日本血吸虫虫卵，该新生儿无疫水接触史，但由于其母亲在孕期曾于农田耕作，有血吸虫接触史，该新生儿血吸虫病被认为可能是先天性感染。Willingham和Johansen用猪作为动物模型，在母猪妊娠第10周（孕中晚期）试验感染日本血吸虫尾蚴8 000～10 000条，分娩后，在仔猪肝脏和粪便中均发现日本血吸虫虫卵。钱宝珍等用家兔对日本血吸虫垂直传播进行了试验观察，分别在妊娠中期、晚期经皮肤人工感染尾蚴300条，仔兔先天感染率分别为13.5%和46.7%；妊娠晚期分别感染300、500、700条尾蚴，母兔经胎传播率均为100.0%，仔兔感染率分别为46.7%、61.9%和79.0%。

第三节　影响家畜血吸虫病流行和传播的因素

　　传染源、易感动物和中间宿主钉螺的存在是血吸虫病流行和传播的必备因素。但一个地区是否有血吸虫病流行和流行程度又受各种生物因素、自然因素和社会因素的影响。血吸虫病传播依赖于终末宿主、中间宿主的存在。中间宿主钉螺生长和繁殖需要相应的植被和水、土壤等其他自然条件。血吸虫虫卵孵化、钉螺感染、虫体在螺体内发育、尾蚴溢出和终末宿主感染均受到各种自然因素的影响。虫卵入水和尾蚴入侵等又涉及社会因素。

一、生物因素

生物因素主要涉及病原（血吸虫）、终末宿主、中间宿主钉螺和相关植被等。前三者是血吸虫病流行和传播的必备因素，缺一不可。有血吸虫病流行的地区必然有钉螺，在没有钉螺的地区，即使有输入性病原也不会引起流行。在一些已消灭传染源的地区，可以做到有螺无病。钉螺生活在水陆交界处，岸边的植被是钉螺滋生和繁殖的必要环境。植被能提供钉螺滋生和活动所必需的温度、湿度、遮阳和食物。在没有植被但能提供适宜湿度、温度的地方，如桥下、岸边石头缝等，钉螺可以生存但不能繁殖。

二、自然因素

影响血吸虫病流行和传播的自然因素包括气温、水（包括水的流速）、土壤等。各种自然因素对血吸虫流行和传播的作用是综合的，形成了有利或不利血吸虫病传播的条件。

1. 气温　气温对钉螺的繁殖、发育、活动和感染起决定性作用。我国钉螺分布在1月份平均气温0℃以上等温线以南。在年极端气温低于-7.6℃的地区不适宜生存。钉螺最适滋生温度为15～25℃。当气温降至5℃以下时，钉螺就在草根下、泥土裂缝及落叶下隐藏越冬。因此，冬季家畜感染机会减少，阳性家畜作为传染源的作用降低。全球气候变暖为钉螺北移提供了可能性。气温会影响水温，而水温与血吸虫虫卵孵化、毛蚴在水体的活动、血吸蚴虫在钉螺体内发育、尾蚴溢出、尾蚴在水体的活动密切相关。当水温在10℃以下或37℃以上时，大多数虫卵的孵化被抑制。一般适合血吸虫流行和传播的水温是10～33℃。

2. 水　血吸虫生活史中许多阶段必须在有水的条件下完成。虫卵孵化，毛蚴活动进而感染钉螺，尾蚴溢出、活动及侵入皮肤均在水中进行。钉螺卵必须在水中才能孵化，幼螺的生活环境也以含水丰富的环境中为主。所以，血吸虫病流行区大多具有丰富的水源，如江、河、山溪或池塘等，且年降水量一般在750mm以上。水体如盐度、酸碱度过高及过急的流速，均不利于血吸虫病的流行和传播。水位变化如汛期迟早、涨落的速度与幅度，洪涝灾害的发生，均能影响血吸虫病流行的强度和范围。水位迅速上升，可以大大增加家畜和人的急性感染病例，而长期低水位则可以减少急性感染病例数。在湖沼型流行区，春汛时水位不高不低，草洲处于半淹状态，放牧家畜感染机会可能增加，阳性家畜作为传染源的作用也可能加大。夏汛时因水位过高，家畜一般从垸外迁移到坑内，而通过多年防控，坑内几乎没有阳性钉螺且钉螺数量极少，因而夏汛时节家畜感染机会较少。

3. 土壤 钉螺一般生活在富含有机质和适量氮、磷和钙的土壤上。中性、微酸、微碱土壤均适合钉螺生存。无土的地方钉螺不能产卵和繁殖后代。土壤对钉螺的影响可能是多因素的。在贵州周围省份均有钉螺分布，贵州的气温、水等均适合钉螺生长繁殖，但贵州全省无钉螺，可以说是自然界的奇迹。

三、社会因素

许多社会因素会影响血吸虫病的流行和传播。这些因素涉及经济社会发展水平、文化教育、科技、人口、家畜饲养量、饲养方式、生产方式、生活习惯、人口和家畜流动、文化与科学素养、农田水利建设、防控队伍建设、防控经费、防控措施落实等。血吸虫病主要流行于发展中或不发达国家（或地区）。在中国主要发生地是农村，危害的主要是农民。因此，中国血吸虫病的流行与防控与"三农"问题密切相关。血吸虫虫卵是否能入水、尾蚴能否接触到人、畜皮肤，均与上述各项社会因素相关。一些大型的经济建设，特别是大型水利工程建设，可以从正反两个方面影响血吸虫病流行和传播。如果事前有充分的考虑和准备，可以改变库区的生态环境，减少钉螺滋生，达到趋利避害的目的，但也有因兴修水利而使钉螺和血吸虫病原扩散的惨痛教训。近年来，一些已达到传播阻断标准的地区，从洞庭湖和鄱阳湖等地区购买钉螺作为饲养龙虾和螃蟹的饲料，有可能引入阳性钉螺，当地血防部门要高度重视，在相关区域加强人、畜监测。随着经济、社会的发展，人、畜流动机会增多，血吸虫病病原的扩散要引起高度重视。在控制血吸虫病流行的过程中，社会因素可能起决定作用。

第四节 家畜血吸虫病的流行特点

血吸虫病流行和传播具有地方性和人畜共患两大特点，而血吸虫感染具有季节性。

一、地方性

血吸虫病流行与钉螺分布和水系密切相关。虽然血吸虫病在我国长江流域及以南的12省（自治区、直辖市）流行和传播，但在这些地区并不是普遍流行。由于钉螺的扩散能力和活动范围的局限性，血吸虫病仅在一定范围内流行，在有些地方甚至呈小块状或点状分布。在各流行省有一些县（市、区）、各流行县有一些乡（镇）、各流行乡有一些村、甚至流行村里也有一些村民组没有血吸虫病流行。各流行区流行程度与钉螺密度及传染源数量密切相关。在长江两岸的流行区大体连成一线，其间有断有续。长江中下游流行区大多连接成大片，其间也有小范围没有血吸虫病流行的地方。在山区型流行省或县，流行区大多沿水系分布，局限于小块或呈狭长带状分布，有的面积很小，仅数平方千米（几个自然村）。在流行区，有阳性钉螺的地方称为易感地带，人、畜只要不到易感地带活动即不会发生感染。同样，阳性家畜只要不到有钉螺的地方放牧，即不会成为传染源。

二、人畜共患

人和大多数家畜都可以感染血吸虫。人、动物体内血吸虫为同一病原。人体内血吸虫经钉螺可以感染动物（家畜），家畜体内血吸虫经钉螺也可以感染人。人、动物、钉螺三者的感染具有相关性。在流行区，往往人和动物同时感染，迄今从未发现只有人群病例而无动物感染的地区。在阳性钉螺多，家畜感染率高的地方，一般人群的感染率也高，三者呈现一定的相关性。当然，在一些人类还未涉足的地方，血吸虫可能在野生动物和钉螺之间循环，形成自然疫源地。

三、季节性

血吸虫在动物和人体内寿命较长，因此，血吸虫病慢性病例一年四季均可存在。但血吸虫感染和疾病传播具有明显的季节性特点。血吸虫感染和传播季节是尾蚴逸出季节、家畜和人接触疫水季节、钉螺活动季节、水位季节变化等综合因素交汇作用结果。虽然已有报道认为，在我国一些流行区，全年均可发生血吸虫感染，但大多数流行区感染季节为春、夏、秋三季，感染高峰为4～5月份和9～10月份。中国农业科学院上海兽医研究所2010年开展的家畜血吸虫病感染季节动态研究显示，在湖南洞庭湖地区以及安徽长江沿岸，除1月份感染机会较少外，其余月份均有感染。在江西鄱阳湖地区，除气温较低的1月份和因水位较高而在垸内放牧的6~7月份外，其余月份均有感染。在云南大山区，家畜感染主要与耕作有关，常见于5~9月份。在湖沼型流行区，3~5月份的春汛时节，水位不高不低，草洲处于半淹状态，是家畜血吸虫病感染和传播的高峰时节，需引起各地的高度重视。

第五节 我国血吸虫病流行概况及流行区类型

一、流行概况

血吸虫病在我国流行至少有2 100多年的历史。1971年湖南长沙马王堆出土的西汉女尸和1975年湖北江陵凤凰山出土的西汉男尸中均查出血吸虫虫卵。在我国古代的许多医书中，也有一些类似血吸虫病的记载。如晋朝葛洪所著的《肘后备急方》、隋代巢元方所著的《诸病源候论》和唐代孙思邈所著的《千金方》等，这些著作对"水毒""蛊毒"病的发病季节、感染途径、临床症状及危害情况的描述，都和现代医学对血吸虫病的认识大体相近。

1905年，湖南常德广德医院美籍医师Logan OT在一名18岁渔民的粪便中检出日本血吸虫卵，并将病例有关情况在《中华教会医学杂志》（英文版）上发表。这是我国血吸虫病的首次发现和报道。家畜感染的首次报道为Lanbert 1911年在江西九江发现犬自然感染。1924年，Faust和Meleney及Faust和Kellogg首先报告在我国福州水牛的粪便中查到了日本血吸虫虫卵。1937年，吴光首先在杭州屠宰场从2头屠宰的黄牛体内找到了日本血吸虫虫体。至新中国成立前夕，先后发现有183个县（市）流行血吸虫病。

新中国成立后，经过全国各流行省大规模的家畜血吸虫病流行病学调查，至1959年已证实血吸虫病在我国长江流域及其以南的江苏、浙江、安徽、江西、湖南、湖北、广东、广西、福建、四川（含重庆市）、云南和上海等12个省（自治区、直辖市）流行，流行县324个（当时行政区划），累计病人约1 200万，其中有症状的约40%，晚期病人（巨脾、腹水、侏儒症型）约占5%，受威胁的人口在1亿以上（图7-4）。据1958年家畜血防会议统计，全国有病牛约150万头，受血吸虫病威胁的牛约500万头。随后，由于新流行区的发现和行政区划调整，流行县数每年均有变化。截至2012年年底，全国共有血吸虫病流行县（市、区）452个（表7-1）（李石柱等，2013）。此外，在我国台湾省流行的日本血吸虫只感染动物而不感染人。

表7-1　2012年全国血吸虫病流行现状

省（自治区、直辖市）	流行县（市、区）数	流行乡（镇）数	达到传播阻断标准		达到传播控制标准		达到疫情控制标准	
			县（市、区）数	乡（镇）数	县（市、区）数	乡（镇）数	县（市、区）数	乡（镇）数
上海	8	80	8	80	0	0	0	0
江苏	68	485	51	403	17	82	0	0
浙江	55	471	55	471	0	0	0	0
安徽	51	362	17	166	11	89	23	107
福建	16	76	16	76	0	0	0	0
江西	39	316	22	176	8	79	9	61
湖北	63	518	22	163	22	191	19	164
湖南	39	353	6	87	13	131	20	135
广东	13	34	13	34	0	0	0	0
广西	19	69	19	69	0	0	0	0
四川	63	662	41	346	22	316	0	0
云南	18	73	11	34	7	39	0	0
合计	452	3 499	281	2 105	100	927	71	467

由于党和政府高度重视血吸虫病防治工作，我国血吸虫病防治取得了举世瞩目的成就，疫区面积大幅压缩。在我国12个血吸虫病流行省（自治区、直辖市）中，上海、浙江、福建、广东、广西已先后达到传播阻断标准，以山丘型流行区为主的四川和云南两省及以湖沼型流行区为主的江苏省已达到传播控制标准，其他以湖沼型流行区为主的安徽、江西、湖北、湖南4省已达到疫情控制标准。到2012年年底，在452个流行县（市、区）中，281个（占62.17%）达到传播阻断标准，100个（占22.12%）达到传播控制标准，71个（占15.71%）达到疫情控制标准。其中疫情控制县（市、区）主要分布于湖区4个流行省，其中安徽省23个、湖南省20个、湖北省19个、江西省9个（李石柱等，2013）。

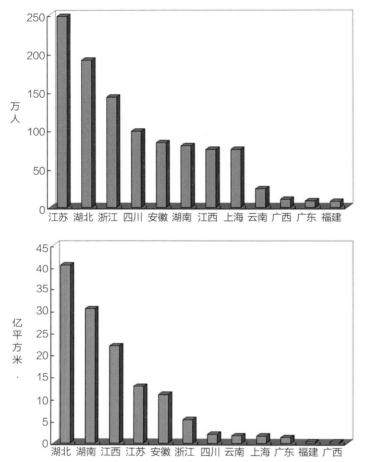

图 7-4　20 世纪 50 年代我国疫区省（自治区、直辖市）血吸虫病人数及钉螺面积

　　2012年，全国推算血吸虫病人总数240 597例，其中江苏、安徽、江西、湖北、湖南（湖区5省）血吸虫病人236 587例，占全国血吸虫病人总数的98.33%；云南和四川（山区2省）血吸虫病人2 919例，占1.21%。2012年，全国共有晚期血吸虫病人30 396例，其中湖区5 省和山区2 省分别有26 600 例和2 714例，分别占全国晚期血吸虫病人总数的87.51%和8.93%；浙江省现有晚期血吸虫病人1 082例，上海、福建、广东、广西均未发现晚期血吸虫病病例（李石柱等，2013）。

　　家畜血吸虫病疫情从2007年开始，仅见于湖南省、湖北省、江西省、安徽省、四川省、云南省6个流行省。2011年，湖南省、湖北省、江西省、安徽省、江苏省、四川省、云南省7个流行省共对784 679头牛、41 110只羊以及30 005头（匹）其他家畜进行了检测，阳性率分别为0.88%、0.95%和0.09%；根据各省放牧家畜数和阳性率推算，全国共有病畜10 894头（只、匹），其中病牛为8 433头；从病畜的地域分布看，湖南省、江西省两省病畜数占全国病畜数的62.06%，两省合计病牛数占全国病牛数的67.21%；除牛、羊外，其他家畜血吸虫病仅在云南发现（刘金明等，2012）。见表7-2。

表7-2　2011年牛、羊血吸虫病疫情状况

省份	牛						羊					
	存栏数	放牧数	检查数	阳性数	阳性率（%）	理论病牛数	存栏数	放牧数	检查数	阳性数	阳性率（%）	理论病羊数
湖南	193 297	154 637	92 560	1 584	1.71	2 646	91 766	73 413	17 493	238	1.36	999
湖北	199 593	199 593	221 356*	1 138	0.51	1 138	/	/	/	/	/	/
江西	271 584	154 241	150 382	2 947	1.96	3 023	11 016	4 138	3 724	84	2.26	93
安徽	83 282	70 613	36 698	431	1.17	829	100 170	73 166	6 252	61	0.98	714
四川	290 055	91 328	102 557*	495	0.48	495	798 268	378 924	4 266	4	0.09	355
云南	247 931	172 028	177 159*	302	0.17	302	367 905	347 315	4 548	2	0.04	153
江苏	13 224	/	3 967	0	0	0	16 091	/	4 827	0	0	0
合计	1 298 966	842 440	784 679	6 897	0.88	8 433	1 385 216	876 956	41 110	389	0.95	2 314

注：*代表部分地区实施1次以上查病，致使检查数超过存栏数或放牧数。阳性数为理论病半数。

二、我国血吸虫病流行区类型

我国学者根据地理环境、钉螺分布以及流行病学特点将我国血吸虫病流行区分为三种类型，即平原水网型、山区丘陵型和湖沼型。

1. **湖沼型流行区**　主要分布在湖北、湖南、安徽、江西、江苏五省的长江沿岸及所属大、小湖泊周围的滩地和垸内沟渠。这些地区存在着大片冬陆夏水的洲滩，钉螺分布面积大，呈片状分布，占全国钉螺总面积的79.5%。根据不同地理环境、钉螺滋生地类型、水位变化和居民区分布特点，湖沼型流行区又可分为洲滩（岛）、湖汊、洲垸和垸内4个亚型。湖沼型流行区是当前我国血吸虫病流行最为严重的流行区（图7-5）。

2. 山丘型流行区　在我国12个流行省（自治区、直辖市）中，除上海市外，均有山丘型流行区分布。四川、云南、福建和广西全部为山丘型流行区。在1985年全国368个流行县（市）中山丘型流行区为185个，占一半以上。该类型流行区内血吸虫病和钉螺的分布呈片状、线状和点状，地域上割裂，常独立于某一特定区域。该型流行区可进一步分为平坝、高山（或大山峡谷）和丘陵三个亚型，前二者在四川和云南两省，后者以浙江、江苏、安徽、江西为主（图7-6）。

3. 水网型流行区　又称为平原水网型流行区。主要分布在长江三角洲如上海、江苏、浙江等处，北至江苏宝应、兴化、大兴，南至浙江省杭嘉湖平原。此外，安徽和广东也有部分水网型流行区。这类地区河道纵横，密如蛛网、钉螺沿河岸呈线状分布。历史上水网型流行区钉螺面积仅占全国有螺面积10%以下，但因人口稠密和居民感染率高，血吸虫病病人曾经占全国病人数的1/3以上。

图7-5　湖沼型流行区

A. 垸外　B. 垸内　C. 洲岛　D. 洲滩

图 7-6　山丘型流行区之大山峡谷型和丘陵型流行区

第六节　**动物血吸虫病的流行病学调查**

　　动物血吸虫病的流行病学调查，目的是了解动物血吸虫病流行状况、分析流行和传播规律、明确影响疫病发生和发展的相关因素，评估相关干预措施的防控效果，从而为制订或调整防控对策提供依据。调查单元可以是单个动物，也可以是动物群体，还可以是养殖场或村或乡镇。

　　动物血吸虫病流行病学调查内容一般包括：自然因素（自然地理概况、气象、水文等资料）、社会因素（包括人口、家畜饲养方式、经济状况、生产生活方式等）、家畜种类与数量、家畜（包括野生动物）及人群感染率、钉螺分布密度和感染情况、野外血吸虫虫卵污染情况与防治工作开展情况等。调查结果常以动物血吸虫病以及野外粪便虫卵污染的三间分布（群间、时间和空间分布）、螺情的时间和空间分布等形式展现。

（一）动物感染情况调查

　　由于全国大多数流行区对家畜血吸虫病实施普查普治对策，因此，家畜血吸虫病的疫情资料可以从每年查治数据获得。在没有开展普查普治的流行区，可以实施抽查。

抽查时，首先根据调查目的，确定调查单元，然后根据估计的（或已有资料的）流行率、置信水平或置信区间，按流行病学调查原理确定抽样样本量，采用随机方法抽取调查对象，明确调查范围。如果调查单元为群体（包括养殖场或村或乡镇），还须明确每个单元的调查数量。为了保持家畜血吸虫病流行病学调查的延续性和防治工作的可持续性，可以和医学部门的调查点相结合，确定调查点和范围，然后实施定点调查。

根据血吸虫病流行和传播特点，家畜血吸虫病感染情况调查只调查有野外放牧史或野外活动的家畜，一般包括放牧牛、羊、猪和马属动物。在开展特殊目的的调查时，还应对家养犬、猫，以及野兔、鼠等野生动物进行感染情况调查。

疫病筛查方法：家畜血吸虫病的筛查可以采用免疫学（血清学）方法和病原学方法。免疫学（血清学）方法主要是检测家畜体内抗血吸虫抗体，目前采用的主要技术有间接血凝试验（IHA）、ELISA、胶体金试纸条法等。由于家畜血吸虫病的治疗和感染的经常性，且阳性家畜经治疗后其体内抗血吸虫抗体存在时间较长，血清学筛查结果不能作为最终确定病畜的依据。因此，血清学筛查结果不用于疫情上报、疫情统计、防控效果考核和评估。病原学筛查技术目前主要采用粪便毛蚴孵化技术。各种筛查技术的具体技术内容、原理和操作方法参见家畜血吸虫病诊断的相关章节。

对野生动物的调查一般采用解剖收集虫体的方法进行。

感染度调查：血吸虫感染度是反映血吸虫病流行程度的一个统计指标，指人和动物的虫体负荷或虫卵负荷。一般以成虫计数、虫卵计数和毛蚴计数为评估依据。在解剖大、中型动物时，在肝门静脉处开一切口，从后腔静脉加压注水，用80目*铜筛收集从切口随水流出的虫体。虫卵计数主要是对粪便中虫卵进行计数，先对粪样称重，再以生理盐水或饱和盐水（水亦可，但夏天气温较高时虫卵易孵化从而影响计数）沉淀30min，取沉淀定容，在显微镜下计数。开展毛蚴计数时，如毛蚴数在4个以下，可以直接计数；当孵出的毛蚴数在4个以上时，用吸管将含毛蚴的上清吸出并补加清水，如此反复将全部毛蚴吸出，滴加碘酊数滴，离心，在显微镜下对沉淀中毛蚴进行计数。

进行剖检时，可以直接计算收获的成虫数；进行粪便虫卵计数时，一般以每克粪便虫卵数为标准进行统计；感染度也可以用虫体数或虫卵数的几何均数说明感染动物的平均虫负荷。

（二）钉螺调查

钉螺调查是血吸虫病流行病学调查的重要内容之一，可以明确易感地带、考核和评

---

* 目为非法定计量单位。

图7-7　钉螺调查

估防控效果。为了保证调查资料的完整性，可以和当地卫生血防部门协商，分工负责或联合调查。

钉螺调查的主要内容包括有螺面积和阳性螺面积、钉螺数量（密度）、钉螺感染率等。

1. 查螺工具　① 查螺框，可用8号铅丝制成边长为33.33cm正方形的框（框内面积为0.1m²）；② 镊子或筷子，镊子为15～20cm医用直镊，筷子为普通筷子；③ 螺袋，用牛皮纸制成5cm×8cm螺袋，并印刷以下信息：环境名称、查螺日期、天气情况、线号、点号（框号）、捕螺只数、查螺员签名等；④ 防护用具，查螺时用防护剂、手套、胶靴等作为个人防护用具，以防止血吸虫感染（图7-7）。

2. 调查时间　一般为上半年3、4、5月份和下半年9、10、11月份。特殊目的的调查可以根据钉螺生态学具体设定调查时间。

3. 调查方法　① 现有钉螺环境调查，包括易感环境调查和其他有螺环境调查。易感环境采用系统抽样方法查螺（江湖洲滩环境框线距20～50m，其他环境框线距5～10m），检获框内全部钉螺，并解剖观察，鉴别死活和感染情况。其他有螺环境采用环境抽样方法，根据植被、低洼地等环境特点及钉螺栖息习性，设框查螺，检获框内全部钉螺，并解剖观察，鉴别死活和感染情况。② 可疑环境调查，采用环境抽样方法查螺，若检获活钉螺，再以系统抽样进行调查；检获框内全部钉螺，并解剖观察，鉴别死活和感染情况。③ 对所有查出钉螺的环境采用GPS进行定位、面积测量，并收集、汇总有关数据（图7-8）。

图 7-8　解剖钉螺，观察感染情况

（三）野粪调查

野粪调查主要是了解血吸虫虫卵的污染情况，分析各种动物在血吸虫病传播中的作用，同时也可以用于相关干预措施的效果分析。根据当地的地形地貌，选择有螺环境进行调查。可以设多个调查点，每个点的面积最好等于或大于10 000m²。根据野粪外形区分其种类（来源动物）。对调查范围内成形的野粪按每一摊为一个单位，散在的羊粪收集后每20g为一个单位，进行计数。对成形的每一摊野粪称重后采样，其中粪量较大的牛和马属动物的野粪，每份采集50g样品，人粪、犬粪采集20g样品；不足分量的野粪全部采集。将所有样品带回实验室，用粪便毛蚴孵化法进行检测，并对孵化出的毛蚴进行计数。

根据每种动物野粪数量（N）、阳性率（PR）、平均重量（MW，g）、毛蚴数（根据孵化结果计算出平均每克粪便孵化出的毛蚴数mpg），按如下公式计算每种动物的污染指数（$RECI$），分析各种动物在血吸虫病传播中的作用。

$$RECI = (N \times PR \times MW \times mpg) \div \sum (N \times PR \times MW \times mpg)$$

（四）疫水调查

对可疑有感染性钉螺分布的水域可选用小鼠感染法（哨鼠法）或粘取法、网捞法、C-6膜黏附法进行水体感染性测定。其中粘取法、网捞法、C-6膜黏附法获取的尾蚴可直接在显微镜下进行鉴定，也可以用PCR等分子生物学技术鉴定。

小鼠测定水体感染性的方法是，将未感染过尾蚴的小鼠，装入两边置有浮筒的特制铁丝笼内，按每点用小白鼠30只，间距10～20m设点，自岸上放入欲测定感染性的自然水体中，使小白鼠的四肢、腹部和尾巴等接触疫水水面一定时间（一般为5～7h，可以每天1～2h，连续数天进行），然后取出，饲养35d后解剖检查虫数。

（五）调查资料的统计和分析

动物血吸虫病流行病学调查结果一般以各种率和度等形式展现。通过统计分析疾病在群间、空间以及时间上的差异性，进而了解疾病的三间分布及其演变规律，分析流行和传播因素，评估各种干预措施的实施效果。

根据调查单元的不同，调查结果也可用不同形式展现。如阳性率有个体阳性率、群阳性率、场阳性率等。

调查数：指实际调查数目，可以是调查的动物数，也可以是调查的动物群数或场数。

阳性数：指某种筛查方法检测后呈阳性的动物数（群数或场数）。

患病数：指某个时点或某一段时间内的病例数或发病群数。对血吸虫病而言，患病数可以等同于感染数，即用病原学方法筛查的阳性数。

发病数：指观察期内所观察群体中新发病例数或新发病群数。在当前全面实施病畜及时治疗或群体治疗的情况下，发病数可以等同于感染数。当一个动物在观察期多次发生感染、治疗（即治愈后再次时发生感染），应多次计为新发病例数。因此，在观察时间较长（如1年）的情况下，发病数可以大于调查数。

阳性率：指某种筛查方法的阳性数与调查数的比值，即阳性数÷调查数×100%。根据调查单元的不同，可以计算户阳性率、场（或村）阳性率。

发病率：表示在一定时期内、一定畜群中血吸虫病新病例出现的频率，即群体中个体成为病畜的可能性。计算公式为：发病数÷调查数×100%。理论上，发病率可以大于100%。某一时间点的发病率，即为流行率或患病率。

感染率：家畜血吸虫感染率又可称为流行率，即某一调查时点感染动物数占调查数的比率。计算公式为：感染数÷调查数×100%。家畜血吸虫感染数为病原学筛查的阳性结果，血清学筛查的阳性动物须用病原学方法确定后方可用于计算。

感染度：一般以算术平均数或几何平均数的形式展示。

随着计算机的普及和各种统计软件的开发利用，可以很方便地对调查结果进行统计和分析。一般对平均数（如感染度、钉螺密度等）的分析可以用T检验，对各种率的检验用卡方检验。

以下用一般计算机常备软件EXCEL（2010版）分析某地实施某种干预措施前后，家畜血吸虫感染率（或血清阳性率）的差异为例：

假设实施前后的调查数据分别为A、B两组，分别用a、b、c、d表示。a为A组的阳性例数，b为A组的阴性例数，c为B组的阳性例数，d为B组的阴性例数。用EXCEL进行卡方检验时，先用相关数据准备四格表，包括实际值和理论值，如图7-9所示。其中理论值$T1$、$T2$、$T3$和$T4$按图中公式计算。选择表的一空白单元格，存放概率p值的计算结果，用鼠标点击"fx"，在函数选择框的"选择类别（C）"栏选择"统计"项，然后在"选择函数（N）"栏内选择"CHITSQ-TEST"函数，用鼠标点击"确定"按钮；将鼠标放在"Actual_range"的输入框内，移动鼠标，选择实际值（a、b、c、d）的起始单元格和结束单元格，再将鼠标放在"Expected_range"的输入框内，移动鼠标，选择理论值（$T1$、$T2$、$T3$、$T4$）的起始单元格和结束单元格，最后点击"确定"按钮，p值的计算结果立即显示。

图 7-9　应用 EXCEL 软件进行统计分析

参考文献

郭家钢. 2006. 我国血吸虫病传染源控制策略的地位与作用[J]. 中国血吸虫病防治杂志, 183：231－232.

何毅勋, 杨慧中, 毛手白. 1960. 日本血吸虫宿主特异性研究 I. 各哺乳动物体内虫体的发育率、分布及存活情况[J]. 中华医学杂志, 46：470－475.

何永康, 刘述先, 喻鑫玲, 等. 2003. 水牛感染血吸虫后病原消亡时间与防制对策的关系[J]. 实用预防医学, 10 (6)：831－834.

李长友, 林矫矫. 2008. 农业血防五十年[M]. 北京：中国农业科学技术出版社.

李石柱, 郑浩, 高婧, 等. 2013. 年全国血吸虫病疫情通报[J]. 中国血吸虫病防治杂志, 25 (6)：557－563.

林邦发, 童亚男. 1977. 水牛日本血吸虫自愈现象的观察, 中国农业科学院上海家畜血吸虫病研究所论文集[C]. 453－454.

林矫矫, 胡述光, 刘金明. 2011. 中国家畜血吸虫病防治[J]. 中国动物传染病学报, 19 (3)：75－81.

刘金明, 宋俊霞, 马世春, 等. 2012. 2011年中国家畜血吸虫病疫情状况[J]. 中国动物传染病学报20 (5)：50－54.

吕大兵, 汪天平, James Rudge, 等. 2007. 安徽石台县日本血吸虫病传染源调查[J]. 热带病与寄生虫学, 5 (1)：11－13.

毛守白. 1991. 血吸虫生物与血吸虫病防治[M]. 北京：人民卫生出版社.

石中谷, 胡述光, 周庆元, 等. 1992. 清江村生猪在血吸虫病传播中的作用[J]. 中国血吸虫病防治杂志, 4 (5)：293－295.

农业部血吸虫病防治办公室. 1998. 动物血吸虫病防治手册[M]. 北京：中国农业科学技术出版社.

钱宝珍, 汤益, Henrik O. Bogh, 等. 2002. 日本血吸虫经胎盘传播的实验研究, 中国血吸虫病防治杂志, 14 (1)：25－27.

王溪云. 1958. 血吸虫研究资料编汇[M]. 上海：上海科学技术出版社, 731－732.

Liu J, Zhu C, Shi Y, et al.2012.Surveillance of *Schistosoma japonicum* infection in domestic ruminants in the Dongting Lake region, Hunan province, China[J]. PLoS One, 7(2): e31876.

Liu JM, Yu H, Shi YJ, et al.2013.Seasonal dynamics of *Schistosoma japonicum* infection in buffaloes in the Poyang Lake region and suggestions on local treatment schemes, Vet Parasitol, 198(15, 1－2): 219－222.

Narabayashi H.1914.Demonstration of specimens of *Schistosoma japonicum*：congenital infection and its route of invasion（in Japanese）[J]. Kyoto Igaku Zasshi, 11: 2－3.

Narabayashi H..1916.Contribution to the study of schistosomiasis japonica（in Japanese）Kyoto Igaku Zasshi, 13: 231－278.

Wang TP, Vang Johansen M, et al.2005.Transmission of *Schistosoma japonicum* by humans and domestic animals in theYangtze River valley[J].Anhui province, China. Acta Trop, 96: 198–204.

Willingham AL, Johansen MV, Bøgh HO, et al.1999.Congenital transmission of *Schistosoma japonicum* in pigs[J].Am J Tr op Med Hyg, 60(2): 311–312.

第八章

家畜血吸虫病诊断

　　动物血吸虫病诊断在我国动物血防工作中始终处于中心位置，准确诊断是掌握疫情、确定治疗对象、制订防控措施、评估防控效果的基础。几十年来，我国动物血防工作者先后建立和推广应用了粪便棉析毛蚴孵化法、间接血凝试验、酶联免疫吸附试验、斑点酶联免疫渗滤法、斑点金标等先进、实用的动物血吸虫病诊断技术，为我国动物血吸虫病的有效控制提供了重要的技术支撑，同时开展了特异性诊断抗原的筛选、鉴定，血吸虫病核酸分子检测技术等探索，为建立更为敏感特异的诊断、检测技术提供了新思路。

　　动物血吸虫病的诊断是采用一定的方法和手段确定特定动物群体或个体是否患血吸虫病的过程，确诊应是在流行病学调查基础上，应用各种检查方法，发现或检获血吸虫虫卵、毛蚴、童虫或成虫而作出判断。根据目标群体的不同可以分为群体诊断和个体诊断。根据采用的诊断方法技术不同，可分为临床诊断和实验室诊断。

　　准确掌握和发现病情，是确定治疗对象、考核评估防治效果的主要依据。动物血吸虫病的临床诊断主要是指临床兽医根据畜群或动物个体的临床表现和症状、临床询问调查结果、动物饲养管理等情况进行综合判断目标动物的患病状况。实验室诊断是指采用实验方法、技术等在动物体内或其代谢样品中找到血吸虫病原（虫体或虫卵），或检获动物体内特异性标志物以确定动物患病状况的过程。目前，在动物血吸虫病诊断中应用的主要有病原学诊断方法及免疫学诊断技术两大类，常用的技术方法有粪便毛蚴孵化法、间接血凝检测抗体法、酶联免疫吸附法和斑点金标等。近些年，血吸虫病分子生物学检测技术也取得进展，但尚未见现场应用于家畜血吸虫病检测的报道。

第一节　临床诊断

　　动物血吸虫病具有很明显的地方流行性。在流行区，根据临床症状观察、流行病学及饲养管理方式调查等可进行初步诊断。临床询问中要注意动物品种、来源、年龄、饲养方式、牧草来源等和该病流行密切相关的资料收集。

　　该病的临床症状主要由童虫移行的机械性损伤、虫体的代谢产物以及虫卵沉积于肝脏和肠壁组织等部位所引起的免疫病理反应引起。该病以犊牛、羊和犬的症状较重，猪、马等较轻。犊牛大量感染时症状明显，发病往往呈急性经过，表现为食欲不振、精神沉郁，体温升高可达40～41℃，患畜黏膜苍白、水肿、行动迟缓、日渐消瘦，可因衰竭而死亡。慢性型病畜表现消化不良、发育缓慢，往往成为侏儒牛。病牛食欲不振，有里急后重现象，下痢，粪便含黏液和血凝块，甚至块状黏膜。患病母牛有发生不孕、流产等现象。轻度感染时，症状不明显，常呈慢性经过，特别是成年水牛，临床症状不明显而成为带虫病畜，成为疫情传播的隐患。

　　死亡病畜剖检可见尸体消瘦、贫血、腹水增多。该病引起的病理变化主要是由虫卵沉积于组织中所产生的虫卵结节（虫卵肉芽肿）所引起，病变主要在肝脏和肠壁，肝脏表面凹凸不平，表面或切面上有米粒大小的灰白色虫卵结节，初期肝脏肿大，日久后肝萎缩、硬化。严重感染时，肠壁肥厚，表面粗糙不平，肠道各段均可找到虫卵结节，尤以直肠部分的病变最为严重，肠黏膜有溃疡斑，肠系膜淋巴结和肝门淋巴结肿大，常见脾脏肿大和门静脉血管肥厚。在肠系膜静脉、门静脉、痔静脉内可找到雌雄合抱的虫体。此外，在心、肾、脾、胰、胃等器官有时也可发现虫卵结节。

　　临床上，可根据当地血吸虫病流行情况、病牛的症状、是否在疫区放牧或来自于疫区、牧草来源、放牧地点的钉螺情况等做出初步判断，对可疑病畜应收集血样、粪样进行实验室检查以确诊。死亡病畜可根据肝脏典型的虫卵结节病理变化及其他相关资料综合判断，在死亡病畜体内找到虫体、虫卵结节的病例可以确诊。

第二节　病原学诊断

　　病原学诊断是指对被检动物的粪便或组织进行血吸虫虫卵/毛蚴检查以及动物扑杀后的虫体及虫卵检查。常用的病原学诊断方法包括粪便虫卵检查法、粪便毛蚴孵化法、组织虫卵检查法和虫体检查法等，尤其是粪便毛蚴孵化法在动物血防工作中长期以来被广泛应用。病原体检查是动物血吸虫病最确切的诊断方法，无论是粪便或组织中的虫卵，还是动物血液和组织中不同发育阶段的虫体，只要能够发现其一，便可确诊。

　　从动物体内检获成虫是诊断血吸虫病的可靠依据。日本血吸虫成虫主要寄生于哺乳类动物肠系膜静脉、直肠痔静脉，有时也少量寄生于门静脉、胃静脉及肝脏，可以用肝门静脉灌注法收集成虫或直接从下腔静脉中检获成虫。检获虫卵也是血吸虫病诊断的主要依据。血吸虫成虫呈雌雄合抱状态，雌虫每天持续不断产卵，虫卵大多随血液移至肝脏并沉积下来，少数滞留在局部肠组织毛细血管中；期间虫卵内毛蚴开始发育，虫卵抗原性增加，导致虫卵周围组织炎症反应加剧，在虫卵周围集聚大量以嗜酸性粒细胞为主的细胞，形成一个以虫卵为中心的嗜酸性脓肿，逐渐发生纤维化，形成虫卵结节。在肠壁组织中这些脓肿可局部破溃，虫卵随肠壁溃疡黏膜"掉"入肠腔，和肠内容物一起排出体外。据此可从动物体内组织和排泄物中查找虫卵而确诊。兽医临床上最常用的获检虫卵部位为粪便或肝、肠组织，前者称为粪便检查或简称粪检，后者称为组织内虫卵检查技术。

一、直肠黏膜检查法

　　直肠黏膜检查法是以直肠搔爬器（直肠吻合器）（图8-1）等工具伸入动物直肠10~40cm处，轻轻刮取直肠的一小块黏膜，以镊子取下并于水中略清洗，然后置于载玻片上压片，于显微镜下（10×10）检查，阳性者可发现呈散在的或成串、成丛的血吸虫虫卵（图8-2）。王溪云（1958）、翁玉麟（1959）

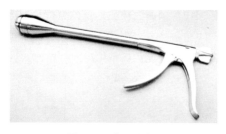

图8-1　直肠吻合器

等分别在20世纪50年代应用该法诊断牛等大家畜日本血吸虫病，取得了较好的效果。

　　直肠黏膜检查方法具有快速、简便、准确的特点，20世纪70年代前曾被列为常规诊断方法，但该法对动物直肠黏膜有一定程度损伤，目前在动物血防工作中已稀见应用。

二、粪便虫卵检查

（一）直接涂片法检查

粪便虫卵直接涂片法是直接取被检动物粪便少许（约0.5g）置于载玻片上，加

2～3滴生理盐水，涂抹均匀，除去较大的粪便颗粒，盖上盖玻片，于显微镜下检查。阳性者可发现有特征性的日本血吸虫虫卵，血吸虫卵呈椭圆形或圆形，平均大小为 $89\mu m \times 67\mu m$，淡黄色，卵壳厚薄均匀，无卵盖，卵壳一侧有一小刺，表面常附有残留物，卵壳下面有薄的胚膜。成熟虫卵内可见毛蚴，毛蚴与卵壳之间通常有大小不等圆形或长圆形油滴状的头腺分泌物（图8-3）。

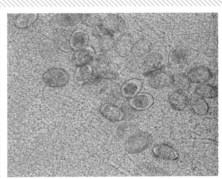

图 8-2　肠黏膜内虫卵　　　　　　　　图 8-3　粪便虫卵

（二）沉淀集卵法检查

粪便沉淀集卵法是取被检动物粪便3～5g置于杯内，加10～20倍体积的自来水（或盐水）调匀，然后用40目铜筛（图8-4）过滤于量杯内，弃去粪渣，让其自然沉淀约20min，倒去上清液，将沉淀物作直接涂片镜检。这种方法由于加大了粪便检查量并去掉一部分粪渣，病畜虫卵检出率有较大提高。

（三）尼龙筛集卵法检查

尼龙筛集卵法须取被检动物粪便5～10g，加上10～20倍体积的自来水（或盐水）调匀，以40目铜筛过滤于粪杯内，弃去粪渣。然后将粪便滤液倒入260目尼龙筛兜（图8-5）内，用自来水（或盐水）反复冲洗，然后应用直接涂片法检查尼龙筛兜内的粪渣。该方法由于滤去了比较大的粪渣和比虫卵小的杂质，其虫卵的检出效果优于直接涂片法和普通沉淀集卵法。

经过优化和标准化后该法也常被用于计量动物粪便虫卵数，用于动物血吸虫病药物治疗和免疫保护试验等效果的评价。

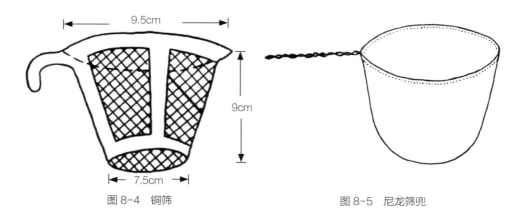

图 8-4　铜筛　　　　　　　　　　　图 8-5　尼龙筛兜

动物（牛）粪便虫卵计数方法：

（1）从动物粪便中采集50～100g装于塑料袋中，于4℃保存。

（2）检查时将粪便样品用搅棒混匀，并用天平精确称量20g。

（3）加上10～20倍体积的自来水（或盐水）调匀。

（4）以40目铜筛过滤于粪杯内，弃去粪渣。

（5）将滤液倒入260目尼龙筛兜内，加自来水（或盐水）洗净，稍沥干将尼龙筛兜底部滤液约10mL吸入量筒或量杯内。

（6）用少许自来水（或盐水）将尼龙筛兜清洗3次，每次将少许滤液并入上述量筒或量杯内。

（7）在收集上述滤液的容器内滴加1～2滴甲基绿染色液，并定容至20mL。

（8）混匀后用移液器吸取4×100μL，在细胞计数板上作涂片镜检计数。

（9）换算每克粪便虫卵数（EPG）。EPG换算公式：　计数虫卵数×2.5。

粪便虫卵检查方法操作简便、快速、易于确诊。但粪便样品中杂质较多，并且粪便样品的检查量受到一定的限制，因此在轻度流行区和低感染度动物中的检出率常受到影响。据估计，每条日本血吸虫雌虫产卵量通常是1 000～3 500枚/d，大部分虫卵滞留于肝内，通过粪便排出的虫卵数量较少，而牛的每天排粪量通常比较大，因此牛粪中的虫卵密度较低，使粪便虫卵检出率也较低。粪便虫卵检查法在重流行区及幼年动物中的诊断效果较好，如大量感染血吸虫的乳牛犊，取其粪便上的血液、黏液或黏膜进行虫卵检查，往往可以很快确诊。钱承贵等在安徽省东至县东流畜牧场对一头疑似血吸虫病仔猪作粪便直接涂片法检查，在一个视野中发现多个血吸虫虫卵，又将2～3g粪便作直孵法毛蚴检查，孵出毛蚴数十个，确诊为仔猪日本血吸虫病。

粪便虫卵计数法在人工感染动物中的检查效果较好，而且可以定量评估动物血吸虫病的严重程度及对传播流行的意义，因此在动物血吸虫病药物治疗和免疫保护等试验中常用于效果的评价。如颜洁邦等在研究中发现在淘洗粪便时采用80目、120目、160目粪筛淘洗时可能会造成20%的虫卵损失，而定量粪便孵化是以毛蚴量粗略计数粪卵，只能是一种"半定量"方法，因此他们认为在进行粪便虫卵计数时最好采用孵化集卵法，即先孵化再将粪渣中的虫卵计数。许绥泰、施福恢等将粪便虫卵计数法进行优化，主要针对牛排粪量大的特点增加采样量并且简化洗粪步骤以减少虫卵损失，并应用于水牛疫苗免疫保护试验的效果评估。冯正等采用密度梯度离心和甲醛固定等方法改进水牛粪便虫卵处理方法，使粪便中的虫卵更易于计数。

　　粪便虫卵计数法检测的样品是宿主的粪便，由于肠壁中虫卵排向肠腔和肠蠕动及残渣特性等相关，而且宿主的肠蠕动、食物残渣形成、宿主排粪特点等具有一定的节律，余金明等研究表明虫卵在同一粪便中的分布并非完全随机，有必要优化粪便虫卵的检查方法，以提高阳性检出率。牛、羊等家畜排粪量和排粪方式等有各自特点，孙承铣等研究表明病牛粪便中虫卵的分布和季节、时间动态等有关，因此对牛、羊等动物粪便中虫卵的分布特征增加了解，可以提高粪便虫卵检查的准确性。

三、粪便毛蚴孵化检查

　　粪便毛蚴孵化法是目前现场应用最广泛的动物血吸虫病诊断方法，主要包括粪便采集、孵化水准备、洗粪、孵化、观察、记录等步骤。每个血吸虫成熟虫卵内含有一个毛蚴，在适宜的温度、光照、渗透压等条件下，毛蚴可很快脱壳而出，据此可从粪便孵化中检查到毛蚴。同时毛蚴具有向光性、向上性和直线运动等特性，研究人员可据此来区别毛蚴和水中的其他水虫。

（一）粪样的采集

　　1. **采粪量**　牛每日排粪量大，几乎相当于人粪的100倍，为此，牛粪单位重量内血吸虫虫卵的数量相对较少，故采集牛粪以250g为宜，猪、羊、犬粪为100g。

　　2. **采粪方法**

　　（1）拾粪　即捡拾、采集动物自然排出的粪便，如用树枝或竹签等工具应进行更换，以防交叉污染。一般进行野粪调查时常采用该方法，可根据野粪性状确认动物种类，如在实验动物场或现场有动物的情况下应确认动物和粪样的对应关系，否则最好采取掏粪方法。

　　（2）掏粪　即用手伸进直肠直接采粪或用搔爬器等刺激动物肛门促其排粪后采集，对羊、兔等动物可采用肛门布袋套的方法收集粪样。

（3）包装　送检采集粪样可用一次性塑料袋包装或其他简易材料（如薄膜、纸袋、瓜叶、菜叶、树叶等）包扎，包装材料应确认没有农药、化肥等污染，以免影响毛蚴孵化。粪样包装后应附送粪卡，其格式见表8-1。要逐项填明，必须用铅笔或圆珠笔填写，以免受潮后字迹不清。

表 8-1　动物血吸虫病查病送粪卡式样

乡镇	村	畜主
动物种类	性别	年龄
特征	送粪日期	

一般情况下粪样应保存在4℃，冬季要防止结冰、结块，夏季要防止日晒发酵。送到化验地点应指定专人登记，并尽快检查。

（二）孵化用水的准备

1. 河水、井水处理　河水和井水均有多种水虫，尤其是河水，水质比较混浊，会影响对毛蚴的观察，因此，如用河水、井水作为孵化用水必须进行杀灭水虫和澄清水质处理。

（1）杀灭水虫　有两种方法，一种高温消毒法，将水加温至60℃以上杀死水虫，冷却备用；另一种氯消毒法，在50kg水中加入含30%有效氯的漂白粉0.35g，或用含有65%有效氯的漂白粉精0.7g搅拌均匀，让漂白粉释放出游离氯以杀灭水虫。经漂白粉处理过的水，应在不加盖的缸内或桶内放置20h以上，余氯逸出后方可使用，否则这种游离氯同样会杀死血吸虫毛蚴。如需急用，可在加入漂白粉1h后，再按每50kg水中加入硫代硫酸钠（大苏打）0.2～0.4g，以中和水中余氯，经半小时后即可使用。有条件的地方可进行余氯测定。

余氯测定方法：河水、井水经漂白粉处理0.5h后取水样5mL，加入邻甲苯联胺（甲土立丁）试剂0.5mL，混合后静置2～3min再与余氯标准管进行比色，消毒时余氯浓度应为0.7～1mg/L，肉眼所见为淡黄色，方有灭虫作用。当处理的河水、井水或余氯较重的自来水，在静置约20h后，或用之前以同样方法进行余氯测定，此时余氯浓度应不超过0.3mg/L，肉眼所见水色较淡，方可作孵化之用，否则将影响毛蚴孵出。

邻甲苯联胺试剂的配制：称取化学纯的邻甲苯联胺1g于研钵中，加入5mL 30%盐酸调成糊状，加入蒸馏水充分搅拌，稀释成1 000mL（或按以上比例少量配制），存于棕色瓶中，在室温下可保存6个月，如溶液变黄则不能使用。

（2）澄清水质　水质混浊者，应按每50kg水中加入明矾1.5～2g使之澄清，加入明矾时应充分搅拌，要注意明矾不宜过量，而且每次使用后容器应该彻底清洗，以免影响毛蚴的孵化。

2. **自来水的处理**　凡有条件的地方，尽可能用自来水作孵化用水，可以省去杀灭水虫和澄清水质等处理环节。但是余氯较重的自来水，应该存放于敞口容器中20h以上，让余氯逸出后方可用作孵化用水。有些"自来水"仅是把河水或井水抽上来后输送，没有作任何消毒和澄清处理，同样应按河水、井水方法进行处理后方可使用。

3. **高温季节用水处理**　夏季气温、水温高时，毛蚴孵出速度较快，为防止在洗粪、换水过程中将毛蚴倒掉，影响阳性检出率，必须准备1.0％～1.2％的食盐水洗粪以抑制毛蚴过早孵出被倒掉，但是孵化用水应改用清水。

（三）粪便虫卵毛蚴孵化方法

1. **粪便沉淀毛蚴孵化法**

（1）洗粪　将被检动物粪样依次放在预先排列好的洗粪容器旁，并将送粪卡或新编的号码移贴其上。取牛、马粪50～100g，猪粪20～30g，羊、犬粪5～10g，其他动物按其排粪量类推，并尽可能挑取带有黏液或带有脓血的粪便进行淘洗。将粪样投入粪杯内，加水充分捣碎，使成糊状。然后通过40目或20目的铜筛过滤入另一杯中，或将粪样直接投入筛杯中，边搅拌边过滤，力求充分洗净，直至见到明显的剩余粗纤维为止。孙承铣等研究表明采用悬浆过筛的方法可有效提高阳性检出率。

用过的铜筛、筷子和其他用具，应经洗净，用80℃以上的热水灭卵后方可使用，化验人员应每做一个粪样后洗手一次，以防污染。

（2）沉淀　经淘洗滤出的粪液一般静置30min，待含虫卵粪渣下沉后，倒去上层液体。由于最初的粪液黏稠度较大，沉淀不充分，为了防止虫卵倒掉，第一次换水时，一般只倒去上层粪水的1/3～1/2，加水进行再沉淀。之后可每隔10～15min换水一次，直至上层水干净。当水温在15℃以上时应改用1.0％～1.2％盐水。因为毛蚴孵出较快，以免在换水过程中把毛蚴倒掉。

换水时，要求轻拿轻放，动作缓慢均匀，不可倒倒停停，以免激起沉渣上浮，把虫卵倒掉。

（3）孵化　将粪渣移入250～500mL的三角烧瓶内。牛粪量大，以500mL三角烧瓶为宜。然后加上预先准备好的孵化用水至距瓶口1～2cm处进行孵化。

当室温在15℃以上时，多数毛蚴可在1.5h内孵出，可在室温中孵化。当水温低于15℃时，孵化用水改用33℃温水，混合后孵化瓶内水温可达28℃左右。当室温低于15℃

时孵化场所应加温，用33℃温水作为孵化用水。

（4）观察毛蚴　牛、羊粪血吸虫虫卵孵化，应在孵化后第1、3、5h各观察一次。孵化猪粪时应在第5、8h各观察一次。猪和牛的日本血吸虫粪便虫卵毛蚴孵化在孵出时间上有明显的差异，猪粪便虫卵毛蚴孵出时间较牛更长。试验表明以人工感染血吸虫病猪、牛粪便各16份进行比较试验，在同样水温条件下，孵化后5h进行观察，16个牛粪样品均已出现阳性，而猪粪样品仅出现2个阳性，8h后才全部出现阳性。以猪、牛粪血吸虫虫卵进行对比试验，在水温22～26℃条件下，5h的孵出率牛粪为93.9%，猪粪仅为17.2%，第6、8h牛粪孵出率已达100%，而猪粪为72.4%，至第12h猪粪为100%。单以猪粪进行试验，虫卵孵出率2h为1.75%，4h为31.01%，6h为64.63%，8h为89.85%，10h为96.94%，12h为99.12%，14h为100%。

观察毛蚴时应在光线充足的地方进行，为便于观察，可衬以黑色背景。毛蚴呈梭形，灰白色，折光性强，多在距水面3cm范围内呈直线运动。可疑时应用吸管吸取并置于载玻片上镜检鉴别。

2. **粪便尼龙筛兜淘洗毛蚴孵化法**　取新鲜牛、马属动物粪便50～100g，猪粪20～30g，羊、犬粪5～10g，置于40目铜筛内，然后将该铜筛放入预先盛水的粪杯内进行淘洗。淘洗时应三上三下，即淘洗一次，把铜筛提起滤干，再下去淘洗，这样上、下反复三次，力求把血吸虫虫卵全部洗下。除去粪渣，将滤液倒进260目的尼龙筛兜内再淘洗，由于血吸虫虫卵不能通过260目的尼龙筛兜的网眼，但比血吸虫虫卵小的粪便杂质可以通过，因此可以提高血吸虫虫卵在粪便内的密度，易于孵出毛蚴。尼龙筛兜洗粪可直接置于自来水龙头下边放水边冲洗，在没有消毒自来水的地方也可依次通过3个事先盛好灭虫处理水的木盆或桶进行清洗，直至尼龙筛兜内的粪水清晰为止，最后将清洗好的粪渣倒入孵化瓶内，孵化及毛蚴观察方法与粪便沉淀毛蚴孵化法相同。

研究表明应用毛蚴孵化法检查1 328头耕牛，结果沉淀孵化法阳性51头，阳性率3.8%，尼龙筛兜淘洗毛蚴孵化法阳性74头，阳性率5.6%。尼龙筛兜淘洗毛蚴孵化法明显提高了阳性检出率，阳性病牛检出的毛蚴数也明显增多，操作时间可缩短30%～40%，在气温较高的情况下，还可以省去盐水洗粪。用尼龙筛兜淘洗粪便是一个比较简便、经济的提高阳性检出率和工作效率的手段，在兽医寄生虫病诊断中得到了广泛推广应用。

3. **粪便顶管毛蚴孵化法**　将被检牛或马属动物粪便50～100g，猪粪20～30g，羊、犬粪5～10g，置于20目或40目铜筛内，加水调匀，过滤于特制的孵化杯内（图8-6），弃去粪渣，滤液换水1～2次即可，不必换水至上层液体清晰为止。特制的孵化杯有普通加盖式或螺口式塑料杯，也可以用500mL医用盐水瓶代替，如用螺口式孵化杯或医用盐水瓶，可以用两端不封口的小玻璃管作顶管，而普通加盖式孵化杯则用一般试管作顶管。

孵化杯内加满孵化用水后，前者应盖紧，插上顶管，在顶管内再轻轻加上清水。后者则将试管事先按插在塑料盖上加满清水后倒插于孵化杯内，然后让其孵化。毛蚴多集中于顶管上部，易于观察。

顶管毛蚴孵化法也可以应用于常规的沉淀孵化法或尼龙筛兜淘洗法，其他程序均按常规操作，最后在三角烧瓶上或孵化杯上安上顶管即可。由于顶管比较细，比之三角烧瓶顶部观察毛蚴更为方便。

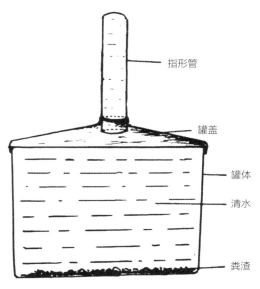

图8-6　顶管孵化杯

4. **粪便直接毛蚴孵化法（直孵法）**　将被检牛或马粪50～100g，猪粪20～30g，羊、犬粪5～10g，放入500mL塑料量杯内，加50～100mL孵化用水，充分搅碎，然后加入孵化水至满杯，静置15～20min，使其自然沉淀后轻轻倒去2/3的上清液，将沉渣移入球形长颈烧瓶或三角烧瓶内。如是球形长颈烧瓶，将孵化用水加至距瓶口5～6cm处，在瓶颈水面塞入约0.1g疏松脱脂棉，再缓缓加上孵化用水至距瓶口1～2cm处。如果是用三角烧瓶，则将备好的试管（试管口周围用0.5cm宽的胶布缠紧，直至能固定在瓶口上为止）加入2/3容量的孵化用水，将管口蒙上7cm×7cm 100目的尼龙绢布，倒插在三角烧瓶口上即可。孵化和毛蚴观察方法与粪便沉淀毛蚴孵化法相同。该法操作简便，虫卵散失少。

5. **粪便棉析毛蚴孵化法（棉析法）**　上述粪便沉淀毛蚴孵化法、粪便尼龙筛兜清洗法或粪便直接孵化法，尤其是粪便直接孵化法均可于三角烧瓶瓶颈处或顶管下端塞上一团脱脂棉进行孵化。由于毛蚴具有向清性、向上性以及穿透性，且毛蚴能自由伸缩，能通过脱脂棉纤维而游向顶管上端或三角烧瓶上部。而粪便中的一些杂质则被脱脂棉的纤维挡住，致使观察毛蚴范围内的水质更加清晰，便于观察。

6. **粪便毛蚴孵化法注意事项**　为了提高粪便毛蚴孵化法的检出效果，各地积累了不少经验，主要有五个方面。

（1）**用粪量**　根据牛血吸虫病粪便毛蚴孵化法各种用粪量对比试验结果，75g粪量组较50g粪量组孵出毛蚴数多，100g粪量组又较75g粪量组多，但是150g和200g粪量组与100g粪量组相似，因此牛粪用量以100g为宜。

图 8-7　粪便毛蚴孵化

图 8-8　毛蚴观察

　　以人工感染50、100及200条尾蚴三种不同感染强度的血吸虫病羊粪，分别采用5、10及20g羊粪进行毛蚴孵化比较试验，结果5g粪量组检出全部为阳性，因此羊粪用量5~10g即可。以同样的方法以50、100及200条血吸虫尾蚴感染猪，分别采集5、10及20g猪粪进行毛蚴孵化对比试验，结果只有20g粪量组全部出现阳性，因此猪粪用量以20~30g为宜。

　　（2）洗粪　洗粪应彻底，力求把血吸虫卵清洗下来。以铜筛滤粪时，不能随意一搅拌就把粪渣倒去，这样血吸虫卵也就随着粪渣被倒掉。应该是三上三下地进行淘洗，即淘洗一次后，取出滤干，再淘洗，再取出滤干，这样每个样品上、下反复三次，就会清洗得比较彻底。以人粪进行试验，共16份阳性标本，合计孵出毛蚴1 998个，其中沉淀内仅检出1 171个，占58.6%；漏掉827个，占41.4%。主要是粪便粗渣中有761个，占38.1%；换水倒掉47个，占2.4%；其他则附在量杯壁等处。

　　（3）毛蚴观察　毛蚴体小，加上与水的颜色相近，难以观察。特别是轻流行区的水牛，大部分一个粪样仅1~2个毛蚴，更易被疏忽。由于毛蚴不是同时孵出而是陆续孵出，再加上毛蚴孵出后经过2~4h后就会死亡下沉，所以，一个样品的观察至少要在1min以上。观察毛蚴时应该间隔一定时间，多次观察，尤其是在水温较高的情况下，不能把1、3、5h各观察一次自行改为在5h进行一次观察（图8-7、图8-8）。

　　观察毛蚴时最易与水中的草履虫相混淆，一般可按下列办法区别：血吸虫毛蚴大小比较一致；而草履虫则因为分裂原因，大小略有差别，分裂前略比毛蚴大，但分裂后的一段时间内则与毛蚴相似。毛蚴出现时间较早，一般在孵化后5h以内，而草履虫一般在孵化6h后由于分裂而增殖，数量逐渐增多。必要时可用吸管吸出置于载玻片上，在显微镜下鉴定。为限制毛蚴运动，便于观察，鉴定时可少许加温或加一滴碘溶液将其杀死。草履虫周身亦布满纤毛，呈鞋底状，体侧有一明显口，前后端有伸缩泡，整体不表现明显伸缩，呈自右向左旋转前进运动。

（4）光线　把待检样品分为两个组，一组为自然光线下孵化，另一组为黑暗条件下孵化，其他粪量、操作、水温条件均相同，先后反复进行50次试验，结果每次试验都是有光线组的绝大部分较黑暗组孵出的毛蚴数为多。有光线组共计孵出毛蚴7 355个，而黑暗组仅为1 990个。有光线组超过黑暗组达3.5倍以上。

（5）为了提高阳性检出率，一般做到一送三检，即1个粪样做3个同样检查，而不是把1个粪样放在3个孵化瓶内，或者把洗好的1个粪样分成3个瓶内观察。研究表明，即使是一送三检，也只能检出70%～80%。江为民等研究表明，采用尼龙兜筛淘洗棉析孵化法进行粪检，一粪三检与二粪六检、三粪九检的阳性结果存在显著性差异（$p<0.05$），而二粪六检与三粪九检的阳性结果不存在显著性差异（$p>0.05$）。一粪三检存在较大的漏检率，其检出率仅为三粪九检结果的75.5%。基层提倡采用的二粪六检的阳性检出率相对提高，但也存在一定的漏检，其检出率为三粪九检结果的92.7%。并且漏检率与感染强度有关。

粪便毛蚴孵化法由于使用较多的被检动物粪便，其阳性病畜的检出效果远超过粪便虫卵检查法，因为一张涂片检查粪量仅为0.2g左右，而毛蚴孵化法常用10～200倍量的粪样，假设粪样中的虫卵是一定的，其检出率就可提高数百倍。因在轻流行区、低感染度疫区粪样中的虫卵含量较少，须用粪便毛蚴孵化法进行检查。

粪便毛蚴孵化法有多种，最早应用的是直接粪便毛蚴孵化法，后来发展为通过20目或40目铜筛过滤沉淀后集卵孵化法，20世纪70年代后期又发展为通过260目尼龙筛兜清洗再集卵后孵化，然后观察毛蚴，为了能够较方便清晰地进行观察，又改进为顶管法和棉析法。在重流行区，由于粪便内血吸虫虫卵密度大，几种粪孵方法均可应用；但在轻流行区，则需要选择比较敏感的方法。

四、解剖诊断

解剖诊断，即在动物尸体内检查是否有血吸虫虫体，或在组织中检查是否有血吸虫虫卵，这是确诊血吸虫病的方法。血吸虫在宿主体内的主要寄生部位是肠系膜静脉、痔静脉，有时在门静脉、胃静脉及肝脏也能找到少量虫体。因此，在检查虫体时主要对这些部位进行冲洗收集虫体；血吸虫虫卵则主要分布于肝脏和肠壁组织，检查虫卵时主要对肝、肠组织进行压片镜检虫卵。

（一）虫体收集检查

1. **试验家兔和小鼠体内虫体收集**　家兔剖杀后，剥皮，尸体置于搪瓷盘中，腹部朝上，于腹中线由下而上剖开腹腔和胸腔，暴露内脏，找出肝门静脉，并在此静脉近肝脏处用医用小剪刀剪一开口，在胸腔紧靠脊柱处可见充血的胸主动脉，用连接冲洗液容器的16号针头插入该血管中。完成后可将冲洗液容器内的生理盐水压入血管内，片刻后可见肠蠕动，虫体则从门静脉开口流出，这时不断蠕动肠管，直至血管清晰见不到虫体，可停止注入生理盐水。为了防止虫体与冲出的血液凝固粘结，可预先在搪瓷盘中加入10%柠檬酸钠溶液，也可在冲洗液中加入终浓度为0.1%柠檬酸钠。如虫体不作为标本或其他生化研究，只进行计数，则可将注射针接在装有软管的自来水龙头上冲洗集虫。冲洗收集小鼠血吸虫时，小鼠不用剥皮，冲洗的针头可改为8号，其他方法相似。

此法常用于试验研究中收集虫体样品，用来提取虫体蛋白、RNA等物质时，须将冲洗液、用具等高温高压消毒，并尽量注意收集过程中不损伤虫体，收集过程迅速快捷。如收集的虫体样品要用于体外培养等，则须换用37℃生理盐水。

2. **牛、猪、羊虫体收集**

（1）胃肠道血管虫体收集法　有离体冲虫法和非离体冲虫法两种。

① 非离体冲虫法　试验牛、猪、羊宰杀后，从速剥皮，将头弯转至左侧，使动物仰卧呈偏左倾斜姿势，剖开胸腔和腹腔，暴露内脏。A. 分开左右肺，找出暗红色的后腔静脉（肺静脉）并进行结扎。B. 在胸腔紧靠脊柱部位分离白色的胸主动脉，左手将其托起，右手用手术剪在血管上作一横切口，然后将连接橡皮管的金属插管从离心方向插入，并以棉线扎紧固定。橡皮管的另一端与冲洗液容器连接，以便进水。C. 在左、右肾脏处分别将左、右肾的动、静脉一起结扎，然后在髂关节和盆腔处分离左、右髂动静脉，将通向后肢的髂动、静脉一起结扎或以止血钳夹紧，避免冲洗液流向后肢其他部位。D. 在肝脏背面，胆囊下方，清除肝门淋巴结，仔细分离出肝门静脉，在靠肝端以棉线结扎，离肝端取与血管平行方向剪一开口（尽可能贴近肝脏，以免接管进入下腔静脉的肠支而影响胃支中虫体收集），插入带有橡皮管的玻璃接管，并固定之。为防止血液凝固，接管内可事先装满5%的柠檬酸钠溶液，在插入接管时此液即会流入血管中，橡皮管的另一端接以60目铜筛，以备出水时收集虫体。以上操作结束后，即可启动冲洗液容器，注入0.9%加温至37～40℃的食盐水进行冲洗，虫体即随血水落入铜丝筛中，直至水清晰无虫冲出为止。如虫体仅作为计数用，也可以将进水橡皮管直接接到自来水管上冲洗。为了操作便捷，分离的肝门静脉可不必进行结扎和插管，直接用两把大号止血钳夹住，然后从中间剪断，靠肝端的止血钳保持固定不动，离肝端的止血钳在放开的

同时用60目铜筛接住流出的血液和虫体，然后用小号止血钳保持开口畅通和指向集虫铜筛，同上冲洗收集虫体。为保证虫体不漏失，可在动物尸体腹壁下方用大号60目铜筛收集冲洗液。手术部位详见图8-9。

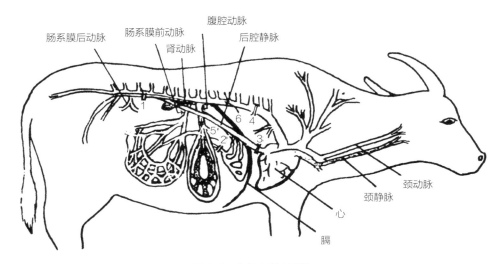

图8-9　牛体血吸虫冲洗

1.腹主动脉和后腔静脉同时结扎处；2.门静脉结扎处；3.后腔静脉结扎处；4.胸主动脉结扎处；5.门静脉插入玻璃导管接水处；6.胸主动脉结扎处之远心端插入导管进水处。图中箭头表示水在血管内的流动方向

② 离体冲虫法　动物扑杀的要求与非离体冲虫法相同，剖开腹腔后，于十二指肠近幽门处和直肠部分分别结扎并剪断之，细心分离出全部肠管和肠系膜，将其移至盛有温水的容器（木盆或塑料盆）中。在门静脉附近找到白色管壁较厚的肠系膜前动脉，插入接管，而接管的另一端与冲洗液容器连接以便进水。剪断门静脉结扎线，以止血钳固定管壁一边，将其引入铜丝筛中以便出水时收集虫体。操作完毕后压入冲洗液冲虫。

离体法的操作比较简单，但不能收集到胃、脾静脉内的虫体，试验证明在人工感染情况下，胃、脾静脉内仍有一定数量的虫体寄生。也有研究者将胸、腹腔的内脏整体移出，如同非离体冲虫法进行冲洗集虫，也取得较好的效果。

3. 肝脏中的虫体收集法　胃肠血管内虫体收集完毕后，细心取出肝脏，防止肝组织损伤，以避免冲洗时发生漏水而影响冲虫效果。同时肝脏的后静脉应尽量留得长些，便于结扎固定。取出肝脏后将其置于盆中，后腔静脉的一端以棉线结扎，另一端插入接水管，同样与喷雾器或自来水管相接，以备进水冲虫。然后解开门静脉的扎线（或止血钳），置入出水接管，将橡皮管导入钢丝筛中，以备出水收集虫体。结扎方法见图8-10。操作完毕，启动冲洗液容器或打开自来水龙头，慢慢放水，以避免水压过大造成肝脏破裂，待至血水变清，无虫体冲出为止。肝脏虫体收集也可不取出肝脏，直接将导水管通过肺静脉近心端将冲洗液注入，从肝门静脉处收集虫体。

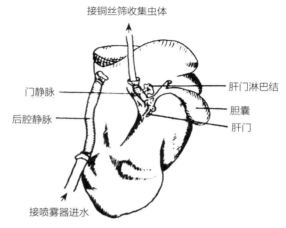

图 8-10　肝脏虫体收集

4. **胎儿虫体收集法**　试验证明妊娠6个月以上的乳牛，在人工感染血吸虫病的情况下，可从胎儿体内检获一定数量的虫体，但由于胎儿血液循环上的差异，在冲洗方法上则有所不同。胎儿取出后置于大盆内，取仰卧姿势，沿腹中线剖开胸、腹腔，分别结扎胸主动脉和后腔静脉。在已切断的脐带中，可见到两支管壁较厚的脐动脉和一支管壁较薄的脐静脉，把这些血管分离后，将其中一支动脉进行结扎，另一支脐动脉接入注射针头并固定。然后分离出脐静脉，直接导入铜丝筛内，以便出水时收集虫体。操作完毕，用两个100mL玻璃注射器交替连续注入温生理盐水，至血水变清无虫体流出为止。

5. **痔静脉内的虫体收集法**　试验证明人工感染血吸虫病的动物，包括牛、羊、猪等，大部分在痔静脉内可检获到一定数量的虫体，有时一般的冲洗方法不能把痔静脉内的虫体完全冲洗出来，必须另作检查。其方法是剖开骨盆腔取出直肠，先排出直肠内残余粪便，然后以左手伸入直肠中进行衬托，此时痔静脉充分暴露，沿痔静脉进行检查，发现痔静脉内有虫体时（多半是雌雄合抱，呈黑色），以剪刀剪断血管，然后以镊子轻轻将其挤出。

（二）肝脏虫卵检查

1. **肝脏血吸虫虫卵压片检查法**　将肝脏表面或切面上粟米大小的白色虫卵结节以眼科剪取下，置于载玻片上，压片后于显微镜下检查，阳性者可见血吸虫虫卵（图8-11）。

2. **肝脏血吸虫虫卵毛蚴孵化法**　轻度血吸虫感染的动物扑杀后，肝脏病变不甚明显，任意取肝组织压片检查往往查不到虫卵，在这种情况下，可作肝组织毛蚴孵化检查。

方法：取肝组织10~20g，剪碎，置于组织捣碎机内捣碎，加适量水调匀，先通过

40目铜筛过滤，弃去滤渣，将滤液倒进260目尼龙筛兜内淘洗干净，然后将这些肝组织倒入三烧瓶内作毛蚴孵化。这种方法可以提高检测的敏感性。

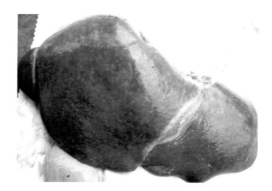

图8-11 黄牛肝脏虫卵结节

3. 动物（牛、鼠）肝脏虫卵计数

肝脏虫卵计数常用于实验室评估动物病理损害的严重程度。

（1）分别从各肝叶背面取1~2g组织，浸泡于10%的福尔马林溶液中保存。

（2）检查时将组织从溶液中取出，用吸水纸吸干，在天平上准确称取重量，并做好记录。

（3）每个样品加入约20mL的PBS或生理盐水，于组织匀浆器中捣碎成肝匀浆。

（4）将肝匀浆定容至30mL，并加入等量10% KOH溶液，混匀。

（5）于56℃水浴消化2h（肝匀浆定容后也可只取5~10mL，加入碱溶液消化）。

（6）取4×100μL溶液作涂片镜检，在细胞计数板上进行肝脏虫卵计数。

（7）换算每克肝脏虫卵数。

解剖诊断是一种确诊的手段，一般不会产生误诊和漏诊。但由于须对动物进行解剖，一般仅应用于考核药物疗效，确定疫区以及评估免疫诊断及病原诊断的敏感性和特异性。尤其是在感染度极低时，以及由于虫体即将衰亡、产卵数极少以至于停止产卵时，唯有死后解剖才能予以确诊。扑杀冲虫也可以检出童虫期的血吸虫病病畜。

第三节 血清学诊断

血清学技术是血吸虫病诊断最常用的技术之一。在吡喹酮研制成功之前，所采用的抗血吸虫药物都具有较严重的副作用，血吸虫病诊断大都以找到病原体为准，血清学诊断在20世纪80年代之前仅作为流行病学调查的辅助工具或病例确诊的参考依据。随着防治工作的深入，家畜血吸虫病感染率和感染度逐步下降，病原学检测方法的不足日显突出，而血清学诊断技术具有敏感、方便、快捷等特点，在流行病学调查、群体诊断等方面有着病原学检测法不可替代的优越性，其应用也日渐广泛。

血吸虫感染后在宿主体内的移行过程中，经历生长、发育、性成熟、繁殖、死亡等过程，期间其产生的代谢、分泌、排泄物以及虫体死亡后崩解产物等均可诱导宿主机体产生免疫应答。因此，可应用这种抗原—抗体反应或其他免疫反应来诊断血吸虫病。随着科学技术的发展和研究的深入，一些免疫学诊断方法已被应用于动物血吸虫病诊断，如环卵沉淀试验、间接血凝法、胶乳凝集试验（PAPS）、ELISA、Dot–ELISA、免疫胶体金等。但由于血吸虫虫体抗原成分复杂，不同发育阶段虫体都呈现一些阶段性表达的特异性抗原，虫体表膜抗原在发育过程中不断发生变异；感染宿主经药物治疗后，虫卵仍在宿主肝、肠组织长期存在并持续刺激宿主产生特异性抗体；一些血吸虫抗原与其他吸虫和血液寄生虫的抗原成分存在部分相似等因素，现有的血吸虫病免疫诊断技术的特异性、稳定性还不够理想，同时不能用于疗效考核，不能区分现症感染和既往感染，仍需进一步改进提高。

一、血液采集与血清分离

（一）血液采集方法

1. 颈静脉采血（用于牛、羊、马等大家畜）

（1）器材　12～18号蝴蝶针，也可采用12～16号一次性注射器，真空负压采血管（容量5mL）。

（2）方法　将动物保定，暴露动物颈部位置，在颈静脉沟1/3处剪毛消毒，采血者用左手拇指在采血点近心端压紧，其余四指在右侧相应部位抵住，其上部颈静脉会鼓起，如鼓起不明显，可用绳子勒住颈基部使静脉鼓起；右手将采血针在远心端对准颈静脉管刺入，用真空负压采血管接取5mL血，标记样品号。

2. 耳缘静脉采血（用于兔、猪、牛）

（1）器材　8～12号蝴蝶针，也可采用一次性注射器，真空负压采血管（容量5mL）。

（2）方法　采血者先压住动物耳根，用酒精棉球擦拭耳缘静脉，使耳静脉充分鼓起，用干棉球擦干后，将采血针或注射器刺入血管，见血后即用左手拇指按着针头；食、中二指托于耳的腹面，然后放松耳根按压处，用真空负压采血管接取1～5mL血，标记样品号。

3. 毛细管采血

（1）器材　塑料毛细管，长8cm左右，管内先浸入10%柠檬酸钠溶液，烤干，使管内壁黏附固体柠檬酸钠；12号采血针。

（2）方法　在动物耳背血管处用酒精棉消毒，待酒精挥发后，用针头刺破血管，血滴流出后将毛细管插入血中，血液进入管内5～10cm后停止，将毛细管两端封住（可用酒精灯或用烧烫的金属镊子使塑料管烧熔封闭）。

多头动物采血时须在管壁上写上动物号码。

4. 血纸采血或采血卡

（1）器材　采血卡或高温消毒过的厚滤纸。玻璃或塑料毛细管，或注射针。

（2）方法　采用毛细管采血法，将毛细管中的血直接滴在采血卡或滤纸上，注意不要超过集血区域，晾干后密封保存于4℃。

（二）血清的分离与保存

1. 分离血清时可用木签或竹签沿管壁将凝血块与管壁分离，促使血清渗出。于4℃ 3 000r/min离心20min，用移液器或移液管将血清吸到灭菌试管或eppendorff管内，以便于分批使用，也可分装成若干份后于−20℃保存备用。血清在0～10℃冰箱中一般仅能保持14d，并须加入0.02%叠氮钠。在−20℃冰箱中可保存3个月。更长期最好保存于−70℃低温冰箱中。长时间保存后血清抗体滴度会有所下降。

2. 含血液的毛细管须直立放置，使血细胞下沉，上层出现黄色血清，将血细胞部分毛细管剪掉，保存血清部分。如需立即检验，可通过离心使血细胞迅速下沉。如当天不检验，可将毛细管置于0～10℃冰箱中保存，保存期以3d为限。

3. 裁取一定面积（1cm²）待检干燥血纸片，投入无菌eppendorff管或试管内，加入0.5mL生理盐水浸泡0.5～1h，间或摇动，4℃ 3 000r/min离心10min吸取血清备用。

二、血吸虫病血清学诊断方法

（一）环卵沉淀试验

环卵沉淀反应（COPT）最早由Oliver–Gonzalez（1954）应用于曼氏血吸虫诊断。

1. 原理　COPT主要用于检测病畜血清中抗虫卵特异性抗体，虫卵抗原性物质可从卵壳微孔中渗出卵外，与病畜血清中的特异性抗体相结合，在虫卵周围形成特异性沉淀物，非血吸虫阳性病畜血清在虫卵周围不出现沉淀物。虫卵周围沉淀物的出现和形状大小取决于血清中特异性抗体的量和虫卵内抗原物质的渗透速度和透过部分的面积。

2. 血吸虫虫卵提取制备

（1）选用健康家兔若干，通过腹部贴片法每只感染日本血吸虫尾蚴2 000条，感染后42d，家兔致死后立即解剖取出肝脏，除去胆囊、血管及结缔组织等备用。如将肝脏在4℃保存24～48h可增加虫卵得率。

（2）将家兔肝脏剪成碎块，加2倍量的1.2% NaCl溶液，（气温高时也可加冰制冷），用组织捣碎机以8000r/min速度将肝脏匀浆3次，每次1min，完成后将捣碎物移至40、80、100、120目分样筛中，用1.2% NaCl溶液稀释过滤。收集所有滤渣重复捣碎3次，以便收集更多虫卵。

（3）将滤液倒入量杯内，再经260目漏斗状尼龙网滤除水分。

（4）将沉淀液倒入离心管内离心后，除去上层清液及中层褐色肝糊，反复离心多次直至下层管底见金黄色虫卵。

（5）合并各管虫卵，反复加盐水离心，分离清洗至看不见灰褐色肝组织为止。

（6）将获得的虫卵再经尼龙绢（140和260目）重叠过滤，去除残留的肝组织细胞，滤液经离心沉淀反复去除白色、褐色絮状物，即得纯净的血吸虫虫卵，置于4～8℃冰箱内备用。此方法也常用于实验室制备血吸虫虫卵。

（7）虫卵冰冻干燥方法　①取上述血吸虫纯化虫卵1份（约0.2mL）置于15mL试管中，加入30～40倍量的1.5%甲醛，充分混合作用15min，每5min混匀一次，自然沉淀后吸弃上清液。②按上述方法加蒸馏水浸洗，重复3次。③将醛化处理的虫卵冷冻干燥。④所得干燥虫卵分装于玻璃安瓿内，在抽气条件下封口，注明批号置冰箱内贮存备用。

3. 操作方法

（1）器材　针头（采血）、指形管或毛细玻璃管（收集血用）、滴管、载玻片、盖玻片（24mm×24mm或22mm×22mm）、蜡、杯（熔蜡用）、针（挑虫卵用）、镊子或眼科镊子、玻璃蜡笔、脱脂棉、有盖盘、酒精灯、温箱、计数器、显微镜。

（2）操作　先在载玻片中央沿横轴涂两条平行的蜡线，脊间距离与盖玻片宽度相同，再用滴管吸取被检牛血清1～2滴（约0.05mL），用针挑取虫卵（100±20）个，放入血清中，并使虫卵散开，盖上盖玻片，四周以蜡封闭，放在有盖盘中（盘中先放上湿药棉或纱布），置37℃温箱中培养48h，取出在显微镜下顺序观察全片虫卵，并记录反应情况，反应按登记表8-2所列项目填写，再计算环沉率（亦可培养24h取出观察，但对结果报告属阳性者要再培养24h后观察）。

表8-2　牛环卵沉淀试验结果记录表

牛号	1/8虫卵面积＜块状反应物＜1/2虫卵面积 1/3虫卵长径＜索状反应物＜1/2虫卵长径 ＋	块状反应物＞1/2虫卵面积 索状反应物＞1/2虫卵长径 ＋＋	全片虫卵数	全片阳性反应卵数	环沉率

环沉率=全片阳性反应卵数/全片虫卵数×100%

4. 判定标准　凡环沉率达到2%者为阳性；环沉率在1%～2%时或虽在1%以下，但反应出现"＋＋"者为可疑；环沉率不到1%，未出现"＋＋"反应者为阴性。对于可疑者须再次进行观察，结果仍按上述标准判定。如再次为可疑，可定为阴性（图8-12）。

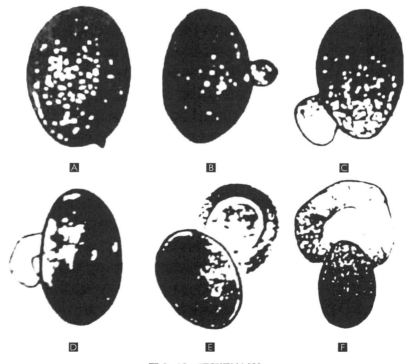

图8-12　环卵沉淀试验

A. 无反应　B. 反应物小于虫卵面积1/8　C. 反应物大于虫卵面积1/8而小于虫卵1/2
D. 反应物长度大于虫卵长1/3而短于1/2　E～F. 反应物大于虫卵面积1/2

5. 使用情况   Qiver–Gonzalez等以曼氏血吸虫虫卵置于同种免疫血清中，发现有环卵沉淀物的形成，并证实该反应有高度的特异性和敏感性。刘献等（1958）首次在国内将环卵沉淀反应用于人的日本血吸虫病诊断。郑思民等（1958）首次报道应用环卵沉淀试验诊断耕牛日本血吸虫病，环卵沉淀反应与粪孵的阳性符合率为75%，粪检阴性牛中也检出21.4%的病畜。上海农业科学院（1977）用冻干虫卵抗原进行了耕牛日本血吸虫病环卵沉淀反应判断标准的研究，环沉率2.1%以上作为判断阳性牛的界限，对粪孵病牛的检出率可达94.1%。中国医学科学院上海寄生虫病研究所以1.5%甲醛处理虫卵后进行减压冷冻干燥制备干卵抗原，为现场推广应用提供了条件。沈杰等对人用的判断标准加以改进，使其更适合在耕牛诊断中应用，在实际应用中取得了较好的效果，与粪孵法的阳性符合率为94%。在此基础上制订了《耕牛日本血吸虫病环卵沉淀试验干卵抗原的制造方法与步骤》及《耕牛日本血吸虫病环卵沉淀试验操作方法与结果判定标准》，促进了该方法在我国血吸虫病流行区诊断耕牛血吸虫病的推广使用。1986年，农业部确定该法为我国动物疫病普查方法。

葛仁稳等应用环卵沉淀法、粪孵法及解剖法进行对比试验，在粪检阳性的116头水牛中检出阳性108头，阳性检出率为93.1%；在粪检阳性的46头黄牛中检出阳性44头，检出率为95.7%。在疫区现场的403头水牛中，粪检查出阳性114头，环试阳性189头，环试检出率比粪孵法高18.61%；在58头黄牛试验中，粪检查出阳性46头，环试阳性49头，环试检出率比粪检高5.2%。进一步解剖3头粪检阴性、环试阳性牛，有两头冲出血吸虫合抱虫体。研究发现环卵沉淀的阳性标准对结果影响较大，他们认为采用按2.1%以上环沉率作为阳性判定标准较合适。

张建安等应用环卵沉淀反应分别检测不同疫区与非疫区绵羊时发现，判断界限应以反应物大于虫卵面积的1/8为阳性反应虫卵，将判断标准环沉率设定在4%时，敏感性较好，与粪孵的符合率为95.94%，阴性血清的特异性为97.8%。应长沉等应用该法检测羊抗体，在接种日本血吸虫尾蚴后41d用环试检测全部山羊都出现反应，呈强阳性，说明用环试检测山羊日本血吸虫病有较好敏感性。试验结果可供以上地区山羊日本血吸虫病普查现场应用，以及供其他家畜和野生哺乳动物日本血吸虫病普查时参考之用。韩明毅分别用血纸法采集的血清和全血进行环卵沉淀试验，结果两者的阳性符合率为100%。

综合各地的试验结果和文献报道的情况，环卵沉淀反应的判断标准对结果影响较大。因此该试验的阳性判定标准应根据动物种类、疫情的严重程度作适当的调整，恰当地制订符合当地实际情况的判定标准，对于减少假阳性，提高判定的准确性都有较重要的意义。进行环卵沉淀反应试验时虽然受限因素较少，所需费用较低，但与间接血凝、酶联免疫吸附试验等相比，其敏感性稍差，花费时间较长。

（二）间接血凝试验

1. 原理　间接血凝试验（IHA）是将抗原（或抗体）包被于红细胞表面，成为致敏的载体，然后与相应的抗体（或抗原）结合，从而使红细胞聚集在一起，出现可见的凝集反应。在动物血吸虫病诊断中将绵羊红细胞用鞣酸处理后吸附血吸虫虫卵抗原，与含抗血吸虫抗体的动物血清接触会结合形成抗原抗体复合物，同时将吸附抗原的红细胞凝集，形成红细胞凝集颗粒，不含特异抗体的动物血清不会导致红细胞凝集，见图8-13。

当凝集反应在斜底小孔中进行时，不凝集的红细胞会沉于孔底，形成一个肉眼可见的圆形红色点，而已凝集的红细胞颗粒则分散于孔中。当特异抗体水平较低时，部分红细胞未被凝集，形成较小的圆形红点，据此可判断被检血清中有无特异抗体及抗体水平。

1955年，Kagan等首先提出应用间接血凝试验诊断血吸虫病，我国杨赞元等于1975年探索了冻干血细胞间接血凝试验用于血吸虫病诊断，为该试验的推广奠定了基础。1975年，Preston和Duffus等将间接血凝试验应用于牛血吸虫病诊断。

周庆堂、沈杰等首先在我国将间接血凝应用于诊断牛血吸虫病，以血清稀释度1∶20为阳性判断标准，与粪孵法的阴、阳性符合率分别为91.4%和96.7%，且与肝片吸虫、前后盘吸虫、胰阔盘吸虫等没有交叉反应。该法具有很高的敏感性，只有1对成虫寄生的黄牛也可被检出。在多次现场试验中，与粪孵法的符合率在87%～97%。在以剖检作为判断标准的情况下，和粪孵法进行双盲试验，结果检出率明显高于粪孵法。龚光鼎等应用间接血凝法普查耕牛血吸虫病时证实该法敏感性高，特异性好，阳性检出率高于试管倒插法，阳性符合率为94.1%。

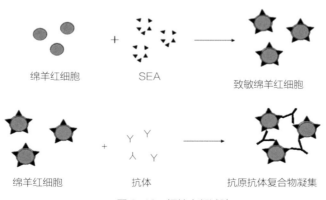

绵羊红细胞　　　　　SEA　　　　　　致敏绵羊红细胞

绵羊红细胞　　　　　抗体　　　　　抗原抗体复合物凝集

图8-13　间接血凝试验

张建安等应用间接血凝（IHA）诊断绵羊日本血吸虫病，以滴度1：80作为判定标准，阳性血清反应率为97.07%，漏检2.93%，可排除假阳性，敏感性和特异性均较高，进一步在现场比较了319头羊的阳性检出率，结果IHA法优于粪孵三送三检，对于轻感染羊群则更为敏感。

徐维华比较了棉析粪孵法与间接血凝法诊断耕牛日本血吸虫病效果，在南陵县疫区乡3个行政村的200头耕牛中，棉析粪孵法检出阳性牛15头，阳性率为7.5%；间接血凝法检出阳性牛21头，阳性率为10.5%。间接血凝法检出的21头阳性牛中包含棉析粪孵法检出的所有15头阳性牛，说明间接血凝法不会出现漏检。研究表明在日本血吸虫病流行地区，先用间接血凝法进行初筛，检出的阳性牛再用棉析粪孵法进行诊断，是普查日本血吸虫病的常用方案。

石耀军等在原间接血凝法国家标准的基础上，将提取虫卵方法改为胰蛋白酶和胶原酶消化的方法，并将水剂抗原改为冻干抗原，提高了诊断方法的准确性，阳性和阴性符合率均在95%以上，而且制备的抗原更易保存，更适合现场推广应用。

2. 抗原制备

（1）抗原溶液的制备　按环卵沉淀试验方法先制备新鲜血吸虫卵，不加甲醛即进行冷冻干燥、磨碎，每克干粉加100mL生理盐水浸泡，在4℃条件下泡5～6d，其间不断摇动，然后用干冰—丙酮反复冻融5次及用超声波破碎处理5min，将抗原提取液在4℃以10 000r/min离心20min，上清液即为抗原液，用酚试剂法或紫外分光光度计测定蛋白质浓度后−20℃保存备用。

（2）制备致敏绵羊红细胞（诊断原液）　采集公绵羊血液，与等量阿氏液混合离心去上清液，血细胞部分用生理盐水离心洗涤3次，以去除红细胞外血液成分，压积红细胞加入等体积0.15mol/L pH7.2 PBS混匀，每25mL滴加2.5%戊二醛1mL，边滴边摇，于20～22℃环境中醛化1h，用PBS液洗3次后配成2.5%细胞悬液（V/V），再加入等量1：5 000鞣酸生理盐水溶液，在37℃中水浴处理15min，用PBS洗3次，压积红细胞用0.15mol/L pH6.4 PBS配成2.5%悬液。将上述制备的抗原溶液用0.15mol/L pH6.4 PBS稀释至20mg/mL，在红细胞悬液中加入2倍量的抗原溶液，于37℃水浴作用30min，用含1%灭活（50℃中水浴30min）兔血清的pH7.2 PBS洗1次，即成为抗原致敏的红细胞，用含10%蔗糖及1%灭活兔血清的pH7.2 PBS配成5%红细胞悬液（V/V），即为诊断原液。

（3）致敏红细胞的冻干与保存　将诊断原液分装于5mL容量的安瓿或青霉素瓶中，每瓶2mL，摇匀诊断原液在液氮或干冰中速冻，再于冷冻干燥机中冻干，封口并保存于4℃。用时每瓶加蒸馏水2mL，即为诊断液。

冻干血细胞于室温条件下可保存3个月，4℃中保存1年，未冻干的血细胞于4℃中可保存6个月，室温中可保存1天。

（4）诊断液的质量检验　按间接血凝操作方法进行检验操作，血清用参考阳性兔血清或参考阳性牛血清，从1：5起倍比稀释至1：2 560，结果以兔血清滴度达1：640～1 280或牛血清达1：160～320为合格。

参考兔血清：每只兔接种血吸虫尾蚴1 500～2 000条，42～45d采血，分离血清，10只兔血清等量混合。

参考牛血清：接种血吸虫尾蚴每头黄牛500条、水牛1 000条，黄牛50～55d采血、水牛55～60d采血，10头牛血清等量混合。

3．操作方法

（1）器材　V形微孔有机玻璃血凝板，移液器。

（2）操作步骤　将被检血清以生理盐水作1：5、1：10、1：20、1：40稀释，每孔加被检血清50μL，同时设空白孔、阳性血清对照孔和阴性血清对照孔。在每孔中加致敏红细胞抗原液25μL，振荡血凝板，将诊断液与血清混匀，置于20～37℃条件下1～2h，等空白对照孔中血细胞全部沉淀于孔底中央呈一圆形点时，即可判断结果。

4．判断标准

（1）各孔按下列标准判定

① 红细胞完全不凝集，即全部下沉到孔底中央，形成紧密圆点，周缘整齐，判定为阴性（－）。

② 红细胞25%以下凝集，即75%以上沉于孔底中央，见一较阴性为小的圆点，周围有一薄层凝集红细胞，判定为弱阳性（＋）。

③ 红细胞近50%凝集，即约半数沉于孔底中央，于孔底中央见一更小圆点，周围有一薄层凝集红细胞，判定为阳性（＋＋）。

④ 红细胞全部凝集，均匀地分散于孔底斜面上，形成一淡红色薄层，判定为强阳性（＋＋＋～＋＋＋＋）。

（2）被检血清按下列标准判定　当血清10倍和20倍稀释孔均出现阳性（包括弱阳性）结果时，被检血清判为血吸虫病牛阳性血清（图8-14）。

　　＋＋＋＋　　　　＋＋＋　　　　　＋＋　　　　　　＋　　　　　　　－

图8-14　判断标准

5. 使用情况　本方法自1980年形成以后，即在血吸虫病疫区广泛推广应用，1986年农业部确定本法为全国疫病普查方法，1989年农业部动物检疫规程委员会确定本法列入我国动物检疫规程。本法在疫区使用面积较大，时间较长，目前仍作为家畜血吸虫病初筛方法之一在疫区广泛应用（图8-15）。

图 8-15　血清学诊断

6. 注意事项

（1）操作中移液器在每孔中吸吹次数、力度等要一致。

（2）判读结果时，如空白对照孔2h后沉淀图像不标准，说明生理盐水质量不合格，需要更换重配的生理盐水重新操作；或器材未洗干净，须洗净后再重做。

7. 评价　多个研究单位曾将间接血凝法与粪孵法、环卵沉淀试验等诊断方法作过比较，结果显示其检出率明显高于其他方法，被检牛的总阳性率显著比粪孵法高，多次剖检粪孵法阴性而本法阳性牛，绝大部分体内有血吸虫虫体。多个应用单位也作过多次比较，认为本法比粪孵法检出率高、节省人力、物力、快速、容易操作，不受季节限制，比环卵沉淀简便、快速、敏感，适合在我国农村疫区使用。

（三）胶乳凝集试验

1. 试验原理　与间接血凝试验基本相同，其差别在于，以聚醛化聚苯乙烯颗粒交联血吸虫抗原，当抗原与血清中抗体相结合时，分散的、肉眼不能分辨的聚苯乙烯小颗粒会凝集成肉眼能见的聚乙烯凝集颗粒，从而确定有特异性抗体存在。

2. PAPS诊断液的制备 取1倍体积5% PAPS悬液，经4 000r/min离心15min，弃上清液，用pH 7.2 PBS洗1次，沉淀物加入2倍体积的血吸虫抗原溶液（蛋白质浓度为0.8mg/mL）混匀，置于37℃水浴箱中交联反应2h，然后经12 000r/min离心10min，弃上清液，沉淀物用PBS洗2次，最后用0.1% NaN₃ PBS配成0.5%的混悬液装瓶备用。

3. 操作方法

（1）采用血清试验的操作方法 取一块12cm×16cm的玻璃凝集反应板，板上有30个1.0cm×1.5cm的小方格。每份血清用2小格，在第1格中加100μL PBS和25μL血清作1∶5稀释，第2小格中作1∶10血清稀释。每格中血清稀释量为50μL，再加PAPS快诊液一滴，轻轻摇动，充分混匀，10min以内观察记录结果。

（2）采用血纸试验的操作方法 用剪刀取1cm×1.2cm血纸，剪碎后放入血凝板孔中，编上号码，然后将每份血纸样加0.2mL PBS浸泡10min，吸取50μL血纸浸泡液，加入玻璃凝集反应板的小方格中，再滴加PAPS快诊液一滴，轻轻摇动，充分混匀，10min以内观察记录结果。

4. 判定标准

（1）按下列标准用符号记录PAPS凝集反应的结果和反应强度

"++++"：乳胶颗粒全部凝集，出现粗颗粒，并且四周形成一白色框边，一般1～2min就出现凝集颗粒，液体清亮。

"+++"：乳胶颗粒全部凝集，出现粗颗粒，四周白色框边不太明显，一般3～4min出现凝集颗粒，液体较清亮。

"++"：70%～80%的乳胶出现凝集颗粒，液体微混浊；一般5～6min出现凝集颗粒。

"+"：40%～50%乳胶出现凝集颗粒，液体混浊；一般8～10min才出现凝集颗粒。

"－"：不出现凝集颗粒。

（2）阳性判定标准

①血清试验以1∶10血清稀释出现凝集的判为阳性。

②血纸试验只做一格，凡出现凝集反应者判为阳性。

PAPS诊断液贮藏条件及保存期：一般放置4℃冰箱保存，保存期为一年。

5. 应用情况 PAPS快速诊断试剂研制成功后，在疫区七省一直辖市推广应用100万余例，深受基层血防工作者欢迎。

6. 注意事项

（1）冻干阴、阳性血清使用时每支加0.2mL生理盐水溶解后使用。未冻干的阴、阳性血清可直接使用。

（2）PAPS快诊液使用前必须充分摇匀。

（3）PAPS快诊液切不可冻结，以免失效。

7. 评价　应用PAPS制备的诊断液，对日本血吸虫病具有较强的特异性和敏感性、重复性好、性能稳定（一年内有效）、方法简单易行，得出的结果快速而清晰，还可用血纸代替血清进行诊断，大大简化了采样步骤，是一种省时、省力和省钱的动物血吸虫病诊断技术。

（四）酶联免疫吸附试验（ELISA）

1. ELISA简介　酶联免疫吸附测定法（enzyme–linked immunosorbent assay，ELISA）是一种在免疫酶技术（immunoenzymatic techniques）基础上发展起来的，具有放大效应的免疫测定技术。最早在1971年由瑞典学者Engvail和Perlmann、荷兰学者Van Weerman和Schuurs报道。其基本原理是通过抗原与抗体的特异性免疫反应，将样品中的待测物与酶特异结合，然后通过酶与底物产生颜色反应，测定待测物含量。ELISA现在已成为常用的定性定量测定方法。

在动物血吸虫病诊断中，ELISA常用于检测动物血清中血吸虫特异性抗体的含量及变化。血吸虫抗原可与宿主动物血清中抗体特异性结合。测定时，先将血吸虫抗原固定结合于固相载体表面，然后与受检血清中的特异性抗体形成抗原抗体复合物，再加入酶标记第二抗体与抗原抗体复合物特异结合，在每次特异性结合反应后用洗涤的方法使非特异性结合尽可能降低，此时固相上的酶含量与血吸虫特异性抗体的含量成正比例关系，最后加入酶反应底物，底物被酶催化水解或氧化还原而成为有色产物，产物的量与标本中受检物质的量直接相关，故可根据呈色的深浅进行定性或定量分析。由于酶的催化效率很高，间接地放大了免疫反应的结果，使测定方法获得较高的敏感度。

该方法不仅用于实验室和现场动物血吸虫病的诊断，在血吸虫病免疫机制分析和生物学研究中也常用于检测血吸虫不同种类抗原的特异性抗体水平等。

20世纪80年代，初沈杰等首先应用纯化的虫卵冷浸液作抗原建立了酶联免疫吸附试验诊断牛日本血吸虫病的方法。用该方法检测了感染血吸虫黄牛157头，阳性检出率为97.5%，未感染血吸虫黄牛260头，阴性符合率为98.5%；检测感染血吸虫水牛43头，未感染血吸虫水牛108头，阳性检出率为97.7%，阴性符合率为97.2%。对105头感染其他寄生虫牛作了交叉反应试验，其中26头感染肝片吸虫，22头感染前后盘吸虫，3头感染棘球蚴，30头感染东毕吸虫，24头无吸虫及绦虫感染，104头牛呈阴性反应，仅1头感染肝片吸虫牛呈阳性反应，提示交叉反应不明显。在基本消灭血吸虫病地区对109头牛（82头水牛，27头黄牛）用ELISA法和粪孵常规法（三粪六检）同时进行了检查，结果ELISA

阳性8头，粪孵法阳性2头。其中粪孵法阳性的，ELISA均为阳性，ELISA阳性、粪孵法阴性的牛重复做粪孵后为阳性。结果表明，ELISA的检出率高于粪孵法。

程天印等成功地建立了山羊日本血吸虫病酶联免疫检测法，应用该法对7只试验山羊血吸虫抗体消长作了观察，结果表明特异性IgG最早于尾蚴感染后第8天出现，吡喹酮治疗后7个月消失。

林矫矫等应用ABC-ELISA和常规ELISA对比诊断耕牛日本血吸虫病，结果两种方法对18份试验感染牛血清的检出率都达100%，对84份健康牛血清的检出结果也完全一致，阴性符合率都为95.24%（80/84），对其他两种寄生虫阳性牛血清都不出现交叉反应。然而对87份自然感染血吸虫牛血清，ABC-ELISA法的检出率为97.70%（85/87），常规ELISA法为88.51%（77/87），说明采用ABC-ELISA法不仅可提高敏感性，而且不会影响特异性。

朱明东等连续三年应用ELISA检测基本消灭或消灭血吸虫病地区的耕牛血吸虫抗体水平，结果与粪检结果相同。

沈杰等采取提高孵育温度，缩短孵育时间，优化成快速酶联免疫吸附试验，结果表明对牛日本血吸虫病检测的特异性影响不大。

实验室广泛应用该法进行血吸虫特异性抗体的检测分析。应用本方法诊断牛血吸虫病技术在部分血吸虫病流行区曾推广应用。

2. 抗原的制备　常用的血吸虫诊断抗原为虫卵可溶性抗原（soluble egg antigen，SEA）和虫体可溶性抗原（soluble worm antigen preparation，SWAP）、虫体组分抗原及基因重组抗原等。虫卵可溶性抗原的制备方法同间接血凝法。用于ELISA的血吸虫SEA可用Sephadex G-200纯化，诊断效果较未纯化的SEA好。SEA在-20℃可保存3年以上，在4℃可作短期保存。

3. 标准阴性血清　用粪检或解剖确定无血吸虫寄生，来自非血吸虫病疫区的牛血清100份等量混合。

4. 标准阳性血清　用粪检或解剖诊断血吸虫感染的阳性牛血清100份等量混合。

5. 酶标记兔抗牛IgG　酶标记兔抗牛IgG可从生物试剂公司购置，也可按下述方法制备。

兔抗牛IgG制备：采牛血清，用饱和硫酸铵溶液沉淀法提取IgG，经Sephadex G-50柱层析除去硫酸铵，获得粗制球蛋白，再经QAE-Sephadex A-50柱层析得到纯化的牛IgG，用其免疫兔子，共3次。第一次加弗氏完全佐剂，作四肢足垫肌内注射，免疫剂量为每千克兔体重1mg牛IgG；第二次于10～14d后加弗氏不完全佐剂，注射于兔小腿皮下，多点注射，IgG剂量同上；14d后进行第3次注射，IgG剂量同上，不加佐剂，注入大腿肌内；第三次免疫后10d起采兔血，和健康牛血清做环状沉淀试验，效价达1∶12 800以上即可采血，分离血清。用与分离牛IgG同样方法分离纯化兔抗牛IgG。

酶标记兔抗牛IgG：标记酶可用辣根过氧化物酶，先将酶溶于pH9.6的0.05mol/L碳酸缓冲液中，每10mg酶加缓冲液0.4mL，滴加25%戊二醛0.1mL，在37℃中放置2h，再用2mL冰冷的无水乙醇沉淀酶，在4℃以2 500r/min离心15min，倒去上层液体，用80%乙醇5mL混合沉淀，加入含有15mg IgG的溶液1mL混匀，4℃过夜，次日用KH_2PO_4溶液调节pH至中性，保存于−20℃备用。

酶标记物工作浓度的确定：用不同稀释浓度的酶标记物进行酶联免疫吸附试验，测定上述标准阴、阳性血清，标准阴、阳性血清吸光值差异最大的酶标记物稀释浓度即为酶标记物工作浓度。

检查其他动物血吸虫病时要制备抗该种动物IgG的抗体，或用SPA、SPG等。

6. 试剂准备和仪器

（1）聚苯乙烯微量板（平板，40孔、96孔）。

（2）酶联免疫检测仪。

（3）辣根过氧化物酶标记的兔抗牛IgG。

（4）包被液　0.05mol/L pH9.6碳酸缓冲液，4℃保存。配制方法：Na_2CO_3 0.15g，$NaHCO_3$ 0.293g，蒸馏水稀释至100mL。

（5）稀释液　0.01mol/L pH 7.4 PBS−Tween−20，4 ℃保存。配制方法：NaCl 8g，KH_2PO_4 0.2g，Na_2HPO_4 · $12H_2O$ 2.9g，Tween−20 0.5mL，蒸馏水加至1 000mL。

（6）洗涤液　同稀释液。

（7）封闭液　0.2%明胶溶液/pH7.4 PBS。

（8）底物溶液　临用前配制：

①邻苯二胺（OPD）溶液　0.1mol/L柠檬酸（2.1g/100mL）6.1mL，0.2mol/L Na_2HPO_4 · $12H_2O$（7.163g/100mL）6.4mL，蒸馏水12.5mL，邻苯二胺10mg，溶解后临用前加30%$H_2O_2$40μL。

②四甲基联苯胺（TMB）溶液　底物液A的制备：磷酸氢二钠14.6g、柠檬酸9.33g、过氧化氢脲0.52g，加去离子水至1 000mL，调至pH5.0～5.4，过滤除菌，无菌分装，10mL/瓶。底物液B的制备：TMB200mg、无水乙醇100mL，加去离子水至1 000mL，过滤除菌，无菌分装，10mL/瓶。

（9）终止液　2mol/L H_2SO_4。

7. ELISA的操作步骤

（1）包被抗原　用包被液将抗原作适当稀释，一般为10μg/孔，每孔加100μL，

37℃温育1h或4℃冰箱放置16～18h。

（2）洗涤　倒尽板孔中液体，加满洗涤液，静置或50～100 r/min摇动 3min，反复三次，最后将反应板倒置在吸水纸上，使孔中洗涤液流尽。

（3）加封闭液200μL，37℃放置1h。

（4）洗涤同步骤（2）。

（5）加被检血清：用稀释液将被检血清作1∶100稀释，每孔100μL。同时作标准阴、阳性血清对照。37℃放置1～2h。

（6）洗涤同步骤（2）。

（7）加辣根过氧化物酶标记兔抗牛IgG，每孔80～100μL，放置37℃ 1h。

（8）洗涤同步骤（2）。

（9）加底物　邻苯二胺或TMB溶液加100μL，室温暗处10～15min。

（10）加终止液　每孔50μL。

（11）观察结果　用酶联免疫检测仪记录490nm或450nm读数。

8. 判定标准　分别得出待测样本（S）和阴性对照（N）的OD值后，计算S/N值，如S/N值>2则该样品为阳性。阳性血清对照的A值大于阴性对照的2倍作为本试验的质量控制。

9. 注意事项

（1）血清标本可按常规方法采集，应注意避免溶血。混浊或有沉淀的血清标本应先离心或过滤，澄清后再检测。血清自采集时就应注意无菌操作，也可加入适当防腐剂。

（2）须注意主要材料的保存期。抗原、血清、酶标记物在4℃中可保存1周，－10℃中为3个月，－20℃中为1年。

（3）试剂的准备　按试剂盒说明书的要求准备试验中需用的试剂。配制试剂应用蒸馏水或去离子水。从冰箱中取出的试验用试剂应待温度与室温平衡后使用。试剂盒中本次试验不需用的部分应及时放回冰箱保存。

（4）由于ELISA试验具有高度敏感性，所以在加抗原液、血清、酶标物溶液、底物溶液时，量要准确。加样时应将所加物加在 ELISA 板孔的底部，避免加在孔壁上部，并注意不可溅出，不可产生气泡。加样品一般用微量加样器，每次加标本应更换吸嘴，加酶结合物应用液和底物应用液时可用定量多道加液器，使加液过程迅速完成。

（5）洗涤在ELISA过程中虽不是一个反应步骤，但却也决定着试验的成败。ELISA就是靠洗涤来达到分离游离的和结合的酶标记物的目的。通过洗涤以清除残留在板孔中没能与固相抗原或抗体结合的物质，以及在反应过程中非特异性地吸附于固相载体的干扰物质。聚苯乙烯等塑料对蛋白质的吸附是普遍性的，而在洗涤时又应把这种非特异性吸附的干扰物质洗涤下来。可以说在ELISA操作中，洗涤是关键技术，应引起操作者的高度重视，操作者应严格按要求洗涤，不得马虎。

洗涤的方式：除某些ELISA仪器配有特殊的自动洗涤仪外，手工操作一般用浸泡式洗涤，过程如下：① 吸干或甩干孔内反应液；② 用洗涤液洗涤一遍（将洗涤液注满板孔后，即甩去）；③ 浸泡，即将洗涤液注满板孔，放置1~2min，间歇摇动，浸泡时间不可随意缩短；④ 吸干孔内液体，吸干应彻底，可用水泵或真空泵抽吸，也可甩去液体后在清洁毛巾或吸水纸上拍干；⑤ 重复操作③ 和④，洗涤3~4次（或按说明规定）。在间接法中如本底较高，可增加洗涤次数或延长浸泡时间。

10. 评价　本方法较各种沉淀试验、凝集试验敏感，特异性高，判定结果时能定量、准确，可作自动化操作，血清用量少，是一种高效的诊断血吸虫病方法。前几年，我国地方兽医检疫条件差，许多地方难于应用本方法，随着科技与经济水平的提高，使用本方法的条件在我国许多疫区逐渐具备，因此可以在较大范围应用。

（五）斑点酶联免疫吸附试验（Dot-ELISA）

斑点酶联免疫吸附试验Dot-ELISA是在ELISA基础上发展起来的更加简便的血清学诊断方法。选用对蛋白质有较强吸附能力的硝酸纤维素薄膜作固相载体，底物经酶促反应后形成有色沉淀物使薄膜着色，然后目测或用光密度扫描仪定量。Dot-ELISA可用来检测抗体，也可用来检测抗原，由于该法检测抗原时操作较其他免疫学试验简便，故目前多用于抗原检测。已报道的动物血吸虫病斑点酶联免疫吸附试验诊断有两种方法，分别为中国农业科学院上海兽医研究所研制的单克隆抗体斑点酶联免疫吸附试验（McAb-Dot-ELISA）和浙江农业科学院研制的三联（血吸虫、肝片吸虫和锥虫）斑点酶联免疫吸附试验。

林矫矫等以硝酸纤维膜为载体，水溶性日本血吸虫虫卵抗原为抗原建立了简易Dot-ELISA法用于诊断耕牛和家兔日本血吸虫病，结果表明试验感染牛血清和兔血清都呈阳性反应，检出率达100%。自然感染牛血清的阳性检出率为93.94%（62/66），健康牛血清的阴性符合率为95.24%（80/84）。阴性兔血清都呈阴性反应。检测了4份肝片吸虫阳性兔血清和31份锥虫阳性牛血清，都不出现交叉反应。在不同时间内进行多次重复试验，结果完全一致，表明简易的Dot-ELISA法可作为耕牛日本血吸虫病免疫诊断的一种补充方法，在现场扩大应用。

叶萍等应用单克隆抗体SSJ14建立了McAb-Dot-ELISA，用于检测日本血吸虫感染耕牛和家兔血清中的循环抗原，结果表明，McAb-Dot-ELISA对试验感染耕牛的阳性检出率为100%（32/32）。对安徽、江西和湖南3省血吸虫病流行区自然感染耕牛（粪孵阳性）的阳性检出率分别为93.93%（418/445）、88.50%（100/113）和81.71%（143/175）；对健康耕牛的阴性符合率为98.51%（66/67），对16份感染锥虫和8份试验感染肝片吸虫的耕牛血清均未见交叉反应。而同期进行的常规ELISA结果为，试验感染耕牛阳性检出率为95.35%（41/43），对安徽省同一地区的自然感染耕牛的阳性检出率为90.82%（188/207），对健康耕牛的阴性符合率为86.27%（88/102）。结果提示，直接法McAb–Dot–ELISA不仅具有操作简便、反应快速、成本低廉等优点，而且在阳性检出率和阴性符合率方面均优于常规ELISA。傅志强等用该法检测牛日本血吸虫病血清循环抗原诊断牛日本血吸虫病，结果实验室感染血吸虫病的阳性牛血清及阴性血清符合率都为100%，现场血清的循环抗原检测方法结果和粪孵结果对比的总符合率为82.91%。张军等用McAb–Dot–ELISA检测耕牛日本血吸虫病的血清循环抗原，在安庆地区现场诊断日本血吸虫病，与粪检（直孵法）进行了同步双盲法检测，符合率为92.11%（35/38）。邵永康等进行了McAb–Dot–ELISA扩大试验，在安庆市望江、桐城、宿松、潜山、纵阳5县应用血检法与直孵法进行同步双盲检测牛共778头，阳性符合率为95.94%，阴性符合率为94.94%。在肝片吸虫、双腔吸虫流行县，屠宰牛多见肝片吸虫、双腔吸虫等体内寄生虫，共检测牛835头，其中与直孵法同步双盲对比125头，均未检出血吸虫病阳性牛，阴性符合率为100%。在安庆市共扩大试验5 193头，取得了较好的效果。朱春霞等用单克隆抗体斑点酶联免疫吸附试验调查羊血吸虫病，总阳性率为34.02%，与粪便棉析法结果大体一致。周日紫等、杨琳芬等也分别用该法在现场进行家畜日本血吸虫病诊断试验。

张雪娟等建立了斑点酶联SPA（Dot–PPA–ELISA）检测动物血吸虫病方法，并应用该法和间接血凝试验（IHA）对188头份黄牛血吸虫病血清及275头份兔血吸虫病血清样品进行了对比，结果两种诊断方法都能测出人工感染4周以上的病畜抗体，其阴、阳性符合率均达100%。后又解决了酶标SPA与牛、羊血吸虫和肝片吸虫免疫复合物相结合的关键技术，并制成了可同时用于牛、羊血吸虫病和肝片吸虫病诊断的酶试剂。建立了Dot–ELISA同时检测牛、羊血吸虫病和肝片吸虫病技术，能检出人工感染1~150条虫体7~42d病畜抗体，阳性检出率达100%。

江为民等比较三联Dot–ELISA与粪检法（三粪九检）检测牛日本血吸虫病的检测结果，两者不存在显著性差异（$p>0.05$）。三联Dot–ELISA的敏感性为98.2%，特异性为84.2%，假阳性率为15.8%，假阴性率为1.8%。

1. 单克隆抗体斑点酶联免疫吸附试验（McAb–Dot–ELISA）

（1）试验原理　血吸虫成虫寄居在宿主门静脉，以摄食宿主血细胞为生，虫体的分泌、排泄物及迅速更新的表膜成分释放入血流，成为循环抗原。将被检家畜血清吸附于载体上，加上血吸虫特异的单克隆抗体酶标记物后，载体上的血吸虫循环抗原就能与特定的抗日本血吸虫单克隆抗体酶标记物结合，经洗涤后，已结合的酶与酶底物（如3，3－二氨基联苯胺）产生显色反应，在载体上如果出现棕红色斑点，即为阳性反应，否则为阴性反应。

（2）单克隆抗体及其酶标记物的制备　用血吸虫尾蚴人工感染BALB/ c小鼠，42d后取脾脏，制备脾淋巴细胞，与小鼠骨髓瘤细胞SP2/0融合，经选择性培养基培养后，用血吸虫虫卵抗原筛选阳性孔，通过3次克隆后，将生长良好的细胞转入培养瓶中扩大培养，每隔3～4d收集细胞培养上清液，用饱和硫酸铵法纯化单抗，按戊二醛交联方法交联辣根过氧化物酶，经测定效价后，分装冻干，保存于－20℃冰箱中备用。

（3）操作方法　将被检耕牛血清用0.02mol/L pH 7.2 PBS作1∶10稀释（绵羊血清作1∶50稀释），用玻璃毛细管（内径0.9mm）取1μL稀释血清点样于划痕为5mm×5mm的硝酸纤维薄膜（NC膜）上，经60℃烘干1h后，点样面朝下浸没于5%脱脂奶/PBS溶液中；在摇床上37℃恒温作用30min，然后用0.5 %吐温20/PBS（PBST）洗涤2次，每次3～5min，随后将NC膜浸没于工作浓度为1∶800的单克隆抗体辣根过氧化物酶标记物（用PBST稀释）溶液中；在25～37℃条件下，在摇床上恒温作用2h，取出NC膜，用PBST洗3～5次，每次3～5min，去除NC膜表面水分，浸于3，3－二氨基联苯胺（DAB）底物溶液（临用前加入H_2O_2）中，37℃避光作用1h 5min，用水冲洗终止反应。

（4）阴、阳性判定标准

阴性反应：在NC膜上未见显色反应，判定为阴性血清。

阳性反应：在NC膜上出现淡棕色斑点判定为"＋"，出现棕色斑判定为"＋＋"，出现与参考阳性斑点相当的深棕色斑点判定为"＋＋＋"，出现比参考阳性斑点颜色还深的斑点判定为"＋＋＋＋"。

（5）使用情况　在动物血吸虫病流行区，本方法可作为过筛或综合查病的方法；在轻疫区和基本消灭地区，可作为家畜血吸虫病疗效考核的参考方法使用。经现场推广试用，该方法诊断黄牛、水牛、山羊、绵羊和马血吸虫病都具有较高的敏感性和特异性。在安徽省用该方法诊断自然感染血吸虫病牛，阳性符合率为93.93%（418/445），阴性符合率为98.51%（66/ 67）。同时，该方法也可诊断猪和其他家畜的血吸虫病。

（6）注意事项

①冻干单克隆抗体辣根过氧化物标记物应保存于－20℃。

②底物溶液（1mg DAB溶于20 mL PBS中）在临用前加入20μL 0.33 % H_2O_2。

③底物（显色物）有毒性，切勿接触口、眼等。

（7）评价　该方法具有操作简便、快速、敏感和特异性强等优点，而且可以在同一载体上（硝酸纤维薄膜）同时检测不同家畜血清（如牛和羊血清）。因此，该方法具有在家畜血吸虫病疫区推广使用的价值。

2. 三联（血吸虫、肝片吸虫和锥虫）斑点酶联免疫吸附试验

（1）试验原理　与酶联免疫吸附试验基本上相同，差异在于以硝酸纤维素膜为固相载体，在一张膜上分别吸附血吸虫，肝片吸虫和锥虫3种抗原，判断该结果时观察膜上底物出现的颜色反应情况。这样可同时一血诊断上述3种寄生虫病。

（2）器械及材料

① 可调微量移液器、烧杯、试管、吸管、眼科镊子等若干。

② 生理盐水、吐温–20、过氧化氢。

③ 三联（血吸虫、肝片吸虫和锥虫）斑点酶联免疫吸附试验盒。

（3）检测方法

① NC膜预处理　将NC膜浸入预处理液中，室温30min后，37℃烘干。

② 抗原膜的制备　用打孔器在NC膜上压印直径3mm圆圈，在每个压印中央加1μL抗原液（0.94μg蛋白质），置室温2h或4℃过夜。

③ 封闭　用0.5%明胶PBST封闭抗原膜上的空白位点，以阻止非特异性结合。37℃封闭1h，用PBST洗涤3次、每次3min。

④ 加待检血清　将膜浸入300倍稀释的待检血清中，37℃结合50min，弃去待检血清，重复上法洗涤。

⑤ 加兔抗牛IgG抗血清　将膜浸入300倍稀释的兔抗牛IgG抗血清中，37℃50min，重复上法洗涤。

⑥ 加PPA　将膜浸入1∶800浓度的PPA中，37℃反应30min，重复上法洗涤。

⑦ 加底物溶液显色　DAB溶液（0.5mg/mL）临用前加30% H_2O_2，使最终浓度为0.01%，混匀后立刻将膜浸入，轻轻振摇。

⑧ 中止反应　室温反应1～2min后，自来水中止反应，漂洗后晾干。

⑨ 判定结果。

（4）判定标准　目测颜色深浅和有无，记录标准：深棕色为++++，浅棕色为+++，黄色为++，浅黄色为+，稍黄色为±，无色为–。++以上可判为阳性。

以膜编号端为右端，左圆斑为血吸虫病，中间圆斑为锥虫病，右圆斑为肝片吸虫病。若有3个圆斑，则为3种寄生虫病都为阳性；若有某1个或2个圆斑，则为某一种或两种寄生虫病为阳性。

（5）试用情况　该项技术已在浙江、湖北、四川、安徽、广东等省试用于万余头家畜。浙江省龙游、衢县等地应用该法对人工及自然感染血吸虫病牛57头份血清及血纸（粪孵见有毛蚴）的检测，结果均呈阳性反应，符合率达100%（57/57）。湖北省天门

市测定血吸虫疫区和非疫区的8 667头牛血纸，其中对96头血吸虫病血清学阳性反应牛只进行毛蚴孵化法复核，证实确系血吸虫病病牛（部分疫区3～4年用粪孵法均未查出病牛，因漏检而当作非疫区），与多次粪孵法比较符合率达100%，比一次粪孵法检出率高31.5%。安徽省安庆市怀宁、宿松等地用该法检测442头牛血，其中对35头阳性反应牛采粪进行毛蚴孵化，有34头牛粪孵法见毛蚴，其阳性符合率达97.14%（34/35）。

（6）注意事项

① 斑点酶标三联快诊盒置干燥、避光、4℃保存。

② 斑点酶标三联快诊盒有效期为9个月。

③ 若待检血样为血纸，检测方法及步骤④可与步骤③调换，即先加血纸涂片，后加PPA。

（7）评价　本法除待检血样单个反应外，其余各步骤均将所有快诊膜浸入同一烧杯的试剂中反应。此后，每步仅需一次性加试剂，且反应条件一致，易于控制。结果可作为技术资料长期保存，供业务主管部门检查。本法具有快速、简便、省工、省时等优点，适宜于大范围普查。

（六）免疫胶体金标记技术

自1971年，Faulk 和Taylor报道将胶体金与抗体结合应用于电镜水平的免疫组化研究以来，胶体金作为一种新型免疫标记技术得到了广泛而快速的发展。

胶体金标记基本原理：氯金酸（$HAuCl_4$）在还原剂如柠檬酸钠、鞣酸、抗坏血酸、白磷、硼氢化钠等和加热的作用下，可聚合成一定大小的金颗粒，形成带负电的疏水胶体溶液，由于静电作用而形成稳定的胶体状态，称胶体金。胶体金对蛋白质有很强的吸附功能，与葡萄球菌A蛋白、免疫球蛋白等非共价结合，可作为探针进行细胞和生物大分子的精确定位，在基础研究和临床检验中得到了广泛的应用。当蛋白质溶液的pH等于或稍偏碱于蛋白质等电点时，蛋白质呈电中性，此时蛋白质分子与胶体金颗粒相互间的静电作用较小，但蛋白质分子的表面张力却最大，处于一种微弱的水化状态，较易吸附于金颗粒的表面，由于蛋白质分子牢固地结合在金颗粒的表面，形成一个蛋白质层，阻止了胶体金颗粒的相互接触，而使胶体金处于稳定状态。

胶体金标记在免疫检测中的应用也主要基于抗原抗体反应，其常见的标记对象有抗原、一抗（单克隆抗体或多克隆抗体）、抗抗体以及葡萄球菌A蛋白（staphylococcal protein A，SPA）等。将胶体金与抗原结合后，利用间接法或双抗原夹心法检测未知抗体，利用间接法只能检测单一动物品种的抗体血清，而利用双抗原夹心法可用于检测多种动物的抗体血清，其敏感性和特异性比其他方法要高，但由于抗原蛋白结构复杂，标记的难度比较大，使其应用受到限制。用胶体金标记多克隆抗体或单克隆抗体，以直接法检测相应的抗原或利用双抗体夹心法检测未知抗原。利用胶体金标记二抗多应用于只有单一传染源或人类疾病的诊断，这种方法是通过一抗搭桥建立间接法以检测相应的未知抗原或抗体。标记二抗具有一定的放大作用，其灵敏度高于标记一抗的直接法。

目前利用胶体金标记技术诊断动物日本血吸虫病的方法主要有快速斑点免疫金渗滤法（dot-immunogold filtration assay，DIGFA）和胶体金免疫层析法（gold immunochromatography assay，GICA），利用胶体金标记抗牛IgG或SPA、SPG、血吸虫抗原等，分别用间接法或双抗原夹心法诊断动物血吸虫病。朱荫昌、华万全等以D-1胶体染料代替胶体金分别标记日本血吸虫可溶性虫卵抗原和可溶性尾蚴抗原，并以SPA搭桥建立了家畜日本血吸虫病的快速诊断试纸条。

彭运潮等利用双抗原夹心法，以日本血吸虫可溶性虫卵抗原（SEA）为检测抗原，以胶体金标记SEA为探针，采用自行设计的免疫层析试纸条装置，检测家畜血清中血吸虫特异性IgG抗体，并用ELISA方法进行比较。结果用该试纸条检测107份人工感染血吸虫病羊血清，其检出率为91.6%；检测80份健康绵羊血清，阴性符合率为87.5%；检测20份粪检阳性水牛血清及15份粪检阴性血清，其阳性符合率为100.0%，阴性符合率为86.7%；检测24份肝片吸虫病羊血清，交叉反应率为12.5%，与锥虫病牛血清未见交叉反应。与ELISA检测结果比较，两种方法具有良好的一致性，认为应用试纸条诊断家畜日本血吸虫病敏感性高、特异性强，且操作简便、快速，不需特殊仪器设备，适合于基层使用。以GICA法对来自湖南血吸虫病流行区和非流行区的山羊、水牛、黄牛血清进行检测，并和间接血凝法及粪便孵化法的诊断结果进行比较。结果显示，GICA对流行区284只山羊、172头水牛和145头黄牛血清检测，阳性率分别为10.21%、8.14%和8.28%；对非流行区的30只山羊、25头水牛、17头黄牛检测，假阳性率分别为10%、12%和11.76%。GICA和IHA的诊断结果相比，阳性符合率分别为93.8%、100%和100%，阴性符合率分别为99.7%、98.9%和98.7%；GICA与粪便孵化法的诊断结果相比，阳性符合率均为100%，阴性符合率分别为94.6%、96.9%和94.3%。可见，GICA法快速、简便，可以代替现行的IHA和粪便孵化检查法，用于疫区家畜血吸虫病的筛查。

卢福庄等将待检家畜血纸浸出液点在硝酸纤维素膜上，以金标记的血吸虫虫卵可溶性抗原为探针（简称"血吸虫抗原胶体金"），建立了检测家畜血吸虫抗体的二步金标免疫渗滤法（two-step dot immunogold filtration assay，T-DIGFA）。该法可以检测出人工感染血吸虫尾蚴7 d和7 d以上的阳性牛和兔血纸抗体，与肝片吸虫、锥虫、蛔虫病之间无交叉反应。T-DIGFA检测粪孵血吸虫毛蚴阳性牛血纸139份、阴性牛血纸130份，与粪孵法阳性符合率为100%，阴性符合率为99.2%。试验证实，T-DIGFA有较高的敏感性、特异性、重复性和稳定性，适合于基层单位和现场进行家畜血吸虫病抗体的快速诊断、普查。

阳爱国等应用斑点金标免疫渗滤技术检测粪孵阳性牛血纸，阳性符合率为100%；对非疫区牛血纸的阴性符合率为100%。在现场试验中金标法检出的阳性牛结果与粪孵的阳性结果符合率为99.2%（128/129）。该法在四川省54个血防疫区（县）推广应用取得了较好的效果。胡香兰等应用斑点金标免疫渗滤技术与粪便毛蚴孵化法对比阳性符合率为94.8%~97.3%。但季平等应用该试剂盒检测疫区放养耕牛、圈养猪的结果表明有一定的假阳性率和假阴性率。朱春霞等于2007年比较了牛、羊血样的血纸间接血凝与斑点金标诊断结果，斑点金标比血纸间接血凝法的阳性率高出56%。

付媛等以胶体金标记的日本血吸虫重组抗原GST-Sj22.6为探针，建立重组抗原金标免疫渗滤法（RAg-T-DIGFA），可以检测出人工感染血吸虫尾蚴28 d和21 d以上的阳性牛和兔血纸抗体，与肝片吸虫、蛔虫、弓形虫、旋毛虫病血清抗体无交叉反应。与T-DIGFA法阳性符合率为100%，阴性符合率为100%。

1. 胶体金试纸条检测动物血吸虫病的方法　血吸虫抗体检测试纸条采用了快速免疫层析检测技术，用于检测血清中血吸虫特异抗体。在玻璃纤维纸上包被金标记血吸虫抗原（Au-Ag），在硝酸纤维膜上检测线和对照线处分别包被血吸虫抗原（Ag）和抗血吸虫抗体。当检测样本为阳性时，样本中的血吸虫抗体与胶体金标记的血吸虫抗原结合形成复合物，由于层析作用复合物沿纸条移动，经过检测线时与预包被的血吸虫抗原形成（Au-Ag-血吸虫抗体-Ag-固相材料）免疫复合物而凝集显色，游离的金标记抗原则在对照线处与抗血吸虫抗体结合而富集显色。阴性血清则仅在对照线处显色。

将试纸条一端插入血清标本中（血清液面请勿超过试纸条的加样区），10s后取出平放。15min内判断结果。判断标准：

阳性：检测线区（T）及对照线区（C）同时出现红色条带。

阴性：只有对照线区（C）出现一条红色条带。

失效：对照线区（C）不出现红色条带。

注意事项：

（1）严禁触摸试纸条检测膜。

（2）试纸条从盒中取出后，应尽快试验，避免放置于空气中过长时间，试纸条受潮后将失效。

（3）试纸条如冷藏放置，须平衡至室温再使用。

（4）冷藏的血清标本，须平衡至室温再做检查。

2. 斑点免疫金渗滤法检测动物血吸虫病的方法　斑点金标法采用了免疫渗滤检测技术，用于检测血清中血吸虫抗体。在硝酸纤维膜上吸附动物血清，然后滴加金标记血吸虫虫卵可溶性抗原（Au–Ag）。当检测样本为阳性时，样本中的血吸虫抗体与胶体金标记的血吸虫抗原结合形成复合物，停留在膜上形成红色斑点。当检测样本为阴性时，不能形成金复合物，金标抗原由于下层吸水纸的强力吸附作用而不能停留，硝酸纤维膜上不形成红色斑点。

　　T–DIGFA测定反应盒准备：测定装置为一塑料小盒（3cm×2.5cm×0.6cm），分底和盖两部分，盖的中央有直径0.8cm的小孔，盒内垫满吸水纸，在盖孔下紧贴吸水纸上面放置一张1.3cm×1.3cm硝酸纤维素膜，合上盒盖即成。

　　测定方法：用内径1mm玻璃毛细管吸取待检血纸浸出液（每个样品用一根玻璃毛细管），若检测1个样品，将血纸浸出液点在塑料反应盒圆孔中央的硝酸纤维素膜上；若检测2～4个血样，按顺时针方向，在距小孔边缘1mm左右等距离地将沾有浸出液的玻璃毛细管轻贴硝酸纤维素膜点样，待浸出液渗入膜直径达1.5mm左右（用量约1μL），移走玻璃毛细管，滴加血吸虫抗原标记胶体金2滴（100μL）。90s后判定结果。判定标准：

　　依斑点深浅和有无而定：深红色为++++，红色为+++，浅红色为++，橘黄色为+，淡橘黄色为±，淡黄色或无色为–。若点样处显现红色斑点（++以上），判为血吸虫病阳性，否则判为阴性。

三、动物血吸虫病诊断用基因重组抗原筛选及应用

　　虫卵可溶性抗原（SEA）是目前血吸虫诊断中效果最好、应用最广泛的抗原。该抗原是一种异质性混合物，含有蛋白质、糖蛋白和多糖等成分。制备虫卵抗原时须先用血吸虫攻击感染家兔或其他动物，摘除其肝脏分离血吸虫虫卵，收集虫卵所需时间长，SEA制备成本也较高、得量少。同时以SEA作为诊断抗原，不适合用于疗效考核，不能区分现症感染和既往感染。为解决这些问题，一些研究者尝试利用免疫蛋白质组学等技术，筛选、鉴定特异性高、敏感性强、可用于疗效考核的诊断抗原，并通过基因工程技术大量制备有应用潜力的重组诊断抗原或多表位重组抗原。因基因重组抗原制备简便，抗原制备成本低，同时有利于诊断技术的标准化，在血吸虫病诊断中有良好的应用前景。

　　1. 日本血吸虫重组抗原作为诊断抗原检测牛、羊血吸虫病

　　（1）日本血吸虫31/32kD蛋白　血吸虫31/32kD蛋白是一组血吸虫肠相关抗原，多个实验室的研究结果表明，应用纯化的31/32kD组分抗原诊断血吸虫病具有较高的敏感性和特异性，因而多个实验室应用基因工程技术制备血吸虫31/32kD重组蛋白，并评价

重组蛋白在血吸虫病诊断中的应用潜力。傅志强等（2007）应用PCR法扩增到Sj32编码基因，并在大肠杆菌中成功表达重组蛋白rSj32，以该重组蛋白建立ELISA方法检测实验室感染羊日本血吸虫病阳性血清和粪孵确诊的阴性羊血清，结果阴性血清的特异性为85.71%，阳性血清的敏感性为95.45%，表明以该重组蛋白作为诊断抗原，具有一定的应用潜力。孙帅等以该重组抗原作为诊断抗原，应用ELISA法检测人工感染血吸虫和未感染的兔、小鼠和水牛血清，结果特异性分别为100%、96.7%和96.9%，敏感性分别为88.9%、85.0%和71.8%，进一步证实该重组抗原的诊断效果。

（2）日本血吸虫Sj23蛋白　血吸虫23kD蛋白分子是一个表膜相关蛋白，主要分布于血吸虫尾蚴、童虫及成虫的表膜。23kD蛋白在童虫阶段高表达，免疫原性强，是良好的血吸虫病诊断候选抗原。

林矫矫等首先克隆了日本血吸虫中国大陆株的23kD抗原大亲水区的基因片段，并和GST融合表达得到重组抗原LHD–Sj23–GST，分别用LHD–Sj23/pGEX基因重组抗原作为诊断抗原，应用间接ELISA法检测了98份健康黄牛血清，84份血吸虫感染的黄牛血清，81份健康水牛血清，62份血吸虫感染的水牛血清，结果黄牛和水牛的阴性符合率分别为82.7%（81/98）和95.1%（77/81），阳性符合率分别为94.0%（79/84）和85.5%（53/62）。以该重组抗原作为诊断抗原，同时检测了129份血吸虫感染绵羊血清，91份健康绵羊血清及24份锥虫感染的绵羊血清，结果阳性符合率和阴性符合率分别为86.05%（111/129）和100%（91/91），和锥虫感染的绵羊血清未出现交叉反应（0/24）。说明该融合蛋白具有较理想的诊断效果。周伟芳等采用酶联免疫吸附试验（ELISA）比较了日本血吸虫重组抗原LHD–Sj23–GST和日本血吸虫SEA检测牛血吸虫病的敏感性和特异性，结果SEA和LHD–Sj23作为诊断抗原对189例血吸虫病牛和92例健康牛的阳性检出率分别为87.8%和90.5%，阴性符合率分别为93.5%和92.4%。两种抗原之间敏感性和特异性均无显著性差异（$p>0.05$）。提示LHD–Sj23重组抗原可替代SEA用于家畜血吸虫病的血清学诊断。陆珂等以日本血吸虫基因重组抗原 LHD Sj23/pGEX和SjCL/pET 28a（＋）作为诊断抗原，应用ELISA法检测水牛日本血吸虫病，结果阳性符合率分别为93.3%（42/45）和95.6%（43/45），阴性符合率分别为93.3%（42/45）和80%（36/45），和以血吸虫成虫抗原（SWAP）和虫卵抗原（SEA）作为诊断抗原获得的结果差异不明显。赵清兰等也以重组日本血吸虫LHD–Sj23蛋白作为抗原致敏乳胶，建立了诊断牛血吸虫病的乳胶凝集试验（LAT）。用LAT方法与ELISA方法同时检测169份牛血清，结果表明LAT方法的特异性为94.29%，敏感性为93.10%，两种方法的符合率为94.08%（$p>0.05$）。且与牛结核杆菌、牛泰勒虫、牛巴贝斯虫、牛口蹄疫、牛边虫、牛传染性支气管炎等的阳性血清无交叉反应。

（3）日本血吸虫磷酸甘油酸酯变位酶（phosphoglycerate mutase，PGM）　张旻等以日本吸虫体被蛋白作为抗原，以日本血吸虫感染前，感染后的2周和6周，以及吡喹酮治疗后1、2、3、4、5、6、7、8个月的兔血清为一抗，利用免疫蛋白质组学技术筛选具有免疫诊断价值的抗原分子。研究结果显示，有10个蛋白点未被感染前兔血清识别，但在感染后的第2周和6周都呈阳性反应，而在治疗后的早期阶段又转为阴性反应。经质谱鉴定，这10个蛋白点分属于6个不同蛋白质。作者从中挑选磷酸甘油酸酯变位酶SjPGM进行了克隆、表达。经免疫组织定位分析表明SjPGM为一体被蛋白。ELISA法分析结果显示，试验兔感染日本血吸虫2周后，所有兔子都可检测出抗rSjPGM和SEA的特异性抗体。在吡喹酮治疗后的第2～7个月，以重组蛋白rSjPGM作为诊断抗原，所有试验兔都陆续转为阴性，而直至吡喹酮治疗后第8个月，以SjSEA作为诊断抗原，所有试验兔仍都呈阳性。表明在考核药物疗效，或区分现症感染和既往感染方面，rSjPGM作为诊断抗原要明显优于目前最常用的SjSEA。进一步应用ELISA法检测了104份血吸虫感染阳性水牛血清和60份健康水牛血清，结果以rSjPGM和SjSEA作为诊断抗原，其敏感性分别为91.35%和100%，特异性分别为100%和91.67%。而在检测14份前后盘吸虫、9份大片吸虫感染水牛血清时，rSjPGM的交叉反应率为7.14%和11.11%，SjSEA为50.00%和44.44%，表明rSjPGM作为牛血吸虫病的诊断抗原具有潜在的应用价值。

（4）日本血吸虫辐射敏感蛋白23（SjRAD23）　在张旻等日本吸虫体被蛋白免疫蛋白质组学研究基础上，李长健对其中一候选诊断抗原——辐射敏感蛋白23（SjRAD23）的应用潜力进行了评估。以重组抗原rSjRAD23和日本血吸虫可溶性虫卵抗原SjSEA作为诊断抗原，分别检测了60份健康水牛血清和75份感染日本血吸虫水牛血清，以及14份前后盘吸虫感染牛血清和6份大片吸虫感染牛血清。结果以重组抗原SjRAD23作为诊断抗原，特异性为98.33%，敏感性为89.33%，与前后盘吸虫和大片吸虫的交叉反应率分别为14.28%和0%；以虫卵可溶性抗原SjSEA作为诊断抗原，特异性为91.67%，敏感性为100%，与前后盘吸虫和大片吸虫吸虫的交叉反应率分别为50%和16.67%。表明以重组抗原SjRAD23作为牛血吸虫病诊断抗原，敏感性略低于SjSEA，但特异性及与其他寄生虫交叉反应性都好于SjSEA。以重组抗原rSjRAD23和日本血吸虫可溶性虫卵抗原SjSEA作为诊断抗原，平行检测了试验兔感染日本血吸虫前，感染日本血吸虫后2、4、6周以及用血吸虫病治疗药物吡喹酮治疗后1～8个月每月兔血清中两种抗原特异性抗体水平，结果以两种抗原作为诊断抗原，感染后2、4、6周都出现阳性反应，以重组抗原rSjRAD23作为诊断抗原，5只试验兔在吡喹酮治疗后的2、3、5个月各有一试验兔转阴；而以日本血吸虫可溶性虫卵抗原SjSEA作为诊断抗原，直至治疗后8个月转阴率仍然为0。表明以重组抗原rSjRAD23作为诊断抗原，比SjSEA有更好的疗效考核价值。

2. 多表位重组抗原作为诊断抗原检测牛、羊血吸虫病　如上，以单一的重组抗原作为诊断抗原，和目前最常用的日本血吸虫虫卵抗原SEA相比，明显提高了检测方法的特异性，但敏感性往往比SEA差。因此，有学者提出研制多表位重组蛋白作为诊断抗原来检测日本血吸虫病，以期在保持重组抗原具有高特异性的同时，提高诊断方法的敏感性。章登吉等研制了日本血吸虫多表位重组抗原rSjGCP–Sj23–Sj28和rSjGCP–Sj23。Jin Y M等以rSjGCP–Sj23–Sj28、rSjGCP–Sj23和日本血吸虫重组抗原rSj23–LHD、rSjTPX1、rSjEF1及虫卵抗原SEA作为诊断抗原，通过ELISA分别检测了189份血吸虫病粪检阳性牛血清和92份采自血吸虫病非疫区的健康牛血清，12份大片吸虫感染牛血清和12份锥虫感染的兔血清，结果表明以重组抗原pGEX–SjGCP–Sj23作为诊断抗原，检测阳性牛血清获得的平均OD值最高，对阳性牛的检出率和对健康牛的阴性符合率分别为91.0%和97.8%，在六种抗原中都是最高的。

周伟芳等分析比较日本血吸虫感染兔药物治疗前后，基因重组抗原特异性抗体消长情况，用吡喹酮治疗后抗二价多表位重组抗原pGEX–SjGCP–Sj23的特异性抗体水平下降趋势最明显，治疗后第18周和第20周5只存活的兔子中有3只转阴，占60%；第24周5只存活的兔子全部转阴，占100%。而至治疗后24周，所有兔子抗SEA的特异性IgG抗体都呈阳性。以上初步结果表明，如用于疗效考核或区分现症感染和既往感染目的，在所测试的几种抗原中，以二价多表位重组抗原pGEX–SjGCP–Sj23效果最佳。周伟芳等的研究还表明，兔特异性抗pGEX–SjGCP–Sj23的IgM抗体在血吸虫攻击感染后第3～5天就出现，且特异性IgM抗体下降速度较缓慢。抗pGEX–SjGCP–Sj23的特异性IgG抗体的出现总体要比IgM晚2～3周，但其平均OD值较高。初步结果表明，建立针对pGEX–SjGCP–Sj23的特异性IgM抗体的检测技术有可能用于血吸虫病的早期诊断。该结果表明，二价多表位重组抗原pGEX–SjGCP–Sj23有用于疗效考核和早期诊断的潜力，是一种值得深入研究、有应用前景的血吸虫病新诊断抗原。

陆珂等制备了酶标兔抗IgG，并表达和纯化了日本血吸虫二价表位重组抗原pGEX–BSjGCP–BSj23，建立了检测牛血吸虫病的间接ELISA方法，其特异性明显高于SEA，敏感性与SEA相当。检测现场水牛血清样品阴性符合率为100%，阳性符合率为90.97%。结果表明，建立的ELISA检测方法对牛血吸虫病的诊断具有良好的特异性和敏感性。

3. 模拟抗原　噬菌体展示技术是把外源蛋白与丝状噬菌体的外壳蛋白融合表达而被展示于噬菌体表面，可以对特定的配基进行亲和筛选，得到具有良好的抗原性及免疫原性的外源蛋白或抗原多肽。所获得的噬菌体克隆、蛋白和多肽可用于疫苗抗原表位和诊断研究中。王欣之等用日本血吸虫SSj14单抗筛选噬菌体展示随机十二肽库得到一条多肽HNNSLPFFKLAT，人工合成后与BSA偶联，以该偶联蛋白作为诊断抗原建立ELISA方法，检测40份小鼠感染血清和20份小鼠健康血清，阴、阳性符合率均为100%，提示是研制血吸虫诊断抗原的一种有效技术，但目前尚未用于牛、羊等家畜的诊断。

四、不同血清学诊断方法的选择和应用

（一）血清学检测方法的特异性和敏感性

日本血吸虫感染动物后，在动物血液内存在有日本血吸虫抗原和相应抗体。日本血吸虫的抗原和相应抗体按免疫特异性可分为两部分，一部分是日本血吸虫特有的抗原和相应抗体，另一部分是日本血吸虫和其他寄生虫共有的抗原及其相应抗体；动物机体患有其他非寄生虫病时血清中有时也会存在与血吸虫抗原能结合的抗体决定簇。因此，诊断液中仅含日本血吸虫特有抗原或相应抗体时才会有较高的特异性，如含有与其他寄生虫共有抗原或相应抗体，甚至有非寄生虫病相同决定簇的抗原或相应抗体时，则特异性低；而特异性和敏感性的高低则是由包括与其他病原共有的抗原或相应抗体在内的日本血吸虫总抗原或相应总抗体的多少决定的。此外，感染日本血吸虫的动物，当血吸虫被杀死并排除体外后（如吡喹酮治疗），血吸虫虫卵在宿主的肝、肠等组织仍长时间存在，一定时间内动物血液中仍会有血吸虫抗原和相应抗体，一般血吸虫特异性抗体可在宿主体内存在几个月甚至更长时间。因此，在虫体消失后，血清学检测的阳性反应仍有可能保持一段时间，这就导致出现免疫反应呈阳性，而疾病诊断呈假阳性的现象。敏感性和特异性是衡量血清学诊断方法两个重要方面。在临床上，敏感性以该方法对寄生血吸虫的检出率来判定，特异性是以对未寄生血吸虫或感染其他病原的同种动物的阴性符合率来判定。但在建立某种诊断方法时，对疫区无日本血吸虫寄生的动物的阴性符合率往往难于判定，过去曾采取剖检部分血清学诊断结果为阳性，而粪便孵化为阴性的疫区动物来参考说明，如其中有一定数量的动物无血吸虫寄生，则按这个数量来估测血清学检测阳性数中有多少假阳性，再加上同群被检动物中的阴性结果数来估算该方法的假阳性率，以100%减去这个假阳性率为该方法的阴性符合率。对血清学方法特异性的判定，一般可按下列几个方面综合进行。

1. 非疫区同种动物的阴性符合率。

2. 病畜经治愈后的转阴时间及各时间（月、周或日）的转阴率，以转阴速度越快越好。

3. 与其他寄生虫的交叉反应情况，以交叉反应越少越好。

敏感性则以对寄生日本血吸虫动物的检出率来表示，有条件时也可辅以其他资料进一步说明，如对人工感染血吸虫的动物的检出率，以感染虫量越少、检出动物数越多为好；以动物感染血吸虫后检出的时间越早越好，同时能在整个感染期间都呈现阳性；与病原诊断阳性动物的符合率，以高为好。

（二）不同条件下血清学方法的选择

用于血吸虫病非疫区和基本消灭地区疫情监测的诊断方法应该是敏感性、特异性均高的方法，两者中尤以敏感性高更为重要，这样才不至于漏检，并可准确判断结果。可采用间接血凝试验等血清学方法，有条件的地区也可采用酶联免疫吸附试验法。对血清学方法检测阳性的动物，再以病原诊断方法确诊。

用于日本血吸虫病流行病学调查和抽查时，要求诊断方法的敏感性、特异性均高且操作简便快速，因此可采用间接血凝试验、试纸条法等血清学方法。对血清学方法检测阳性的动物，再以病原诊断方法确诊。

普查日本血吸虫病时，由于工作量大，查出的阳性动物主要作为治疗对象，因此对诊断方法要求往往以敏感、简便、快速更为重要，可采用间接血凝试验、试纸条法等血清学方法。

动物检疫是执法行为，把血吸虫病作为检疫对象，要采用法定检疫规程。根据我国2002年发布的《家畜日本血吸虫病诊断技术》（GB/T 18640—2002），检疫动物血吸虫病可使用间接血凝试验。

第四节　动物日本血吸虫病核酸分子检测研究进展

由于血吸虫病诊断在血吸虫病防治中的中心位置，对血吸虫诊断技术的改进方兴未艾，近年来随着分子生物学技术，特别是PCR技术的发展，血吸虫病核酸分子检测研究也取得一些进展。

检测病原体核酸物质的方法为寄生虫病诊断开辟了新途径。在某种意义上，核酸检测也属于病原学诊断，同样可以作为确诊的依据。核酸检测技术由于直接检测病原体DNA，属于直接诊断法，特异性高，在血吸虫感染检测方面一直受到学者们的关注。2002 年，粪检 PCR 法首先应用于检测曼氏血吸虫（*Schistosoma mansoni*）感染。其后，PCR 技术在诊断血吸虫病方面的应用不断增多，相继用于诊断日本血吸虫病（Schistosomiasis japonica）与埃及血吸虫病（Schistosomiasis haematobium）。

一、血吸虫核酸检测的可行性

只要有病原体存在，机体内就会有其核酸物质存在。血吸虫生活史和寄生部位的特殊性决定了血吸虫核酸检测技术的可行性。日本血吸虫尾蚴侵入终末宿主皮肤后转变为童虫，此后血吸虫就在宿主的循环系统中移行、发育、成熟、产卵。在移行、发育、产卵等过程中，血吸虫的表膜发生更新、脱落，其细胞在宿主血液中发生崩解，其核酸物质持续出现在宿主血液中。有学者对日本血吸虫核酸在宿主体内的代谢进行了研究，结果显示血吸虫核酸在进入小鼠体内后，首先是分布在血清中，再随血液进入肝脏，为血清中日本血吸虫核酸来源的研究提供了依据。基于这种血吸虫DNA可以释放到血液中的原理，国内外学者已经将研究热点集中于血吸虫DNA的核酸诊断技术上，并且已经成为血吸虫病诊断方法的研究热点。

聚合酶链反应（polymerase chain reaction，PCR）可将微量的靶 DNA 特异地扩增，从而大大提高对 DNA 分子的分析和检测能力，因而可以直接从宿主体液标本和排泄物中检出相应的 DNA，简化了诊断过程，提高了敏感性。目前用于动物血吸虫病诊断的分子生物学技术大多基于PCR，从普通PCR到巢式PCR、实时定量PCR、LAMP等都有报道。

二、核酸分子检测靶标

核酸诊断从其本质而言是检测样品中相关靶标分子的含量。因此，对于诊断靶标的选择是分子生物学方法的核心，目前国内外学者研究血吸虫核酸诊断方法所选择的血吸虫靶序列主要有*5D*、*SjR2*、*18S rRNA*、*NC_002544*、*NADH I*基因等。

（一）*5D* 基因

编码日本血吸虫毛蚴抗原的*5D*基因是最早应用于日本血吸虫核酸诊断的靶基因。该基因在日本血吸虫基因组中为一重复序列，共有560bp。陈一平等以血吸虫的成虫、感染兔肝脏中的虫卵、尾蚴DNA为模板，利用普通PCR在单个虫卵、单个尾蚴或针尖大小的成虫组织中检测到该基因，且与常见的肠道细菌及人基因组DNA无交叉反应。

（二）逆转录转座子*SjR2*

SjR2（AY027869）是日本血吸虫non-LTR逆转录转座子2，长3921bp，在日本血吸虫基因组中约有400个完整拷贝和23 755个不完全拷贝，其序列总长占基因组的4.43%，分散在整个染色体中。因为*SjR2*具有高度保守和多拷贝的特点，被多个研究单位选为靶基因应用于日本血吸虫核酸诊断中，并在日本血吸虫生活史多个阶段（成虫、尾蚴、虫卵）及宿主粪便和血清中检测到该基因的特异DNA片段。

Driscoll等首次以*SjR2*为靶标进行日本血吸虫分子检测，应用PCR方法检测出了含2个以上尾蚴的样本。夏超明等根据日本血吸虫逆转录转座子*SjR2*基因分别设计PCR法及LAMP法引物，在日本血吸虫成虫、感染兔粪便和肝组织虫卵及血吸虫病人、感染家兔的血清中都检测到了特异的日本血吸虫基因片段，其敏感性分别达到了80fg/μL、0.08 fg/μL，与曼氏血吸虫、肝吸虫未出现交叉反应，在感染后第1周即可扩增出特异条带，在治疗后12~13周即转为阴性，结果说明该靶序列具有早期诊断和疗效考核的潜在应用价值。之后，余传信等选择*SjR2*的3个不同区段作为靶序列也得到了相似的结果。为该基因在血吸虫核酸诊断中应用提供了基础。

（三）核糖体序列*18S rRNA*基因

*18S rRNA*基因（AY157226）是血吸虫看家基因，DNA序列长度为1 883bp，在血吸虫基因组中拷贝数较多。以*18S rRNA*为靶标序列，先后在日本血吸虫不同发育阶段和各种宿主的多种样本中检测到了特异性片段，显示*18S rRNA*靶序列在血吸虫感染诊断中具有应用价值。

陈军虎、李洪军等报道以*18S rRNA*为靶序列设计引物，采用普通PCR方法在日本血吸虫感染性钉螺、日本血吸虫基因组中均检测到长度为469bp的DNA片段。周立等选择了新靶序列，扩增片段长度为1 450bp，采用荧光定量PCR水解探针法检测日本血吸虫成虫DNA，最低检测浓度为6.15pg/反应，并检测了50份患者粪便中虫卵DNA，检测阳性率为48.0%。之后他们改进了试验方法，敏感性可以达到10fg（成虫DNA），可以在小鼠感染后1周血清，感染后4周的粪便标本中检测到特异性DNA片段，提示了*18S rRNA*靶序列的血吸虫感染的诊断价值。

（四）线粒体基因

多个研究者采用线粒体基因（Gen-Bank accession No：NC_002544）用于动物日本

血吸虫感染的检测。Gobert 等分别扩增了两段长242和668bp模板DNA用于检测日本血吸虫感染，使用BLAST 比对检测显示该模板DNA具有特异性，在小鼠和兔粪样分别检测到了特异性片段。Lier等也针对这一靶序列扩增了一段82bp的DNA片段用于检测日本血吸虫感染，在猪粪样、血样、直肠组织样本中均检测到该片段，并比较检测了曼氏血吸虫病、钩虫病、鞭虫病与绦虫病粪样，以及曼氏、埃及与牛血吸虫等成虫DNA，结果均为阴性。结果表明，NC＿002544是一个较好的日本血吸虫分子检测靶标。

NADH I基因是另一个线粒体基因，是血吸虫核酸诊断中应用较多的靶序列。Lier等应用以NADH I基因为靶序列建立的real-time PCR方法检测了日本血吸虫低感染度病人粪便，同时与IHA、粪便孵化试验和Kato-Katz等方法进行了比较，检出率分别为5.3%、26.1%、3.2%和3.0%。Kato-Hayashi以日本血吸虫的NADHI基因为靶序列设计特异性引物建立普通PCR方法，扩增成虫DNA，其敏感性达到了0.01pg，并在日本血吸虫感染后1周的小鼠混合尿液中扩增到了特异性片段。

三、核酸样品及处理方法

在日本血吸虫分子生物学诊断技术的研究中最常用的样本为血样和粪样。提取粪样DNA 作为模板的 PCR 检测法最早在感染后3周可检测出血吸虫感染。而在感染后 1～2 周，提取血样 DNA作为模板的 PCR 检测法即可有阳性结果，提示血样的 PCR 检测法可用于血吸虫感染早期诊断。

样品的保存主要是防止样品中DNA的降解，一般常采用低温保存或加抑制剂。制备模板的关键在于去除模板 DNA 中 PCR 反应抑制物，粪样中最常见的PCR 反应抑制物为胆汁酸盐与多糖类物质，血样中PCR 反应抑制物主要为亚铁血红素等。

传统提取粪样DNA 的方法为 ROSE 法，提取血样DNA的方法为碱裂解法，方法成熟且花费较少，但结果不稳定且费时费力，早期研究中经常使用该法。现常采用商业化试剂盒（如QIAamp系列试剂盒），试剂盒中 Spin 柱子中的二氧化硅能够有效去除粪样中PCR 反应抑制物。

四、核酸分子检测技术

PCR技术是分子生物学技术中发展最快、普及最迅速、应用最广泛的技术之一，该法是体外酶促合成特异DNA片段的一种方法，由高温变性、低温退火和适温延伸等几步反应组成一个周期，循环进行，使目的DNA得到迅速扩增。目前PCR已用于多种感染性疾病诊断，并且在标准PCR的基础上，衍生了多种PCR方法。

（一）普通PCR

PCR是20世纪80年代中期出现的一种新技术。1991年，以色列学者Hamburguer等以曼氏血吸虫基因组中的一个121bp的高度重复序列为检测靶标设计引物，建立检测水中血吸虫尾蚴DNA的PCR技术。Sandoval等利用小鼠血吸虫病模型，建立通过尿液检测非疫区人群是否感染曼氏血吸虫的PCR技术。陆正贤等采用日本血吸虫尾蚴感染新西兰家兔的模型，进行PCR检测日本血吸虫DNA的试验研究，从日本血吸虫的成虫、虫卵、日本血吸虫感染家兔的肝组织、粪便和外周血清中均扩增到特异性条带。

（二）巢式PCR

巢式PCR（nested PCR）是利用两套引物进行两轮PCR扩增，先用目的片段外侧的外引物进行第一轮扩增，然后用内引物再扩增目的片段。采用巢式PCR可以提高PCR的敏感性并兼顾其特异性，对于微量样品的检测有重要意义。刘爱平等建立了巢式PCR法检测日本血吸虫低感染度宿主血清DNA，研究结果显示，应用巢式PCR法可从仅有3~5对成虫的家兔血清中检出特异性条带，为低感染度日本血吸虫病诊断提供了新方法。

（三）实时荧光定量PCR

实时荧光定量PCR方法（real-time quantitative PCR）在PCR中引入了荧光标记探针或双链DNA特异的荧光染料，使得在PCR反应中产生的荧光信号与PCR产物量成正比例关系，可根据PCR反应中实时荧光信号分析、计算出PCR反应特性，并推算原始样品中的模板含量。Huang等报道了检测不同水源中的日本血吸虫尾蚴的实时定量PCR检测方法。Lier等建立了从粪便中检测日本血吸虫虫卵DNA的real-time PCR法，并用于日本血吸虫感染猪模型的检测。Li Zhou等建立的检测被感染小鼠粪便及血清中的日本血吸虫 *18S rRNA* 基因 Taqman 实时定量 PCR能检测到10fg 的日本血吸虫基因组DNA，其敏感性较普通 PCR 高100倍。

（四）环介导等温核酸扩增

环介导等温核酸扩增（Loop-mediated isothermal amplification，LAMP）是 Notomi等于2000 年开发的一种新颖的恒温核酸扩增方法，其特点是针对靶基因（DNA，cDNA）的6个区域，设计4种特异引物，利用Bst链置换DNA聚合酶（在65℃左右保温1h，即可完成核酸扩增反应）。反应结果可根据扩增副产物焦磷酸镁的沉淀，用肉眼直接观察或浊度仪检测沉淀浊度来判定。许静等以逆转录转座子 $SJR2$ 为靶序列建立了检测日本血吸虫的LAMP 技术，其检测阈值可达到0.08fgDNA，灵敏度为普通 PCR 的10^4倍，应用LAMP法可从感染日本血吸虫家兔模型中感染后第1周的血清中检测出日本血吸虫特异性DNA，对疗效考核的结果表明LAMP法于治疗后第12周血清DNA的检测结果即转为阴性。而Kumagai等针对日本血吸虫$28S\ DNA$（$rDNA$）设计LAMP引物建立了单一尾蚴感染钉螺的检测方法，并在感染后1d即可检测到血吸虫感染钉螺DNA。

五、核酸检测的特异性与敏感性

高特异性和敏感性是血吸虫核酸分子检测技术得到迅速发展的重要因素。

特异性是评价血吸虫分子检测技术的最重要指标。血吸虫具有许多特异的基因序列，检测其特异性基因片段与检获虫体具有同样的诊断价值。由于分子生物学方法直接检测血吸虫DNA片段，理论上不同于检测抗体和抗原会受宿主及寄生虫各发育阶段抗原变异的影响，比免疫血清学方法更加可靠、稳定。目前大多数血吸虫分子检测技术基于PCR，因此其引物的特异性决定了该类检测方法的特异性。虽然PCR技术本身的特异性是毋庸置疑的，但扩增的靶基因（片段）是制约其特异性的决定因素，如果目的片段在不同种属间具有相似性，就有可能出现一定的交叉反应。因此，在设计PCR引物时须特别注意其特异性。BLAST 比对和电子PCR是较好的检验引物特异性的途径，方便快捷，检测范围广，但由于GenBank储存信息的不完整性限制了BLAST和电子PCR的可靠性。提取其他病原体DNA和/或正常宿主样本中总体DNA进行PCR反应检测，也是评价该类检测技术特异性的重要途径。

PCR产物的生成量是以指数方式增加的，能将皮克量级的起始待测模板扩增到微克级，这种大量扩增为该类方法的敏感性提供了基础。但伴随高灵敏度而来的则是假阳性的问题。仔细分析该类检测方法的假阳性主要来源是PCR过程：① 选择的扩增序列与非目的扩增序列有同源性；② 靶序列太短或引物太短，容易出现假阳性；③ 样品或试剂的交叉污染；④ PCR体系不稳定；⑤ 气溶胶污染。经验表明可以通过重新设计引物、优化反应条件、严格控制试验环境、简化样品处理等方法可以有效降低或解决假阳性的问题。

目前，国内外多家实验室已经建立了较稳定的血吸虫病核酸诊断技术或方法，但大多处在试验研究阶段，在临床应用上还不多见，试验对象局限于小鼠和兔等实验动物。随着分子生物学技术的快速发展，血吸虫核酸分子检测技术的优势日益突显，可以在微量病原体 DNA（RNA）存在的情况下，即能做出迅速、准确的判断，可在疾病的早期诊断、疗效考核和流行病学调查研究中发挥重要作用。牛、羊等动物是我国血吸虫病流行的重要因素，针对牛、羊等动物的血吸虫病分子检测技术研究还极少，在兽医临床中还未见应用。因此，早日研制适用于牛、羊等动物的血吸虫病核酸分子检测技术方法必将提高动物血吸虫病的诊断水平，从而为该病的防治和流行病学调查提供新方法。

参考文献

蔡世飞，李文桂，王敏. 2011. RT-PCR扩增Sj26、Sj32和Sj14–3–3抗原编码基因用于慢性日本血吸虫病诊断的研究 [J]. 中国病原生物学杂志 (2)：133–135.

陈代荣，余文正，蒋学良，等. 1984. 粪孵法诊断血吸虫病新工具——玻璃顶管塑料瓶 [J]. 兽医科技杂志 (2)：45–46，42.

陈清，吴琛耘，冯艳，等. 2013. 日本血吸虫卵*SjE16*、*SjPPIase*和*SjRobl*基因的真核表达及其在诊断中的应用 [J]. 中国寄生虫学与寄生虫病杂志 (3)：170–175.

陈一平，翁心华，沈雪芳，等. 1998. 聚合酶链反应检测日本血吸虫*5D*基因的实验研究 [J]. 中国寄生虫学与寄生虫病杂志 (1)：61–64.

陈一平，翁心华，徐肇玥，等. 1997. 聚合酶链反应检测日本血吸虫DNA的探索 [J]. 中华传染病杂志 (4)：203–206.

程天印，施宝坤. 1990. 应用酶联免疫吸附试验检测山羊日本血吸虫病抗体的研究 [J]. 信阳师范学院学报（自然科学版）(1)：75–82.

冯静兰，等. 1998. 动物血吸虫病防治手册 [M]. 北京：中国农业科学技术出版社.

陈淑贞，吴观陵，蔡银龙，等. 1985. 间接血凝抗体滴度在血吸虫病流行病学上的意义 [J]. 江苏医药 (10)：12–15.

陈锡奇. 1998. 粪孵法诊断动物血吸虫病 [J]. 中国农业大学学报 (S2)：132.

付媛，何永强，卢福庄，等. 2011. 日本血吸虫22.6kD重组抗原二步金标免疫渗滤法诊断家畜血吸虫病的初步研究 [J]. 浙江农业科学 (5)：1166–1168.

付媛，卢福庄，石团员，等. 2011. 重组抗原金标免疫渗滤法诊断家畜血吸虫病血纸抗体初探. 中国畜牧兽医学会家畜寄生虫学分会第六次代表大会暨第十一次学术研讨会 [C]. 武汉：[出版者不详].

傅志强，刘金明，李浩，等. 2007. 日本血吸虫Sj32KD抗原基因的克隆、表达及诊断应用 [J].中国兽医寄生虫病 (4)：1–6.

傅志强，石耀军，刘金明，等. 2002. McAb-Dot-ELISA检测牛日本血吸虫病血清循环抗原 [J]. 中国血吸虫病防治杂志 (2)：95–97.

高珏, 余传信, 宋丽君, 等. 2014. 日本血吸虫热休克蛋白70 (Sj HSP70) 的抗体反应特征及免疫诊断价值 [J]. 中国病原生物学杂志 (8)：699－705.

葛仁稳, 熊才永, 谢帮海. 1981. 环卵沉淀反应诊断耕牛血吸虫病 [J]. 湖北畜牧兽医 (2)：13－16.

龚光鼎, 刘尧, 杜远海, 等. 1985. 应用间接血凝普查耕牛血吸虫病 [J]. 湖北畜牧兽医 (1)：19－20, 24.

官威, 许静, 孙缓, 等. 2014. Real-time PCR法用于日本血吸虫感染宿主血清DNA的定量检测及其感染度的评价 [J]. 中国人兽共患病学报 (3)：263－267, 277.

韩明毅. 1989. 环卵沉淀反应血纸法诊断耕牛日本血吸虫病的试验 [J]. 中国兽医杂志 (3)：29－30.

洪佳冬, 何蔼, 王轶, 等. 2002. 日本血吸虫核酸在宿主体内的代谢 [J]. 中国人兽共患病杂志 (1)：59－61, 72.

胡洪明, 彭文先, 荣德智, 等. 1992. 用间接血凝试验诊断牛血吸虫病和锥虫病 [J]. 中国兽医杂志 (8)：20－21.

黄天威, 狄德甫, 林筱勇, 等. 1981. 关于影响间接血凝试验诊断血吸虫病效果的若干问题的探讨 (二) [J]. 浙江医科大学学报 (1)：5－10.

黄文长, 马细妹, 周宪民. 1980. 影响血吸虫虫卵抗原间接血凝试验因素的探讨 [J]. 江西医学院学报 (2)：49－52.

季平, 李新华, 毛清梅, 等. 2007. 免疫胶体金试剂盒检测家畜血吸虫病的效果及分析 [J]. 中国兽医寄生虫病 (4)：16－18.

蒋鉴新, 裴洪康, 潘孺孙. 1959. 赤血球凝集反应对日本血吸虫病的诊断价值 [J]. 上医学报 (4)：295－300.

江为民, 向静, 江新明, 等. 2006. 三联Dot-ELISA与粪检法检测牛日本血吸虫的比较研究 [J]. 上海畜牧兽医通讯 (3)：21－22.

李成亮, 邹雯. 1979. 耕牛血吸虫病粪孵诊断对比试验的初步结果 [J]. 江西农业科技 (8)：17, 23.

李亚敏, 邱丹, 张咏梅, 等. 1995. 猪、牛日本血吸虫病粪便孵化法毛蚴孵出时间比较 [J]. 中国兽医寄生虫病 (2)：32, 49.

李豫生. 1987. 耕牛日本血吸虫病诊断和治疗方法的改进 [J]. 四川畜牧兽医 (3)：26－27.

李友. 2008. 牛血吸虫病分子ELISA诊断方法的建立和应用 [D]. 武汉：华中农业大学.

李允鹤. 1974. 国外血吸虫病诊断研究的进展 [J]. 动物学报 (3)：297－310.

李允鹤. 1976. 血吸虫病环卵沉淀反应 [J]. 国外医学参考资料 (寄生虫病分册) (1)：7－12.

林矫矫. 1995. 中国大陆株日本血吸虫23kD基因重组抗原的研究——23kD抗原大亲水区多肽基因重组抗原的制备及抗原性测定 [J]. 中国兽医科技 (5)：21－23.

林矫矫, 李浩, 陆珂, 等. 2003. 应用Sj23基因重组抗原诊断牛、羊血吸虫病研究 [J]. 畜牧兽医学报 (5)：506－508.

林矫矫, 吴文渭, 刘训进, 等. 1991. 简易的Dot-ELISA法诊断耕牛和家兔日本血吸虫病 [J]. 中国人兽共患病杂志 (2)：66－68.

林矫矫, 吴文涓, 刘训遑, 等. 1991. ABC-ELISA诊断耕牛日本血吸虫病 [J]. 中国兽医科技 (1): 44-45.

刘爱平, 杨巧林, 郭俊杰, 等. 2010. 巢式PCR法检测日本血吸虫低感染度宿主血清DNA的研究 [J]. 苏州大学学报 (医学版) (5): 915-917, 930.

刘堂建. 1993. 试管口入水深度对应用试管倒插法诊断家畜血吸虫病的影响 [J]. 中国兽医杂志 (9): 30-31.

刘锡生. 1987. 塑料顶罐法和三角烧瓶法检查耕牛血吸虫病的效果对比试验 [J]. 江西畜牧兽医杂志 (3): 18.

刘跃兴, 邓乃宏, 刘振华, 等. 1991. 耕牛日本血吸虫病粪检次数与阳性检出率的关系 [J]. 中国血吸虫病防治杂志 (3): 188.

卢福庄, 方兰勇, 张雪娟, 等. 2006. 检测家畜血吸虫抗体的二步金标免疫渗滤法研究 [J]. 畜牧兽医学报 (7): 687-692.

卢福庄, 付媛, 赵俊龙, 等. 2009. 实验感染血吸虫牛、兔抗体的消长规律 [J]. 浙江农业学报 (4): 316-320.

卢福庄, 张雪娟, 付媛, 等. 2009. 家畜血吸虫病金标免疫渗滤试剂盒检测实验感染血吸虫牛治疗前后抗体水平的研究. 中国畜牧兽医学会家畜寄生虫学分会第六次代表大会暨第十次学术研讨会[C]. 兰州: [出版者不详].

陆珂, 李浩, 石耀军, 等. 2012. 牛日本血吸虫重组二价表位抗原间接ELISA检测方法的建立及应用 [J]. 中国兽医科学 (12): 1273-1277.

陆珂, 李浩, 石耀军, 等. 2005. 应用LHD-Sj23和SjCL基因重组抗原诊断水牛日本血吸虫病的研究[J]. 中国兽医寄生虫病 (1): 1-4.

陆珂, 李浩, 石耀军, 等. 2012. 牛日本血吸虫重组二价表位抗原间接ELISA检测方法的建立及应用 [J]. 中国兽医科学 (12): 1273-1277.

陆正贤, 许静, 龚唯, 等. 2007. 聚合酶链反应检测日本血吸虫DNA的实验研究 [J]. 中国人兽共患病学报 (5): 479-483.

罗庆礼, 沈继龙, 汪学龙, 等. 2005. 重组日本血吸虫26ku谷胱甘肽-硫-转移酶的表达、纯化及其免疫特性分析用于急性血吸虫病免疫诊断 [J]. 安徽医科大学学报 (6): 5-8.

罗庆礼, 周银娣, 沈继龙. 2012. 抗Sj14-3-3特异性IgY的制备及其诊断日本血吸虫病循环抗原的价值 [J]. 安徽医科大学学报 (9): 1011-1014.

农业部血吸虫病防治办公室. 1998. 动物血吸虫病防治手册[M]. 北京: 中国农业科学技术出版社.

彭运潮. 2006. 快速诊断家畜日本血吸虫病免疫层析条的研制与初步应用 [D]. 长沙: 湖南农业大学.

彭运潮, 邓灶福, 欧阳叙向, 等. 2009. 胶体金免疫层析条诊断家畜日本血吸虫病的现场应用 [J]. 中国动物传染病学报 (4): 67-70.

彭运潮, 刘金明, 孙安国, 等. 2006. 快速诊断家畜日本血吸虫病免疫层析试纸条的研制与初步应用

[J]. 中国血吸虫病防治杂志 (3)：197−200.

彭运潮，章登吉，石耀军，等. 2006. 三种抗原对家畜日本血吸虫病诊断价值的比较 [J]. 中国兽医科学 (3)：207−211.

卿上田，胡述光，谈志祥，等. 1994. 间接血凝试验调查不同地区耕牛日本血吸虫病的报告 [J]. 湖南畜牧兽医 (3)：29.

单家瑶. 1980. 耕牛日本血吸虫病粪便孵化诊断法研究概况（综述）[J]. 浙江畜牧兽医 (4)：1−8.

邵永康，蔡道南，荣先行，等. 1995. 单克隆抗体Dot-ELISA诊断日本血吸虫病的扩大试验 [J]. 中国兽医科技 (9)：34−35.

邵永康，吴炳生. 1995. 粪便直接孵化毛蚴法诊断牛日本血吸虫病的试验 [J]. 中国兽医寄生虫病 (2)：33−35，40.

沈杰. 1995. 粪孵法对自然感染日本血吸虫牛检出率效果的评价 [J]. 中国兽医寄生虫病 (1)：36−37，25.

沈杰，王云方，王理方，等. 1981. 应用环卵沉淀试验诊断耕牛日本血吸虫病的研究（一）[J]. 中国兽医杂志 (3)：2−4.

沈杰，朱国正，孙承铣，等. 1982. 基本消灭耕牛血吸虫病地区监察方法探讨 [J]. 湖南农业科学 (5)：46−47.

沈纬. 1992. 家畜血防工作的回顾和建议 [J]. 中国血吸虫病防治杂志 (2)：82−84.

沈杰，孙纪岚，方渭民，等. 1985. 酶联免疫吸附试验 (ELISA) 诊断牛日本血吸虫病的研究 [J]. 畜牧兽医学报 (4)：247−251.

沈杰，郑轫坚，邱巧平，等. 1991. 快速酶联免疫吸附试验诊断牛日本血吸虫病的研究 [J]. 畜牧与兽医 (5)：203−204.

施人杰，谢邦海，熊才咏，等. 1990. "间接血凝−血两检"诊断耕牛血吸虫病和锥虫病试验 [J]. 中国兽医杂志 (5)：26−42.

石耀军，李浩，刘一平，等. 2007. 间接血凝诊断家畜日本血吸虫病试剂的改进研究 [J]. 中国兽医寄生虫病 (6)：21−23.

石耀军，李浩，陆珂，等. 2006. 冻干间接血凝试验抗原诊断家畜日本血吸虫病效果的评价. 中国畜牧兽医学会家畜寄生虫学分会第九次学术研讨会 [C]. 长春：[出版者不详].

孙承铣. 1982. 近年来我国研究粪孵法诊断耕牛日本血吸虫病的成就与展望 [J]. 兽医科技杂志 (8)：42−44.

孙承铣. 1984. 磁感应孵化日本血吸虫卵的试验 [J]. 兽医科技杂志 (8)：27−29.

孙承铣. 1987. 电热毯孵化日本血吸虫卵的试验 [J]. 中国兽医科技 (7)：40.

孙承铣. 1989. 日本血吸虫毛蚴孵化率的节令调节现象 [J]. 中国兽医科技 (5)：27.

孙承铣，朱国正. 1981. 用湿育粪孵法提高耕牛血吸虫病的检出率 [J]. 畜牧与兽医 (3)：48.

孙承铣，朱国正. 1983. 牛日本血吸虫病粪孵毛蚴的年周期探索 [J]. 寄生虫学与寄生虫病杂志 (4)：43.

孙帅, 刘金明, 宋震宇, 等. 2009. 日本血吸虫天冬酰胺酰基内肽酶编码基因表达及诊断应用 [J]. 中国血吸虫病防治杂志 (6): 464-467.

徐维华. 1995. 棉析粪孵法与间接血凝法诊断耕牛日本血吸虫病效果比较试验 [J]. 畜牧与兽医 (2): 74-75.

徐志明, 饶雪梅, 蔡美瑛, 等. 1985. 血纸间接血凝试验诊断耕牛血吸虫病效果观察 [J]. 江西畜牧兽医杂志 (1): 45-48.

汪明. 2003. 兽医寄生虫学 [M]. 北京: 中国农业出版社.

翁玉麟, 黄贤造, 彭文元, 等. 1959. 使用二种搔爬器诊断耕牛血吸虫病的体会 [J]. 上海畜牧兽医通讯 (1): 37-38, 26.

王岑, 余传信, 季旻珺, 等. 2010. 环介导同温扩增检测全血日本血吸虫DNA的研究 [J]. 中国病原生物学杂志 (10): 749-753.

王道茂. 1990. 血纸片间接血凝法诊断耕牛血吸虫病 [J]. 中国兽医杂志 (11): 11-12.

王继玉. 1982. 间接血凝试验诊断水牛血吸虫病的效果观察 [J]. 江西农业科技 (5): 25-27.

王玠, 余传信, 殷旭仁, 等. 2011. 血吸虫感染小鼠早期诊断抗原的研究 [J]. 中国血吸虫病防治杂志 (3): 273-278.

王玠, 余传信, 张伟, 等. 2012. 检测抗Sj23HD IgG在监测预警哨鼠血吸虫感染早期诊断中的价值 [J]. 中国病原生物学杂志 (8): 594-598.

王敏, 李文桂, 蔡世飞. 2011a. PCR扩增Sj26、Sj32和Sj14-3-3抗原编码基因用于急性日本血吸虫病诊断的研究 [J]. 中国病原生物学杂志 (4): 273-275.

王敏, 李文桂, 蔡世飞. 2011b. RT-PCR扩增Sj26、Sj32和Sj14-3-3抗原编码基因诊断急性日本血吸虫病的初步研究 [J]. 中国人兽共患病学报 (3): 229-232.

王维金, 许亚琴, 干赛宝, 等. 1985. 应用间接血凝试验诊断牛肝片及吸虫病 [J]. 中国兽医科技 (2): 41-43.

王文忠, 李雪霞, 丁福先. 2012. 粪便顶管毛蚴孵化法应注意的问题 [J]. 云南畜牧兽医 (2): 44-45.

王溪云. 1958. 家畜日本血吸虫病直肠黏膜刮取诊断法及其应用 [J]. 中国兽医学杂志 (11): 435-436.

王宗安, 龙泽君, 吴宪波. 2006. 黄牛日本血吸虫病日排卵量和排卵周期测定 [J]. 云南畜牧兽医 (6): 39-40.

吴有彩, 邓德章, 戴建荣. 2007. 不同年龄牛群血吸虫感染调查 [J]. 中国血吸虫病防治杂志 (3): 228-229.

吴玉荷, 张仁利, 胡章立, 等. 2004. 重组Calpain蛋白的免疫原性及其诊断上的应用研究 [J]. 实用预防医学 (4): 652-654.

夏超明, 许静, 时长军, 等. 2008. 核酸检测技术在日本血吸虫感染宿主早期诊断及疗效考核中的应用研究. 全国寄生虫学与热带医学学术研讨会 [C]. 深圳: [出版者不详].

夏立照. 1978. 血吸虫病的免疫学诊断 [J]. 安医学报 (1): 17-22.

肖西志, 林矫矫, 于三科, 等. 2004. 日本血吸虫中国大陆株Sj23抗原基因在家蚕细胞中的表达及鉴定 [J]. 中国兽医学报 (1)：43－46.

肖西志, 于三科, 林矫矫, 等. 2003. 应用重组日本血吸虫组织蛋白酶L诊断日本血吸虫病的研究 [J]. 中国预防兽医学报 (5)：68－70.

徐斌, 段新伟, 卢艳, 等. 2011. 日本血吸虫P7抗原的克隆表达、虫期特异性分析以及早期诊断价值 的研究 [J]. 中国寄生虫学与寄生虫病杂志 (3)：161－166.

向静, 刘毅, 江为民, 等. 2007. 牛日本血吸虫病5种血清学诊断技术比较 [J]. 湖南农业大学学报 (自 然科学版) (1)：49－52.

熊才永, 葛仁稳. 1982. 间接血细胞凝集试验诊断耕牛血吸虫病试验报告 [J]. 中国兽医杂志 (11)： 22－23.

许静, 张惠琴, 骆伟, 等. 2008. 日本血吸虫感染小鼠血清中虫体核酸来源的实验研究 [J]. 中国人兽 共患病学报 (3)：260－262.

徐妮为, 丘继哲, 邹艳. 2013. 核酸检测在日本血吸虫病诊断中的应用价值分析 [J]. 中国医药指南 (2)： 63－64.

徐雪萍, 张咏梅, 张观斗, 等. 1991. 粪孵法诊断猪日本血吸虫病不同用粪量检出率比较 [J].中国血吸 虫病防治杂志 (3)：188－189.

颜洁邦, 代卓迹. 1989. 牛粪血吸虫卵计数方法的探讨 [J]. 中国人兽共患病杂志 (4)：49－50.

颜洁邦, 戴单建, 杨明富. 1993. 黄牛和猪人工感染血吸虫的荷虫、排卵及虫卵孵化率研究 [J]. 四川 畜牧兽医 (2)：3－4.

阳爱国, 毛光琼, 谢智明, 等. 2008. 斑点金标免疫渗滤新技术检测家畜血吸虫病的效果试验 [J]. 中 国兽医杂志 (4)：3－4.

杨安龙, 葛存芳, 冯太兰, 等. 2004. 耕牛血吸虫病检测方法比较试验 [J]. 中国兽医寄生虫病 (3)： 12－13, 21.

杨琳芬, 吴国昌, 涂芬芳, 等. 1997. McAb-Dot-ELISA试剂盒诊断日本血吸虫病的实验 [J].江西畜牧 兽医杂志 (2)：22－23.

杨艺, 王建民, 李小红, 等. 2011. 盐浓度、温度、孵化时间对日本血吸虫虫卵孵化的影响 [J]. 中国病 原生物学杂志 (11)：822－824.

杨永康, 李金荣. 1991. 糖水瓶粪孵血吸虫的试验与应用 [J]. 中国兽医科技 (3)：33－34.

姚邦源, 钱珂, 祝红庆, 等. 1991. 集卵薄涂片法检测牛粪中血吸虫卵含量的研究 [J]. 寄生虫学与寄生 虫病杂志 (4)：55－59.

姚宝安. 1995. 血吸虫毛蚴检查法的改进及其效果 [J]. 湖北农业科学 (2)：61－62, 58.

叶萍, 林矫矫, 吴文涓, 等. 1992. 用单克隆抗体Dot-ELISA检测日本血吸虫感染牛兔的血清循环抗原 [J]. 中国兽医科技 (9)：28－29.

叶萍, 张军, 田锷, 等. 1993. 直接法McAb-Dot-ELISA检测日本血吸虫感染耕牛血清循环抗原的研究 [J]. 中国血吸虫病防治杂志 (6)：341－343.

叶萍, 林矫矫, 田锷, 等. 1994. 直接法单克隆抗体酶联免疫吸附试验和常规酶联免疫吸附试验诊断耕牛日本血吸虫病的比较 [J]. 中国兽医科技 (6): 12–13.

应长沅. 1985a. 应用环卵沉淀反应检测山羊日本血吸虫病和治疗羊体内抗体消长规律的研究报告 [J]. 中国兽医杂志 (10): 11–14.

应长沅. 1985b. 应用环卵沉淀反应诊断牛日本血吸虫病的体会 [J]. 中国兽医杂志 (6): 50.

应长沅, 许平荣, 任叶根. 1992. 用间接血凝反应诊断耕牛日本血吸虫病的体会[J]. 上海畜牧兽医通讯 (1): 31.

应长沅, 许平荣. 1994. 用间接血凝反应和环卵沉淀试验诊断耕牛日本血吸虫病[J]. 中国兽医杂志(8): 30–31.

应长沅, 许平荣. 1996. 用间接血凝反应和环卵沉淀试验诊断耕牛日本血吸虫病 [J]. 畜牧与兽医 (2): 81.

余炉善, 邓水生, 袁兆康, 等. 1996. 顶罐孵化法和间接血凝血纸法诊断耕牛血吸虫病的效果及费用研究 [J]. 中国兽医寄生虫病 (4): 48–50.

张观斗, 张永梅, 徐雪萍, 等. 1991. 粪孵法诊断山羊血吸虫病不同用粪量检出率比较 [J]. 中国血吸虫病防治杂志 (4): 247.

张国芳, 刘玉霞, 陈启仁. 1982. 酶标记免疫吸附试验等四种免疫学方法诊断血吸虫病的研究 [J]. 皖南医学院学报 (2): 13–16.

张建安, 余炉善, 邓水生, 等. 1983. 环卵沉淀反应诊断绵羊血吸虫病试验研究 [J]. 中国兽医杂志 (9): 2–4.

张建安, 邓水生, 余炉善, 等. 1982. 间接血凝 (IHA) 诊断绵羊日本血吸虫病的试验 [J]. 江西农业大学学报 (3): 68–70.

张军, 田锷, 张正达, 等. 1993. 单克隆抗体Dot–ELISA现场诊断日本血吸虫病 [J]. 中国兽医科技 (11): 43–44.

张伟, 王玠, 余传信, 等. 2013. 血吸虫感染小鼠及家兔抗Sj23ku膜蛋白大亲水肽段 (Sj23HD) IgG应答模式及其免疫诊断价值 [J]. 中国病原生物学杂志 (2): 109–114.

张雪娟, 孙仁寅, 冯尚连, 等. 1999. 应用酶标SPA Dot-ELISA同时检测牛羊血吸虫病和肝片吸虫病 [J]. 中国兽医学报 (3): 68–69.

张雪娟, 王一成, 黄熙照, 等. 1993. 斑点酶联SPA诊断动物血吸虫病的研究 [J]. 中国兽医科技 (6): 10–12, 48.

张愉快. 1985. 一种可长期保存的血吸虫环卵沉淀反应玻片标本的制作 [J]. 衡阳医学院学报 (1): 55.

张正仁. 1985. 间接血凝试验诊断水牛日本血吸虫病 [J]. 江苏农业科学 (9): 32–33.

张正仁, 田名云. 1986. 间接血凝试验诊断水牛日本血吸虫病的应用体会 [J]. 中国兽医杂志 (11): 20–21.

赵灿奇, 佟树平, 李林双, 等. 2014. 大理州试验推广斑点金标免疫渗滤诊断技术 [J]. 云南畜牧兽医 (2): 38–39.

赵清兰，李友，聂浩，等．2009．检测牛血吸虫病的重组LHD-Sj23蛋白胶凝集试验的建立［J］．湖北农业科学（9）：2061－2065．

郑思民，王启疆，徐用宽，等．1965．耕牛血吸虫病实验诊断的研究——（一）粪便沉孵法、直孵法及直肠黏膜镜检法之比较［J］．中国兽医杂志（5）：32－33，30．

周立，荣秋亮，王业富．2012．日本血吸虫荧光定量PCR检测方法的建立．2012年湖北生物产业发展高端论坛暨湖北省生物工程学会2012年度学术交流会［C］．武汉：［出版者不详］．

钟光智，李豫生，贾明富．1986．薄膜湿育法诊断耕牛日本血吸虫病［J］．中国兽医科技（6）：45－46．

中国农业科学院上海家畜寄生虫病研究所．1982．科研论文报告汇编［J］．上海：中国农业科学院上海家畜寄生虫病研究所．

中国农业科学院上海家畜寄生虫病研究所．1984．科研论文报告汇编［J］．上海：中国农业科学院上海家畜寄生虫病研究所．

周日紫，康赛娥，万朝晖，等．1996．单克隆抗体斑点酶联免疫吸附试验调查耕牛血吸虫病［J］．湖南畜牧兽医（4）：11．

周庆堂，冯德南．1980．冻干血球间接血凝试验诊断耕牛血吸虫病的研究［J］．湖南农学院学报（2）：53－57．

周庆堂，冯德南，沈杰，等，1981．间接血凝试验诊断耕牛日本血吸虫病的研究［J］．湖南农业科学（2）：44－48．

周述龙．2001．血吸虫学［M］．北京：科学出版社．

周伟芳，林矫矫，朱传刚，等．2008．用日本血吸虫重组抗原诊断牛血吸虫病的研究［J］．中国兽医科学（6）：489－493．

朱春霞，王兰平，王孟利．2007．血纸间接血凝与斑点金标诊断血吸虫病效果对比试验［J］．湖南畜牧兽医（6）：6－7．

朱春霞，卿上田，张强．1995．单克隆抗体斑点酶联免疫吸附试验调查羊血吸虫病［J］．湖南畜牧兽医（5）：12．

朱敬，卫荣华．2014a．斑点ELISA与环幼沉淀试验诊断旋毛虫病的研究［J］．热带医学杂志（2）：169－171．

朱敬，卫荣华．2014b．免疫酶染色试验与环幼沉淀试验诊断旋毛虫病的研究［J］．中国热带医学（2）：137－138．

朱明东，华大曙，陶海全，等．1997．ELISA检测耕牛血吸虫抗体调查［J］．浙江预防医学（2）：9．

左新．1991．巍山县家畜吸虫病调查报告［J］．云南畜牧兽医（2）：19．

Guo J.J., Zheng H.J., Xu J., et al.2012.Sensitive and specific target sequences selected from retrotransposons of *Schistosoma japonicum* for the diagnosis of schistosomiasis[J].PLoS Negl Trop Dis, 6(3): 1579．

Halm-Lai, Faustina, 罗庆礼，等．2011.重组果糖二磷酸醛缩酶SjLAP和亮氨酸氨基肽酶SjFBPA用于日本血吸虫病的诊断和疗效考核的评价（英文）［J］.中国寄生虫学与寄生虫病杂志（5）：339－347．

Jin Y., M.Lu.K.Zhou, et al.2010.Comparison of Recombinant Proteins from *Schistosoma japonicum* for Schistosomiasis Diagnosis[J].Clin Vaccine Immunol, 17(3)：476 – 480.

Xia C., M. Rong, R. Lu, et al.2009.*Schistosoma japonicum*: a PCR assay for the early detection and evaluation of treatment in a rabbit model[J].Exp Parasitol, 121(2): 175 – 179.

Xu J., Liu A.P., Guo J.J., et al.2013.The sources and metabolic dynamics of *Schistosoma japonicum* DNA in serum of the host[J].Parasitol Res, 112(1): 129 – 133.

Xu J., Rong R., Zhang H.Q., et al.2010.Sensitive and rapid detection of *Schistosoma japonicum* DNA by loop – mediated isothermal amplification（LAMP）[J].Parasitol, 40(3): 327 – 331.

Zhu H., Yu C., Xia X., et al.2010.Assessing the diagnostic accuracy of immunodiagnostic techniques in the diagnosis of schistosomiasis japonica：a meta – analysis[J].Parasitol Res, 107(5): 1067 – 1073.

第九章

家畜血吸虫病的治疗

　　家畜血吸虫病的治疗可驱除患病家畜体内的虫体，减轻血吸虫对家畜造成的病害，同时，可减少患病家畜粪便中虫卵对环境的污染，是控制血吸虫病传播的重要环节。几十年来，我国先后开展了二硫基丁二酸锑钠、青霉胺锑钠、锑–273、血防846、敌百虫、硝硫氰胺、硝硫氰醚和吡喹酮等家畜和人血吸虫病治疗药物的药效、制剂、治疗剂量、毒理、药理等研究，并在不同时期推广应用于人和家畜血吸虫病的治疗，对控制病情和疫情，保护人畜健康发挥了重要的作用，取得了显著的社会、经济效益。

第一节　家畜血吸虫病治疗药物的演变和发展

一、血吸虫病治疗药物的发展

　　自1918年酒石酸锑钾用于治疗埃及血吸虫病以来，经过近百年的努力，先后发展了硫杂蒽酮类化合物、奥沙尼喹、尼立达唑、硝基呋喃类化合物、六氯对二甲苯、敌百虫、硝硫氰胺和吡噻硫酮等血吸虫病治疗药物。特别是20世纪70年代中期，高效、安全的血吸虫病治疗药物吡喹酮的问世，为血吸虫病的有效防控做出了巨大贡献。

　　1. 锑剂　1918年，Christopherson首先用酒石酸锑钾（吐酒石，potassium antimony tartrate，PAT）治疗埃及血吸虫病，这是首次公开的血吸虫病化学治疗方法。1975年以前，我国研制与应用了三价锑剂的化学药物，以酒石酸锑钠（锑–273）为主的三价锑剂在血吸虫病防治工作中被广泛使用20余年，疗效一般在70%以上，为防治初期我国血吸虫病疫情的控制发挥了重大作用。由于锑剂对心脏和肝脏的毒副作用大，故至20世纪80年代初已被淘汰。该类药物一般只用于血吸虫病人的治疗。

　　（1）酒石酸锑钾　口服吸收很不规则，且对胃肠道刺激性大；作皮下或肌内注射，吸收较差，且药物的刺激性大并可引起注射部位的局部坏死；故采用静脉给药。我国在1956年后曾研究和推广过总剂量为16mg/kg的7d疗法和总剂量为12mg/kg的3d疗法。该药的不良反应相当严重，几乎每一例受治者都有心电图的改变，可引起严重的心脏毒性和心律失常，也可引起中毒性肝炎、急性锑中毒等。

（2）酒石酸锑钠（锑-273，sodium antimony gallate）也称没食子酸锑钠。为20世纪60年代初我国研制的口服锑剂，1964年后用于临床血吸虫病的治疗。该药与酒石酸锑钾比较，毒性有所降低，治疗血吸虫病比较安全、有效。

临床上使用的缓释剂型为没食子酸锑钠以硬脂酸为阻滞剂的缓释片，药品主要在胃和肠腔中释放，可达95%。家兔一次口服后8h，血药浓度升至高峰。一般采用10d、15d疗法，总剂量分别按500mg/kg和600mg/kg计算，用药后3~7个月，粪便阴转率为55.8%~82.8%。

2. 非锑剂

（1）呋喃丙胺（F30066，furapromide） 1960年，上海医药工业研究所雷兴翰等合成对血吸虫有杀灭作用的呋喃丙胺。该药在体内主要吸收部位为小肠，吸收后药物可很快被肝脏和红细胞破坏。呋喃丙胺唯有口服才有杀虫作用，其代谢产物无杀虫作用，主要通过抑制成虫的糖酵解，影响糖代谢而发挥作用。该药对血吸虫童虫作用也较强，特别是对肝期童虫，因此呋喃丙胺可用于治疗各型血吸虫病。在治疗急性血吸虫病时，使用呋喃丙胺有特异退热作用，与敌百虫合用采用8d疗法，治疗后3~6个月，粪检阴转率可达60%以上，在20世纪60和70年代，在血吸虫病治疗中发挥过历史性作用。

呋喃丙胺药物不良反应较多且发生率与不良反应程度与每天总剂量和每次服药量有关，常见的不良反应主要有腹痛、腹泻、便血、肌痉挛、食欲减退。便血发生率约10%。

（2）六氯对二甲苯（血防-846，hexachloroparaxylol） 1963年，重庆医学院合成的六氯对二甲苯，依据分子式$C_8H_4Cl_6$中3种原子数命名为血防864。该药口服后主要在小肠部位吸收，口服5~7h血药浓度达到高峰，24h即可清除。该药可能通过进入虫体使其细胞变形，引起血吸虫性腺萎缩，肌肉活动力减弱从而使合抱虫体分离并肝移，最后被肝内白细胞与网状内皮细胞浸润、吞噬而消灭。

临床上主要用20%的血防-846油剂、片剂口服治疗血吸虫病，临床观察治疗后3~6个月，粪便孵化阴转率为69.2%~76.6%。

该药虽然具有一定的杀虫效果，因毒副作用明显而被淘汰。临床应用中常见的不良反应主要有头晕、嗜睡等精神反应，恶心、呕吐、食欲减退、腹痛、腹泻等消化道症状以及严重的溶血反应。

（3）尼立哒唑（硝唑咪，niridazole） 1964年由瑞士Ciba药厂合成，我国于次年合成。感染血吸虫的病兔连续3d灌服50mg/kg，或100mg/kg的该药，减虫率可分别达到72%和92%。硝唑咪对日本血吸虫杀灭作用不如对埃及血吸虫和曼氏血吸虫强，每天口服25mg/kg，连服7d，治疗埃及血吸虫、曼氏血吸虫和日本血吸虫病，治愈率分别为75%~95%、40%~75%和40%~70%。

尼立哒唑对血吸虫童虫也有作用，并能够抑制和杀死血吸虫病小鼠体内的未成熟虫卵。该药在临床应用上对日本血吸虫病疗效欠佳，提高剂量又会产生副作用。常见的不良反应有恶心、呕吐、食欲减退、腹痛、腹泻等消化道症状以及肌肉震颤、癫痫发作和惊厥。精神、神经系统反应发生率为3%（早期血吸虫病）和60%（晚期血吸虫病）。

（4）双萘羟副品红（pararosaniline pamoate）　20世纪70年代中期，用双萘羟副品红治疗1 000例血吸虫病患者，20d疗法，疗效可达80%～90%，虽然疗效较好，但疗程长，且有严重皮疹，急性粒细胞减少和中毒性肝炎等严重不良反应发生，因不良反应强而难推广应用。

（5）敌百虫（美曲膦酯，metrifonate）　该药对埃及血吸虫病有较好的疗效，但对曼氏血吸虫病和日本血吸虫病无效或疗效较差。该药能抑制日本血吸虫胆碱酯酶，使虫体麻痹不能吸附于血管而肝移，但杀虫效果差。在20世纪70年代中期，我国学者根据该药的药理特性提出呋喃丙胺与敌百虫合并疗法，即用呋喃丙胺治疗的第1～3天或3～5天，每天由肛门给予敌百虫栓剂或肌内注射针剂，以麻痹血吸虫并导致血吸虫肝移，然后口服呋喃丙胺，使移行至肝内的虫体能充分与药物呋喃丙胺作用。合并疗法提高了药效，治疗6个月的粪检阴转率在60%以上。该药对水牛血吸虫病疗效较好，但对黄牛血吸虫病无效。

3. **硝硫氰胺**（7505，nithiocyamine，amoscanate）　化学名称4-硝基-4′-异硫氰基二苯胺。本药最初由瑞士Ciba药厂合成，1976年通过动物试验证明其对曼氏、埃及与日本血吸虫均有作用。我国于1975年5月即仿制合成此药，并进行了动物试验及大规模现场治疗。在以后8年时间里，该药在四川、湖南、安徽、江苏、江西和湖北六省广泛使用，治疗各型血吸虫病人350万人次，证明效果良好。该药是一种用量小、价廉、疗程短、不良反应轻的广谱抗蠕虫药，是当时治疗血吸虫病较理想的药物。

由于硝硫氰胺价廉，治疗牛血吸虫病用药量少，疗程短且疗效好，故在治疗牛血吸虫病时有一定价值。

4. **氯硝柳胺**　又称血防67、育米生、灭绦灵、百螺杀等，淡黄色粉末，无味，不溶于水，稍溶于乙醇、氯仿、乙醚。氯硝柳胺是WHO推荐使用的唯一高效低毒的杀螺灭蚴药物，因有效期短（7～10d），须反复使用，对鱼有一定毒性，而且耗费很大。因此氯硝柳胺的临床应用已从传统的片剂、糊剂改进为缓释剂。氯硝柳胺主要用于杀灭血吸虫尾蚴，进而达到治疗血吸虫病的目的。

血吸虫的生活史分为成虫、虫卵、毛蚴、母胞蚴、子胞蚴、尾蚴、童虫七个发育阶段。研究表明，尾蚴是感染人畜的唯一阶段，98%以上的血吸虫尾蚴以静态方式浮在水面上，尾蚴是血吸虫生命周期中最脆弱的阶段。氯硝柳胺不仅是一种有效杀螺剂，对血吸虫尾蚴也有较强的杀灭作用，氯硝柳胺难溶于水、在水中易沉降的性质限制了其作为灭蚴药物的使用。因此，研制出能够沿水面扩散、在水面保留一定时间并能在较短的时间内杀灭血吸虫尾蚴的漂浮缓释剂尤为重要。李洪军等以氯硝柳胺为原药，经疏水处理的锯末为载体，并加入表面活性剂研制而成的新型氯硝柳胺漂浮缓释剂可在水面漂浮30d而不下沉，药物缓慢释放，灭血吸虫尾蚴有效时间超过30d。这种新剂型为控制血吸虫病的蔓延提供了有效的手段。最近几年，江苏省血吸虫病防治研究所利用氯硝柳胺为原料药研制了可用于预防家畜血吸虫感染的浇泼剂，利用该药杀血吸虫尾蚴的功能，预防家畜的感染取得良好的结果。

5. 依弗米丁（伊维菌素，ivermectin） 伊维菌素可增强无脊椎动物神经突触后膜对Cl⁻的通透性，从而阻断神经信号的传递，最终使神经麻痹，并可导致虫体死亡。依弗米丁抗寄生虫的作用机制是阻断对运动神经元的信息传递。它是抑制性神经介质–C–氨基丁酸（GABA）的促进剂，刺激寄生虫的神经突触前GABA的释放和GABA与突触后GABA受体结合，从而增强了GABA的作用，抑制神经间的信息传递，引起虫体麻痹。

6. 吡喹酮（praziquantel，PZQ，EMBAY 8440） 是1972年由联邦德国E. Merck和Bayer药厂合成的广谱抗蠕虫药，国内于1977年合成，该药不仅对寄生人体和动物的血吸虫有效，对华支睾吸虫、并殖吸虫、姜片吸虫和多种绦虫的成虫及其幼虫都有显著的杀灭作用，特别是对人体埃及、曼氏和日本血吸虫均有高效的杀灭作用，常规剂量下寄生虫治愈率可达90%以上，明显优于其他类血吸虫药物，而且该药毒性低，病人耐受性良好，疗程短、口服方便，适于现场普治应用。据此，WHO于1984年将血吸虫病的防治策略从以往以消灭中间宿主钉螺为主转变为以化疗控制传染源为主的防治策略。其后，我国对血吸虫病防治策略也作了重大调整，将以消灭钉螺为主的综合防治措施，转变为以扩大化疗控制传染源为主，健康教育、易感地带灭螺为辅的控制血吸虫病防治措施。吡喹酮的问世，自20世纪80年代起在疫区大规模地推广应用，并取得很大成效，有力地推进了我国血吸虫病防控进程。该药已在全球广泛应用，是目前治疗日本血吸虫病的首选的、唯一大规模使用的理想药物。

7. 青蒿素及其衍生物 20世纪80年代初发现白菊科植物的青蒿素具有抗血吸虫作用，随后发现青蒿素及其多种衍生物如蒿甲醚、蒿乙醚、蒿琥酯及还原青蒿素等都具有抗血吸虫作用。吡喹酮对肝期童虫作用仅限于服药后2～8h内，而青蒿素及其衍生物在整个服药期对童虫期的血吸虫都有杀灭作用，因此具有较好的预防效果。国内研究表明，青蒿素及其衍生物用于感染日本血吸虫尾蚴后的早期治疗，可减低血吸虫感染率和感染度，并可防止急性血吸虫病。

动物试验和现场使用结果表明，青蒿素、蒿甲醚及蒿苯酯类药物对血吸虫病的疗效主要有：① 对虫体肝移作用的影响。青蒿素可致血吸虫虫体肝移缓慢，从而阻碍血吸虫的发育。试验表明，蒿甲醚给小鼠口服24h后，只有5%的虫体肝移。② 改善临床和病理表现。以蒿甲醚预防治疗的兔与犬，一些与急性血吸虫病有关的指标如高热、嗜酸性粒细胞增加、粪便虫卵等均无异常。病理检查证明，多次以蒿甲醚预防治疗的兔与犬，血吸虫感染后肝组织结构正常，虫卵肉芽肿数亦明显减少。治疗兔的肝脏在肉眼观察上与未感染兔相仿，或仅有轻微的虫卵损害。③ 减虫作用。研究证明，青蒿素、蒿甲醚和蒿苯酯对第6～11天肝期童虫最为敏感。青蒿素对小鼠的治疗效果最好，但对犬较差，而蒿甲醚几乎对所有的受试动物均有较好的疗效。

8. 环孢菌素A（CsA） CsA是一种强效免疫抑制剂，自1978年以来用于器官移植抗排斥反应。1981年，Bueding首次发现亚免疫抑制（sub-suppressive）剂量的CsA具有抗曼氏血吸虫作用。该药同青蒿类药物类似，对童虫有较好的作用，对成虫无作用或效果较差。在感染前后5次给药，小鼠几乎获得了完全的的抵抗力（减虫率达99%）；而在感染后42d左右给药，成虫几乎不受药物的影响。我国学者研究发现CsA具有抗日本血吸虫肝门型童虫的作用，对童虫的生长发育产生一定抑制作用。该药抗日本血吸虫成虫的作用优于抗曼氏血吸虫成虫的作用。但最近，国外有学者研究发现，日本血吸虫不如曼氏血吸虫对CsA敏感。

鉴于该药的作用特点，利用该药可以起到预防血吸虫感染的作用。小鼠于感染曼氏血吸虫前后5d给药，减虫率达99%；即使于感染前第104天连续给药5d，小鼠仍可获得高度的保护力，减虫率达到75%左右。CsA预防日本血吸虫的作用尚未见文献报道。CsA的抗虫效果取决于给药途径、给药时间、药物剂量以及药物载体的性质。试验证明30～50mg/kg的剂量连续3～5d皮下注射给药效果很好，而低于30mg/kg的剂量以及其他途径给药（如口饲、腹腔内注射等）或给药次数少于3次的效果都不太好。另外，用吸收速度慢的药物载体比用吸收速度快的药物载体效果要好。

二、血吸虫病治疗药物的探索

20世纪70年代中期，吡喹酮的发明是抗血吸虫病药物发展史上的一个里程碑，由于该药口服方便、低毒、高效和疗程短（1～2d），适于群体治疗，故迅速得到推广应用，并对全球血吸虫病的防治产生深远影响。吡喹酮问世后，先后取代了用于治疗血吸虫病的呋喃丙胺、敌百虫、奥沙尼喹和硝硫氰胺，并成为人体血吸虫病大规模使用的治疗药物。国内外的防治实践证明，吡喹酮虽是治疗血吸虫病的有效药物。但因其仅对刚钻入皮肤的早期童虫（3～6h）和成虫有效，故无预防作用。在血吸虫病重度流行地区，因人体内可同时存在不同发育阶段的童虫和成虫，故吡喹酮治疗后，一部分童虫未能被清除，且治愈患者在传播季节接触疫水后又可重复感染；同时流行病学调查也表明，单靠吡喹酮治疗的防控措施不能阻断我国血吸虫病的传播。另外，反复用吡喹酮治疗可能促进抗性虫株产生，如抗性株一旦出现，将使血防工作严重受挫，目前已有对吡喹酮抗性的血吸虫虫株的报道。鉴于吡喹酮的突出优点，自20世纪80年代后，全球有关抗血吸虫新药的研究迅速减缓，除我国研究者在20世纪末将蒿甲醚和青蒿琥酯发展为预防血吸虫病药物外，未再见有其他新研发的抗血吸虫病药物问世，这显然与繁重的血吸虫病防治需求不相适应。

　　长期以来，寄生虫病学者都希望通过已知有效抗血吸虫药物的分子作用机制探讨，寻求药物作用的靶分子，用以设计新药。自1918年酒石酸锑钾用于治疗血吸虫病，开拓了血吸虫病的化疗后，直至包括吡喹酮在内的一些抗血吸虫药物的出现和应用，所有有关药物杀虫机制的研究都是围绕这一目的进行探讨，但鲜有成功案例。就吡喹酮而言，血吸虫的Ca^{2+}通道是至今比较明确的作用靶标，但确切的作用机制尚未阐明。近年来，一些研究者在对血吸虫抗氧化系统的研究中，通过生物化学和遗传学方法寻求哺乳动物和血吸虫在消除活性氧分子的酶系统之间的差异，发现血吸虫将哺乳动物消除活性氧分子的2个独立的TrxR和GR酶系统合并为单一的TGR。通过一系列生化、酶学和抑制剂的试验观察，设想TGR可能是血吸虫的一个重要酶和药物的作用靶标。继而通过定量、高通量筛选，发现低浓度的噁二唑-2-氧化物的化合物9（furoxan）有很好的体外杀虫作用。体内试验对不同发育期童虫和成虫均有很好的疗效，为进一步发展新药提供了思路。这一发现受到普遍关注。但由于目前报道的是采用化合物9进行腹腔注射的治疗方案，疗程为5d，故还有待于向口服、单次用药和短疗程方向发展。

　　自吡喹酮问世后，除蒿甲醚和青蒿琥酯在20世纪末被发展为预防血吸虫病药物外，发展新的抗血吸虫药物几乎沉寂了20余年。直至2007年，有报道一种用于治疗非洲锥虫病的半胱氨酸蛋白酶抑制剂（K11777）经腹腔注射对小鼠的曼氏血吸虫童虫有很好的疗效，但对成虫的疗效差。同时又由于应用K11777作为治疗药物的疗程长（2次/d，2~28d），似无进一步发展的前景，但提示可从组织蛋白酶抑制剂入手寻求有效的抗血吸虫药物。同年，有报道由简化青蒿素结构而合成的螺金刚烷臭氧化物（OZ化合物）不仅有很好的抗疟作用，而且对血吸虫亦有效。这类化合物和青蒿素类化合物均为过氧化物，它们在抗血吸虫方面有相似之处，即一次服药对小鼠体内不同发育期曼氏血吸虫童虫有很好的杀灭作用，但对成虫的作用较蒿甲醚差或无效。在体外杀血吸虫方面，此类化合物须与血红素配伍使用才显示杀虫吸虫作用，少数则有直接的杀虫作用，而且与这些药物的体内杀虫作用无相关性。有趣的是，OZ化合物对仓鼠感染曼氏血吸虫和日本血吸虫的童虫和成虫均有效，且以童虫较敏感。由于上述OZ化合物对感染血吸虫成虫期的小鼠疗效差，故未作进一步的发展。

近年来，一些实验室开展了药物筛选或抗血吸虫病药物作用靶点的探讨，发现了几个新类型的抗血吸虫化合物，主要是特异性抑制血吸虫硫氧还蛋白谷胱甘肽还原酶（thioredoxin glutathione reductase，TGR）的噁二唑-2-氧化物（oxadiazole-2-oxides）类型化合物，半胱氨酸蛋白酶抑制剂N-甲基-哌嗪-苯丙氨酰-高苯丙氨酰-乙烯砜苯基（K11777）、6-螺金刚烷臭氧化物（1，2，4-trioxolanes）和甲氟喹等。

（一）抗氧化系统药物

曼氏血吸虫的硫氧还蛋白谷胱甘肽还原酶是一个重要的抗氧化酶。血吸虫生活在宿主体内的血液有氧环境中，它们必须通过解毒机制消除其自身的有氧呼吸和宿主的免疫反应所产生的活性氧分子（reactive oxygen species）的危害。哺乳动物系通过2个独立系统消除活性氧分子达到解毒的目的，即专一的还原型辅酶Ⅱ烟酰胺腺嘌呤二核苷酸（NADPH）依赖的谷胱甘肽还原酶（glutathione reductase，GR）和硫氧还蛋白还原酶（thioredoxin reductase，TrxR），两者的底物分别为谷胱甘肽（GSH）和硫氧还蛋白（Trx），在GR和TrxR的作用下，催化GSH和Trx氧化型与还原型的相互转换，维持细胞氧化还原的平衡。已证实曼氏血吸虫无过氧化氢酶，其基因组亦无GR和TrxR，但发现有TGR基因。TGR是一种含硒的多功能酶，兼有GR和TrxR的功能，维持虫体内氧化还原的平衡。由于氧化型GSH（GSSG）和硫氧还蛋白的还原依赖单一的TGR调节，其失活将对维持虫体氧化还原的平衡造成很大的损害作用。多功能的TGR先是在小鼠的睾丸中发现，然后又在曼氏血吸虫（Schistosoma mansoni）、细粒棘球绦虫（Echinococus granulosus）和肥头带绦虫（Taenia crassiceps）中相继查见。进而又观察到曼氏血吸虫的重组TGR的酶动力学和抑制剂的抑制效应与人的GR与TrxR的酶动力学和抑制剂的抑制效应均不同。根据上述曼氏血吸虫与宿主的细胞氧化还原系统的差异，人们设想TGR可能是血吸虫的一个重要酶，并有可能作为抗血吸虫病药物作用的靶标。

在获得曼氏血吸虫重组TGR基因后进行表达和纯化，继而进行酶学分析、动力学分析、抑制剂对体外培养血吸虫的作用、对感染鼠的疗效试验和RNA的干扰试验（RNA interference）等。结果，在RNA干扰试验中发现TGR对血吸虫的存活是必需的，体外培养血吸虫的TGR活力被抑制60%，90%的血吸虫在4d内死亡；在抑制剂筛选中发现有抗类风湿病类药［含金的金诺芬（auranofin，AF）］对纯化的TGR是一个有效的抑制剂，由金诺芬释放的金原子对TGR有抑制作用。当培养基中金诺芬浓度为5mol/L时，血吸虫被迅速杀死，而用金诺芬治疗感染血吸虫的小鼠，获得的减虫率为59%～63%。此外，以往用于治疗血吸虫病的酒石酸锑钾和吡噻硫酮（oltipraz）亦有抑制血吸虫TGR的作用。由此可见，血吸虫的TGR可作为抗血吸虫药物靶分子做深入研究，这是首次通过分子生物学和生化方法确认的抗血吸虫病药物的作用靶酶。

Sayed等对抗血吸虫药物库进行定量高通量筛选，筛选出次磷酰胺和噁二唑-2-氧化物，该氧化物在微摩尔至纳摩尔级对硫氧还蛋白谷胱甘肽还原酶有很好的抑制活性。由于血吸虫寄生在宿主的肠系膜下腔静脉中，必须通过有效机制来维持氧化还原平衡，并且能够逃避来自宿主活性氧分子的损伤作用。在血吸虫体内，TGR发挥了重要作用，抑制TGR活性，虫体因不能抵抗来自宿主的氧化损伤而死亡。噁二唑-2-氧化物可以快速抑制TGR活性，引起寄生虫死亡。观察次磷酰胺化合物、N-苯并噻唑-2-基-苯基-磷酰基（化合物3）和噁二唑-2-氧化物、4-苯基-3-腈基-1，2，5-噁二唑-2-氧化物（化合物9）体外对血吸虫作用，结果发现，化合物9对曼氏血吸虫、日本血吸虫和埃及血吸虫均有效，而化合物3体外抗血吸虫作用低于化合物9。体外培养的曼氏血吸虫成虫在化合物9（10μmol/L）作用18h后，其硫氧还蛋白还原酶和谷胱甘肽还原酶活力分别降低83%和93%；而化合物3（50μmol/L）作用相同时间后，TrxR和GR活力分别下降69%和59%。结果证明，抗血吸虫作用效果与抑制虫体TGR有关，且化合物9对虫体TGR的抑制作用较化合物3强。噁二唑-2-氧化物为一氧化氮（NO）供体，具有明显的生物活性，如抗微生物、免疫抑制、抗癌和舒张心血管等作用。试验证明，化合物9在TGR和还原型辅酶Ⅱ烟酰胺腺嘌呤二核苷酸存在的情况下可释放NO，在加入NO清除剂后其体外抗血吸虫作用减弱，提示在化合物9抑制虫体TGR时可导致活性氧分子储积，而使血吸虫死亡的过程中有NO参与。

根据体外试验结果，选择化合物9进行体内试验，小鼠于感染曼氏血吸虫尾蚴1、23和37d后，分别用化合物9腹腔注射治疗，剂量按照每天每千克体重10mg，连续给药5d，每天1次，并于感染后49d解剖小鼠，采取心脏—肝门静脉灌注冲虫，结果各组小鼠减虫率分别为99%、89%和94%，表明化合物9对曼氏血吸虫童虫和成虫均有很好的杀虫作用，能有效降低小鼠体内血吸虫数量，缓解感染后的症状，有望成为兼具治疗和预防血吸虫病双重作用的新型抗血吸虫病药物。这一新的候选药物有可能对其他以TGR作为巯基—氧化还原系统的细粒棘球蚴和带绦虫也有效。最近有报道，通过对化合物9的化学结构和疗效关系的研究，确认3-腈-2-氧化物为有效基团模型，并建立了以围绕苯环为核心结构的构效关系。同时通过生物素转换试验确证TGR与化合物9作用可导致巯基亚硝基化（或硒亚硝基化），进一步确定此类化合物对虫体TGR的作用，而对体外有选择性的药物动力学，包括水溶性、对Caco-2细胞（人结肠癌上皮细胞）的渗透性和微粒体的稳定性的初步评价，认为该类型化合物有可能发展为口服治疗血吸虫病的药物。

（二）地西泮类药物

罗氏制药公司（Hoffmann–La Roche，瑞士）于20世纪80年代初合成了吖啶类衍生物，发现这些化合物对小鼠和仓鼠的曼氏血吸虫感染有很好的治疗作用，其中之一是9–吖啶肼（Ro 15–5458）。

1989年，感染曼氏血吸虫的长尾猴用15mg/kg和25mg/kg Ro 15–5458治疗后，血吸虫排卵停止并被杀灭。1995年，感染曼氏血吸虫的卷尾猴用12.5mg/kg Ro 15–5458单剂治疗后29~226d，粪检虫卵呈阴性；受治猴没有查到虫体或只找到个别残留虫体，而未治疗的对照猴则检获虫体83条；未见受治猴有不良反应。其后用25mg/kg Ro 15–5458对感染曼氏血吸虫7d童虫的卷尾猴进行治疗并获得治愈，表明该化合物对血吸虫有预防作用。进一步用感染曼氏血吸虫成虫期的小鼠观察疗效，表明Ro 15–5458的减虫率和肝、肠组织的虫卵减少率与剂量相关，治后2周肝脏没有或仅有轻度病理变化。2003年，用20mg/kg Ro 15–5458或100mg/kg吡喹酮治疗感染埃及血吸虫4周的仓鼠，减虫率分别为83.2%和55.6%，但当感染后8周和12周进行治疗，Ro 15–5458和吡喹酮的疗效相仿，故认为Ro 15–5458治疗成虫感染的疗效与吡喹酮相仿，而对童虫感染的疗效则优于吡喹酮。对Ro 15–5458的抗虫作用进行探讨，观察到感染曼氏血吸虫小鼠用15mg/kg Ro 15–5458治疗4d后，仅见虫体的蛋白含量降低和虫体重量减轻，虫体利用葡萄糖、虫体的糖原含量和肠管色素或ATP水平均无明显受影响，故虫体的死亡可能因蛋白减少所致，并与药物引起的mRNA减少有关。感染小鼠用上述剂量的Ro 15–5458治疗后12、72和96h，虫体的总RNA分别减少14.0%、30.0%和41.0%。进一步分析表明，Ro 15–5458可能直接抑制虫体的基因表达。Ro 11–3128（甲胺西泮，meclonazepam）是一种抗焦虑药。1978年，苯二氮卓类的氯硝西泮（benzodiazepines clonazepam）和Ro 11–3128有抗血吸虫病作用被证实。试验证明Ro 11–3128对感染曼氏血吸虫和埃及血吸虫的仓鼠有效，但对日本血吸虫体无作用。其作用机制与吡喹酮类似，低浓度Ro 11–3128可引起曼氏血吸虫雄虫痉挛性麻痹，此作用在培养液中移去Ca^{2+}或加入Mg^{2+}后可被阻断，都能引起Ca^{2+}内流和皮层损伤，但在其后的试验中未发现Ro 11–3128的抗虫作用与虫体的收缩相关。同时使用这两种药物，不能抑制其中一种药物的活性，表明Ro 11–3128和吡喹酮作用于不同受体。曾在南非用该化合物（0.2~0.3g/kg）治疗曼氏血吸虫病和埃及血吸虫病患者均有效。用该化合物治疗出现嗜睡的不良反应。氟马西尼（flumazenil）是苯二氮卓类药物的颉颃剂，可颉颃Ro 11–3128的中枢神经效应，但不影响其抗血吸虫病作用。应用[14]C标记的Ro 11–3128观察到该药能与曼氏血吸虫皮层的特异苯二氮卓位点结合，而日本血吸虫则无此特性。新近的研究结果表明，吡喹酮和Ro 11–3128与血吸虫有不同的结合位点。

虽然从20世纪80年代中期至今陆续有关于Ro 11-3128的上述或其他方面的作用机制的研究，但因该药有镇静、睡眠作用，所以未作进一步发展。新近合成2-和4-位取代的甲胺西泮，体外试验有麻痹虫体和杀虫作用，但尚未有体内试验的报道。

李欣等探讨了在体外具有显著抗血吸虫作用的2种地西泮类衍生物B3和B30的抗血吸虫作用机制。研究者以细胞肌松素D和钙通道阻滞剂尼非地平、尼群地平预处理虫体1h后，再加B3和B30共同培养16h，观察颉颃效应。结果显示，细胞肌松素D可显著颉颃B3、B30的抗日本血吸虫效果，颉颃后B3试验组虫体存活率和活力降低率分别为80%和59%~63%，B30试验组分别为70%和46%~55%；钙通道阻滞剂尼非地平、尼群地平颉颃B3、B30后虫体存活率为10%~40%，活力降低率为85%~96%，提示地西泮衍生物的抗血吸虫效应也可能与钙通道有关。

（三）半胱氨酸蛋白酶抑制剂

一些半胱氨酸蛋白酶对于许多寄生虫的代谢是必需的，而且已发现一些半胱氨酸蛋白酶抑制剂可在体外和动物体内杀死一些原虫，并观察到用氟甲基酮半胱氨酸蛋白酶抑制剂治疗曼氏血吸虫感染小鼠可减少虫数和虫卵数。其后又改进新一代半胱氨酸蛋白酶抑制剂，提高它们的溶解度、生物利用度和降低毒性，其中的N-甲基-哌嗪-苯丙氨酰-高苯丙氨酰-乙烯砜苯基（K11777）是一个用于治疗美洲锥虫病（Chagas disease）的新药，其对血吸虫的作用已有研究。小鼠于感染曼氏血吸虫尾蚴后7~35d，每天腹腔注射K11777 25mg/kg，2次/d，雌、雄虫的减虫率分别为80.0%和79.0%，肝的虫卵减少率为92.0%。小鼠感染后1~14d，每天同上剂量腹腔注射，受治的7只小鼠中有5只治愈，另2只鼠的雌、雄虫各减少90.0%和88.0%。小鼠感染后30d腹腔注射K11777 50mg/kg（2次/d），连续给药8d，雌、雄虫的减少率分别为54.0%和57.0%。应用半胱氨酸蛋白酶的特异性底物和活性位点的标记，证明K11777作用的靶分子是血吸虫与肠相关的组织蛋白酶B1。

1. 甲氟喹　P糖蛋白（P-gp）是一种外排药泵，属于三磷酸腺苷ATP结合盒超家族的成员，即三磷酸腺苷（ATP）结合盒（ABC）蛋白，并被公认为与脊椎动物的多药耐药性和抗蠕虫药物耐药性有关，而甲氟喹可抑制对多种药物有耐药性细胞系的P-gp，并在相应的大鼠细胞系的体外试验和小鼠的体内试验得到证实。曼氏血吸虫有2个编码ABC蛋白基因：一个是雌虫的特异真核P-gp *SMDR2*，另一个是*SMDR1*，此蛋白与N端半长的SMDR2蛋白和哺乳动物的P-gp很类似。药理学研究证明P-gp类似物或多药耐药性的蛋白是由血吸虫原肾系统（protonephridial system）的排泄上皮细胞表达。由于干扰哺乳动物P-gp功能的物质可影响代谢物的排泄，从而危及机体的生存，因而2008年比利时一个研究小组推测甲氟喹可能具有抗血吸虫作用，并试用口服单剂甲氟喹150mg/kg治疗感染曼氏血吸虫成虫的小鼠，发现小鼠经治疗后的虫卵数明显减少，但对虫体的负荷则无明显影响。与此同时，瑞士与中国的寄生虫病学者在用一些抗疟药进行抗曼氏血吸虫的体内筛选试验时，发现感染小鼠一次口服甲氟喹400mg/kg对血吸虫童虫和成虫均有很强的杀灭作用，继而又用于治疗感染日本血吸虫的小鼠，亦获得相仿的疗效。甲氟喹是继青蒿素类药物后发现的又一个抗疟药具有抗血吸虫作用的新类型化合物。

目前临床用以治疗疟疾的甲氟喹为（2R）-（+/-）-2-哌啶基-2，8-双三氟甲基-4-喹啉甲醇单盐酸盐（简称盐酸甲氟喹或盐酸六氟哌喹），但亦有将该化合物看作是氨基乙醇类化合物（aminoalcohol compound）。甲氟喹系为含有2个不对称碳原子中心的手性分子（chiral molecule），故有4个不同的立体异构体，即2个苏型构型（threo configuration）和2个赤型构型（erythro configuration）或称为赤型对映体，以及它们的2个消旋体。赤型消旋体是由瑞士罗氏制药公司（Hoffman-La Roche）首先推出并沿用至今的甲氟喹产品，即（R，S）-和（S，R）-赤型对映体消旋品（商品名为Lariam）。甲氟喹盐酸盐为白色或微黄色结晶，微溶于水，其分子式与相对分子质量分别为$C_{17}H_{16}F_6N_{20}$·HCl和414.77。

甲氟喹抗曼氏血吸虫的作用：感染曼氏血吸虫成虫的小鼠一次口服甲氟喹400mg/kg后24h，肝移虫数占总虫数的37.9%，给药后3、7和14d则肝移虫数为96.4%～100%。感染血吸虫成虫的小鼠一次口服不同剂量的甲氟喹治疗，减虫率和减雌虫率以200mg/kg的72.3%和93.0%，及400mg/kg的77.3%和100%为佳；剂量为100mg/kg的减虫率和减雌虫率均降至约50%，而较小剂量25和50mg/kg则疗效甚差。在童虫方面，用上述不同剂量的甲氟喹治疗感染21d的童虫，观察到一次口服100mg/kg、200mg/kg和400mg/kg对该期童虫均高效，减虫率和减雌虫率分别为94.2%～97.6%和94.6%～100%，而小剂量25mg/kg和50mg/kg的疗效差或无效。用感染不同发育期的小鼠一次口服甲氟喹400mg/kg，结果甲氟喹对7、14、21d童虫和对28、35、42及49d成虫的减虫率和减雌虫率相仿，分别为83.9%～100%和85.4%～100%，但小鼠于感染前1、2d和感染3h（0d童虫）服药的疗效差，减虫率和减雌虫率为35.9%～46.5%。

甲氟喹的抗血吸虫作用具有以下几个特点：① 一次用药对感染血吸虫不同发育期童虫和成虫具有相仿的疗效；② 在体内，甲氟喹的抗血吸虫作用不依赖于宿主的免疫效应；③ 对血吸虫的作用迅速，可引起虫体广泛变性，主要是皮层、肌层肿胀，肠管扩大，破坏肠黏膜和生殖腺，特别是卵黄腺受损，给药后24h即可出现虫体死亡；④ 经甲氟喹作用后，血吸虫的皮层、感觉结构、皮层细胞、肌层、实质组织、肠上皮细胞、卵黄细胞和线粒体等的超微结构严重受损；⑤ 在有效浓度下，甲氟喹对体外培养的血吸虫童虫和成虫的作用迅速，主要是先出现虫体活动兴奋，继而抑制，出现皮层受损，虫体混浊、伸长、局部肿大和死亡，甲氟喹浓度高于10μg/mL时，虫体可迅速或在数小时内死亡。

尽管从动物试验的角度评价，甲氟喹无疑是迄今所见到的一个最有潜力的抗血吸虫药物，符合WHO有关发展一个治疗血吸虫病兼具预防作用药物的要求，但要将其发展为可在临床应用的抗血吸虫药物还存在以下2个问题：① 在疟疾的防治中，为延缓抗性的产生和增效，WHO制定了以青蒿素类药物为基础的联合治疗疟疾（artemisininbased combination therapies，ACTs）的策略，而甲氟喹与青蒿琥酯配伍使用是较好的疗法之一，故不宜将甲氟喹单独发展为抗血吸虫药物，特别是在疟疾与血吸虫病混合流行地区；② 单细胞的疟原虫寄生在宿主的红细胞中，而多细胞的血吸虫则寄生在肠系膜静脉内，它们在寄生环境上完全不同，对同一有效药物的敏感性也有很大的差别。在体内，甲氟喹对感染伯氏疟原虫小鼠的ED_{50}和ED_{90}分别为1.5mg/kg和3.8mg/kg，而治疗感染日本血吸虫成虫小鼠的ED_{50}和ED_{90}则分别为58.8mg/kg和251mg/kg，即甲氟喹治疗感染血吸虫小鼠和感染疟原虫小鼠的等效剂量相差38和65倍。再则，在体外甲氟喹对恶性疟原虫的99%的有效浓度（EC_{99}）为0.03μg/mL（0.07μmol/L），而对日本血吸虫的EC_{95}为8.7μg/mL，两者相差289倍。临床曾试用甲氟喹25mg/kg治疗感染埃及血吸虫的儿童，但疗效甚差。目前治疗成人恶性疟疾的剂量为1～1.5g，若以该剂量治疗血吸虫病恐亦难有较好的疗效，若增大剂量则不良反应增多，甚或出现中枢神经系统毒性。值得注意的是，在非洲疟疾与血吸虫病混合流行区的初步临床试验结果表明，用甲氟喹与青蒿琥酯配伍使用治疗疟疾的剂量、疗程治疗埃及血吸虫病和曼氏血吸虫病，均有较好的疗效，与动物试验的结果相一致，宜继续观察和探讨，为进一步的临床研究提供依据。

就目前而言，试验研究甲氟喹抗血吸虫作用的意义在于以下两方面：① 探讨甲氟喹的化学结构与其抗血吸虫的关系，分析其针对的血吸虫靶基团，并据以设计新型化合物，通过构效关系的研究，筛选和发展高效和低毒的抗血吸虫新药；② 在已了解甲氟喹抗血吸虫特性的基础上，进一步分析甲氟喹抗血吸虫的作用特点，探讨其对血吸虫生化代谢的影响，了解其可能作用的虫体部位和过程。通过分子作用机制的研究，确定甲氟喹抗血吸虫的可能作用靶点或靶部位，进而加以验证，为深入研究甲氟喹的抗血吸虫作用机制和发展新药提供有益的依据。

2. **螺金刚烷臭氧化物**　青蒿素类药物问世后由于其化学结构复杂，故一些实验室致力于简化其结构的研究，螺金刚烷臭氧化物（简称OZ化合物）就是其中经过结构简化的一类过氧化合物，是从20世纪末开始研制的抗疟新药，其化学结构较青蒿素类的简单，易于合成，而且有些化合物的效果优于青蒿素。与此同时，在筛选试验中发现该类化合物对血吸虫有效，故又对此类化合物的抗血吸虫作用进行了系统观察。在体外抗曼氏血吸虫成虫试验中，有些化合物，如OZ209（20μg/mL）对血吸虫有直接作用，血吸虫的皮层受损，活动减弱并在72h内死亡。但有些化合物，如OZ78（20μg/mL）对血吸虫无直接作用，与蒿甲醚相似须在培养系统中加入血红素后，虫体的活动和皮层始见逐渐减弱和损害，而且大部分虫体在96h内死亡，杀虫效果较蒿甲醚与血红素配伍使用为弱。OZ化合物对曼氏血吸虫童虫有很好的杀灭作用，1次口服OZ03、OZ78和OZ209 200mg/kg对21d童虫的减虫率为79.2% ～ 87.3%，而OZ288为95.4%。用这些化合物400mg/kg 一次口服治疗感染曼氏血吸虫成虫期（49d）小鼠，仅OZ288有52.2%的减虫率，OZ209则在此剂量下无效，并有部分鼠死亡。由此可见，此类化合物对感染童虫期的小鼠有很好的疗效，而对成虫的作用则甚差。但用感染曼氏血吸虫童虫（21d）和成虫（49d）的仓鼠模型观察OZ78和OZ288 50 ～ 200mg/kg对童虫的减虫率各为73.4% ～ 93.2%和82.7% ～ 86.5%，对成虫分别为46.1% ～ 85.0%和46.6% ～ 71.7%。在仓鼠模型中OZ化合物显示对成虫亦有效，但逊于对童虫的疗效。此外用OZ78 一次口服200mg/kg治疗感染日本血吸虫成虫的仓鼠，减虫率和减雌虫率分别为94.2%和100%；而一次口服15mg/kg对感染日本血吸虫成虫的兔无明显疗效，减虫率为40.7%。OZ78尚对小鼠的棘口吸虫和大鼠的肝片吸虫及华支睾吸虫有效。构效关系的研究结果表明，OZ化合物的过氧键是其抗血吸虫所必需的。

　　3. 抗疟药（奎宁类药物）　血红素对于大多数动物的存活具有重要的意义，但其一旦呈游离状态就产生毒性作用，即游离的血红素能引起氧自由基的形成，脂质过氧化和蛋白质及DNA氧化，同时由于其亲水脂分子的特性，游离血红素可干扰磷脂膜的稳定性和溶解性。食血生物，包括疟原虫和曼氏血吸虫，具有有效的途径对由消化血红蛋白所产生的游离血红素进行解毒，关键的机制是将血红素结晶化为色素（hemozoin，HZ）并起着抗氧化的防御作用。由于HZ的形成是食血寄生虫所特有，而且在以前的试验中观察到感染曼氏血吸虫的小鼠用氯喹治疗后，其病情减轻，认为HZ的形成可能是一个有吸引力的药物作用靶标，故又用奎宁（QN）、奎尼丁（QND）和喹纳克林（即阿的平，QCR）治疗感染曼氏血吸虫小鼠，并用生化、细胞生物学和分子生物学进行评价分析。结果：小鼠于感染曼氏血吸虫尾蚴后11 ～ 17d，每天腹腔注射QN、QND或QCR 75mg/kg后，前两者的减虫率为39% ～ 61%，虫卵减少率为42% ～ 98%；QCR获得的减虫率和虫卵减少率分别为24%和24% ～ 84%；从QN和QND治疗小鼠检获的雌虫的HZ形成被明显抑制（40% ～ 65%），但QCR对HZ的形成无明显影响；QN治疗后，雌、雄虫的超微结构有明显变化，特别是肠的上皮细胞和肝内虫卵肉芽肿反应减轻。此外，基因芯片表达数据分析表明QN治疗，与虫体肌层、蛋白质合成和修复有关的转录表达增加。作者认为，干扰血吸虫HZ的形成是QN和QND抗血吸虫的重要作用机制，即血红素结晶化过程是抗血吸虫药物的一个有效作用靶标。

　　4. 其他　没药（myrrh）是一种油胶树脂，由没药树（*Commiphora molmol*）的茎提取所得。Mirazid系其商品名，2001年起在埃及用该药治疗肝吸虫病和血吸虫病，其治疗作用尚不清楚，抗血吸虫病作用尚有争议，主要是动物试验和临床观察存在有效和无效截然不同的结果，故须重新对没药进行试验和临床疗效的评价。最近AbdulGhani等对没药的安全性、在埃及的试验和临床治疗吸虫感染的疗效、对吸虫中间宿主螺类的杀灭作用及可能的作用方式等进行了综述。

　　由上述可见，近年来一些抗血吸虫新药的发展均与抗疟药有关联。疟原虫和血吸虫是两种完全不同的寄生虫，其共同点是两者均需要从消化宿主的血红蛋白中获取营养，这也是青蒿素类药物和OZ化合物对血吸虫都有效的基础。在对其他抗疟药的筛选中发现了甲氟喹的抗血吸虫病作用。这一发现的意义是：① 甲氟喹是一类新型的抗血吸虫病药物，它与青蒿素类和OZ化合物不同，对不同发育期血吸虫童虫和成虫均有相似的杀灭作用；② 在等剂量下甲氟喹的疗效优于吡喹酮，前者可用于治疗和预防，而后者则仅用于治疗。从动物试验结果评价，甲氟喹是现有抗血吸虫药物中最好的一种，但由于它是现用的抗疟药，目前多采用与青蒿琥酯配伍使用治疗疟疾，服用剂量大，有神经和精神等不良反应，故用以发展为临床治疗血吸虫病药物有一定难度。因此，一方面要通过其衍生物或类似物的合成发展低毒和可用于预防及治疗的抗血吸虫药物；另一方面则要在甲氟喹抗血吸虫病作用的基础上，探讨甲氟喹的杀虫机制，特别是涉及血吸虫的肠管受损，与肠相关的组织蛋白酶和肠管内血红蛋白的代谢和血红素的结晶化等，后者被认为与奎宁和奎尼丁抗血吸虫童虫有关，这些都是值得关注的。

第二节　常用治疗药物、制剂及治疗方案

　　家畜血吸虫病的化疗是血防工作的重要一环。流行病学调查显示牛、羊等家畜是我国血吸虫最重要的保虫宿主，也是最重要的传染源。早期，化疗药物由于成本和副作用的因素，主要应用于人的血吸虫病治疗，对家畜的治疗相对薄弱。吡喹酮问世以来，提出了以化疗为主的防治策略，家畜血吸虫病治疗

也逐步得到重视，本节就常用的血吸虫病治疗药物作介绍，重点介绍在家畜血吸虫病治疗使用最广泛，疗效最好的吡喹酮。

一、抗血吸虫常用治疗药物及制剂

（一）吡喹酮

1. 药理学

（1）理化性质　吡喹酮相对分子质量为312.42，白色、无味、微苦的结晶性粉末，易吸潮，难溶于水，微溶于乙醇，易溶于氯仿、二甲亚砜和聚乙二醇等有机溶剂，每100mL氯仿、乙醇和水可分别溶解吡喹酮56.7、9.7和0.04g；吡喹酮在无水乙醇中的最大紫外吸收波长为264nm，在甲醇中为210nm。

（2）体内代谢　吡喹酮的代谢具有三快的特点，即吸收快、降解快和排泄快。吡喹酮系脂溶性，口服吡喹酮后吸收迅速，80%以上的药物可从小肠吸收，在大肠和胃内吸收较少。药物在血浆中的放射性浓度在0.5~1h达到最高峰，即血药峰值在1h左右，口服10~15mg/kg后的血药峰值约为1mg/L。药物进入体内后，可被组织迅速摄取并分布到全身，主要分布于肝脏，其次为肾脏、肺、胰腺、肾上腺、脑垂体、唾液腺等，很少通过胎盘，无器官特异性蓄积现象；吡喹酮可以通过血脑屏障，检测大鼠脑脊液中药物的浓度为血浆的15%~20%；哺乳期服药后，其乳汁中药物浓度相当于血浆的25%；门静脉血中药物浓度可较周围静脉血浓度高10倍以上。该药经门静脉入肝后很快代谢，表现吡喹酮通过肝脏的"首过效应"，其通过肝脏后主要形成羟基代谢物，仅极少量未代谢的原药进入体循环，药物的半衰期为0.8~1.5h，其代谢物的半衰期为4~5h。主要与葡萄糖醛酸或硫酸结合成盐由肾脏排出，72%于24h内排出，80%于4d内排出。

（3）毒性　吡喹酮是一个毒性较低的药物，且无致突变性、致畸性和致癌性，故是一个无遗传毒性的药物，动物对吡喹酮的耐受良好。小鼠、大鼠和兔口服半数致死量（LD_{50}）为每千克体重1 000~4 000mg；感染血吸虫的动物较正常动物的LD_{50}显著为低，说明吡喹酮的毒性与患病动物的机能状态有关。当分次给药时可明显降低毒性，提高动物半数致死量。在治疗剂量下，试验动物的神经系统和心、肝等脏器均无病理性损害。

2. 作用机理

吡喹酮作用机制尚不明确。但已有试验表明：① 干扰虫体肌肉的糖代谢，使肌肉无力，挛缩，虫体随血流进入肝脏并最终死亡；② 对虫体表皮的直接毒性作用，使其表皮糜烂，通透性增加，水分渗入虫体导致代谢紊乱，促进其死亡；

③ 可干扰血吸虫的Ca^{2+}内环境，吡喹酮可能改变虫体对Ca^{2+}的渗透性，促使内流而使虫体挛缩，或改变Ca^{2+}在皮层细胞质和肌肉内的分布并引起皮层损害；④ 吡喹酮能够影响寄生虫体内的谷胱甘肽–S–转移酶（GST）的活性，从而影响其抗氧化机能，导致大量的H_2O_2和O_2等活性氧产物在体内的大量积聚，致使寄生虫体内的抗氧化系统损伤，从而起到杀虫作用。此外，吡喹酮作用后，血吸虫皮层被破坏后直接影响虫体的吸收和排泄功能，更重要的是虫体体表的抗原暴露后免疫伪装破坏，皮层重要防御功能失去，使血吸虫易受宿主的免疫攻击而死亡。

3. 杀虫效果

（1）虫卵　吡喹酮对血吸虫卵无效。黄一心（2010）报道，用治疗量的吡喹酮300mg/kg治疗感染小鼠，1次口服治疗剂量的吡喹酮后1～3d，肝组织虫卵孵出的毛蚴数明显减少，治疗后4～14d，孵化的毛蚴数与对照组相仿。粪便虫卵孵化于治疗后1～3d为阴性，停药后1周恢复阳性，至停药后21～25d才再次转为阴性。

（2）毛蚴　吡喹酮对血吸虫毛蚴有杀灭作用。黄一心（2010）在体外用含吡喹酮1～100μg/mL的水溶液孵化虫卵，未能在水的上层观察到毛蚴，但在沉淀中可检获大量变形、活动异常或死亡的毛蚴。当吡喹酮浓度降低至0.1μg/mL时，水的中上层可出现较多活动异常的毛蚴。可见，吡喹酮虽不能抑制成熟虫卵的孵化，但毛蚴孵出后，立即影响其形态、活动与活力。

（3）母胞蚴与子胞蚴　吡喹酮对母胞蚴与子胞蚴无杀灭作用。经吡喹酮0.3～30μmol/L作用24～48h后，钉螺体内母胞蚴、子胞蚴和未发育成熟的尾蚴均未见有明显影响。

（4）尾蚴　吡喹酮对螺体内将成熟和已成熟的尾蚴有杀灭作用，并可阻止血吸虫尾蚴从螺内逸出。吡喹酮在水中杀死尾蚴的最低有效浓度为0.05μg/mL，尾蚴与吡喹酮接触2h后死亡。其机制主要是吡喹酮可溶解尾蚴体表的糖萼、糖膜，使其不能适应非等渗的水环境。

（5）童虫　吡喹酮对刚侵入皮肤的血吸虫极为有效，对3、7、14d童虫皮层则无或仅有轻度损害。对3h、21和28d成虫皮层体被有中度或重度损害。

（6）成虫　吡喹酮对日本、埃及和曼氏血吸虫均有明显而快速的杀灭作用。据报道，吡喹酮治疗感染日本血吸虫的小鼠，按每千克体重300mg 1次口服获得的减虫率为72.3%，按此剂量1d 3次分服则为81.2%。家兔一次每千克体重60mg减虫率达90%；犬用该剂量1d 3次分服可获治愈。

4. 吡喹酮给药途径与其他制剂的研究　吡喹酮首过效应强，代谢产物基本无活性，口服剂量大，生物利用度低，对血吸虫童虫作用不明显，限制了其推广应用。以制剂技术维持吡喹酮原型药物在血液中的有效浓度是充分发挥其药效的前提。因此，提高吡喹酮疗效的新制剂技术成为近年来国内外防治血吸虫病的研究热点。目前，新的制剂技术包括包合物、经皮给药、脂质体等，主要通过提高吡喹酮溶出速率、改变给药途径、延长体内循环时间等方法改善药物功效。

（1）吡喹酮注射剂　吡喹酮注射剂可通过肌内、皮下、静脉注射。操继跃（2001）报道，静脉注射吡喹酮，其消除半衰期短，有效血药质量浓度维持时间仅为4h，为肌内注射的1/2。因此，在防治耕牛血吸虫病中，采用肌内或皮下注射吡喹酮较好。

先后研制了吡喹酮浓度为2%、4%、6%、200mg/mL、20%等吡喹酮注射剂。2%和4%吡喹酮注射剂以聚乙二醇为溶媒，它对动物的刺激大，使用后出现耕牛倒地不起的毒副作用。赵俊龙（2003）报道，按牛体重10mg/kg剂量肌内注射6%注射剂，对于大型家畜来说，注射剂量太大，肌内注射不方便。随后通过新溶媒制备的20%吡喹酮注射剂，性质稳定、毒性小，在小鼠药效学研究中该制剂的减虫率达100%。20%注射剂仍按牛体重10mg/kg肌内注射，用药剂量明显减少。刘粉（2009）用20%吡喹酮注射剂按小鼠体重600mg/kg肌内注射，减雌率100%，减虫率97.2%。中国农业科学院上海兽医研究所与南京药物研究所、上海兽药厂联合研制了10%吡喹酮肌内注射剂，并进行了水牛血吸虫病的治疗实验，结果发现，肌内注射吡喹酮25mg/kg，减虫率和减雌率分别为81.9%和100%。

（2）吡喹酮透皮剂　吡喹酮与Azone等配伍后涂在皮肤上，可直接吸收进入体循环，避免吡喹酮经过肝脏受到"首过效应"与胃肠道的分解作用，不仅可减轻副作用，且提高了药物的生物利用度，对需要灌胃治疗的家畜用透皮剂治疗有其优点。

王在华等（1994）应用吡喹酮透皮剂对动物日本血吸虫病进行系列试验治疗研究，筛选出代号为860421-3的4%吡喹酮透皮剂，减虫率94.3%。急性毒性试验表明，在同等剂量下，透皮给药的毒性作用比口服给药小，小鼠致死率低，半致死剂量为（3.741±0.379）g/kg。黄铭西等曾试验证明吡喹酮与二甲亚砜配伍制成的吡喹酮霜剂防护效果良好，无毒副作用，很低剂量就能达到10h完全防护，12h仍在99%以上。

（3）吡喹酮缓释剂

① 缓释剂的种类　吡喹酮缓释剂有缓释片剂、缓释包埋剂、缓释栓剂、脂质体和长循环脂质体等。缓释剂可以避免首过效应、降低给药剂量、延长治疗时间、减少给药频率、提高生物利用度，同时可以提高吞咽困难患者或家畜的用药顺应性。

② 吡喹酮缓释片　每片含吡喹酮200mg，系南京药物研究所研制，与吡喹酮普通片平行对照相比，家犬1次口服吡喹酮缓释片每千克体重200mg，其体内药物动力学特性为：Cmax下降、Tmax推迟，有效血药浓度时间延长，而生物利用度没有显著改变。按每千克体重20mg服用，2次/d，血药浓度长时间维持在有效浓度以上，第27h血药浓度为

2μg/mL，无明显峰谷现象。比普通片吸收慢、高峰血浓度下降慢、高峰时间推迟。吡喹酮缓释片治疗日本血吸虫病患者，一般认为具有副作用低的特点。

③ 缓释包埋剂　贺宏斌等（2003）曾报道，将PZQ原药与控释材料硫化硅橡胶、交联剂和催化剂等按一定比例混匀后用挤压机挤出制得的长2cm、外径2mm的PZQ缓释包埋剂，每根含PZQ原药30mg，小鼠皮下包埋药棒后4周感染尾蚴，感染后7周解剖观察，虫体减少率为40.2%，减肝卵率64.3%，每克粪便虫卵数（EPG）减少率70.5%。缓释包埋剂具有将药物缓慢释放的特点，因此具有一定的预防血吸虫效果。然而在家畜治疗上存在药物残留以及使用不方便等不利因素。

④ 水凝胶栓剂　申献玲等（2006）曾报道，温敏水凝胶能随环境温度的变化发生可逆性的膨胀收缩。高温收缩型水凝胶在温度低于低温临界溶解温度时，在水中形成良好的水化状态；温度升高时，凝胶脱水收缩，从而可以控制药物的释放。用胶凝温度37℃以下的泊洛沙姆P407/P188（15%∶20%）为基质制备的吡喹酮水凝胶栓剂，以40mg/kg通过家兔直肠给药，药物动力学研究表明PZQ水凝胶栓剂的吸收优于口服给药，生物利用度为口服给药的1～7倍。

⑤ 脂质体　是一种类似生物膜结构的双分子层微小囊泡。吡喹酮亲脂性强，镶嵌于脂质材料形成脂质体后，稳定性提高，肾排泄与代谢减少，在血液中的滞留时间延长，生物利用度提高。经薄膜分散法制得的粒径46.65nm的脂质体，在体外对曼氏血吸虫虫体收缩作用与相同浓度的PZQ原药相似。对感染血吸虫14d的小鼠给药，PZQ脂质体（PZQ-L）减虫率及减卵率分别为43.51%和51.56%，PZQ游离原药（PZQ-F）减虫率及减卵率分别为0和17.18%，可见脂质体技术可显著提高PZQ的疗效。

长循环脂质体是表面经适当修饰后体内循环时间延长的脂质体。相比于普通脂质体，长循环脂质体粒径小、表面亲水性强，可以减少血浆蛋白的结合，避免单核吞噬细胞的吞噬，延长药物在体内循环系统的滞留时间，提高生物利用度。采用薄膜—超声法制得的表面经PEG修饰的长循环脂质体，包封率72%，粒径范围200～300nm。家兔药物动力学研究表明，药物浓度—时间下面积（AUC）较普通脂质体提高24倍。有研究表明，吡喹酮治疗慢性日本血吸虫病12个月后的阴转率仅为53.8%，减虫率随感染时间的延长而提高，主要因为感染早期宿主肝首过作用强，部分血吸虫童虫对药物不敏感所致。因此，这种宿主体内具有较长滞留时间，在血吸虫童虫发育为成虫后仍能保持有效血药浓度的PZQ长循环脂质体是一种提高血吸虫病治愈率的理想制剂。

5. 副作用　在治疗血吸虫病中，吡喹酮已作为我国治疗家畜血吸虫病的首选药物，已在我国流行区治疗各种家畜（主要是耕牛、羊、猪和马）血吸虫病数百万头（次），有效地控制了家畜血吸虫病疫情，减少了对人、畜的危害。然而，吡喹酮虽然具有疗效高、毒性低的特点，但也出现了不同程度的副作用。常见副作用有：

（1）神经肌肉系统反应　以家畜的精神沉郁多见，表现为嗜睡、多汗、肌颤动、晕厥、跌倒、肢体麻木、步态不稳等。少数患牛口服吡喹酮后可出现下肢弛缓性瘫痪、共济失调等严重反应。不良反应率为4.47%左右。

（2）消化系统反应　消化系统不良反应发生率较高，家畜的主要表现为瘤胃臌气、反刍停止、腹泻等。家畜的这种用药后的不良反应一般持续1~5d。

（3）其他　利用吡喹酮治疗家畜血吸虫病出现的其他不良反应为鼻镜干燥、流涎、呼吸加快等。

鉴于吡喹酮可引发一些严重反应，且一些反应机制尚不完全清楚，特别是治疗家畜血吸虫病时，可能出现家畜的非药物的应激反应，因此需要仔细区分。对刚出生的犊牛、处于妊娠期和哺乳期的母牛一般不宜施治。

（二）奥沙尼喹

奥沙尼喹（羟氨喹，oxamniguine）于1969年合成，1973年开始临床试用，由于该药仅对曼氏血吸虫有杀灭作用，且疗效好，毒性低，成为全球治疗曼氏血吸虫病的主要药物之一，仅次于吡喹酮。我国主要流行日本血吸虫，故没有推广使用过该药治疗家畜血吸虫病。随着国家交流的日益广泛，曼氏血吸虫病也有可能在我国出现，故在此对该药做一介绍。

1. 药理作用　奥沙尼喹属四氢喹啉类化合物，微橙色结晶体。给动物灌胃或肌内注射后吸收良好，血药浓度半衰期2~6h，以尿中排泄最多。一般该药口服后吸收较完全，代谢产物多从尿中排出，12h内排出量占给药量的38.3%~65.9%，36h内尿中排出原药仅占0.4%~1.9%。代谢产物无杀虫作用。

2. 杀虫作用　奥沙尼喹有较强的杀曼氏血吸虫作用，感染曼氏血吸虫小鼠以每天20mg/kg连续3d灌胃，100%治愈。不同地区曼氏血吸虫对奥沙尼喹的敏感性有差异。奥沙尼喹对皮肤内与肺期以前的童虫有杀灭作用，且杀童虫作用比杀成虫作用强。该药对日本与埃及血吸虫无杀灭作用。曼氏血吸虫受奥沙尼喹作用后，雄虫较早出现变化，实质疏松、皮层中度损伤，雌虫卵黄腺与卵巢发生退行性变。临床上已发现极少数曼氏血吸虫病例对奥沙尼喹产生抗药性。对海蒽酮有抗药性的曼氏血吸虫对奥沙尼喹有交叉抗药性。

3. 疗程与疗效　在巴西早期用奥沙尼喹每千克体重5~7.5mg单剂肌内注射，4~6个月粪便虫卵阴转率为85.5%。由于肌内注射后局部疼痛显著，后改为口服。治疗效果同用药剂量和方式有关，单剂口服，治愈率为81.3%，若将总量分2次服，治愈为90%，治疗后3个月内虫卵减少率为93%～95%。不同地区用奥沙尼喹治疗曼氏血吸虫病的剂量差别颇大，在西非、巴西等地用每千克体重15～20mg单剂口服治愈率为85%～90%；在坦桑尼亚与赞比亚采用总量每千克体重40mg，分2d口服；而在南非、埃及与苏丹用总量每千克体重60mg，分3～5d口服，治愈率只有55%～85%。

4. 副作用　奥沙尼喹口服副作用程度较轻，一般在6h内可消失，该药的临床耐受良好。

（三）敌百虫

敌百虫（metrifonate）是一种有机磷化合物，为白色结晶粉末，易溶于水及多种有机溶剂。敌百虫用于治疗人体寄生虫病有30多年历史，对埃及血吸虫病疗效好，对曼氏和日本血吸虫病疗效差，它曾被广泛用做治疗埃及血吸虫病的首选药物，有一定疗效，毒性低、价廉、使用方便。中国于20世纪70年代初用于治疗日本血吸虫病，效果不佳，后改与呋喃丙胺合并应用，疗效明显提高。但是，由于约有15%的病例用敌百虫治疗无效，且治疗需要每2周投药1次，连服3次才有效果，往往较难完成疗程。WHO于1997年已将敌百虫从抗血吸虫基本药物中删除。但许发森等（2003）报道，敌百虫杀粪中血吸虫卵及钉螺具有良好的效果。20mg/L的敌百虫杀虫卵率24h为100%，10mg/L的敌百虫72h杀钉螺率为96%。

（四）硝硫氰胺

硝硫氰胺（nithiocyarnine，amoscanate，7505）是一种二苯胺异硫氰酯类化合物，化学名称为4-硝基-4′-异硫氰基二苯胺。系瑞士Ciba药厂研制，湖北省医药工业研究所1975年5月仿制成的一种广谱抗蠕虫药，国内代号为"7505"，1975年10月进入临床试验，我国是全球使用硝硫氰胺治疗人体血吸虫病最早、最多的国家，由于硝硫氰胺疗效较好、用量小、价廉、疗程短、副作用较轻，是当时治疗血吸虫病非锑制剂中较理想的药物，在部分省防治工作中起过重要作用。

1. 药物动力学　口服后肠道吸收快，5min即可在血中测到，2h后血药浓度达高峰，72h仍维持较高浓度，至第6周还有微量；服药后15min以后就可以在虫体内测到，6h即达高峰，第2～6天仍维持一定浓度。血浆浓度高于血细胞的2倍左右，在组织中分布广泛，按含量高低依次为肝、肾、肺、心、小脑、脂肪、大脑、脾、肌肉、骨、睾丸、卵巢。主要由胃肠道排出，24h粪中排出量为摄入量的65.6%，72h为71.6%。尿中排出量甚微，主要为葡糖醛酸结合物。主要在肝内代谢。原药及其代谢产物可通过血脑屏障。

2. 杀虫作用　硝硫氰胺对1、7及14d的童虫几乎无效，但对21、28、35及42d的虫体有效。黄文通等（1980）曾报道，小鼠感染血吸虫尾蚴后，每隔7d，分别口服硝硫氰胺每天每千克体重22.7mg，连用3d，治愈率随着虫龄的增长，由21d的57.1%增加到42d的100%。

3. 剂型　硝硫氰胺可分为微粉型、粗粉性、固体分散型（PEG型）、微粉油型及水溶性衍生物等。

（1）微粉胶囊　药物粒径3~6μm，每粒含原药50mg，为临床使用的主要剂型。

（2）微粉胶丸　将微粉硝硫氰胺混于麻油中研磨成粒径为1~3μm的油混悬剂。

（3）PEG片　将硝硫氰胺经聚乙二醇（polyethylene glycol）12 000固体分散后制成片剂，每片含原药10mg。

（4）微囊片　用邻苯甲酸醋酸纤维素为囊材的单凝聚微囊粉，每片含原药20mg，此型为肠溶片。

（5）2%水悬剂　用于治疗牛血吸虫病。治疗家畜如牛的用量一般为口服20mg/kg，静脉注射为2mg/kg。不同剂型有效剂量的减虫率均达到95%以上。硝硫氰胺虽然安全有效，但要采用静脉注射，目前市场上已无该药供应。

（五）青蒿类化合物

该类化合物的突出特点是可用于血吸虫病的预防治疗，即该类化合物对血吸虫的童虫有一定的杀灭作用，可以有效减少血吸虫病对机体的损伤。然而家畜血吸虫病一般采用粪样虫卵孵化的病原学检测方法，检测阳性已表明血吸虫在宿主体内已经发育至成虫阶段，因此失去了使用该药的条件，加之，该药需要连续大剂量给药，也限制了该药在家畜血吸虫病上的使用。

1. 蒿甲醚（artemether，β-甲基二氢青蒿素）　系含过氧桥的新型倍半萜内酯青蒿素的衍生物，由中国科学院上海药物研究所首先合成，白色片状结晶，脂溶性比青蒿素大，它不仅具有杀疟原虫作用，而且还有抗日本血吸虫和曼氏血吸虫作用。

（1）药物动力学　口服蒿甲醚吸收迅速，但不完全，给药后2h血药浓度达峰值，峰值可达16~372mg/kg，半衰期为1~2h，但与肌内注射给药相比，相对生物利用度仅为43%。蒿甲醚主要由肝脏代谢，肌内注射吸收缓慢但完全，肌内注射10mg/kg后，血药达峰值时间为7h，峰值可达到0.8μg/mL左右，半衰期约为13h。在体内分布甚广，以脑组织最多，肝、肾次之。主要通过肠道排泄，其次为尿排泄。根据试验结果，蒿甲醚在体内存在脱醚甲基代谢。

（2）杀虫作用　蒿甲醚灌胃治疗小鼠血吸虫病的疗效比肌内注射为好或相仿。肖树华（2005）报道，兔于感染血吸虫尾蚴后不同时间1次灌服蒿甲醚15mg/kg，虫龄为5、

7、9、11和14d的童虫最敏感，减虫率达90%以上，虫龄为17~21d的童虫也较敏感，减虫率约为70%。小鼠试验结果表明，对蒿甲醚最敏感的为7d童虫，蒿甲醚对成虫也有一定的作用。35d成虫经蒿甲醚作用后，最早出现形态学变化是雄虫睾丸和雌虫卵黄腺及卵巢迅速萎缩退化，虫体缩小。

（3）预防血吸虫病的效果　小鼠于感染血吸虫尾蚴后7d一次灌服蒿甲醚300mg/kg，减虫率和减雌率分别为69.8%和77.3%，若一次给药后，每周追加一次，共4次，则减虫率和减雌率分别为93.7%和93.6%。兔与犬于感染后7d灌胃蒿甲醚每千克体重10或15mg，以后每1~2周重复1次，共2~4次，总减虫率与减雌率为96.8%~100%。

2. 青蒿琥酯　青蒿琥酯（artesunate）化学名为二氢青蒿素-10-α琥珀酸单酯，也是青蒿素的一种衍生物。

（1）药物动力学　静脉注射后血药浓度很快下降，T1/2为30min左右。体内分布甚广，以肠、肝、肾较高。主要在体内代谢转化。仅有少量由尿、粪便排泄。

（2）杀虫作用　茹炜炜等（2006）报道，小鼠分别在感染后2h，1、3、7、12、14、16、25、35和42d一次灌服青蒿琥酯500mg/kg，对照组感染后不给药。1、3、7、12、14、16、25、35和42d组鼠的减虫率分别为16.9%、18.0%、71.3%、50.2%、36.9%、31.3%、45.3%、58.0%和26.4%。青蒿琥酯对感染小鼠体内不同发育阶段的日本血吸虫有不同程度的杀灭作用，但以7~35d童虫或成虫对该药最敏感。药物对7d童虫效果最佳，减虫率达71.3%；35d成虫次之，为58.0%。

（3）预防血吸虫病的效果

① 最佳给药时间　预防小鼠血吸虫病以感染后6~11d给药为好，减虫率与减雌率为69.5%~78.8%和67.3%~80.9%。最佳给药间隔时间以每隔2~10d给药1次或连续4次给药均可，减虫率为76.5%~84.0%，减雌率为79.3%~84.9%。

② 不同剂量与疗程　相同剂量给病鼠投药4次或6次其杀童虫作用相似，疗程相同时，杀虫效果随剂量增加而增强。病鼠口服青蒿琥酯300mg/（kg·次），连服4天，每天服用1次的杀虫效果（减虫率与减雌率为89.1%与90.7%）优于其他各组。

③ 不同给药途径　青蒿琥酯杀童虫作用皮下注射比口服为佳，病鼠以每千克体重300mg 1次皮下注射与每千克体重300mg×4次口服，其减虫率分别为92.9%与78.6%，有显著差异。

④ 不同感染度　小鼠分别感染血吸虫尾蚴20、40和80条后7d，给相同剂量与疗程的青蒿琥酯，减虫率无明显差异，而治愈率随感染度加重而降低。

吴玲娟等（1995）曾报道，小鼠和兔子于感染后第7天分别灌服青蒿琥酯每千克体重300mg和每千克体重20~40mg，每周1次，服4~6次，减虫率分别为77.50%~90.66%、

99.53%与97.10%。用相同剂量与疗程比较，青蒿琥酯杀童虫作用在少数小鼠试验中似优于蒿甲醚和还原青蒿素。

（六）中药

中药在防治血吸虫病工作中起到了一定的辅助作用，已发现经济、高效和保护人畜效果较好的中药。早在20世纪50年代就有很多中药用于治疗血吸虫病，随着医疗技术的发展和学者不断的探索研究，中药防治血吸虫病的效果也在不断进步。

范立群（2008）报道，射干、徐长卿和苦参在一定程度上抑制或阻止了尾蚴对琼脂的钻穿，商陆则主要作用童虫。用这几种中药进行动物灌胃试验，商陆低、中、高三种浓度（0.2、0.4、0.8g/mL），均获得明显减虫率和减卵率，减虫率、减卵率最高都可达100%；苦参（0.4、0.8、1.6g/mL）获得的最高减虫率为50%，最高减卵率为100%；徐长卿（0.4、0.8g/mL）获得的减虫率与减卵率均很明显，减虫率可达90%，减卵率达100%。但张爱华等（2007）报道，用荆芥、柴胡、桂枝三种中药预防日本血吸虫尾蚴感染，结果表明3种中药均无明显的抑制血吸虫尾蚴感染的作用。

也可以联合用中药治疗血吸虫病。邹艳等（2010）报道，单用南瓜子治疗感染血吸虫尾蚴后1～10d的小鼠，减虫率为5.66%；单用黄芪治疗感染后1～10d的小鼠，减虫率为10.2%；南瓜子和槟榔连用治疗感染后1～10d小鼠，减虫率为22.13%；用中药复合剂（黄芪36g、南瓜子仁36g、槟榔12g）治疗感染后1～10、8～17、15～24和28～37d小鼠，减虫率分别为36.21%、26.74%、39.04%和20.22%，减肝卵率分别为58.6%、32.2%、47.7%和27.3%。结果表明，中药联合用药治疗血吸虫病的效果优于单一用药。

中药也可针对血吸虫病引起的病症对症下药。赵建玲等（2008）曾报道，用先进水提工艺提取制备含生药1g/mL的复方中药制剂（黄芪、蜈蚣、三七、鳖甲、当归、桃仁、连翘、夏枯草等），灌胃感染血吸虫尾蚴的小鼠，治疗血吸虫病引起的肝纤维化。结果，治疗组肝内虫卵肉芽肿普遍较对照组小，虫卵肉芽肿内的胶原分布亦较感染对照组减少。治疗组肝内TGF$-\beta$1阳性着色较对照组少。

二、家畜血吸虫病治疗方案

吡喹酮是当今大规模推广和使用的唯一一种治疗家畜血吸虫病的药物，早在1978—1979年中国农业科学院上海家畜血吸虫病研究所等单位应用吡喹酮口服治疗各类家畜血吸虫病，取得了良好的效果，积累了治疗家畜血吸虫病的经验，并且规范了家畜血吸虫病的治疗方案（图9-1）。

图9-1　治疗血吸虫病牛

（一）治疗对象的确定

凡用血清学或病原学方法查出的阳性家畜，经健康检查除列为缓治或不治的病畜外，均应进行治疗。

1. 临床表现　家畜感染血吸虫病后因家畜品种、年龄和感染强度不同可具有不同的临床症状。主要表现为消瘦、被毛粗乱、腹泻和便血。犊牛的生长停滞，奶牛产奶量下降，母畜不孕或流产。少数患病家畜特别是严重感染的犊牛和山羊可能出现严重的腹泻、肛门括约肌松弛、直肠外翻等症状，表现出呼吸缓慢、步态摇摆和久卧不起的病状。

2. 病理变化　血吸虫尾蚴进入家畜体内后，幼虫移行至肺部时可导致家畜肺部出现弥漫性出血病灶；血吸虫成熟后产卵引起肝和肠道的病理变化，起初家畜肝脏多肿大，肝表面出现虫卵结节，部分虫卵沉积在家畜肠黏膜，导致肠壁增厚，黏膜肿胀充血，黏膜下可见灰白色虫卵结节。

（二）缓治或不治对象

（1）妊娠6个月以上和哺乳期家畜，以及3月龄以内的犊牛和其他幼小家畜可缓治。

（2）有急性传染病、心血管疾病或其他严重疾病的家畜缓治或不治或建议淘汰。

（3）年老体弱，丧失劳力或生产能力的病畜建议淘汰。

（三）称重或估重

吡喹酮治疗家畜血吸虫病须按体重给药，切忌目测估重。在有条件的情况下，尽可能实际称重，以便准确计算用药量，无称重条件时则可采用测量估重，计算公式如下：

$$黄牛体重（kg）= \frac{（胸围cm）^2 \times 体斜长cm}{10\,800}$$

$$水牛体重（kg）= \frac{（胸围cm）^2 \times 体斜长cm}{12\,700}$$

$$羊体重（kg）= \frac{（胸围cm）^2 \times 体斜长cm}{300}$$

$$猪体重（kg）= \frac{（胸围cm）^2 \times 体斜长cm}{14\,400}$$

马属动物体重（kg）=体高×系数（瘦弱者为2.1，中等者为2.33，肥胖者为2.56）。

胸围是指从肩胛骨的后角围绕胸部一周的长度，体斜长是指从肩端到坐骨端的直线长度，两侧同时测量，取其平均值。体高是指鬐甲到地面的高度（图9-2）。

（四）病畜治疗记录

最好以县（市）为单位统一印制病畜治疗记录表。对已确定的治疗对象，要认真填写治疗登记表。在治疗过程中要认真作好记录，治疗结束后，要整理成册，归档备查。

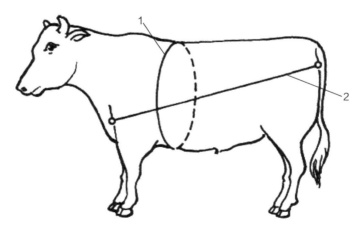

图9-2　牛体尺测量部位

1. 胸围　2. 体斜长

（五）口服治疗的药物和方法

1. **药物**　当前用于治疗血吸虫病病畜的首选药物是吡喹酮，其粉剂、片剂或其他剂型一次口服治疗各种家畜均可达到99.3%～100%的杀虫效果。

2. **剂量**　因病畜种类不同和药物剂量不同，其用药量也不尽相同。

（1）黄牛（奶牛）　口服每千克体重30mg（限重300kg）。

（2）水牛　每千克体重25mg（限重400kg）。

（3）羊　每千克体重20mg。

（4）猪　每千克体重60mg。

（5）马属动物（马、骡、驴等）　每千克体重20mg。

均为一次用药。

3. **治疗时间**　化疗实施时间的选择应以控制传播为目标，每年家畜血吸虫病化疗宜选择在幼螺孵出前进行，以尽量减少新螺感染毛蚴；若仅以控制疾病为目标，则对家畜的化疗选择在易感季节后实施，即选择钉螺已越冬时；此外对于使役家畜，应避开使役高峰季节；对于长期在有螺疫区活动的家畜，则可根据当地调查情况采用更频繁的化疗措施，以控制反复感染和病原传播；对于肉用家畜应留足必要的休药期。

（六）吡喹酮其他剂型治疗家畜血吸虫病

治疗家畜血吸虫病的吡喹酮主要为粉剂和片剂，口服使用，虽然具有安全、高效和疗程短的特点，但在现场用于治疗家畜血吸虫病的时候，依然存在用药剂量不准确，用药成本高等缺点。有关单位对吡喹酮剂型及投药途径进行了改进，其中包括吡喹酮注射液，用于肌内注射和三胃注射，使用时较口服用药剂量准确，治疗效果良好。

吡喹酮注射液的药代显示，吡喹酮的生物利用度比口服用药提高3～6倍，因此一般认为使用吡喹酮注射剂进行肌内注射时可以减少用药量，一般为口服用药量的1/3。

（七）药物反应及处理

1. **副作用**　吡喹酮一次口服疗法治疗家畜血吸虫病，一般无副作用或轻微反应，但也有部分家畜可出现副作用，甚至有死亡的个例。一般家畜吡喹酮化疗过程中出现的副作用主要表现为反刍减少、食欲减退、瘤胃臌气、流涎、腹泻、心跳加快、精神沉郁，严重时可引起流产，也见有出现牛死亡的报告。

2. **副作用处理**　应用正常剂量的吡喹酮治疗家畜血吸虫病，绝大多数受治家畜反应轻微，不需特殊处理，症状会逐渐减轻或消失。少数病例特别是老弱病畜或奶牛可能出现严重反应，如对长期腹泻、卧地不起的家畜，可采用中西医结合的方法对症处理，同时应加强观察。

（八）家畜血吸虫病化疗策略

20世纪80年代新的安全有效的吡喹酮出现，为家畜血吸虫病的化疗提供了使用方便、可反复使用、代价低的化疗药物。一般认为，治疗是达到血吸虫病疾病控制目的最经济有效的途径。有关化疗策略的提法不一，家畜血吸虫病治疗策略大体可以分为以下三种：① 集体化疗，即不经过检查的普遍治疗，适合于经流行病学抽样调查证明有此必要时；随着家畜血防工作的开展，各地的家畜血吸虫病感染已经明显下降，群体感染率很少突破10%以上，而集体化疗一般抽样的感染率在40%以上时才有必要进行。② 选择性化疗，即只治疗普查结果阳性的家畜。③ 选择性畜群化疗，对于放牧草场为钉螺滋生环境以及畜群活动场所有疫水的畜群，具有高危的感染血吸虫和传播血吸虫病机会，对这类畜群进行普治或治疗阳性感染家畜。各地在对家畜血吸虫病化疗过程中，因地制宜地采取了各种策略，上述化疗策略，可根据当地的病情、财力、人力和物力情况，加以选择实施以达到事半功倍的效果。

第三节　家畜血吸虫病治疗药物的需求及发展方向

几十年来，我国在防治血吸虫病方面取得了举世瞩目的成就。然而，作为重要的保虫宿主，家畜血吸虫病的查治形势依然严峻。在防治过程中，除组织领导和各种防治措施外，药物治疗和药物研发是整个防治工作中一个重要的、不可替代的环节。

理想的抗血吸虫病药物应具备以下特征：① 对家畜没有毒性和严重副作用；② 对3种主要血吸虫病均有效；③ 能口服或注射、疗程短；④ 对各期血吸虫病都有效；⑤ 价格低廉。随着分子生物学、基因操作技术和其他新技术的不断引入，以及对血吸虫生理代谢和宿主病理学等的进一步阐明，血吸虫基因组序列测定的完成，一些抗血吸虫药物的作用靶位被发现，将为抗血吸虫药物研发工作提供新思路和理论指导。

一、家畜血吸虫病治疗新药的研发

自20世纪70年代末安全、高效的血吸虫病治疗药物吡喹酮问世后，国内外对抗血吸虫新药物的研制一直没有取得新突破。20世纪90年代，Fallon等采用亚治疗剂量吡喹酮在实验室内诱导出曼氏血吸虫吡喹酮抗性株，证实了在反复药物压力下血吸虫可对吡喹酮产生抗性的可能。此外，在非洲和南美洲一些曼氏血吸虫病流行区陆续出现了对吡喹酮不敏感的地理株、吡喹酮疗效差或治疗无效的异常现象。因此，研发抗血吸虫新药对血吸虫病防治工作具有重要的现实意义。

20世纪末，我国科研人员与瑞士和美国科学家合作，发现抗疟新型化合物三噁烷（trioxolanes）对感染小鼠体内的血吸虫童虫具有很强的杀灭作用，而对成虫的作用差，但该类化合物在仓鼠体内则对曼氏血吸虫和日本血吸虫的童虫和成虫均有较好的疗效。2007年，他们与瑞士合作在对一些已知的抗疟药筛选时发现甲氟喹（mefloquine）对曼氏血吸虫和日本血吸虫不同发育期童虫和成虫均有很好的杀虫效果，感染血吸虫成虫的小鼠一次灌服甲氟喹200和400mg/kg，获得的减虫率为72.3%和100%，用感染童虫的小鼠观察，结果相仿。组织病理学观察甲氟喹对血吸虫童虫和成虫均有很强的杀灭作用。这与吡喹酮仅对成虫有较好的疗效，而对不同发育期童虫无效，或蒿甲醚对童虫的作用优于成虫显然不同，再则同属氨基乙醇类抗疟药的喹啉和卤泛曲林对血吸虫童虫和成虫亦有效，故此类型化合物值得进一步研究。新药的研发策略可从以下几方面考虑：

（一）发现新的药效基团并设计新药

可根据血吸虫特有的生理生化特征，筛选新的药效基团并设计新药。例如，血吸虫寄生在宿主的肠系膜静脉中，必须通过有效机制来维持氧化还原平衡和逃避来自宿主活性氧分子的损伤作用。在血吸虫体内，硫氧还蛋白谷胱甘肽还原酶（TGR）在虫体氧化还原平衡中发挥重要作用，抑制TGR活性，虫体因不能抵抗来自宿主的氧化损伤而死亡。Sayed等针对血吸虫这一生理特性筛选出次磷酰胺和噁二唑-2-氧化物，该氧化物在微摩尔至纳摩尔级对TGR的活性有很强的抑制作用。由于噁二唑-2-氧化物可以快速抑制TGR活性，引起寄生虫死亡，2009年Rai等通过对噁二唑-2-氧化物化学结构系统的试验评价，证明了3-腈基-2-氧化物为主要的药效基团，并建立了以苯环为核心结构的构效关系，建立NO供体与TGR抑制剂间的联系，决定这种化学结构在相关还原酶中的选择性，证实这种化学结构可以通过改造而拥有合适的代谢和药动学特性。更深入地研究了外源性NO供体和寄生虫损伤间的联系。这些研究显示了噁二唑–2–氧化物有望发展为一种TGR新型抑制剂和有效抗血吸虫药物的前景。

（二）通过大规模筛选寻找新的化合物

可通过对现有药物库进行定量高通量筛选获得治疗血吸虫的有效药物和合成新的化合物的线索。李欣等对抗焦虑药库的地西泮类衍生物进行筛选，获得了2种具有抗血吸虫效果的地西泮类衍生物B3和B30。筛选的两种衍生物在体外的疗效试验中，B3作用于虫体后，日本血吸虫存活率和活力降低率分别为0和100%，曼氏血吸虫分别为20%和93.3%；B30作用于虫体后，日本血吸虫和曼氏血吸虫存活率分别为0和13%，两者活力降低率则分别为100%和94.3%。地西泮衍生物B3、B30在体外具有显著抗血吸虫作用。

（三）以现有药物为先导物寻找有效结构

为寻找新的药物，国内外研究者进行了大量的探索研究。近年来，对青蒿素及其衍生物和吡喹酮药物结构改进、改性、联合筛选药物等多方面进行了探索性的研究。Dong等对合成的吡喹酮六胺和四脲类衍生物抗曼氏血吸虫童虫和成虫活性进行观察，发现在这些化合物中仅有一种对成虫有明显活性。但是，与吡喹酮不同，有6种化合物对童虫有一定的活性。一种吡喹酮酮基衍生物对童虫和成虫都有很好的效果，但其对体外培养的曼氏血吸虫没有效果。细胞色素P450代谢分析表明，吡喹酮反式环己醇代谢物在这种药物的抗血吸虫活性中起重要作用。Ronketti等通过对吡喹酮芳环上的取代变化，得到几种有效的吡喹酮类抗寄生虫药，通过与已知的该类化合物进行活性对照，对其药效进行评估。结果表明，芳环上的氨基化药效保持，而其他取代其活性难以保持，这些结果对抗血吸虫药物的发展具有重要意义。

与此相类似的，如合成的螺金刚烷臭氧化物，化学结构较青蒿素简单，易于合成，其抗寄生虫机制与青蒿素相似，有赖于血红素和游离铁的存在，通过铁介导的药物内过氧桥裂解，产生大量的自由基，通过膜脂质过氧化、烷化或氧化生物大分子，尤其是蛋白质，造成虫体生物膜损伤，干扰虫体氧化—抗氧化平衡系统，导致虫体死亡。

二、预防血吸虫病药物的研发

吡喹酮仅对成虫和刚钻入皮肤的早期童虫有效，故其主要用于临床血吸虫病的治疗。但治愈的家畜在接触疫水后可重复感染血吸虫，重复感染已成为血吸虫病疫情难以持续降低的主要原因。由于目前尚无可用于预防血吸虫病的疫苗，亟待发展预防血吸虫病的药物。我国研究者于20世纪80年代初即发现抗疟药青蒿素及其衍生物蒿甲醚和青蒿琥酯对不同发育期的血吸虫童虫有较好的杀灭效果，并在"八五"和"九五"期间，通过试验研究将它们发展成为预防血吸虫病的药物。在不同类型的血吸虫病疫区开展人群随机双盲口服蒿甲醚预防血吸虫感染的观察中，受试者在血吸虫传播季节接触疫水期间，每2周一次口服蒿甲醚6mg/kg，末次接触疫水后2周再服一次。结果，不同人群的保护率为60%～100%。青蒿琥酯在16个试点进行了与上述相仿的预防血吸虫感染的观察，其中4个试点的受试者在接触疫水期间每周服一剂青蒿琥酯6mg/kg，人群保护率为100%；另12个试点的受试者则每2周服一剂青蒿琥酯，人群保护率为40%～90%。然而对家畜血吸虫病预防药物的研发依然未取得进展。2012年，中国农业科学院上海兽医研究所同上海交通大学药学院一道利用研制的吡喹酮缓释药棒植入小鼠皮下，不仅对各期童虫显示了良好的效果，而且在植入后两周时间均可100%预防血吸虫尾蚴的攻击。

三、药物新剂型

家畜种类繁多，一年四季均可能感染血吸虫，因此家畜的治疗不仅需要与家畜种类配套的各种剂型，也需要长效的给药装置和剂型，以减小反复用药的工作量。家畜血吸虫治疗用药物的剂型必须根据家畜的特点以及血吸虫病的特点进行有针对性的设计。

（一）缓释包埋剂

控制释放给药系统是20世纪60年代发展起来的一项新技术。该技术已被用于避孕、医药和畜牧兽医等领域。用驱（杀）虫药物和高分子聚合物制成的缓释剂被用于抗寄生虫感染。贺宏斌、石孟芝等人将吡喹酮原药与控释材料硫化硅橡胶、交联剂和催化剂等按一定比例经一定工艺制成吡喹酮缓释包埋剂，经体外释放试验确定最佳配方剂型，并进行动物试验观察其预防小鼠血吸虫病的效果。结果缓释剂型预防保护率为40.2%，肝虫卵减少率64.3%，粪EPG减少率70.5%。叶萍等人试用了二种剂量的PZQ缓释剂，与低剂量组相比，高剂量组取得了较好的疗效，说明PZQ应维持一定的血药浓度，才能取得有效的杀虫作用。试验结果提示，PZQ缓释剂不仅可用于治疗血吸虫病，而且有可能降低PZQ的毒副作用。此外，吡喹酮缓释剂可用于预防小鼠日本血吸虫病。

（二）微囊

陆彬等人以生物可降解的明胶为包装材料，采用单凝聚法制得流动性粉末状的吡喹酮微囊。吡喹酮微囊在体内生理环境条件下可以产生缓释、长效的药理作用，该生物降解型吡喹酮微囊可达到缓慢释放和长效制剂的基本要求。

（三）脂质体

脂质体近年来被喻为"药物导弹"，静脉注射药物脂质体，可使药物定向性地富集于肝靶区，被脂质体包裹的药物还具有明显的缓释特征。因此吡喹酮脂质体研究报道较多。李荣誉等人报道以氢化豆磷脂和胆固醇为包装材料，采用逆相薄膜蒸发法制备吡喹酮脂质体。吡喹酮脂质体对动物机体无蓄积毒性作用，对动物的组织和器官无损害作用，注射吡喹酮脂质体小鼠体内的两性血吸虫表层结构的损伤最为明显，对两性血吸虫的杀伤作用比游离吡喹酮快，损伤程度也较严重，认为脂质体提高了药物的靶向性，提高了疗效，减少毒性反应。但用于家畜血吸虫治疗需要的药量较大，如何提高脂质体的载药量和稳定性依然是亟待解决的问题。

（四）凝胶剂与涂剂

凝胶剂为一种较新的软膏剂型，其主要特点是制剂为透明的半固体，释药速度较快，涂在皮肤上能形成透明的薄膜。该类药物的设计思路一方面是阻碍血吸虫尾蚴的攻击，另一方面是治疗血吸虫病。江苏血吸虫病防治研究所研制的氯硝柳胺浇泼剂是一种有效阻碍血吸虫感染的药物，对家畜预防血吸虫感染起到很好的保护作用。这类药物的明显不足在于，对于大型家畜需要反复用药而且每次的用药量较大，限制了该药的发展。

利用吡喹酮研制的透皮剂在小鼠人工感染模型上取得了一定的保护效果。鼠的腹部感染血吸虫尾蚴40条，感染后35d进行透皮治疗，结果显示，10%吡喹酮透皮液减虫率在60%以上。然而，药物浓度与药物的吸收存在复杂的关系，药物过浓，药物吸收比例下降；药物浓度低，则需要用较多的透皮剂。因此，吡喹酮透皮剂的研制依然任重道远。

（五）栓剂

根据血吸虫成虫主要寄生在肝门和肠系膜静脉的特点，采用直肠给药，可以避开药物的肝脏首过效应，直接作用到血吸虫。采用吡喹酮栓剂治疗家兔及小鼠试验性日本血吸虫病，结果证明在相同剂量条件下，吡喹酮栓剂组的平均减虫率优于吡喹酮口服组。研究证明，吡喹酮肛栓投药是治疗血吸虫病的又一有效途径。

（六）注射剂

家畜血吸虫治疗使用注射剂具有用量准确、治疗效果好的特点，同时由于注射剂的药物生物利用度较口服高，可以减少用药量，节约用药成本并减少副作用。然而，吡喹酮注射剂为非水溶性药物，以往研制的吡喹酮氯仿油制剂，副作用大。赵俊龙等人制备了6%吡喹酮非水溶液注射剂，分别进行了小鼠和牛的日本血吸虫病治疗试验。结果表明，感染日本血吸虫的小鼠按20mg/kg和30mg/kg的剂量肌内注射吡喹酮的减雌率均达100%，人工感染日本血吸虫的牛用10mg/kg和12mg/kg的剂量肌内注射吡喹酮，获得的减雌率均达100%，自然感染血吸虫病牛用10mg/kg的剂量肌内注射后30d粪便转阴率达90.50%。这一结果说明，研制的吡喹酮注射剂具有良好的治疗效果。中国农业科学院上海兽医研究所观察了吡喹酮注射剂的稳定性和对小鼠的刺激性，研制出了20%吡喹酮注射剂。用此注射剂对人工感染日本血吸虫的小鼠和兔进行了肌内注射治疗试验。结果表明，20%吡喹酮注射剂对日本血吸虫感染小鼠和兔的治疗效果良好，在使用剂量仅为口服剂量的1/3时即可达到相同的减虫率。此外该注射剂在加倍使用时，对血吸虫童虫也产生了很好的抑制发育和杀灭作用，可以很好地预防血吸虫病的发生。

四、家畜血吸虫病治疗方案和疗效考核方法

（一）家畜血吸虫病治疗方案

家畜是现阶段我国血吸虫病流行区主要的保虫宿主和传染源，加大家畜血吸虫病的查治力度需要以有限的投入获得最佳的防治效益。根据家畜血吸虫病流行病学调查，制订并优化针对家畜血吸虫病的治疗方案，在不同流行区，对服药对象的选择、治疗方案的确定、最佳治疗时机的选择，人畜同步化疗以及副作用的预防和处理，需要制订切实可行的规划，达到事半功倍的效果。家畜血吸虫病的治疗必须重视治疗方案的制订。

（二）家畜血吸虫病疗效考核方法

粪检是血吸虫病疗效考核的方法，粪检的质量高度影响粪检结果。近年来，家畜血吸虫病的感染率和感染度普遍降低，粪便虫卵数量减少，漏检的概率提高，从而相对"提高"了药物的疗效。在目前家畜血吸虫病的防治工作中，有必要重新评定现用的粪检方法，规范粪检考核疗效的标准，以期能真实地反映药物疗效。同时开展相关的家畜血吸虫病疗效考核新方法的研究。

五、联合用药

随着养殖业的发展，家畜的饲养逐步向集约化养殖发展，在血吸虫病流行区，除血

吸虫病外，常见感染的寄生虫还有：线虫类的蛔虫、捻转血矛线虫、钩口线虫、毛首线虫、夏伯特线虫、奥斯特线虫等，绦虫类的莫妮茨绦虫、泡状带绦虫、细粒棘球绦虫、叠宫绦虫，以及吸虫类的华支睾吸虫、片形吸虫、东毕吸虫，原虫类的弓形虫、隐孢子虫、附红细胞体等。家畜感染这些寄生虫不仅会影响家畜的生长发育，还会引起家畜免疫力的降低，从而导致其他传染性疾病的感染。更为严重的是，许多寄生虫病为人兽共患病，存在传染人的可能。

　　在有多种寄生虫感染的流行区，针对不同虫种对药物敏感性的不同，采用联合用药，可以扩大驱虫种类，在较短时间内使家畜寄生虫感染得到较好控制。有时2种不同的药物对同一寄生虫有效，但其作用机制不同，联合用药不仅可以提高疗效，而且可以延缓抗性的产生。故应积极开展这方面的工作，以期达到综合驱虫的目的。如应用吡喹酮与阿苯哒唑或甲苯哒唑联合用药治疗血吸虫病、囊尾蚴病、棘球蚴病和肠道寄生虫病等，不仅提高疗效，降低副作用，而且提高了防治工作的效率。

参考文献

操继跃，刘思勇，赵俊龙，等 .2001.黄牛静注、肌注和内服吡喹酮的药动学与生物利用度 [J].中国兽医学报，21（1）：616－614.

陈文行，王兴大，齐家富 .2001.吡喹酮水溶液瓣胃注射治疗牛血吸虫病 [J].中国兽医科技，31：37－38.

崔金凤 .2005.治疗血吸虫病药物综述 [J].安徽预防医学杂志，11（3）：172－173.

郭家钢 .2006.中国血吸虫病综合治理的历史与现状 [J].中华预防医学杂志，40（4）：225－228.

黄一心，蔡德弟 .1995.一个有希望的抗血吸虫新化合物 Ro－15－5458[J].中国血吸虫病防治杂志，7（2）：125－126.

黄一心，肖树华 .2008.抗蠕虫药吡喹酮的研究与应用 [M].北京：人民卫生出版社，17－561.

胡述光，李景上，等 .1992.吡喹酮治疗猪血吸虫病试验 [J].中国兽医杂志，18：16－17.

胡述光，张强，卿上田，等 .1995.吡喹酮治疗绵羊血吸虫病效果试验 [J].中国兽医寄生虫病，3：49－50.

江艳，蒋作君 .2001.血吸虫病防治药物研究概况 [J].中国血吸虫病防治杂志，13（1）：59－61.

李朝晖，董兴齐 .2009.血吸虫病治疗药物研究进展 [J].中国血吸虫病防治杂志，21（4）：334－339.

李龙 .2009.抗血吸虫病药物的研究现状 [J].江西畜牧兽医杂志，4：5－8.

李欣，蔡茹，张惠琴，等 .2009.5种地西泮类衍生物抗血吸虫的初步评价 [J].中国人兽共患病学报，25（6）：563－566.

李岩，周艺 .2007.我国血吸虫现状及治疗药物 [J].畜牧兽医杂志，26（1）：63－65.

林邦发，施福恢，朱鸿基，等 .1994.吡喹酮肌内注射液治疗山羊实验血吸虫病研究 [J].中国兽医科技，24：16－17.

刘约翰.1988.寄生虫病化学治疗 [M].重庆:西南师范大学出版社,144－173,234－240,433－436.

尤纪青,梅静艳,肖树华,等.1992.蒿甲醚抗日本血吸虫的作用 [J].中国药理学报,13 (3):280－284.

娄小娥,周慧君.2002.青蒿琥酯的药理和毒理学研究进展 [J].中国医院药学杂志,22 (3):175－177.

马雅娟,郭敏,柳建发.2007.抗日本血吸虫的化疗药物 [J].地方病通报,22 (3):68－69.

毛守白.1991.血吸虫生物学与血吸虫病的防治 [M].北京:人民卫生出版社,528－594.

农业部血吸虫病防治办公室.1998.动物血吸虫病防治手册 [M].北京:中国农业出版社,112.

沈光金.1997.青蒿素及其衍生物的抗血吸虫作用 [J].中国寄生虫病防治杂志,10 (2):145－147.

施福恢,沈纬,钱承贵,等.1993.水牛实验血吸虫病的药物治疗效果比较 [J].中国兽医寄生虫病,1:30－33.

宋丽君,余传信.2009.血吸虫病治疗药物的研究进展 [J].医学前沿,38 (12):16－19.

宋丽君,余传信.2009.血吸虫病治疗药物的研究进展 [J].医学研究杂志,38 (12):16－19.

宋宇,肖树华,吴伟,等.1997.蒿甲醚预防抗洪抢险人群感染血吸虫病的观察 [J]中国寄生虫学与寄生虫病杂志,15 (3):133－137.

王镜清,陈光祥.1997.化疗控制家畜血吸虫病的效果观察 [J].中国血吸虫病防治杂志,9:187.

王在华.1980.硝硫氰胺 (7505) 治疗血吸虫病的研究进展 [J].武汉医学,4 (1):42－46.

吴玲娟,宣尧仙,郭尧,等.1996.青蒿琥酯对日本血吸虫童虫体内四种酶活性的影响 [J]中国血吸虫病防治杂志,6 (5):267－269.

肖树华.1995.吡喹酮的药理、毒理及应用中的一些问题 [J].中国血吸虫病防治杂志,7 (3):189－192.

肖树华.2005.蒿甲醚防治血吸虫病的研究 [J].中国血吸虫病防治杂志,17 (4):310－320.

肖树华.2010.近年来发展抗血吸虫新药的进展 [J].中国寄生虫学与寄生虫病杂志,28 (3):218－255.

肖树华,薛剑.2010.沈炳贵.甲氟喹单剂口服治疗对小鼠体内日本血吸虫成虫皮层的损害 [J].中国寄生虫学与寄生虫病杂志,28 (1):1－7.

薛纯良,译.1986.抗寄生虫新药 [J].国外医学寄生虫病分册,1:1－5.

杨琳芬,俞华,吴国昌,等.1998.吡喹酮化疗耕牛血吸虫病投药方法探讨 [J].中国血吸虫病防治杂志,10:382.

杨忠顺,李英.2005.与青蒿素相关的1,2,4－三噁烷及臭氧化物的研究进展 [J].药学学报,40 (12):1057－1063.

张芳,方渡,彭彩云,等.2005.抗血吸虫病药物的研究概况 [J].中医药导报,11 (12):79－81.

张苏川.1991.环孢菌素 A 抗血吸虫作用 [J].国外医学寄生虫病分册,(1):3.

张薇,滕召胜.2006.血吸虫病预防与治疗的研究进展 [J].实用预防医学,13 (3):798－800.

张媛,林瑞庆,李晓燕,等.2009.抗日本血吸虫药物的研究进展 [J].中国畜牧兽医,36 (7):171－174.

中华人民共和国卫生部地方病防治司.1990.血吸虫病防治手册 [M].上海:上海科学技术出版社,95－178.

周述龙,林建银,蒋明森.2001.血吸虫学 [M].第 2 版.北京:科学出版社,300－357.

Abdul-Ghani RA, Loutfy N, Hassan A.2009.Experimentally promising antischistosoma drugs: a review of some drug candidates not reaching the clinical use[J].Parasitol Res, 105 (4):899－906.

Abdul-Ghani, RA Loutfy N.Hassan A.2009.Myrrh and trematodoses in Egypt an overview of safety efficacy and effectiveness profiles[J].Parasitol Int, 58 (3) : 210－214.

Alger HM, Williams DL.2002.The disulfide redox system of *Schistosoma mansoni* and the importane of a multifunctional enzyme, thioredoxin glutathione reductase[J].Mol Biochem Parastol, 121 (1) : 129－139.

Brindley PJ, Sher A.1990.Immunological involvement in the efficacy of praziquante[J].Exp Parasitol, 71 (2) : 245－248.

Cerecetto H, Porcal W.2005.Pharmacological properties of furoxans and benzofuroxans: recent developments[J].Mini Rev Med Chem, 5 (1) : 57－71.

Doenhoff MJ, Cioli D, Utzinger J.2008.Praziquantel: mechanisms of action resistance and new derivatives for schistosomiasis[J].Curr Opin Infect Dis, 21 (6) : 659－667.

Duong TH, Furet Y, Lorette G, et al.1988.Treatment ofbilharziasis due to *Schistosoma mekongi* with praziquantel[J].Med Trop (Mars) , 48 (1) : 39－43.

Fallon PG, Doenhoff MJ.1994.Drug-resistant schistosomiasis: resistance to praziquantel and oxamniquine induced in *Schistosoma mansoni* in mice is drug specific[J].Am J Trop Med Hyg,51 (1) 83－88.

Guisse F, Plman K, Stelma FF, et al.1997.Therapeutic evaluation of two different dose regimens of praziquantel in a recent *Schistosoma mansoni* focus in Northern Senegal[J].Am J Trop Med Hyg,56 (5) 511－514.

Keiser J, Chollet J, Xiao SH, et al.2009.Mefloquine-an aminoalcohol with promising antischistosomal properties in mice[J].PLoS Negl Trop Dis, 3 (1) : e350.

Mahajan A, Kumar V, Mansour RN, et al.2008.Meclonazepam analogues as potential new antihelmintic agents[J].Bioorg Med Chem Lett, 18 (7) : 2333－2336.

Pica-Mattoccia L, Orsini T, Basso A, et al.2008.*Schistosoma mansoni*: lack of correlation between praziquantelinduced intraworm calcium influx and parasite death[J].Exp Parasitol, 119 (3) : 332－335.

Pica-Mattoccia L, Ruppel A, Xia CM.et al.2008. Praziquantel and the benzodiazepine Ro11－3128 do not compete for the same binding sites in schistosomes[J].Parasitology, 135 (Pt 1) : 47－54.

Rai G, Sayed AA, Lea WA, et al.2009.Structure mechanism insights and the role of nitric oxide donation guide the development of oxadiazole-2-oxides as therapeutic agents against schistosomiasis[J].Med Chem, 52 (20) : 6474－6483.

Sayed AA, SimeonovA, ThomasCJ, et al.2008.Identification of oxadiazoles as new drug leads for the control of schistosomiasis[J].Nat Med, 14 (4) : 407－412.

Steinmann P, Keiser J, Bos R, et al.2006.Schistosomiasis and water resources development: systematic review, meta-analysis, and estimates of people at risk[J].Lancet Infect Dis, 6 (7) : 411－425.

Xiao SH, Keiser J, Chollet J, et al.2007.In vitro and in vitro activities of synthetic trioxolanes against major human schistosome species[J].Antimicrob Agents Chemother, 51 (4) : 1440 – 1445.

Zhou XN, Wang LY, ChenMG, et al.2005.The public health significance and control of schistosomiasis in China-then and now[J].Acta Trop, (2 /3) : 97 – 105.

第十章

家畜血吸虫病的预防

　　家畜血吸虫病作为一种传染病，其预防与控制遵循传染病防控的基本原则，即控制传染源、切断传播途径和保护易感动物。

第一节　控制传染源

一、家畜预防性驱虫

　　家畜预防性驱虫又可称为群体治疗，是指在未开展诊断检查的情况下，根据历史疫情资料和当地螺情调查资料，对在易感地带放牧的家畜实施群体药物治疗，驱除部分家畜体内血吸虫，达到控制传染源和保护感染家畜的目的。

　　预防性驱虫的首选药物为吡喹酮，可以使用片剂进行口服，也可以使用注射剂进行肌内注射，其使用剂量和方法参考本书治疗的相关章节。

　　实施预防性驱虫并取得良好效果的关键是制订切实合理的驱虫方案，包括：① 明确给药对象，即在易感地带放牧或活动的家畜。各地要在开展常规性监测的基础上，确定当地的易感地带和主要的感染动物。就目前而言，主要是易感地带放牧的牛和羊；部分地区还应包括犬和野外放牧的猪、马和骡。② 确定给药时间，综合考虑控制传染源和治病两方面的效果，我国大多数疫区最好在每年的3～4月份和10～11月份进行两次预防性驱虫。

　　每年9～11月份驱虫是我国大多数疫区传统的预防性驱虫时间。这一方案主要是从治病的角度以及易于实施的角度考虑的，因为冬季草料较少，在冬季来临前进行预防性驱虫，可以减少血吸虫对家畜的危害，减少冬季死亡率和提高家畜的膘情。同时，在洞庭湖和鄱阳湖地区，9月份夏汛结束，在家畜重新回到垸外放牧前开展群体预防性驱虫，可以减少工作量。该方案的缺点是不能杀灭感染家畜体内未发育成熟的血吸虫，即不能达到完全驱虫，且服药后家畜还会发生感染。这些未驱除的虫体和新感染的虫体，在第二年的3～5月份春汛时节又将成为新的传染源。在每年3月月底至4月月初开展一次预防性驱虫，可以克服上述缺点。

　　岳阳（麻塘）流行病学纵向观测点在2011年前，主要实施5～6月份治疗阳性家畜和

9～10月份的预防性驱虫的治疗方案，其家畜（牛）血吸虫病疫情从2000—2011年一直在3.08%～4.8%徘徊。2011年开始，每年在原有治疗方案的基础上，增加一次3～4月份的预防性驱虫，结果牛感染率从2010年的3.08%逐年下降到2013年的0.46%，羊感染率从2010年的4.08%逐年下降到2013年的0.77%。

湖南澧县在中国农业科学院上海兽医研究所设置的退田还湖流行病学调查区，于2013年3月25～29日对牛、羊进行了预防性驱虫，5月2日调查野粪67份，未发现阳性野粪，5月24日调查野粪64份，阳性3份，阳性率4.69%。说明3月份预防性驱虫可以减少2个月的环境污染（图10－1）。

图 10-1　估测家畜体重后进行治疗或预防性驱虫

二、封洲禁牧（封山禁牧）及安全放牧

血吸虫病的流行和传播具有明显的地方性，即使在血吸虫病流行区，其感染和传播也仅限于易感地带，患病家畜也只有在有钉螺的地方才能成为传染源。因此，有螺地带禁牧和无螺地带的安全放牧是防控血吸虫病的有效措施（图10－2）。

封洲禁牧主要是针对湖沼型流行区和水网型流行区。封洲是指非生产人群在封洲期间一律禁止到有螺草洲活动和接触疫水，禁牧是指所有家畜（包括牛、羊、猪等）在禁牧期间禁止到有螺草洲放牧和接触疫水（包括滚水和经过疫水等）。封山禁牧主要是针对山丘型流行区，即禁止家畜在有螺山坡（或山体）放牧。安全放牧即是在没有钉螺的

图 10-2　血吸虫病疫区竖立的禁牧标牌

地方放牧。

封洲禁牧（封山禁牧）和安全放牧可以认为为同一措施，即真正做好封洲禁牧（封山禁牧）也就做到安全放牧。

封洲禁牧（封山禁牧）应由当地政府组织实施和管理。县级动物疾病控制中心与血防站等技术服务部门根据当地的流行病学资料，确定实施封洲禁牧（封山禁牧）的地点和时间。

一般每年自3月1日起至10月31日止为封洲禁牧时间。部分地区由于春季气温偏低（在0℃以下），在经县级有关部门的同意后，可延期到3月15日起实施封洲禁牧；秋季由于天气干旱，河、湖水位降落于草洲之下，草洲地面干燥，可提前至10月15日起实施开洲放牧，但人畜血吸虫病的查治工作亦须提前15d进行。如果秋季气温偏高、雨水较多，草洲积水或河、湖水位线尚未完全退落于草洲水平线之下，封洲禁牧期亦应延期至11月30日左右（以水位完全退落于草洲水平线之下的时间为准）。

由于血吸虫中间宿主钉螺活动与气温变化有密切关系而具有季节性特点，山丘型地区有雨季、旱季之分，感染血吸虫病主要在雨季。因此山丘型疫区封山禁牧的时间，应根据调查数据分析，提出某一时间段并报同级兽医和卫生行政主管部门，经兽医、卫生主管部门审议后确定。

封洲禁牧（封山禁牧）的具体实施方式包括：① 由当地政府（乡、镇）或县人民政府，统一发布封洲禁牧（封山禁牧）公告、设置"防控血吸虫病禁牧区警示牌"禁牧警示标牌。禁示牌长×宽不小于80cm×50cm，可用木、竹、金属或水泥制作，牌上要写明或刻明禁牧区地点、范围、时间、咨询或举报电话。② 有条件的地方，可以通过开挖隔离沟、修建隔离栏，实施全年禁牧。隔离栏以水泥桩和铁丝构成，高度不低于1m。

封洲禁牧（封山禁牧）的后续管理和督查是取得防控血吸虫病效果的关键，其管理措施包括：① 成立封洲禁牧（封山禁牧）管理委员会。管理委员会要定期召开会议，部署检查、指导工作，及时解决封山禁牧工作中出现的具体问题，招聘看护人员、落实看护人员应得补助，提供必要的劳防用品等。② 必须由专（兼）职人员负责禁牧区的日常维护、管理和监督。

王溪云等在鄱阳湖区4个重疫区乡实施季节性封洲禁牧，即从每年的3月1日起至10月31日止，实施封洲禁牧措施或以封洲禁牧为主的综合防治措施，监测各试点人、畜、螺血吸虫的感染率，连续2~3年后，4个试点区域内人、畜、螺血吸虫的感染率大幅度下降或达到0，无急感病人，人、畜、螺无血吸虫新感染（刘晓红等，2010）。

刘宗传等（2010）选择洞庭湖区沅江市冯家湾村为观察试点，调查围栏封洲禁牧前后人、畜、螺血吸虫感染率，家畜传染源数量和饲养方式，洲滩野粪分布，水体感染性，人畜在洲滩的活动情况，实施成本及其经济效益。结果围栏封洲禁牧2~5年后，人、畜、钉螺血吸虫感染率分别下降了88.89%、100%、100%，耕牛数量减少了73.60%，放牧饲养户减少100%，舍饲圈养户增加了88.58%，人畜在洲滩的活动及污染减少，滩地生态经济效益提高了15%~20%。

实施安全放牧的方式包括：① 在无螺区放牧。根据历史调查资料，确定无螺区，同时根据无螺区周边环境采取相应措施。如果牧场周边有钉螺滋生，可以采取通过开挖隔离沟、修建隔离栏的方式将无螺区与有螺区隔离。② 先灭螺后建场。可以采用药物灭螺、拖拉机深耕后播种优质牧草的方式建设安全牧场。放牧家畜在入场前3~4周进行全面驱虫。灭螺和未灭螺的草洲/草滩须用开挖隔离沟、修建隔离栏的方式隔离（图10-3）。

上述实施安全放牧方式又称为安全牧场建设。根据我国血防的相关对策，在血吸虫病疫区要尽量限养易感家畜。因此，实施安全牧场建设，其目的并不是发展当地的牛、羊饲养

图10-3　安全牧场

血吸虫病疫区在无螺地带或有螺区域通过药物灭螺建设安全牧场，可以达到防控家畜血吸虫病和发展畜牧业的双重目的

业，而是为因生产等需要不能淘汰的牛、羊提供放牧场所，并保障其不受血吸虫感染。

安全牧场建设的地点与规模，须根据当地放牧家畜数量以及自然状况（螺情以及地貌等）而定。安全牧场要选择在地势较高、牧草丰盛、水源充沛、无螺或能采用药物灭螺的草洲建立。在地形环境复杂，水位不易控制，难以实施有效药物灭螺或环改灭螺的地区，不宜建立安全牧场。在有螺草洲、草坡建立动物放牧场，首先要采取有效措施消灭钉螺。对已建立安全牧场且开始放牧的，县级卫生、农业血防专业技术人员须对安全牧场内的螺情、放牧家畜血吸虫感染状况进行2～3次详细调查，发现螺情和疫情的，要及时处理，确保牧场和放牧家畜的安全。

安徽省在和县陈桥洲建立安全牧场、实施放牧规划控制耕牛血吸虫病，结果耕牛感染率两年后由建场前的26.1%下降为2.0%，下降了92.3%。滩地钉螺感染率也显著下降，野粪的污染已明显减轻（王天平，1994）。

三、畜粪管理

人和家畜排出的血吸虫虫卵，只有进入水体方可成为传染源。强化人、畜粪便管理，就是控制血吸虫虫卵直接入水，同时通过发酵等处理，杀灭虫卵，达到控制传染源的目的。

（一）建沼气池

建沼气池，以家畜粪便生产沼气，是目前农村广泛推广的一项新能源技术，是建设社会主义新农村的一项重要举措，对改善生态环境、节约能源、阻断血吸虫病等重要寄生虫病和其他疾病病原的传播具有重要意义（图10-4）。

建沼气池阻断人、畜共患病传播的原理主要在于三个方面：① 沼气池是一个密闭的厌氧环境，会产生大量有机酸和游离铵离子，可以灭活寄生虫卵；② 沼气池在发酵代谢过程中产生大量新的蛋白酶，具有杀灭病原功能；③ 沼气池本身也是沉淀装置，寄生虫卵将被滞留在沼气池内至少半年以上，才会随沼渣取出，用作肥料，

图 10-4　建沼气池，杀灭家畜粪便中的虫卵

此时99%以上的寄生虫卵已经灭活，完全满足卫生要求。

有关农村家用沼气池设计、施工、质量验收、发酵使用等参照国家相关技术规范。

（二）修建蓄粪池

蓄粪池在改变农村卫生环境以及防控人兽共患病方面具有重要作用。常用蓄粪池为两格三池，其第一池为进粪池，具有好气分解及沉卵的作用，第二池是密封的厌气发酵池，第三池是蓄粪池。

（三）粪便堆积发酵

常用方法是在畜舍边挖一小坑，将每天收集的畜粪（也可以收集放牧场所的野粪）倒入坑内，达到一定数量后用烂泥密封或用塑料薄膜覆盖，在不同气温度条件下，发酵5～10d（一般夏季5d，春、秋季7d，冬季10d）即可杀灭其中的血吸虫等寄生虫虫卵。这种利用粪便中微生物发酵产生热量来杀灭病原的方法，简便易行，投资少，可以在广大疫区推广应用。

四、家畜圈养

实施家畜圈养，一方面可以减少家畜接触疫水的机会，预防家畜感染血吸虫，另一方面可以杜绝感染家畜粪便中虫卵污染环境。

该方法适合于血吸虫病流行区，特别是是血吸虫病重流行区。

要根据当地血吸虫病流行规律和特征（气温、水文、钉螺和血吸虫的流行病学资料等）来确定舍饲圈养的时间，一般为每年3月1日到10月31日左右。如果饲料充裕，也可实行全年舍饲圈养。

家畜圈养特别是牛的圈养和传统放牧相比，饲养成本高，须由县级农业血防部门统一管理，制订圈养的时间与范围。可以在相关血防项目支持下，帮助农户修建圈养设施，对圈养养殖户实施一定的补贴资助等。同时，畜牧部门要在养殖技术、疾病防控、饲料准备等方面给予技术支持和帮助（图10-5）。

圈养家畜的饮用水应为无尾蚴的水，最好用自来水或井水。到草洲割草喂饲，除做好个人防护外，还需将草料晾干或晒干后饲喂。

云南省洱源县是血吸虫病重疫区，2002年人群和家畜血吸虫病感染率分别为10.45%和11.68%，血吸虫病流行于高山、高山平坝和丘陵，环境复杂，常年气候温暖湿润，防控难度非常大。洱源县从2002年开始加大以种草、圈养家畜为主的控制家畜传染源的

图 10-5 家畜圈养，杜绝感染和传播机会

综合措施，同时结合草山、草坡开发示范工程项目建设、农田种草养畜项目、奶源基地建设项目、农业循环经济农田种草示范工程项目实施，在疫区积极推广改厕、种草、青贮、定点放牧、有螺地带禁牧等系列措施。2005年统计，全县种草养畜增加产值3 119.4万元，农民人均畜牧业产值达1 322元，农民饲养奶牛增加纯利润496.9万元。全县人群感染率从2004年的9.18%下降至2008年的0.09%，家畜阳性率从6.02%下降至0.29%，以行政村为单位，居民粪检阳性率和家畜粪检阳性率均低于1%，达到了传播控制标准。钉螺面积从1 083万m²降至471万m²，下降了56.5%。其中，易感地带钉螺面积下降了37.6%，阳性螺点由104个降至0。通过种草和家畜圈养，在发展传统奶牛养殖业的同时，又控制了血吸虫病，取得经济、社会同步发展的可喜成绩。

五、调整养殖结构

调整养殖结构主要是从控制传染源角度考虑，限制牛、羊等易感家畜的养殖，大力发展非易感家禽养殖。因此，调整养殖结构防控血吸虫病技术又称为扩禽压畜防控血吸虫病技术。

禽类是卵生动物，不感染、不传播血吸虫病，又有采食螺类和水生植物的习性。在湖沼型地区特别是钉螺难以消灭或暂不能彻底消灭的湖沼水网地区，可利用疫区水面广、水草茂盛的特点，调整养殖业结构，发展养禽业，压缩易感家畜的饲养数量，建立水禽饲养基地，限养牛、羊等易感家畜，达到有效控制血吸虫病传播和发展农村经济、促进农民增收的目的。

同时，在有螺环境养殖鸭、鹅等禽类，还可以达到吞食钉螺、改变钉螺滋生环境的目的。龚先福等（1997）报道，用15只成年鸭和15只成年鹅进行自由采食钉螺试验，将593个活钉螺放在其周围，结果71.33%的钉螺被吃掉。

在实施调整养殖结构的疫区，县级动物疫病预防控制中心要和其他畜牧部门密切协作，就家禽养殖场所的修建、引苗（引种）、疾病防控等提供相关的技术服务与咨询。

湖南沅江市白沙乡，1998年存栏水牛827头，人群血吸虫病感染率为13.85%，水牛感染率为10.80%。1999年，白沙乡试点选择适宜本地域生长，觅食力强的滨湖麻鸭作为发展的品种，至2001年形成了在就近湖洲放牧20万羽，在宪成长河、八形汉长河水系10千米河岸放牧10万羽的规模。配套建成白沙乡鸭业开发总公司，下设蛋品加工厂、饲料加工厂、孵化厂。形成了向社会年提供鲜蛋2 800t、蛋鸭配合饲料5 000t、鸭苗30万羽、咸蛋1 500t的规模。水牛群饲养量由1998年的827头降到了2001年的286头，下降了65.42%。牛群血吸虫病感染率由10.80%下降到4.27%，下降了60.46%（图10-6）。

图10-6　增养家禽，限养易感家畜，控制传染源

六、以机代牛

以机代牛全称为"以机耕代替牛耕"，其目的主要是减少牛饲养量和人、畜接触疫水的机会，达到控制传染源的目的。

以机耕代替牛耕防治血吸虫病涉及面大，包括实施范围的制订、农机的采购、农机运用与保养的技术培训、相关补助政策的制订与执行、机耕道路的修建、耕牛淘汰的实施与补助等，所以本项工作应由各级政府统一领导，协调相关部门参与实施，如农业血防部门负责制订以机耕代替牛耕防治血吸虫病项目的具体计划，农机部门负责农机的采购、农机运用与保养的技术培训，村、镇干部负责协调与农户的各种利益关系等。

有条件的地方，可以由政府牵头，组织机耕专业队（户）。近年来，在疫区县、乡出现了"以机耕代替牛耕"耕作技术群众组织，并实行"五统一"服务。一是统一组织机耕作业；二是统一调配机具，由农机部门组织调配机具，优惠向农民供应耕作、整地机；三是统一技术培训，举办各种类型的培训班；四是统一负责维修，疫区统一组织维修人员，在广大农村巡回服务；五是统一收费标准，每亩*收费比牛耕少6～10元。由于措施得力，效果明显，为控制畜源性传染源创造了条件（图10-7）。

图 10-7　以机耕代牛耕，减少牛感染和传播血吸虫的机会

---

* 亩为非法定计量单位。1亩=667米²。

安徽铜陵县老洲乡试点是血吸虫病重流行区，原有钉螺面积3 040 650m²，其中86.725万m²为易感地带，均分布于洲滩。2006年，人群血吸虫病感染率为5.72%，牛感染率高达41.1%，羊感染率50%。2007年起，老洲乡推行"以机耕代牛耕"等综合防治措施，淘汰牛917头、羊510只，做到洲滩已没有放牧家畜。到2008年年底，该乡钉螺感染率由2006年年底的2.6%下降至0.03%，人感染率由5.72%下降至0.05%。

七、家畜流通环节的检验检疫

随着农业经济的发展，家畜的流通变得更为频繁，这必然会导致血吸虫等病原的输入和输出增多，因此，加强对重流行区输出动物和传播控制地区输入动物的检验检疫显得尤为重要。

检疫方法：采用血清学技术，其具体操作参见本书家畜血吸虫病诊断的相关章节。

阳性家畜的处置：禁止输入或输出，或用吡喹酮药物治疗后方可输入或输出。

第二节　消灭中间宿主钉螺

钉螺是血吸虫的唯一中间宿主，消灭钉螺是控制血吸虫病传播的一项重要措施。除了通常采用的药物灭螺以外，通过种植业结构调整，在疫区因地制宜地实施水改旱、水旱轮作，退耕还林（草），垸内洼地垦种，挖塘养殖，沟渠硬化等措施，改变钉螺赖以滋生繁衍的生态环境，达到消灭钉螺和控制血吸虫病流行的目的。实践表明，农业工程灭螺防控血吸虫病技术，在取得明显灭螺效果的同时，还能增加农民收入，保护生态环境（减少灭螺药物的污染）、达到了治虫、治穷、致富的目的。

灭螺要全面规划，因时、因地制宜实施。要针对不同的环境，根据当地钉螺的分布及感染程度，坚持按水系分片块，先上游，后下游，由近及远，先易后难的原则，做到灭一块，清一块，巩固一块。

灭螺工作要有严格的管理制度和周密的工作计划，在卫生部门开展化学灭螺的基础上，农业血防部门要总结环改灭螺经验，科学地制订结合农业经济发展的灭螺规划，规范环改灭螺技术，以提高灭螺控病效果，确保环改灭螺的长效性。

在开展农业工程灭螺前，要做好调查研究，掌握螺情，做到心中有数；灭螺过程中，要严格掌握技术要求，注意质量；灭螺后，进行效果考核，分析评估效果。

一、化学灭螺法

化学灭螺又称为药物灭螺，主要由卫生血防部门负责。

目前常用的灭螺药物主要有氯硝柳胺、五氯酚钠和溴乙酰胺等。氯硝柳胺为棕色可湿性粉剂，无特殊气味，对皮肤无刺激，对人、畜毒性低，不损害农作物，可直接加水稀释应用。该药杀螺效力大，持效长，但作用缓慢，施药后有钉螺上爬现象，影响灭螺效果。为防止钉螺上爬，可与五氯酚钠合用。该药还可杀灭水中尾蚴。该药对水生动物毒性大，故不可在鱼塘内使用。五氯酚钠虽然也有很好的灭螺效果，但因污染环境，已逐步被淘汰。溴乙酰胺灭螺作用强，对鱼类毒性低，易溶于水，使用方便，但价格较贵，目前尚未大量生产。

药物灭螺常用的施药方法，一是浸杀法，适用于能控制水位和水量的沟、渠、田、塘；二是喷洒法，该法应用比较普遍，在不能用浸杀法的环境均可采用。用喷雾器按用药量喷洒有螺环境，要多次喷洒，不留死角。

二、地膜覆盖灭螺法

地膜覆盖灭螺法是在钉螺滋生环境中覆盖一层塑料地膜，边缘用无钉螺泥土封严以保持膜内环境呈相对封闭状态，通过阳光照射后膜内温度的提高达到杀灭钉螺的一种技术。黑色地膜和白色地膜均可。

该方法适合于山区型流行区和其他流行区的沟渠和水田（塘）边等的钉螺滋生环境的灭螺。

钉螺最适宜的生长温度在13～29℃，如果温度>40℃数小时就会死亡。祝红庆等（2011）观察到整个试验期间，地膜内土表温度大多数时间维持在35℃左右，有30d高于40℃，甚至有数天高于50℃，表明覆盖地膜内的沟渠环境不适宜钉螺生存。覆膜7d后的活螺密度较试验前下降67.71%，10d后下降93.06%，40d后均可达100%（图10-8）。

图 10-8　在有螺沟渠实施覆盖地膜灭螺

三、环境改造灭螺法

钉螺的繁殖和生活都离不开水。钉螺喜欢生活在土地潮湿、杂草丛生的河道、沟渠、池塘、田地、竹园、江湖滩等自然环境中，但长时间的水淹又不利于钉螺的生长和繁殖。因此，通过改变钉螺滋生环境，达到消灭钉螺的目的。

（一）农业工程灭螺

农业工程灭螺就是利用农田基本建设、垦种等改造钉螺滋生环境，达到灭螺防病和发展生产的目的。

（二）土埋灭螺

土埋灭螺就是将钉螺埋于一定深度的土层下，促使钉螺死亡的灭螺方法。土埋和药物相结合，钉螺死亡加快，如夏季土埋前撒一层石灰，2d后钉螺全部死亡。

土埋灭螺适合于山区型流行区的生产、生活区，水网型流行区的小河、沟、渠、坑、塘、低洼地、田埂等多种有螺环境。

土埋灭螺的基本要求是铲净、扫清、埋深、压紧，灭螺后的现场要求达到"平、光、实"。基本方法有：① 填埋法（全埋法），是对一些废塘、废沟、洼地及无用的小河或断头河沟，用无螺土全部填高填平改为田地的灭螺方法。填埋时先将有螺环境周围岸边的有螺草土分层铲下10～17cm，推入底部，其上覆盖不少于30cm无螺土，压紧。② 覆土法，是用无螺土覆盖在有螺地面并打实的灭螺方法，如水网地区河道修建灭螺带，山丘地区梯田后壁半封闭土埋（培田埂）和筑泥墙土埋灭螺等。③ 封土法（封嵌法），有洞缝的石砌有螺环境，如石砌的沟壁、溪壁、塘壁、石砌河岸、石河埠、码头、桥墩、涵洞等环境，采用田泥、黄泥、三合土或水泥等封嵌石块之间的洞缝灭螺。④ 铲土法，是一种将有螺草土分层铲下，集中堆埋或坑埋的灭螺方法，适用于各类环境的灭螺，是使用最广泛的土埋灭螺法。⑤ 全移沟法（开新填旧法），是开挖新沟填埋旧沟的灭螺方法。其适用于农业上必须留用而在旧沟附近能开挖新沟的沟渠灭螺。对老沟的处理同填埋法，灭螺时，把旧沟两壁上部有螺土铲入沟底打实，在旧沟1m以外再另开新沟，挖出的无螺土填平旧沟打实。⑥ 半移沟法，是将沟的一侧扩大而对侧缩小，灭螺后使沟身向一侧移动的土埋灭螺法。此法适用于沟渠不能废除，且又难于开新填旧者。灭螺时，将沟的一侧沟壁及沟底的有螺草土分层铲下，分层堆于对侧沟壁，铲深层无螺土覆于有螺土上打实。⑦ 开沟沥水覆土土埋法，适用于土层较厚的荒滩、山坡、旱地等环境灭螺。灭螺时，随地势从上到下开挖平行的排水沟，两沟间的距离随泥层的厚薄而定，一般为1.5～2.0m。开沟时先铲新沟表层有螺土分摊于两边耙平，挖新沟深层无螺土覆盖于地面摊平打实。

土埋灭螺简单易行，投资少，但投入人力较多，在20世纪80年代前，在我国疫区得到很好推广应用并取得良好的效果。随着农村土地承包制的实施以及富余人员进城务工等社会因素的影响，目前较少单独采用，一般与水改旱或挖塘养鱼等联合应用。

（三）水改旱和水旱轮作灭螺

水改旱和水旱轮作灭螺适合于所有血吸虫病疫区，特别在耕作是人畜感染血吸虫主要方式的疫区。水改旱项目的实施如形成规模，且在项目实施后经济作物（包括水果）的种植和销售等方面有政府的统一规划和群众基础，能取得灭螺防病和经济效益双丰收。水改旱实施数年后，如完全消灭了钉螺且周边确无钉螺向内扩散，可根据国家对粮食生产的需求，分批改种水稻或实施水旱轮作。

水改旱的基本做法是按照田园化建设要求，在钉螺密度较高的水田区域，开挖深沟大渠，降低水位，抬高田地，保持常年无水。水改旱的实施应选择血吸虫病疫区、地势较高、无旱作物种植限制因素（如黏土等）、有螺滋生的水田进行。

在开挖深沟、建立排灌系统时，应按农田水利基本建设要求进行，同时按土埋灭螺的方法和要求进行灭螺。有条件的地方可对沟渠进行硬化。

水改旱的血防效益主要体现在以下几方面：① 由于旱地不适合钉螺生长和繁殖，水改旱可以显著减少钉螺密度和有螺面积；② 水改旱后耕作在无水的条件下进行，减少家畜和人感染血吸虫的机会，也减少了阳性家畜在传播上的作用；③ 一些地方水改旱后种植水果，减少对役用牛的需求，进而减少家畜饲养量（图10-9）。

图 10-9　将有螺水田改为旱田，改变钉螺滋生环境

水改旱涉及种植业结构调整，可以实现农业生产结构多元化。水改旱后的种植模式多样，如果能适应市场经济，种植大棚蔬菜、水果、中药等经济作物，会取得显著的经济效益，特别是当地政府通过引导形成一定的市场规模后，效益更为明显，农民实施的积极性更高。如果改旱后种植牧草，并与家畜的饲养结合起来，同样会产生显著的经济效益。

水旱轮作是指在同一田地上有顺序地在季节间或年度间轮换种植水稻和旱作物的种植方式。水旱轮作一般有两种形式：① 长期沿用的季节间水旱作物交替转换，其种植形式较多，其中以小麦—水稻轮作最为普遍，其次是油菜—水稻轮作；② 在年度间水旱作物交替转换。如棉稻轮作：一年种水稻，下一年种棉花，两年一个周期；或者三年种水稻，三年种棉花，六年一个周期等。周期时间长短，或者水旱作物轮作时间长短以各地种植习惯、地理环境、水利条件、市场需求等因素来确定。从防治血吸虫病的角度上讲，以年度间轮作，尤其是三年种水稻，三年种棉花（旱作物），六年一个周期效果最为理想。

水旱轮作防控血吸虫病技术，适合南方血吸虫病流行区，凡降水量在700~1 600mm，农田地下水位较低，水利设施基本建设比较完善，可水可旱，能灌能排的地区或田块都可以应用。

湖南安乡县安丰乡1997年春季对8 605亩耕地中的5 120亩水田实施水改旱，改种水稻为种油菜、棉花等经济作物。通过水改旱项目的实施，该乡活钉螺检出率由1996年的16.67%（阳性螺率为0.62%）下降到1998年的0，牛血吸虫感染率由1996年的10.43%下降到2001年的3.47%，下降66.73%，居民血吸虫感染率由1996年的7.63%下降到2001年的3.88%，下降49.15%，没有发生一例急性血吸虫病病人。

（四）高围垦种灭螺

高围垦种灭螺是在湖沼型流行区修建防洪大堤围垦江湖洲滩进而达到消灭钉螺的一项技术。该技术只有在建大堤而影响蓄洪和洲滩，且征得水利部门同意后方可实施。实施这一工程时，农业、农垦、水利、卫生等部门要密切协作，共同协商，联合进行规划、勘测、设计、施工、检查与验收。在建筑高堤的同时，要按照农田水利基本建设要求，配置灌溉设备，有计划地开挖或修建排灌沟渠。围堤内平整土地，填没低洼有螺地段，尽量种植旱地作物，并经常开展查、灭螺工作。对堤外要结合堤坝的维修、加固，进行植树造林或开展药物灭螺工作。

江湖洲滩经高围垦种后钉螺面积显著下降，原临湖（江）的严重流行村疫情迅速减轻，病人大幅度减少，村民健康状况明显好转。围垦江湖洲滩也为缺少耕地的农民提供了新的耕作土地，增加了农民收入。因此，高围垦种灭螺作为一项确实有效的措施为血防部门大力提倡，在20世纪90年代前得到疫区政府的全面支持和农民的广泛拥护。高围虽能使原傍湖的严重流行村变成垸内轻流行村或完全消灭村，但如新修防洪大堤外仍有湖洲，则新防洪大堤旁又会立即产生新的严重流行村。因此，高围垦种不能减少严重流行村数。高围垦种减少蓄洪面积和妨碍泄洪，近年来很少开展这一灭螺工程。

（五）矮围垦种灭螺和不围垦种灭螺

矮围垦种灭螺是指在湖沼型流行区和水网型流行区的江湖洲滩地区，在秋季水退后修筑高出滩地1.0~1.5m的牢固矮堤，在矮堤内滩地每年进行耕作，种植夏季早熟作物，同时起到灭螺作用的技术。

不围垦种灭螺是在一些围堤不利于防洪且地势较高的江湖洲滩，不修围堤而直接垦种的一种灭螺技术。在秋季水退后，成片的洲滩露出水面，可以通过深耕并种植夏季早熟作物如大麦、蚕豆、油菜或蔬菜等，达到灭螺目的。

矮围垦种灭螺和不围垦种灭螺一方面可以改变钉螺滋生环境，达到局部灭螺目的；另一方面可以强化洲滩管理，减少家畜放牧，实现类似封洲禁牧的目的。但矮围垦种灭螺和不围垦种灭螺并不能根除钉螺，在次年水淹后又会有钉螺滋生。因此，加强垦种人员的教育，做好个人防护至关重要。

（六）蓄水养殖灭螺

蓄水养殖灭螺的基本原理是长时间水淹不利于钉螺的交配、产卵和生长发育。通常在连续水淹8个月以上即没有钉螺滋生。

蓄水养殖灭螺可分为堵江（湖）汊养殖灭螺和矮堤高网蓄水养殖灭螺两种。

堵江（湖）汊养殖灭螺是在汊口较小、汊内坡度较大、地势低洼的江（湖）汊，于秋季水退后筑堤建闸，通过在雨季开闸蓄水、水退关闸，使汊内保持一定水位，达到灭螺目的，同时投放鱼苗，发展水产养殖业。

矮堤高网蓄水养殖灭螺是在秋季水退后，于防洪大堤100～200m处修建坚实矮堤，堤内平整土地，使堤内成为鱼塘进而达到灭螺目的的一种方法。实施这一工程，需在矮堤上竖立一排电线杆或打桩，雨水时节在堤内投放鱼饵，水退前沿电线杆或木桩张网，阻止鱼返回江湖，水退、见矮堤时再投放鱼苗使其成为养鱼塘。

（七）挖塘养殖灭螺

开挖鱼池养殖灭螺是在易积水的低洼湖滩、小块荒滩、低产水田等有螺环境，可以开挖鱼池，结合养鱼（虾、蟹）实施水淹灭螺。该技术适用于湖沼水网型区域和山间坪坝有螺区域。

开挖鱼池前要做好规划，规划的原则是要选择在圩内低洼有螺地区，交通方便，周围市场活跃，水源充沛，水质良好。如采用湖区水源，应满足水产养殖对水源的水质要求，即溶氧量能终日保持在4mg/L以上，pH最适保持7～8.5，总硬度保持在5～8度，有机物耗氧保持在30mg/L以下，不含沼气和硫化氢。也可因地制宜采用湖区沼泽、芦苇塘的水或地下水。

确定开挖鱼池地点之后，先在滩地上画块，块的大小根据地形和需要而定，在各块之间预留一定空地，宽5～10m。开挖鱼池时，先将滩地表面20～30cm厚的有螺土层铲起，堆在拟筑池岸的中央，然后在拟挖鱼池的各地块内逐层挖深，将挖出的土堆放在拟筑池岸的上边和两边，打紧压实。有条件的地方，可以将池岸用水泥硬化（图10-10）。

图 10-10   有螺低洼地挖塘养殖，实施水淹灭螺

（八）沟渠硬化

血吸虫病疫区，因灌溉需要，沟渠密布。沟渠是钉螺滋生和繁殖的良好场所。沟渠硬化主要是指采用水泥砂浆或水泥混凝土对水渠进行处理，去除沟渠中的淤泥和杂草，减少钉螺的分布面积和扩散机会，同时可畅通行水、防止洪涝的发生。尽管这种工程灭螺一次性投入较大，但易于巩固，能灭一段、清一段、巩固一段，因而沟渠硬化是疫区消灭钉螺，巩固灭螺成果的重要措施之一。

一般主沟、大渠的改造归水利部门负责。因此，农业血防中的沟渠硬化主要指田间的小沟、小渠。

实施沟渠硬化前，须对当地的钉螺面积及阳性螺分布，有螺地区水源、水系分布，种植作物种类、养殖方式，已有的水利基础条件及是否符合开展沟渠硬化建设等进行调查。

沟渠硬化选址根据"由近及远"的原则，即从有阳性螺的村庄及阳性螺区域附近做起。对水流较缓慢、土肥草密的水田间灌溉沟，地势低洼或排水不畅通的稻田或渗水的放牧场地排水沟等，优先开展硬化沟渠工程。

沟渠硬化应尽量避免新规划开辟沟渠，最好要结合原有沟渠体系，在原有基础上做局部调整，如适当截弯改直，提高沟渠输水能力和灭螺效果，但不占用过多的农田，利于工程建设。在地方政府的统一领导下，协调相关部门，结合农田水利建设，从全局出发考虑，在适宜沟渠硬化地带，综合各类项目建设，在一定水系范围内合理规划农沟、支沟、干沟数量，充分发挥沟渠硬化工程的作用。

沟渠硬化的设计、施工要求、主要措施、改造有螺涵闸的技术方法、进水闸口垸内和垸外的渠道的处理方法、硬化后防渗处理、工程建设管理、工程维护管理等方面的技术要求参见《农业综合治理防控血吸虫病技术导则》的相关章节。

（九）兴林抑螺

在有螺环境的滩地通过适当的工程技术措施，栽植耐水湿树种，并间种以农作物，建立起以林为主的农林复合生态系统，可以有效地改变钉螺的滋生环境，使系统内活螺密度大大降低。同时，兴林抑螺工程实施后，改变了洲滩生产、利用与管理方式，有利于控制牛、羊和人进入林地，起到封洲禁牧的类似效果。

兴林抑螺的基本原理如下：林农复合生态系统改变了芦苇滩地的地表动、植物组成和原系统内的光照强度、温度、湿度和植物等生态因子，形成的新的生态系统不利于钉螺的生存和繁殖，从而达到抑螺灭螺的效果。钉螺的主要食物种类有白茅（*Imperata cylindrica*）、狼尾草（*Pennisetum alopecuroides*）、稗（*Echinochloa crusgalli*）、芦（*Phragmites communis*）、荻（*Miscanthus sacchariflorus*）、雀舌草（*Stellaria uliginosa*）、地锦草（*Euphorbia humifusa*）、小羽藓（*Haplocladium angustifolium*）、浮藓（*Riccia fluitans*）、角藓（*Anthoceros laevis*）等。建立以木本植物为主体的林农复合生态系统后，地表光照强度和质量的变化，地表植物种类的变化改变了钉螺的食物结构，有利于对钉螺的抑制（图10-11）。

图 10-11　有螺地带深挖水沟，降低水位，兴林抑螺

实施兴林抑螺需注意以下几点：

（1）在有螺洲滩种植抑螺林前，须进行机耕深翻，一般深度30～40cm，去除芦苇和杂草。营造抑螺防病林必须选在常年最高水位3.5m以下的地方。对于年淹水时间超过60d的造林地，必须进行挖沟抬垄，抬垄高度应在1m以上，对于常年淹水时间小于60d的造林地，必须进行全面深翻，深度要达15cm以上。

（2）同时平整土地，开挖1m深、宽0.6～0.8m的沥水沟，林区与大堤间开挖1.5m深、宽2m的隔离沟，并设置栅栏。抑螺防病林的整地应该与农田基本建设相结合，路、沟要配套，做到"路路相连、沟沟相通、林地平整、雨停地干"。

（3）选择耐水性强、生长较好、有灭螺效果、有较好经济效益的树种。常见的有杨树、柳树、池杉、乌桕、枫杨等。研究表明，枫杨（*Pterocarya stenoptera*）和乌桕（*Sapium sebiferum*）的一些化学成分可使钉螺糖原含量下降、谷丙转氨酶及谷草转氨酶比活力发生变化，导致钉螺死亡率升高。同时含有一些有毒物质，如没食子酸、异槲皮素等，对钉螺有明显的抑制作用，使其密度明显下降。王万贤等对枫杨林、意杨林、旱柳林和芦苇林中的钉螺密度和数量进行观测研究，发现钉螺密度从高到低依次为意杨林＞芦苇林＞旱柳林＞枫杨林，而钉螺死亡率从高到低为枫杨林＞意杨林＞旱柳林＞芦苇林。此外，据研究，对钉螺毒杀作用效果较好的植物还有紫云英（*Astragalus sinicus*）、射干（*Belamcanda chinensis*）、泽漆（*Euphorbia helioscopia*）、皂荚（*Gleditsia sinensis*）、苦楝（*Melia azedarach*）、清风藤（*Sabia japonica*）、无患子（*Sapindus mukorossi*）、巴豆（*Croton tiglium*）、闹羊花（*Rhododendron sinensis*）等，可以选择合适的植物，在上述树种中间进行套种。

（4）坚持林间套种。在林间套种作物，既有收益，又可通过翻耕将钉螺深埋，杀灭钉螺。也可以选择具有灭螺作用的灌木进行套种。

（十）水利工程灭螺

钉螺滋生与水密切相关，钉螺的扩散一般沿水系进行。水利工程特别是血吸虫病疫区的大型水利工程建设，往往会改变工程区及其下游地区的生态环境。这些生态环境变化有可能利于控制或消除血吸虫病，也有可能导致钉螺扩散和血吸虫病蔓延。水利血防工程就是将水利工程建设与血吸虫病防治工作紧密结合，充分发挥水利工程效益，同时又使其有利于防控钉螺扩散，减轻血吸虫病危害，以实现水利、血防及社会、经济等综合效益。

水利工程灭螺主要涉及河流综合治理、节水灌溉、小流域治理等。

河道治理类水利血防工程包括堤防血防工程和河湖整治血防工程（图10-12）。

图 10-12　河道治理血防工程

堤防血防工程措施有：填塘灭螺、防螺平台（带）、防螺隔离沟、硬化护坡防螺。河湖整治血防工程措施有：抬高或降低洲滩、封堵支汊、坡面硬化等防螺、灭螺措施。抬高后的洲滩顶面高程，应高于当地最高无螺高程线，降低后的洲滩顶面高程，应低于当地最低无螺高程线。河道整治的弃土堆置应规则、平顺、表面平整、无坑洼。有螺弃土应进行灭螺处理。堤坡面硬化措施可采用现浇混凝土、混凝土预制块或浆砌石等，坡面应保持平整无缝。坡面硬化的下缘宜至堤脚，顶部应达到当地最高无螺高程线。凡是从有钉螺水域引水的涵闸（泵站）应修建防螺、灭螺工程设施，如沉螺池或中层取水防螺设施。

灌区改造类水利血防工程措施有：渠道硬化，修建水闸、沉螺池、渡槽、倒虹吸、涵洞、隧洞、桥梁等。灌排渠系防螺、灭螺可采用暗渠（管）、开挖新渠、渠道硬化或沉螺池。对废弃的有螺旧渠，应进行填埋处理，或铲除有螺土厚度大于15cm，并进行灭螺处理。渠道边坡硬化，应上至渠顶或设计水位以上0.5m，下至渠底或最低运行水位以下1m。渠底是否硬化，根据渠道建设要求和运行等条件确定。渠道硬化可采用现浇混凝土、预制混凝土块（板）、浆砌石或砖砌等形式。常用混凝土块厚度6～12cm。

沉螺池截螺工程：基本原理是钉螺和螺卵在水中具有沉降和表、底两层分布特点，运用沉降、拦截的方法，将涵闸引水输入的钉螺和螺卵截留在沉螺池内，阻止钉螺沿水流向下游无螺区渠道扩散。沉螺池一般建筑在灌溉涵闸（泵站）后方（即堤内）。

中（深）层无螺取水工程：中（深）层取水就是根据钉螺在正常水位1.2m下分布仅占1.2%的特性，避开表层有螺水体，将抽水泵进水管口或将引水涵闸的进水口口顶高程置于正常水位1.2m下取水，从而达到有效防止引入表层有螺水体的作用。

降滩防灭螺工程：根据钉螺连续淹水超过8个月不能存活这一生活习性，在河道治理疏浚和整治时，通过适当疏挖降低洲滩高程，用土料与主堤围筑成较矮的水产养殖池，达到水淹较宽洲滩防灭螺目的。

四、生物灭螺

生物灭螺是利用自然界中部分生物种群（如天敌等）或其他生物学方法，造成对钉螺生存或繁殖不利的环境，打破原有的种群平衡，达到控制或消灭钉螺的目的。

理论上，种植具有灭螺作用的植物、造防螺林等措施均属生物灭螺范畴，但生物灭螺一般只包括如下3类：一是利用水生或陆生动物捕食钉螺；二是利用细菌和放线菌等微生物灭螺；三是利用竞争性螺蛳控制钉螺。利用生物竞争或生物寄生的特性控制和杀灭钉螺是当前值得研究和开发的重要灭螺方法。

自然环境中的鸭、鹅、鸟、乌龟、青蛙、黄鳝、蟹、蜻蜓、萤类、蚜虫等动物都有捕食或咬碎钉螺的现象。张世萍等（2003）对野外黄鳝、泥鳅、蟹等几种水生动物的肠管进行了解剖均发现有钉螺，进一步试验表明，河蟹每天每只能摄食钉螺418只，黄鳝每天每尾能摄食钉螺17只。因此，结合养殖结构调整，在有螺环境放养家禽和养殖相关水产动物，可以达到增收和防控钉螺的目的。

微生物灭螺：包括细菌灭螺和寄生灭螺。细菌灭螺是通过人工培养或繁殖对钉螺敏感的菌种及代谢产物毒杀钉螺。我国从20世纪50年代起，开展微生物对钉螺的影响研究，在死亡螺体及土壤中分离出霉菌、杆菌、分歧杆菌等对钉螺有抑制和杀灭作用的菌种，分离、筛选出近百个菌株，证实了凸形假单胞菌、浅灰链霉菌230、链霉菌218、灰色直丝链霉菌、苏云金芽孢杆菌、土味链霉菌339、抗生素230、放线菌132等一些细菌或细菌的分离产物均对钉螺有很好的抑制或杀灭的作用。寄生灭螺是利用一些寄生虫如吸虫、线虫、沼蝇（蝇蛆）来达到杀灭钉螺的目的。

竞争灭螺是利用生物的优胜劣汰理论，在某一区域引入一种螺使其成为优势种，使得原始螺被淘汰甚至消失。但竞争灭螺在我国还未见报道。

第三节　安全用水

　　对血吸虫病防控而言，安全用水是指人畜饮用水及生活用水均为无尾蚴的水。随着我国社会经济的发展以及血吸虫病疫区改水改厕、新农村建设事业的推进，目前我国大多数疫区均使用自来水，实现了安全用水。在没有自来水的地方，可以通过以下方式实现安全用水。

一、开挖浅井

　　在河边或溪边开挖浅井，使河中或溪中的疫水通过地下沙泥自然过滤后渗入井中，成为无尾蚴的水。浅水井可为土井亦可为砖瓦井。建浅水井要筑高井台，以防尾蚴或钉螺随雨水流入浅水井。浅水井要有井盖和公用吊桶，根据用户及人口多少在浅水井旁建造洗物池和排水沟。浅水井址应远离厕所或粪池30m以上，以免井水受到污染，保持饮用水卫生。

二、打手压机井

　　在地下水位较高的地方，先用铁锹挖一个V形坑，然后2人对立持筒形铲在坑中垂直地挖掘，挖掘时边冲击边搅动，遇到硬土层，灌水反复下冲，直到掘到地下水层为止，待水澄清后放入钢管，再投下一些碎石子或木炭渣、碎砖瓦于钢管四周，钢管的地上部分用水泥固定，钢管顶端安装手压泵即可取水。

三、分塘用水

　　在不具备打井条件的血吸虫病疫区，应提倡分塘用水，家畜下塘饮水或挑水供家畜饮用，要选用无钉螺的水塘。如所用水塘都有钉螺滋生，则要采取有效措施消灭钉螺，并做到家畜饮水与居民生活用水分开，确保用水卫生。在饲养水牛的疫区要特别注意水牛有沾塘的习惯，水牛饮水或沾塘时，一定要选择无螺水塘，也可在牛棚前后挖一个可让水牛自由进出的坑，坑内经常加满水，供水牛沾塘用。在山区家畜饮用泉水时，要仔细检查山泉流经的地区有无钉螺滋生，一旦发现钉螺，立即采取灭螺措施或改用无螺区山泉水，以保证家畜安全。

四、砂缸（桶）滤水

生活在有螺地区的单个家庭，为保障人、畜饮用水安全，可采用砂缸（桶）过滤水质。方法是在缸或桶的底边凿一小洞，装置一根出水管，从容器底部依次向上铺上碎石、粗沙、细沙、碎木炭、细沙、粗沙和碎石共七层，滤层总厚度不超过容器的2/3为宜。使用一段时间后发现滤水不清时，按上法更换用于滤水的材料。

五、建农村自来水厂

在血吸虫病疫区人口密集，家畜饲养量大的村庄，要有计划有步骤地兴建农村自来水厂，这是实施安全用水最可靠的方法，也是农村开展精神文明和物质文明建设的重大举措之一。建农村自来水厂，首先要调查地形、水文和地址等方面的情况，确定水质后建厂，水厂建成后还要经常检测水质是否符合国家饮用水标准，选择自来水的水源一般用地下水，无螺区泉水，如是地面水源（江、河、湖水）必须在江、河、湖深处取水，而且水量和水质常受到水位变化的影响而出现季节性差异，水质时清时浑，必须进行处理。

六、杀灭尾蚴

杀灭水中尾蚴也是特殊情况下应急的方法之一。在一些钉螺难以消灭或暂时尚未达到彻底消灭钉螺的地区，建农村自来水厂条件尚不成熟，而人畜日常生产、生活又离不开水，为预防血吸虫病感染，可采用杀灭尾蚴的方法。杀灭尾蚴的方法常用的有：① 将饮用水加热到60℃以上；② 每50kg水加含有30%有效氯的漂白粉0.35g或含有65%有效氯的漂白精0.17g，先加少量水调成糊状，再加入到水中搅拌15min；③ 每50kg水中加入3%碘酊15mL，拌匀15min；④ 每50kg水中加入12.5g生石灰，搅拌30min后应用，如急需用水则在50kg水中加硫代硫酸钠（大苏打）0.2～0.4g。

第四节　宣传教育

　　宣传教育是血吸虫病防控的一项重要举措，可以使其他血防措施起到事半功倍的效果。

　　血吸虫病防控宣传教育的目的在于提高疫区干部群众血防知识水平和防护技能，使他们首先能实现自我保护，并从思想上、行动上真正认识农业血防工作的重要性和紧迫性，提高他们参与、配合农业血防工作的积极性和主动性，改变不良行为，降低人、畜血吸虫病感染率，发展农牧业经济。

　　开展农业血防宣传教育，要根据我国血吸虫病疫情现状，对血吸虫病未控制地区、疫情控制地区、控制传播地区和阻断传播地区按照分类指导、突出重点的原则，积极贯彻巩固清净（监测）区、突破轻疫区、压缩重疫区的防治对策，把工作重点落实在血吸虫病重疫区乡（镇）和行政村。

一、农业血防宣传教育的主要内容

　　血防基本知识：包括血吸虫生活史，人群患血吸虫病的临床表现和危害，畜源性血吸虫传染源在血吸虫病流行与传播中的作用，血吸虫病在我国的基本流行情况，血吸虫感染的地点、方式和防护技术措施，农业血防基本内容（如结合农业经济发展改变钉螺滋生环境，患病家畜的查、治等）及其在血吸虫病控制中的作用与地位。

　　血防法规：包括国务院颁发的《血吸虫病防治条例》，地方政府颁布的法律法规以及与血防相关的村规民约。

　　农业血防的主要成果与效益。

　　当地的血防形势：当地的血吸虫病流行情况、已取得的血防效果、主要易感地带的分布、主要的农业血防措施等。

　　实物：包括血吸虫和钉螺标本的识别。

二、开展农业血防教育的主要形式

　　会议学习：组织疫区广大干部群众认真学习《血吸虫病防治条例》、宣传血防基本知识、介绍当地的血防形势。召开农业血防工作会议，开办培训班，总结交流农业血防工作取得的主要成绩，研讨分析农业血防工作的难点和重点，准确找出突破口，组织对口检查或督查，总结典型经验，开展评比表彰等。

学校教育：在疫区农村中、小学开设血防知识和技能教育课，认真开展"五个一"活动，即学生上一堂血防知识课，听一次血吸虫病疫情专题讲座，开展一次与血防相关的课外活动，写一篇与血吸虫病相关的作文，学校办一块宣传血防相关知识的黑板报或墙报。通过理论结合实际的教学实践，提高他们的自我保护意识，掌握简单的防治技术和方法，同时通过教师的威望和学生对家长的影响力，使疫区广大村民自觉贯彻《血吸虫病防治条例》和各种血防村规民约，不断巩固和加强人们的血防意识和行为规范。

充分利用广播、电视和报刊等媒体开展农业血防教育工作：根据实际情况，因地制宜地采取出动宣传车，或充分利用广播、电视、录像、黑板报、警示牌、宣传栏（窗）、标语、宣传资料等多种形式，对目标人群进行教育。把已经拍制的《动物血防的呼唤》《创新思路送瘟神》等宣教片在疫区农村广泛播放。

三、组织与实施

农业血防宣传教育工作主要由疫区各县（市、区、场）动物（家畜）血防站负责，乡（镇）或村兽医站协助组织、实施，对乡村和城镇居民，充分依靠学校班主任、辅导员，聘请他们为血防健康教育宣传员，常年对群众、学生开展血防健康教育。疫区各县（市、区、场）动物（家畜）血防站要和当地卫生血防部门和上级主管部门合作，编印教育材料，建立血防宣传室，配备血防知识宣传画、《送瘟神》诗篇、《血防三字经》、血吸虫虫体标本、钉螺标本、血吸虫病防治录像片、录音带、血防专刊等。农业血防宣传教育工作要有专人负责，做到工作责任明确。

疫区各县（市、区、场）动物（家畜）血防站要制订详细的农业血防教育年度工作计划，内容包括教育的范围、基本情况、目标人群、目的、目标与效果评价。宣教工作结束后要及时总结，写出总结报告，评价宣教效果和效益，总结典型经验和存在问题，提出今后工作的思路，并作为农业血防工作总结报告的主要内容之一，逐级报告上级行政和业务主管部门。

第五节 家畜血吸虫病疫情监测

家畜血吸虫疫情监测是指系统性地收集、整理和分析家畜血吸虫病疫情相关的信息，及时向需要该信息的单位和个人传递以便采取相应的措施。包括传播阻断地区无疫状态下的监测和疫区疾病存在状态下的监测。传播阻断地区无疫状态下监测的目的是及时探测、发现新病例以及外来病例，防止疫情复燃；疫区疾病存在状态下监测的目的是明确家畜血吸虫病发生的水平和疾病分布状况，评估前期干预措施的效果，进而为下一步干预对策制订提供依据。

一、全国常规性监测

家畜血吸虫病全国常规性监测包括血吸虫病防控工作中产生的相关数据的收集与分析以及突发疫情监测。

（一）血吸虫病防控工作中产生的相关数据的收集与分析

未达到传播阻断标准的疫区，各级动物血防机构要注意收集本地区农业血防工作中产生的相关数据，包括家畜饲养量、感染状况（感染率、感染度）、各项干预措施的实施力度、螺情等，将各项数据统计汇总后逐级上报，同时通报同级卫生血防部门。

（二）突发疫情监测

突发疫情标准：① 在血吸虫病疫情还未达到传播控制标准的地区，以行政村为单位，2周内发生急性血吸虫病病例10例以上（含10例）；或同一感染地点1周内连续发生急性血吸虫病病例5例以上（含5例）；② 血吸虫病传播控制地区，以行政村为单位，2周内发生急性血吸虫病病例5例以上（含5例）；或同一感染地点1周内连续发生急性血吸虫病病例3例以上（含3例）；③ 血吸虫病传播阻断地区，发现当地感染的血吸虫病病人或有感染性钉螺分布；④ 非血吸虫病流行县（市、区），发现有钉螺分布或当地感染的血吸虫病病人。

突发疫情监测：以行政村为单位，对全部放牧家畜，采用粪便毛蚴孵化法进行疫情调查，或先用血清学方法检查后再用粪便毛蚴孵化法确诊。

二、监测点监测

未达到传播阻断标准且未实施普查普治的疫区、达到传播阻断标准的疫区须设立监测点。

监测点设立：未达到传播阻断标准的县（市、区），每个县（市、区）至少设立1～2个县级监测点，每个点范围涵盖1个以上行政村；各流行省除农业部8个纵向观测点作为国家级监测点外，应设立省级监测点。省级监测点要考虑不同流行类型和不同流行程度，从而使监测数据能反应本省的流行状况。各级卫生血防部门已设立监测点的，原则上在相同地点设立。达到传播阻断标准的省（自治区、直辖市），选择在原血吸虫病重疫区已达阻断传播标准的县（市），尚有残存螺点或仍然存在适宜钉螺滋生的条件，历史上家畜有较高的感染率，人、畜流动频繁的地区，每省（自治区、直辖市）选择1～2个乡（镇）作为动物血吸虫病疫情监测点，每个点牛、羊存栏量不少于200头（只）。未达到传播阻断标准的流行省内血吸虫病传播阻断的县（市、区），选择尚有残存螺点或仍然适宜钉螺滋生条件或与未达到传播阻断标准的县（市、区）相邻的1个乡（镇）作为监测点，每个点牛、羊存栏量不少于200头（只）。重大水利工程建设地区特别是水源流经血吸虫病流行区的地区，根据需要，参照达到传播阻断标准的省（自治区、直辖市）的要求设立1～2个监测点。

监测内容和方法：以在有螺地带放牧的大家畜为监测对象，每个监测点随机抽查牛、羊或猪、马等家畜各100头（不足者全部检查），采用粪便毛蚴孵化法进行疫情调查，或先用血清学方法检查后再用粪便毛蚴孵化法确诊。查病在5～7月份进行。有条件的地方，和卫生部门协作，开展钉螺监测。

阳性畜处置：未达传播阻断标准的地区，治疗阳性畜，必要时淘汰病畜；其他地区，淘汰阳性畜。突发疫情监测发现阳性病畜的，还须开展相关流行病学调查，并对调查点牛、羊实施预防性治疗。

监测结果报告：监测结果要及时汇总，由省级动物血防机构于每年12月份前上报中国动物疫病预防控制中心和中国农业科学院上海兽医研究所国家防治动物血吸虫病专业实验室。

参考文献

龚先福, 刘国海, 唐子尤, 等 .1997. 鸭鹅食钉螺情况观察 [J]. 中国兽医杂志, 23 (2)：40.

刘宗传, 贺宏斌, 王志新, 等 .2010. 洞庭湖区围栏封洲禁牧控制血吸虫病效果 [J]. 中国血吸虫病防治杂志, 22 (5)：459 – 462.

王小红, 刘玮, 杨一兵, 等 .2010 封洲禁牧防制湖区血吸虫病效果的现场观察 [J]. 中国人兽共患病学报, 26 (6)：609 – 610.

汪天平, 吕大兵, 肖祥, 等 .1994. 安全放牧控制洲滩地区耕牛血吸虫流行的效果 [J]. 寄生虫病仿后与研究, 23 (4)：223 – 225.

徐百万, 林矫矫 .2007. 农业综合治理防控血吸虫病技术导则 [M]. 北京：中国农业科学技术出版社.

张世萍, 金辉, 俸艳萍, 等 .2003. 河蟹、克氏原螯虾、黄鳝摄食生态研究 [J]. 水生生物学报, 27 (5)：27.

周晓农 .2005. 实用钉螺学 [M]. 北京：科学出版社.

祝红庆, 钟波, 张贵荣, 等 .2011. 山丘型血吸虫病流行区沟渠环境地膜覆盖灭螺效果观察 [J]. 中国血吸虫病防治杂志, 23 (2)：128 – 132.

第十一章

我国农业血防的发展历程

第一节　家畜血吸虫病的大规模调查与防治阶段

　　1924年，Faust和Meleney及Faust和Kellogg在我国福州水牛的粪便中首次查到了日本血吸虫虫卵。吴光1937年在杭州屠宰场从2头屠宰的黄牛体内首次找到日本血吸虫虫体。1938年，他们又在上海屠宰场做了进一步的调查，剖检发现，黄牛的阳性率为12.6%，水牛为18.7%，绵羊为1.7%，山羊为8.2%。此后，家畜血吸虫病的调查和危害，开始受到各方面的重视。但当时由于受到社会、经济、政治、战争等多方面的影响，不可能有计划地开展家畜血吸虫病的防治工作。

　　新中国成立以后，党和政府高度重视血吸虫病的防治工作。1955年，毛泽东主席提出"全党动员、全民动员，消灭血吸虫病"。1955年冬，中共中央在杭州召开政治局扩大会议，决定成立中共中央血吸虫病防治领导小组，统一指挥全国血吸虫病防治工作。1956年1月23日，中共中央发布的《1956—1967年全国农业发展纲要》第26条，明确提出了消灭血吸虫病的任务。1957年4月20日，国务院发出《关于消灭血吸虫病的指示》，4月23日中共中央发出《关于保证执行国务院关于消灭血吸虫病指示的通知》，明确指出，"血吸虫病流行地区的乡以上各级党组织，凡是尚未建立防治血吸虫病领导小组的，均应迅速建立起来，其组长由党组织的一位书记担任，县级以上各级党委防治领导小组，应当吸收农业、卫生、水利、宣传、文教和其他有关部门的党员负责干部参加，以便围绕每个时期的防治任务，协同作战。"

　　农业部认真贯彻落实国务院《关于消灭血吸虫病的指示》及《关于保证执行国务院关于消灭血吸虫病指示的通知》精神，决定在疫区开展耕牛血吸虫病调查，并于1957年在西北畜牧兽医学院主办一期全国家畜血吸虫病讲习班，为各疫区省培训一批业务技术骨干。同时，委托许绶泰带领农业部家畜血吸虫调查队深入江苏省的五个流行县进行流行病学调查，共查耕牛11 034头。其中712头公黄牛中，279头有血吸虫感染，阳性率为39.2%，3 373头母黄牛中，1 727头有感染，阳性率为51.2%；3 051头公水牛中，阳性348头，阳性率为11.4%，3 498头母水牛中，有阳性373头，阳性率为10.7%。调查认为，耕牛血吸虫病感染率较高。黄牛比水牛感染率高，同一牛种不同性别之间的差异不大。

　　1958年8月，农业部又委托江西农学院举办了一期家畜血吸虫病讲习班，来自疫区各省份学员共61人，由农业部金重治技师主持，王溪云编写教材并授课。

　　湖南省家畜保育所1955年在岳阳县大明乡兴旺片调查，黄牛感染率为51%，水牛感染率为34%。而有计划地组织开展耕牛血吸虫病调查，始于1956年，当年查牛1 883头，查出阳性牛1 615头，阳性率为85.8%，治疗阳性牛43头，受治率为2.7%。湖南农学院牧医系1958年在岳阳、湘阴两县查黄牛651头，阳性266头，阳性率为40.9%，查水牛1 466头，阳性135头，阳性率为9.2%。湖南省血吸虫病研究所廖祖荫、黎申恺1956年9月在岳阳城陵矶农场和德胜农业社采用粪便沉淀法检查山羊90只，发现血吸虫病阳性羊50只，阳性率55.6%。解剖一只出生110多天粪检阴性的幼羊，发现血吸虫成虫42条，另一发病20余天的成羊，在门静脉及肝脏发现血吸虫成虫127条。

　　1956年9月，湖北省寄生虫病研究所杨波应等人在黄陂黄花涝区调查保虫宿主的血吸虫感染情况及人、畜野粪污染情况，被调查的猪、黄牛、水牛、犬、马、猫的血吸虫病感染率分别为7.29%、3.75%、0.38%、5.26%、12.5%、11.1%。1958年9月，华中农学院秦礼让、张耕心等在阳新县进行耕牛血吸虫病感染情况调查，查耕牛4 180头，阳性1 053头，阳性率25.2%，其中黄牛阳性率为38.1%（371/974），水牛阳性率为21.1%（682/3233）。

　　1956年，江西农学院朱允升、王溪云等人在九江地区开展了牛血吸虫病调查，发现3岁以下的牛感染率高于3岁以上的牛。1958年上半年，江西省农业厅组织对鄱阳、余江、德安等6个县进行调查，发现耕牛平均感染率高达31.83%。

　　安徽省1953年就成立了防治血吸虫病工作委员会，1956年组建了防治血吸虫病领导小组，疫区各地相继组织了耕牛血防小分队，开展了大规模的耕牛血吸虫病调查工作。

　　江苏省在1957年就查明全省有血吸虫病流行县44个，流行乡857个，分别占当年全省县、乡数的60%和45%。血吸虫病病人37.17万，人群感染率为9.34%。检查耕牛22万多头，阳性牛5.4万多头，阳性率为25.54%。

　　除上述湖区五省以外，还有云南、四川、上海、浙江、广东、广西、福建等省（自治区、直辖市）都按照中央的要求，开展了大规模的耕牛血吸虫病查治工作。如福建省，1958年就先后两次组织力量，开展大规模的查治工作。第一次是4月16日起至7月14日止，在血吸虫病流行的11个县、81个乡镇内普检了耕牛19 433头（黄牛17 785头、水牛1 648头），马163匹，抽检猪821头，羊498头，共检查家畜20 915头，其中检出阳性牛5 065头（黄牛4 904头、水牛161头），马1匹，猪24头，羊30只。阳性率牛为26.06%（黄牛27.57%、水牛9.78%），马为0.61%，猪为2.92%，羊为6.02%，并治疗耕牛3 829头（黄牛3 695头、水牛134头），治疗数占病牛数的75.60%。第二次从9月5日开始，组织了省畜牧兽医总站寄生虫组全体干部、全省疫区县部分兽医工作人员和福州市农业学校全体应届兽医专业毕业生及该校二年级兽医专业修业期满师生共223人，组成省家畜血吸虫病防治工作队，分赴各疫区县，采用分层负责、分片包干的办法，进行了为期1个月的突击查治工作。

在各疫区省份的高度重视下，1958年年底，查明全国有血吸虫病牛150多万头，受血吸虫病威胁的牛500多万头，还有数量较多的羊、犬及放牧的猪，血吸虫病感染率都比较高。

1958年8月，全国血吸虫病研究委员会兽医组在江西南昌召开了全国防治血吸虫病座谈会，会议明确了耕牛血吸虫病科学研究和防治工作方向，从此，我国开展了有组织、有计划的大规模的耕牛血吸虫病查治工作。

第二节　农业血防工作创新和思路的形成

根据我国血吸虫病的流行特点和实际情况，防治血吸虫病的基本方针是"积极防治、综合措施、因时因地制宜"。其综合措施包括：治病、灭螺、个人防护、粪便管理及安全用水等多个方面。在不同地区和同一地区的不同防治阶段，综合措施的侧重点有所不同。其中又以治疗病人、病畜和消灭钉螺尤为重要。农业部门在血吸虫病防治工作实践中，坚持与时俱进，创造性地开展工作，不断探索、总结、完善并优化组合各种行之有效的综合措施，先后经历了耕牛血防、家畜（动物）血防到农业血防三个阶段，开创了农业血防工作新局面。

农业部门开展血吸虫病防治工作之初，主要是在广泛宣传的同时抢治病畜。当时的主要任务，一是成立耕牛血防小分队，开展耕牛血吸虫病调查，查清当时当地的疫情；二是抢治病畜，确保农业耕作的动力需要；三是广泛宣传耕牛血吸虫病的危害和防治工作的重要性，引起有关方面的重视，争取必要的工作条件；四是结合农田基本建设，改造钉螺滋生环境，在一切可能的地方消灭钉螺。从20世纪50年代中期开始，各地相继成立了耕牛血防调查小分队，有组织、有计划地开展了耕牛血吸虫病普查，并开展了积极的抢治工作，尽一切可能保护畜力，满足农业耕作的动力需要。同时结合农田基本建设，改造钉螺滋生环境，开展了围垦、不围而垦、矮埂水浸、矮埂高网蓄水养鱼灭螺及挖新沟填旧沟，土埋灭螺等措施。江西省余江县在修筑白塔东渠和新渠时，进行了土地田园化建设，总结了开新沟填旧沟的灭螺经验，采用土埋灭螺的方法，创造了结合农田水利建设开展灭螺的经验。时任江西省委书记、江西省委血防领导小组组长兼任中央血防9人小组成员的方志纯同志，兴致勃勃地总结为"开挖新沟填旧沟，裁弯取直水畅流，深埋活葬又药杀，勤查勤灭不停留。水改旱种螺全灭，地增粮食人增寿。"湖南主要是启动围垦湖洲、堵塞湖汊、堵支开垸等190多处工程，把荒洲变良田，围垦湖洲150余万亩，共建了15个大、中型国有农场，消灭湖洲钉螺面积390余万亩。江苏省则总结出了"围堤隔埂、高低分隔，提水（引潮）药浸、机口投药"等一整套江滩保芦灭螺的成功经验。全省沿江、沿湖的29个县市，先后出动民工65万多人，几百台拖拉机、上千台抽水泵，上万吨五氯酚钠，灭螺面积达100多万亩次，使江滩、湖滩的有螺面积下降90%以上。

随着血防工作的深入开展，动物血吸虫感染的流行病学意义逐步引起有关方面的高度重视。苏德隆早在1964年就指出，在我国自然界，已查出感染血吸虫的动物除牛、羊外，尚有马、驴、骡、猪、犬、猫、家兔等。许绥泰则认为，湖区具有流行病学意义的动物，最大的是水牛，猪次之，虽然山羊感染率高，但数量少，不属重要宿主动物。江西农业大学张建安等调查的结果显示，血吸虫病感染率从高到低依次是：黄牛（43.04%）>水牛（17.67%）>猪（16.66%）>人（12.78%）。由此认为，由于长期坚持血吸虫病防治工作和宣传教育，社员下湖水进行作业的生产和生活方式有了一定的改变，村落内打井用水和建厕管粪的工作基本普及，围堤内的可耕土地已基本消灭钉螺，人粪散播虫卵的可能性大为减少。由于对当地野生动物的大量扑杀，其野生宿主的密度很小，因此，家畜的放牧和粪便内虫卵的大量散布，已构成次发性为主的自然疫源地，它将成为人体血吸虫病和家畜血吸虫病传播的重要传染源。

为有效控制畜源性传染源的污染，从20世纪70年代中期开始，农业部决定扩大家畜的查治范围和力度。除继续加强以耕牛为主的查治工作以外，对猪、马、驴、羊、犬等所有放牧家畜，也加大了查治工作的覆盖面和加强了禁牧管理工作。1979年，农业部委托中国农业科学院上海家畜血吸虫病研究所等单位，在湖南省洞庭湖地区进行家畜血吸虫病流行病学调查和耕牛血吸虫病防治对策的研究。在综合各种流行因素分析的基础上，1981年年底提出联防围歼疫源的防治对策，其目的是用扩大化疗的方法，减少或去除人、畜体内病原体的同时，净化湖洲、消灭病原体，争取在钉螺未能消灭的情况下，减少或杜绝重复感染，具体作法分区域联防和人畜联防。区域联防根据共同放牧湖洲划分区域，每年4月10日前进行一次耕牛查治，8月份洪水期进行一次耕牛普治，两者都要在治疗后三周方准许上湖洲；人畜联防是指当地居民也在上湖洲前三周，进行查治或普治，区域相同。人畜同步化疗，争取湖洲净化，经过三年试点，效果非常显著。试点的成功经验，得到湖南省人民政府的充分肯定，1987年，湖南省人民政府《关于在洞庭湖区开展血吸虫病人畜同步化疗工作的通知》对化疗对象规定如下：进入洞庭湖血吸虫病疫区湖洲有螺地带，从事工副业生产，经常接触疫水的人群和水上职业流动人群；居住在有钉螺湖洲沿堤线居民中的渔民、船民、鸭民、牧民、樵民和护林员、护堤员及其他在血吸虫病流行中起传播作用的重点感染人群；放牧在湖洲易感地带的耕牛和母猪等家畜，都属必须实行化疗的对象，受治率要求达到80%以上。至1991年，五年共化疗家畜29.7万头次，其中耕牛21.8万头次，其他家畜7.9万头次。耕牛感染率由21.3%降至6.2%，下降幅度为70.9%，同期人群化疗73.2万人次，居民感染率由18.64%降至4.33%，下降幅度为76.8%。

　　疫区各省按照卫生部提出的"人畜同步化疗，易感地带灭螺"的防治策略，也先后开展了大面积的扩大化疗。对控制当时的疫情、保护人畜健康起到了积极的作用，部分地方达到了疾病控制的目的。

　　20世纪80年代中后期，由于生物、自然、经济、社会等多方面的因素变化较大，全国血吸虫病疫情有所回升，表现为血吸虫病患病人数增多，急性感染人数呈上升趋势，局部地区钉螺扩散明显，感染性钉螺分布范围逐渐扩大，部分已经达到传播控制标准和传播阻断标准的地区疫情严重回升，出现向城市蔓延的趋势，对人民健康、经济发展和社会进步构成威胁，血防工作形势严峻。1989年9月份，武汉市杨园地区2 300多人发生急性血吸虫病，引起各级领导的高度重视。同年底，党中央、国务院针对这一情况，决定在江西召开湖区五省省长血防工作会议，江泽民总书记专门向会议致信，指出，"全心全意为人民服务，是共产党唯一的宗旨。和人民群众一起共同努力消灭血吸虫病是党和政府义不容辞的责任。"明确提出了"把疫区建设成为具有高度物质文明和精神文明的地区"的奋斗目标。会后，国务院决定实行"三部五省的领导体制和连续十年坚持春查秋会的工作方法"。1990年3月23日，国务院下发了《关于加强血吸虫病防治工作的决定》（国发〔1990〕18号），明确了卫生部、农业部、水利部和湖南、湖北、江西、安徽、江苏主管省长或血防领导小组组长参加的血吸虫病联防领导小组，统一指挥和协调湖区五省血防综合治理工作。

　　农业部党组及时传达学习会议精神，一是从思想上重新认识血吸虫病防治工作的重要性，认识到血防工作的主战场在农村，危害的主要对象是农民，主要制约农、牧业经济的发展，主要传染源又是家畜，因此，农业部门切实加强血吸虫病防治工作责无旁贷。二是成立农业部血吸虫病防治领导小组和办公室，负责组织协调部内畜牧、兽医、环保、能源、农业、农垦、水产、计划、科教、财务等司局的力量，统一行动，协调作战。农业司、计划司把农田水利基本建设、商品粮、商品棉、商品油的基地建设和疫区的灭螺规划有机结合，优先立项；财务司优先安排农业血防工作经费，切实加强防治体系建设；环保能源司加大在疫区推广沼气池建设的力度；水产司加大在疫区推广挖池养鱼的工作力度；农垦司针对本系统实际，还成立了全国农垦血防中心，切实加强对疫区大、中型农场血吸虫病防治工作的指导。农业部血防办公室由一名处长带队、五位同志深入疫区现场办公。三是成立农业部血吸虫病专家咨询委员会。为提高科学防治水平，农业部聘请了一批在农业血防工作方面造诣较深的专家，成立了咨询委员会，并明确其主要任务：① 参谋作用，② 决策作用。在总体、宏观决策上，充分发挥专家咨询委员会的参谋作用；在科学防治、具体的技术方面，专家咨询委员会是决策机构，应起到决策作用。四是决定把湖北省的潜江、江陵、洪湖、监利四县（市），作为农业血防综合防治、优化对策的试点，后经国务院同意，潜江市又被列为农业部代抓的国务院血防试点，并明确由一位副部长挂帅，带领农业血防办的同志，深入湖北省潜江市，探索农业血防综合治理的新路子。

潜江的试点工作主要采取三大措施，收到了灭螺防病、促进生产的明显成效。

（1）把血防试点工作同农村产业结构调整和农业综合开发结合起来，大力开展农业工程灭螺。一是结合农业开发改造低产田灭螺。三年试点期间，农业综合开发实施"三五工程"（五千亩试验田、五千亩开发区、五十万亩农业工程片）、建设"六区两带"，即在洲滩平地推广"麦—苞—豆—粟"等高产模式，建设五万亩旱杂粮开发区；在淤沙平地和高亢平地推广"麦—豆—棉"、"麦—菇—棉"、"麦—辣—棉"等高效模式，建设五万亩粮棉开发区；在低湿平地推广"麦—瓜—稻"、"油—稻—稻"等高产模式，建设20万亩水稻开发区；在低潮平地推广优质稻、鱼稻共生等栽培技术，建设8万亩水稻、水产品开发区；在沿泽湖地区推广鱼稻联养，发展水禽养殖，建设3万亩鱼、肉、蛋开发区；在大、小域湖泊实行围网养鱼、种菱，建设2万亩大湖水产品开发区；在318国道走廊推广蔬菜保护地栽培技术，建设4万亩蔬菜瓜果开发带，沿汉江和东荆河大堤推广早熟稻、晚熟梨、氨化饲料养牛技术，建设3万亩林木产品开发带，改造低产田55.5万亩，消灭钉螺面积4 118亩。二是结合产业结构调整，在有螺的连片水田低洼区，有计划地水改旱、水旱轮作、开挖精养鱼池灭螺。试点围绕灭螺共水改旱13.4万亩，水旱轮作12万亩，开挖精养鱼池4.87万亩，消灭钉螺2 129亩。两项措施，共纯降水田钉螺面积6 247亩，占试点前水田钉螺面积的65.7%。同时，还针对定型沟渠密度大、分布广，不可能重新调整的实际情况，采用了扩挖疏洗、抽槽填埋和药物喷洒等综合整治措施。三年共纯降钉螺面积12 397.7亩，较试点前下降30.86%。

（2）把血防试点工作同提高疫区农民血防意识结合起来。大力开展人畜同步查治、化疗和健康教育工作。试点工作在大力开展人畜同步查治和化疗，提高疫区人民身体健康素质的同时，广泛开展血吸虫病的健康教育，增强疫区农民的自我防护意识，尽力提高农民的整体素质。在人畜同步查治和化疗工作中，采取了六个到位（即领导到位、任务到位、经费到位、宣传到位、药品到位、结账到位）和四个统一（统一时间、统一操作方法、统一标准、统一收费）的工作方法。在健康教育工作中，采取了四条线、分别抓、各负责、结硬账的措施。一是教委一条线，负责中小学生的健康教育；二是血防一条线（含血防办和畜牧局）负责编印各种血防知识的宣传材料和技术培训；三是宣传一条线，负责血防工作的新闻报道、血防知识讲座和制作播放血防宣教片以及舆论监督；四是疫区乡（镇、场）一条线，负责本地的血防宣传和健康教育，重点结合本地实际，制订血防乡规民约。通过大范围的基础知识普及教育和培训，大密度的电视、电台和报纸的宣传舆论，试区广大干部和市民的血防意识大为增强。

（3）把血防试点工作同改善农村生产、生活环境结合起来，大力开展改水、改厕和建沼气池工作。一是改水，通过"财政拨款、部门扶持、银行贷款、群众集资入股"四条渠道筹集资金9 800万元，采取"免费打井、集资建塔、自费布管"的办法，完成了疫区农村以村为单位建深井高塔，以管理区为单位建高标准自来水厂的改水任务。试区累计改水986处，受益人口856 236人，自来水饮用率达93.5%。二是改厕，通过"部门集资、集体补贴、农户投工投资"的办法，按照"统一购料、分组制瓮、集体组装、分户配套"的原则，使试区改厕普及率达到85.6%。三是在农村推广沼气池工程，采取市、乡两级减免水利工程补贴、农民投资购料、能源办工程人员承包建池的办法，通过示范带动，逐步推广沼气池的普及面。通过"两改一建"工程的实施，加强了疫区人民的保健设施的建设，净化了疫区环境，大大减少了疫区人、畜接触疫水的机会，有效地阻断了血吸虫病的传播。

潜江市的血吸虫病综合防治试点证明，"围绕农业抓血防"，不仅使血吸虫病疫情明显下降，疫区明显缩小，而且改善了疫区人民生产、生活环境，优化了农业生产模式，提高了农业生产效益，增加了农民收入，取得了治穷、治愚、治病、致富的综合效益。

第三节　农业血防的发展、实施和取得的成效

一、明确了"围绕农业抓血防、送走瘟神奔小康"的工作思路

　　1992年，农业部张延喜副部长带领农业部血吸虫病专家咨询委员会和部血防办的同志到湖北省潜江市试点调研期间，认真总结几十年来我国血吸虫病防治工作的成功经验和主要措施，同时结合潜江市当时血吸虫病疫情和农村经济发展的实际情况，认为血吸虫病防治工作，单纯为治病而治病、为灭螺而灭螺是难以持续发展的。过去创造的许多方法虽然行之有效，但在指导思想上，是为灭螺防病而开新填旧、土埋压实、水旱轮作或不围而垦，目的非常明确，就是为了灭螺。由于是一种单纯消耗性的灭螺，形成了"年年灭螺年年光，年年灭螺老地方"的局面。要改变这种被动局面，唯一的办法就是结合农牧业生产，用提高生产效益的办法，达到灭螺防病和增产增收的目的。试点期间，农业部集中人力、物力、财力，从服务农业、农村、农民的宗旨出发，确立了"围绕农业抓血防、送走瘟神奔小康"的工作思路，实施了综合治理血吸虫病优化对策方案，把治病和发展经济结合起来，开辟了一条符合我国广大农村实际情况的血防工作新路子，得到疫区人民群众的普遍欢迎。1993年，国务院肯定了"围绕农业抓血防"是我国现阶段控制和消灭血吸虫病的根本途径。

二、适时调整工作部署，明确阶段奋斗目标

　　1989年南昌血防工作会议以后，党中央、国务院高度重视血吸虫病防治工作，采取了一系列具体措施，在疫区各省掀起了"全民齐动员、再次送瘟神"的血防工作新高潮，经过几年的努力疫情得到有效控制，不但已经达到消灭血吸虫病标准的广东、广西、福建、上海和浙江五省（自治区、直辖市）的血防成果得到巩固，而且，尚未达标的湖南、湖北、江西、安徽、江苏、四川、云南七省，疫情也有不同程度的下降，虽然仍属血吸虫病流行区，但其中的一些县（市、区），疫情长期控制在较低水平，有的县疫情已被压缩到几个行政村。针对全国疫情的变化，农业部1996年10月召开了"全国农业血防暨科研协作座谈会"，提出了今后一段时期的工作重点是"巩固清净区、突破轻疫区、压缩重疫区"。1997年，农业部代表国务院在全国血防工作会议上所做的工作报

告中、细化、落实了这一工作部署。按照这一要求，到"九五"期末，血防工作要实现"两增加、三下降"的目标，即消灭血吸虫病的县要在222个的基础上增加到239个县，基本消灭血吸虫病的达标县要在56个的基础上增加到77个。居民血吸虫病感染率要下降：急感病人、慢性病人、晚血病人都要下降30%；钉螺面积要下降：全国有螺面积降至11亿m²以内。疫区各省认真贯彻落实这一战略部署，已经达到消灭标准的地方，以县为单位建立常年监测网络，有组织、有计划、有措施地坚持开展血防监测工作，同时加强对外来人畜的疫情监测，防止带入病源，做到严防死守。疫情已得到有效控制的轻疫区，各自根据自己的实际情况，选准突破口，优化防治方案，采取切实可行的措施，集中力量打歼灭战，做到治理一片，巩固一片，逐一达到消灭血吸虫病的标准。疫情仍较严重的流行区，根据当地的实际情况，认真学习推广"四湖地区围绕农业抓血防"的工作经验，结合农田水利基本建设和农业生产开发工程，大力实施环境改造灭螺，压缩钉螺面积，同时加强人、畜的查治工作力度，最大限度消除传染源，降低人、畜感染率和感染度。

三、采用了"四个突破"的具体战术

1. 改变耕作制度和耕作方式，突破传统的种植习惯　改变耕作制度就是水田改旱田或水旱轮作，推广免耕和抛秧等技术，改粮食、经济作物二元结构为粮食、经济作物、牧草三元结构。同时，结合产业结构调整，将有螺水田通过挖沟沥水、平整土地，改种油菜、棉花、蔬菜瓜果等旱地作物，破坏了钉螺生存环境，达到降低钉螺密度或消灭钉螺的目的，并提高了农业生产的单位效益。为改变传统的耕作方式，疫区普遍实施了"以机（耕）代牛（耕）"工程，以乡、村为单元，组织"以机代牛"耕种技术承包联合体，实行统一安排作业、统一调配机具、统一技术培训、统一检测维修、统一收费标准的管理方式。既提高了工效，节约了工时，又降低了劳动强度，抓住了季节，受到疫区农民的普遍欢迎。

2. 改变养殖模式，调整养殖业结构，突破传统的养殖习惯　对疫区易感家畜改传统的放牧方式为舍饲，推广种草养畜，少养或不养易感血吸虫病的家畜，引导农民多养不感染血吸虫病的家禽，并扶持发展龙头企业，鼓励以公司带农户，实行产业化经营，在减少患病家畜粪便对水源和环境污染的同时，又为农民脱贫致富开辟了新的途径。对湖区低洼有螺地带，在整体规划、分步实施的前提下，通过项目带动，成片开挖成精养鱼池，不但增加了单位面积的经济效益，而且彻底改变了钉螺滋生环境，达到了一次性灭螺、永久性收益的目的。

3. 实施改水改厕、沟渠硬化、突破传统的生活习惯 结合社会主义新农村建设，在疫区优先推广自来水工程和沼气池建设，改日常生活饮用水习惯用河水、湖水、塘水、沟渠水为井水或自来水。对疫区的沼气池建设，优先立项，并与发展高效生态农业相结合，大力推广一栏猪、一池气、一丘田、一园菜、一片果、一塘鱼的"六个一"工程。对房前屋后及人畜活动频繁的有螺沟渠，结合农田水利基本建设，统一规划、开新填旧并进行硬化，既改善了农民生产生活环境，又减少了人畜接触疫水感染血吸虫病的概率。

4. 依法治虫、加强畜源性传染源管理，突破传统的管理方式 血防工作不单纯是个体治疗康复，更重要的是一项群体预防为主的公益事业，涉及疫区的每个单位和个人，要改变人们传统的种植习惯、养殖习惯和生活习惯，既要有乡规民约去劝导，规范人们的日常行为，更要有法制作保障，禁止和约束那些贪一时之利或一时方便，而扩散病原、损害大家的行为。

参考文献

陈福鑫 .1964. 血吸虫病的研究和预防 [M]. 长沙: 湖南人民卫生出版社.

贾义德 .1995. 我国血防工作的基本经验 [J]. 中国血吸虫病防治杂志 (6)：321–322.

李长友, 林娇娇 .2008. 农业血防五十年 [M]. 北京: 中国农业科学技术出版社.

毛守白 .1991. 血吸虫生物学与血吸虫病的防治 [M]. 北京: 人民卫生出版社.

农业部血吸虫病防治办公室等 .2004. 中国农业血防 (1990—2000) [M]. 北京: 中国农业科学技术出版社.

苏德隆 .1964. 动物血吸虫感染的流行病学意义, 寄生虫病学 [M]. 下册.

唐超等 .1991. 武汉市一起大规模急性血吸虫病暴发流行的社会学调查 [J]. 中国寄生虫病防治杂志, (1)：4–6.

谢木生, 等 .1996. 湖南省洞庭湖区血吸虫病人畜同步化疗效果分析 [J]. 中国血吸虫病防治杂志, (2)：106–107.

许绶泰 .1985. 家畜血吸虫病与控制、消灭湖区血吸虫病的关系 [J]. 中国兽医科技, (6)：29–31.

张建安, 邓水生, 余炉善, 等 .1984. 家畜日本血吸虫病流行病学的调查和分析 [J]. 中国兽医杂志, (2)：14–16.

中国地方病防治四十年编委会 .1990. 中国地方病防治四十年 [M]. 北京: 中国环境科学出版社.

附　　录

附录一　血吸虫病防治条例

（中华人民共和国国务院令第463号）

　　《血吸虫病防治条例》已经2006年3月22日国务院第129次常务会议通过，现予公布，自2006年5月1日起施行。

　　　　　　　　　　　　　　　　　　　　　总　理　温家宝
　　　　　　　　　　　　　　　　　　　　二〇〇六年四月一日

血吸虫病防治条例

第一章　总　　则

　　第一条　为了预防、控制和消灭血吸虫病，保障人体健康、动物健康和公共卫生，促进经济社会发展，根据传染病防治法、动物防疫法，制定本条例。

　　第二条　国家对血吸虫病防治实行预防为主的方针，坚持防治结合、分类管理、综合治理、联防联控，人与家畜同步防治，重点加强对传染源的管理。

　　第三条　国务院卫生主管部门会同国务院有关部门制定全国血吸虫病防治规划并组织实施。国务院卫生、农业、水利、林业主管部门依照本条例规定的职责和全国血吸虫病防治规划，制定血吸虫病防治专项工作计划并组织实施。

　　有血吸虫病防治任务的地区（以下称血吸虫病防治地区）县级以上地方人民政府卫生、农业或者兽医、水利、林业主管部门依照本条例规定的职责，负责本行政区域内的血吸虫病防治及其监督管理工作。

　　第四条　血吸虫病防治地区县级以上地方人民政府统一领导本行政区域内的血吸虫病防治工作，根据全国血吸虫病防治规划，制定本行政区域的血吸虫病防治计划并组织实施，建立健全血吸虫病防治工作协调机制和工作责任制，对有关部门承担的血吸虫病防治工作进行综合协调和考核、监督。

　　第五条　血吸虫病防治地区村民委员会、居民委员会应当协助地方各级人民政府及其有关部门开展血吸虫病防治的宣传教育，组织村民、居民参与血吸虫病防治工作。

　　第六条　国家鼓励血吸虫病防治地区的村民、居民积极参与血吸虫病防治的有关活动；鼓励共产主义青年团等社会组织动员青年团员等积极参与血吸虫病防治的有关活动。

　　血吸虫病防治地区地方各级人民政府及其有关部门应当完善有关制度，方便单位和个人参与血吸虫病防治的宣传教育、捐赠等活动。

第七条　国务院有关部门、血吸虫病防治地区县级以上地方人民政府及其有关部门对在血吸虫病防治工作中做出显著成绩的单位和个人，给予表彰或者奖励。

第二章　预　　防

第八条　血吸虫病防治地区根据血吸虫病预防控制标准，划分为重点防治地区和一般防治地区。具体办法由国务院卫生主管部门会同国务院农业主管部门制定。

第九条　血吸虫病防治地区县级以上地方人民政府及其有关部门应当组织各类新闻媒体开展公益性血吸虫病防治宣传教育。各类新闻媒体应当开展公益性血吸虫病防治宣传教育。

血吸虫病防治地区县级以上地方人民政府教育主管部门应当组织各级各类学校对学生开展血吸虫病防治知识教育。各级各类学校应当对学生开展血吸虫病防治知识教育。

血吸虫病防治地区的机关、团体、企业事业单位、个体经济组织应当组织本单位人员学习血吸虫病防治知识。

第十条　处于同一水系或者同一相对独立地理环境的血吸虫病防治地区各地方人民政府应当开展血吸虫病联防联控，组织有关部门和机构同步实施下列血吸虫病防治措施：

（一）在农业、兽医、水利、林业等工程项目中采取与血吸虫病防治有关的工程措施；

（二）进行人和家畜的血吸虫病筛查、治疗和管理；

（三）开展流行病学调查和疫情监测；

（四）调查钉螺分布，实施药物杀灭钉螺；

（五）防止未经无害化处理的粪便直接进入水体；

（六）其他防治措施。

第十一条　血吸虫病防治地区县级人民政府应当制定本行政区域的血吸虫病联防联控方案，组织乡（镇）人民政府同步实施。

血吸虫病防治地区两个以上的县、不设区的市、市辖区或者两个以上设区的市需要同步实施血吸虫病防治措施的，其共同的上一级人民政府应当制定血吸虫病联防联控方案，并组织实施。

血吸虫病防治地区两个以上的省、自治区、直辖市需要同步实施血吸虫病防治措施的，有关省、自治区、直辖市人民政府应当共同制定血吸虫病联防联控方案，报国务院卫生、农业主管部门备案，由省、自治区、直辖市人民政府组织实施。

第十二条　在血吸虫病防治地区实施农业、兽医、水利、林业等工程项目以及开展人、家畜血吸虫病防治工作，应当符合相关血吸虫病防治技术规范的要求。相关血吸虫病防治技术规范由国务院卫生、农业、水利、林业主管部门分别制定。

第十三条　血吸虫病重点防治地区县级以上地方人民政府应当在渔船集中停靠地设点发放抗血吸虫基本预防药物；按照无害化要求和血吸虫病防治技术规范修建公共厕所；推行在渔船和水上运输工具上安装和使用粪便收集容器，并采取措施，对所收集的粪便进行集中无害化处理。

第十四条　县级以上地方人民政府及其有关部门在血吸虫病重点防治地区，应当安排并组织实施农业机械化推广、农村改厕、沼气池建设以及人、家畜饮用水设施建设等项目。

国务院有关主管部门安排农业机械化推广、农村改厕、沼气池建设以及人、家畜饮用水设施建设等项目，应当优先安排血吸虫病重点防治地区的有关项目。

第十五条　血吸虫病防治地区县级以上地方人民政府卫生、农业主管部门组织实施农村改厕、沼气池建设项目，应当按照无害化要求和血吸虫病防治技术规范，保证厕所和沼气池具备杀灭粪便中血吸虫卵的功能。

血吸虫病防治地区的公共厕所应当具备杀灭粪便中血吸虫卵的功能。

第十六条　县级以上人民政府农业主管部门在血吸虫病重点防治地区应当适应血吸虫病防治工作的需要，引导和扶持农业种植结构的调整，推行以机械化耕作代替牲畜耕作的措施。

县级以上人民政府农业或者兽医主管部门在血吸虫病重点防治地区应当引导和扶持养殖结构的调整，推行对牛、羊、猪等家畜的舍饲圈养，加强对圈养家畜粪便的无害化处理，开展对家畜的血吸虫病检查和对感染血吸虫的家畜的治疗、处理。

第十七条　禁止在血吸虫病防治地区施用未经无害化处理的粪便。

第十八条　县级以上人民政府水利主管部门在血吸虫病防治地区进行水利建设项目，应当同步建设血吸虫病防治设施；结合血吸虫病防治地区的江河、湖泊治理工程和人畜饮水、灌区改造等水利工程项目，改善水环境，防止钉螺滋生。

第十九条　县级以上人民政府林业主管部门在血吸虫病防治地区应当结合退耕还林、长江防护林建设、野生动物植物保护、湿地保护以及自然保护区建设等林业工程，开展血吸虫病综合防治。

县级以上人民政府交通主管部门在血吸虫病防治地区应当结合航道工程建设，开展血吸虫病综合防治。

第二十条　国务院卫生主管部门应当根据血吸虫病流行病学资料、钉螺分布以及滋生环境的特点、药物特性，制定药物杀灭钉螺工作规范。

血吸虫病防治地区县级人民政府及其卫生主管部门应当根据药物杀灭钉螺工作规范，组织实施本行政区域内的药物杀灭钉螺工作。

血吸虫病防治地区乡（镇）人民政府应当在实施药物杀灭钉螺7日前，公告施药的时间、地点、种类、方法、影响范围和注意事项。有关单位和个人应当予以配合。

杀灭钉螺严禁使用国家明令禁止使用的药物。

第二十一条　血吸虫病防治地区县级人民政府卫生主管部门会同同级人民政府农业或者兽医、水利、林业主管部门，根据血吸虫病监测等流行病学资料，划定、变更有钉螺地带，并报本级人民政府批准。县级人民政府应当及时公告有钉螺地带。

禁止在有钉螺地带放养牛、羊、猪等家畜，禁止引种在有钉螺地带培育的芦苇等植物和农作物的种子、种苗等繁殖材料。

乡（镇）人民政府应当在有钉螺地带设立警示标志，并在县级人民政府作出解除有钉螺地带决定后予以撤销。警示标志由乡（镇）人民政府负责保护，所在地村民委员会、居民委员会应当予以协助。任何单位或者个人不得损坏或者擅自移动警示标志。

在有钉螺地带完成杀灭钉螺后，由原批准机关决定并公告解除本条第二款规定的禁止行为。

第二十二条 医疗机构、疾病预防控制机构、动物防疫监督机构和植物检疫机构应当根据血吸虫病防治技术规范，在各自的职责范围内，开展血吸虫病的监测、筛查、预测、流行病学调查、疫情报告和处理工作，开展杀灭钉螺、血吸虫病防治技术指导以及其他防治工作。

血吸虫病防治地区的医疗机构、疾病预防控制机构、动物防疫监督机构和植物检疫机构应当定期对其工作人员进行血吸虫病防治知识、技能的培训和考核。

第二十三条 建设单位在血吸虫病防治地区兴建水利、交通、旅游、能源等大型建设项目，应当事先提请省级以上疾病预防控制机构对施工环境进行卫生调查，并根据疾病预防控制机构的意见，采取必要的血吸虫病预防、控制措施。施工期间，建设单位应当设专人负责工地上的血吸虫病防治工作；工程竣工后，应当告知当地县级疾病预防控制机构，由其对该地区的血吸虫病进行监测。

第三章 疫情控制

第二十四条 血吸虫病防治地区县级以上地方人民政府应当根据有关法律、行政法规和国家有关规定，结合本地实际，制定血吸虫病应急预案。

第二十五条 急性血吸虫病暴发、流行时，县级以上地方人民政府应当根据控制急性血吸虫病暴发、流行的需要，依照传染病防治法和其他有关法律的规定采取紧急措施，进行下列应急处理：

（一）组织医疗机构救治急性血吸虫病病人；

（二）组织疾病预防控制机构和动物防疫监督机构分别对接触疫水的人和家畜实施预防性服药；

（三）组织有关部门和单位杀灭钉螺和处理疫水；

（四）组织乡（镇）人民政府在有钉螺地带设置警示标志，禁止人和家畜接触疫水。

第二十六条 疾病预防控制机构发现急性血吸虫病疫情或者接到急性血吸虫病暴发、流行报告时，应当及时采取下列措施：

（一）进行现场流行病学调查；

（二）提出疫情控制方案，明确有钉螺地带范围、预防性服药的人和家畜范围，以及采取杀灭钉螺和处理疫水的措施；

（三）指导医疗机构和下级疾病预防控制机构处理疫情；

（四）卫生主管部门要求采取的其他措施。

第二十七条 有关单位对因生产、工作必须接触疫水的人员应当按照疾病预防控制机构的要求采取防护措施，并定期组织进行血吸虫病的专项体检。

血吸虫病防治地区地方各级人民政府及其有关部门对因防汛、抗洪抢险必须接触疫水的人员，应当按照疾病预防控制机构的要求采取防护措施。血吸虫病防治地区县级人民政府对参加防汛、抗洪抢险的人员，应当及时组织有关部门和机构进行血吸虫的专项体检。

第二十八条 血吸虫病防治地区县级以上地方人民政府卫生、农业或者兽医主管部门应当根据血吸虫病防治技术规范，组织开展对本地村民、居民和流动人口血吸虫病以及家畜血吸虫病的筛查、治疗和预防性服药工作。

血吸虫病防治地区省、自治区、直辖市人民政府应当采取措施，组织对晚期血吸虫病病人的治疗。

第二十九条 血吸虫病防治地区的动物防疫监督机构、植物检疫机构应当加强对本行政区域内的家畜和植物的血吸虫病检疫工作。动物防疫监督机构对经检疫发现的患血吸虫病的家畜，应当实施药物治疗；植物检疫机构对发现的携带钉螺的植物，应当实施杀灭钉螺。

凡患血吸虫病的家畜、携带钉螺的植物，在血吸虫病防治地区未经检疫的家畜、植物，一律不得出售、外运。

第三十条 血吸虫病疫情的报告、通报和公布，依照传染病防治法和动物防疫法的有关规定执行。

第四章 保障措施

第三十一条 血吸虫病防治地区县级以上地方人民政府应当根据血吸虫病防治规划、计划，安排血吸虫病防治经费和基本建设投资，纳入同级财政预算。

省、自治区、直辖市人民政府和设区的市级人民政府根据血吸虫病防治工作需要，对经济困难的县级人民政府开展血吸虫病防治工作给予适当补助。

国家对经济困难地区的血吸虫病防治经费、血吸虫病重大疫情应急处理经费给予适当补助，对承担血吸虫病防治任务的机构的基本建设和跨地区的血吸虫病防治重大工程项目给予必要支持。

第三十二条 血吸虫病防治地区县级以上地方人民政府编制或者审批血吸虫病防治地区的农业、兽医、水利、林业等工程项目，应当将有关血吸虫病防治的工程措施纳入项目统筹安排。

第三十三条 国家对农民免费提供抗血吸虫基本预防药物，对经济困难农民的血吸虫病治疗费用予以减免。

因工作原因感染血吸虫病的，依照《工伤保险条例》的规定，享受工伤待遇。参加城镇职工基本医疗保险的血吸虫病病人，不属于工伤的，按照国家规定享受医疗保险待遇。对未参加工伤保险、医疗保险的人员因防汛、抗洪抢险患血吸虫病的，按照县级以上地方人民政府的规定解决所需的检查、治疗费用。

第三十四条 血吸虫病防治地区县级以上地方人民政府民政部门对符合救助条件的血吸虫病病人进行救助。

第三十五条 国家对家畜免费实施血吸虫病检查和治疗，免费提供抗血吸虫基本预防药物。

第三十六条 血吸虫病防治地区县级以上地方人民政府应当根据血吸虫病防治工作需要和血吸虫病流行趋势，储备血吸虫病防治药物、杀灭钉螺药物和有关防护用品。

第三十七条 血吸虫病防治地区县级以上地方人民政府应当加强血吸虫病防治网络建设，将承担血吸虫病防治任务的机构所需基本建设投资列入基本建设计划。

第三十八条 血吸虫病防治地区省、自治区、直辖市人民政府在制定和实施本行政区域的血吸虫病防治计划时，应当统筹协调血吸虫病防治项目和资金，确保实现血吸虫病防治项目的综合效益。

血吸虫病防治经费应当专款专用，严禁截留或者挪作他用。严禁倒买倒卖、挪用国家免费供应的防治血吸虫病药品和其他物品。有关单位使用血吸虫病防治经费应当依法接受审计机关的审计监督。

第五章 监督管理

第三十九条 县级以上人民政府卫生主管部门负责血吸虫病监测、预防、控制、治疗和疫情的管理工作，对杀灭钉螺药物的使用情况进行监督检查。

第四十条 县级以上人民政府农业或者兽医主管部门对下列事项进行监督检查：

（一）本条例第十六条规定的血吸虫病防治措施的实施情况；

（二）家畜血吸虫病监测、预防、控制、治疗和疫情管理工作情况；

（三）治疗家畜血吸虫病药物的管理、使用情况；

（四）农业工程项目中执行血吸虫病防治技术规范情况。

第四十一条 县级以上人民政府水利主管部门对本条例第十八条规定的血吸虫病防治措施的实施情况和水利工程项目中执行血吸虫病防治技术规范情况进行监督检查。

第四十二条 县级以上人民政府林业主管部门对血吸虫病防治地区的林业工程项目的实施情况和林业工程项目中执行血吸虫病防治技术规范情况进行监督检查。

第四十三条 县级以上人民政府卫生、农业或者兽医、水利、林业主管部门在监督检查过程中，发现违反或者不执行本条例规定的，应当责令有关单位和个人及时改正并依法予以处理；属于其他部门职责范围的，应当移送有监督管理职责的部门依法处理；涉及多个部门职责的，应当共同处理。

第四十四条　县级以上人民政府卫生、农业或者兽医、水利、林业主管部门在履行血吸虫病防治监督检查职责时，有权进入被检查单位和血吸虫病疫情发生现场调查取证，查阅、复制有关资料和采集样本。被检查单位应当予以配合，不得拒绝、阻挠。

第四十五条　血吸虫病防治地区县级以上动物防疫监督机构对在有钉螺地带放养的牛、羊、猪等家畜，有权予以暂扣并进行强制检疫。

第四十六条　上级主管部门发现下级主管部门未及时依照本条例的规定处理职责范围内的事项，应当责令纠正，或者直接处理下级主管部门未及时处理的事项。

第六章　法律责任

第四十七条　县级以上地方各级人民政府有下列情形之一的，由上级人民政府责令改正，通报批评；造成血吸虫病传播、流行或者其他严重后果的，对负有责任的主管人员，依法给予行政处分；负有责任的主管人员构成犯罪的，依法追究刑事责任：

（一）未依照本条例的规定开展血吸虫病联防联控的；

（二）急性血吸虫病暴发、流行时，未依照本条例的规定采取紧急措施、进行应急处理的；

（三）未履行血吸虫病防治组织、领导、保障职责的；

（四）未依照本条例的规定采取其他血吸虫病防治措施的。

乡（镇）人民政府未依照本条例的规定采取血吸虫病防治措施的，由上级人民政府责令改正，通报批评；造成血吸虫病传播、流行或者其他严重后果的，对负有责任的主管人员，依法给予行政处分；负有责任的主管人员构成犯罪的，依法追究刑事责任。

第四十八条　县级以上人民政府有关主管部门违反本条例规定，有下列情形之一的，由本级人民政府或者上级人民政府有关主管部门责令改正，通报批评；造成血吸虫病传播、流行或者其他严重后果的，对负有责任的主管人员和其他直接责任人员依法给予行政处分；负有责任的主管人员和其他直接责任人员构成犯罪的，依法追究刑事责任：

（一）在组织实施农村改厕、沼气池建设项目时，未按照无害化要求和血吸虫病防治技术规范，保证厕所或者沼气池具备杀灭粪便中血吸虫卵功能的；

（二）在血吸虫病重点防治地区未开展家畜血吸虫病检查，或者未对感染血吸虫的家畜进行治疗、处理的；

（三）在血吸虫病防治地区进行水利建设项目，未同步建设血吸虫病防治设施，或者未结合血吸虫病防治地区的江河、湖泊治理工程和人畜饮水、灌区改造等水利工程项目，改善水环境，导致钉螺滋生的；

（四）在血吸虫病防治地区未结合退耕还林、长江防护林建设、野生动物植物保护、湿地保护以及自然保护区建设等林业工程，开展血吸虫病综合防治的；

（五）未制定药物杀灭钉螺规范，或者未组织实施本行政区域内药物杀灭钉螺工作的；

（六）未组织开展血吸虫病筛查、治疗和预防性服药工作的；

（七）未依照本条例规定履行监督管理职责，或者发现违法行为不及时查处的；

（八）有违反本条例规定的其他失职、渎职行为的。

第四十九条 医疗机构、疾病预防控制机构、动物防疫监督机构或者植物检疫机构违反本条例规定，有下列情形之一的，由县级以上人民政府卫生主管部门、农业或者兽医主管部门依据各自职责责令限期改正，通报批评，给予警告；逾期不改正，造成血吸虫病传播、流行或者其他严重后果的，对负有责任的主管人员和其他直接责任人员依法给予降级、撤职、开除的处分，并可以依法吊销有关责任人员的执业证书；负有责任的主管人员和其他直接责任人员构成犯罪的，依法追究刑事责任：

（一）未依照本条例规定开展血吸虫病防治工作的；

（二）未定期对其工作人员进行血吸虫病防治知识、技能培训和考核的；

（三）发现急性血吸虫病疫情或者接到急性血吸虫病暴发、流行报告时，未及时采取措施的；

（四）未对本行政区域内出售、外运的家畜或者植物进行血吸虫病检疫的；

（五）未对经检疫发现的患血吸虫病的家畜实施药物治疗，或者未对发现的携带钉螺的植物实施杀灭钉螺的。

第五十条 建设单位在血吸虫病防治地区兴建水利、交通、旅游、能源等大型建设项目，未事先提请省级以上疾病预防控制机构进行卫生调查，或者未根据疾病预防控制机构的意见，采取必要的血吸虫病预防、控制措施的，由县级以上人民政府卫生主管部门责令限期改正，给予警告，处5 000元以上3万元以下的罚款；逾期不改正的，处3万元以上10万元以下的罚款，并可以提请有关人民政府依据职责权限，责令停建、关闭，造成血吸虫病疫情扩散或者其他严重后果的，对负有责任的主管人员和其他直接责任人员依法给予处分。

第五十一条 单位和个人损坏或者擅自移动有钉螺地带警示标志的，由乡（镇）人民政府责令修复或者赔偿损失，给予警告；情节严重的，对单位处1 000元以上3 000元以下的罚款，对个人处50元以上200元以下的罚款。

第五十二条 违反本条例规定，有下列情形之一的，由县级以上人民政府卫生、农业或者兽医、水利、林业主管部门依据各自职责责令改正，给予警告，对单位处1 000元以上1万元以下的罚款，对个人处50元以上500元以下的罚款，并没收用于违法活动的工具和物品；造成血吸虫病疫情扩散或者其他严重后果的，对负有责任的主管人员和其他直接责任人员依法给予处分：

（一）单位未依照本条例的规定对因生产、工作必须接触疫水的人员采取防护措施，或者未定期组织进行血吸虫病的专项体检的；

（二）对政府有关部门采取的预防、控制措施不予配合的；

（三）使用国家明令禁止使用的药物杀灭钉螺的；

（四）引种在有钉螺地带培育的芦苇等植物或者农作物的种子、种苗等繁殖材料的；

（五）在血吸虫病防治地区施用未经无害化处理粪便的。

第七章　附　则

第五十三条　本条例下列用语的含义：

血吸虫病，是血吸虫寄生于人体或者哺乳动物体内，导致其发病的一种寄生虫病。

疫水，是指含有血吸虫尾蚴的水体。

第五十四条　本条例自2006年5月1日起施行。

附录二　全国预防控制血吸虫病中长期规划纲要（2004—2015）

卫生部、发展改革委、财政部、农业部、水利部、林业局
（二〇〇四年七月八日）

血吸虫病是严重危害人民身体健康和生命安全、影响经济社会发展的重大传染病。多年来，在党中央、国务院的正确领导下，经过疫区各级人民政府、各有关部门艰苦努力，我国血吸虫病防治（以下简称血防）工作取得了举世瞩目的成就。截至1995年年底，全国12个流行省（自治区、直辖市）中，已有上海、浙江、福建、广东，广西5个省（自治区、直辖市）消灭了血吸虫病。截至2003年年底，433个流行县（市、区）已有260个达到传播阻断标准，63个达到传播控制标准。目前，110个尚未控制传播的县（市、区）主要集中在江苏、安徽、江西、湖北、湖南、四川、云南7个省的江湖洲滩地区和部分山区，有血吸虫病病人约84.3万人，其中晚期血吸虫病病人2.44万人。

由于血吸虫病传播环节多，自然环境因素复杂，单一的预防控制措施很难奏效，部分地区防治工作力度有所削弱，经费投入不足，综合治理措施落实不好，专业防治机构和队伍难以适应新形势下防治工作的需要。近年来，钉螺扩散明显，感染性钉螺分布范围有所扩大；血吸虫病病人数居高不下，急性感染病人数呈上升趋势，部分已达到传播控制标准或传播阻断标准的地区疫情回升，新的疫区不断增加，并向城市蔓延，血防工作形势严峻。

为加快血防工作进程，保障人民群众身体健康，促进疫区经济社会发展，根据《国务院关于进一步加强血吸虫病防治工作的通知》（国发〔2004〕14号）精神，制订本规划。

一、指导思想

坚持"预防为主，标本兼治，综合治理，群防群控，联防联控"的工作方针，重视和加强健康教育，尤其是针对青少年儿童的健康教育，切实提高广大人民群众自我防护意识和能

力，重视和加强与农业、水利、林业工程结合，改善自然环境，切实压缩钉螺面积；重视和加强人畜查病治病和粪便管理，切实控制传染源；重视和加强群众性血防工作，切实建立群防群控工作机制；重视和加强区域性防治工作，切实建立联防联控工作机制；健全法律法规，提高科技水平，深化体制改革，完善工作机制，有效控制血吸虫病的流行。

二、目 标

（一）总目标。

1．到2008年年底，全国所有流行县（市、区）达到疫情控制标准，不发生或极少发生暴发疫情。云南、四川省以及其他省以山丘型为主的或水系相对独立的流行县（市、区）全部达到传播控制标准。已达到传播控制标准或传播阻断标准但2003年年底前出现疫情回升的流行县（市、区），重新达到传播控制标准或传播阻断标准。

2．到2015年年底，全国所有流行县（市、区）力争达到传播控制标准，已达到传播控制标准10年以上的县（市、区）全部达到传播阻断标准。已达到传播阻断标准的地区、其他历史流行区和有潜在传播危险的地区（如三峡库区）通过加强监测，落实防治措施，巩固和扩大防治成果，建立可持续发展的防治工作机制。

（二）具体目标。

1．降低人畜感染率。

（1）到2008年年底，全国所有流行县（市、区），以行政村为单位，居民粪检阳性率降至5%以下，家畜粪检阳性率降至3%以下，重复感染得到有效控制。

（2）到2015年年底，全国所有流行县（市、区），以行政村为单位，居民粪检阳性率和家畜粪检阳性率均降至1%以下。

2．压缩钉螺面积，降低钉螺密度。

（1）到2008年年底，云南、四川省以及其他省以山丘型为主的或水系相对独立的流行县（市、区），钉螺面积达到传播控制标准。湖沼型地区所有尚未控制传播的县（市、区），垸内钉螺面积较2003年有显著下降，其中易感地带钉螺面积下降30%以上，感染性钉螺密度下降50%以上。

（2）到2015年年底，湖沼型地区所有流行县（市、区），垸内钉螺面积和垸外感染性钉螺密度力争达到传播控制标准。

3．压缩疫区范围。

（1）到2008年年底，江苏、安徽、江西、湖北、湖南、四川、云南7个省43个2003年年底前尚未控制传播的县（市、区）达到传播控制标准。38个已达到传播控制标准或传播阻断标准但在2003年年底前出现疫情回升的县（市、区），重新达到传播控制标准或传播阻断标准。

（2）到2015年年底，全国所有在2008年前达到疫情控制标准的县（市、区）力争达到传播控制标准。全国所有已达到传播控制标准10年以上的县（市、区）力争达到传播阻断标准。

4．普及农村自来水和无害化厕所。

（1）到2008年年底，全国尚未控制传播的县（市、区），农村自来水普及率达到70%，农村沼气式或三格式无害化厕所普及率达到70%。

（2）到2015年年底，全国流行县（市、区），农村自来水普及率达到90%，农村沼气式或三格式无害化厕所普及率达到90%。

5．提高防治知识普及率，增强防病意识。

（1）到2008年年底，全国已达到疫情控制标准和传播控制标准的县（市、区），中小学生和家庭主妇血防知识知晓率和正确行为形成率分别达到90%和80%以上。

（2）到2015年年底，全国流行县（市、区）中小学生和家庭主妇血防知识知晓率和正确行为形成率分别达到95%和90%以上。

6．加大家畜传染源管理力度。

（1）到2008年年底，全国以家畜为主要传染源的尚未控制传播的县（市、区），家畜圈养普及率达到50%以上。

（2）到2015年年底，全国以家畜为主要传染源的流行县（市、区），家畜圈养普及率力争达到100%。

三、策略和措施

（一）尚未控制传播地区。

山丘型疫区。结合退耕还林等林业生态工程、中小河流综合治理、微型水利和节水灌溉工程以及农村种植业、养殖业结构调整，重点实施工程灭螺；同时，采取人畜同步化疗、改水改厕、健康教育、家畜圈养等综合防治措施，最大限度地降低钉螺面积，控制血吸虫病传播。

湖沼型疫区。开展以人畜同步化疗和家畜圈养为重点，并对易感染地区实施药物灭螺，有效控制传染源，同时，结合沼气池建设和改水改厕、健康教育等措施，最大限度地降低人畜感染率，有效控制疫情；此外，还要结合农村种植业、养殖业结构调整，水利血防灭螺工程、兴林抑螺和湿地保护等工程，改造重点地区有螺环境，压缩血吸虫病疫区范围。

（二）传播控制地区。

通过实施农业、水利和林业工程消灭残存钉螺，加强安全供水和粪便管理，并采取人畜选择性化疗，防止疫情反复，巩固防治成果。

（三）传播阻断地区。

加强医疗卫生人员的培训，积极开展对当地群众、流动人口、家畜和螺情的监测，发动群众报螺、报病，加强与毗邻地区的信息交流和联防联控，防止外来传染源和钉螺输入，防止疫情在当地蔓延；有残存钉螺地区，还要结合发展经济，改造钉螺滋生环境，消灭残存钉螺。

（四）其他历史流行区和有潜在传播危险的地区。

重点做好疫情和螺情的监测工作，加强医疗卫生人员的培训，及时发现和治愈传染源，消灭残存和新滋生的钉螺，并完善防止钉螺扩散的措施。

四、政策和保障

（一）组织保障。

疫区各级人民政府要建立健全血防工作领导小组及办公室，切实加强对血防工作的领导，协调解决防治工作中的重大问题，研究制定预防和控制血吸虫病的政策，落实各项防治措施。要不断完善"政府领导、部门配合、社会参与"的工作机制，积极探索新形势下预防和控制血吸虫病的新模式，保证血防工作可持续发展。

各有关部门要按照《国务院办公厅关于成立国务院血吸虫病防治工作领导小组的通知》（国办发〔2004〕16号）精神，落实各自承担的职责和任务，制订防治规划和措施，认真组织实施。国务院血吸虫病防治工作领导小组（以下简称国务院血防工作领导小组）办公室要加强与各成员单位的协调和沟通，督促其履行部门职责，落实国务院血防工作领导小组的工作部署；坚持"春查秋会"制度，建立成员单位年度述职制度、疫区防治工作定期通报制度等，加强对血防工作的指导和督查，确保规划目标的实现。

加强地区间联防联控。流行区要按照血吸虫病地理分布特点，结合跨省、跨地区的重大工程建设，制订区域联防工作规划，开展联防联控。根据各区域间的实际情况，分类分片确定联防联控重点和具体措施，优先在重疫区安排见效快、效益好、易巩固的综合治理项目工程。已达到传播阻断标准和监测任务较重的省（自治区、直辖市），应因地制宜地组织开展联防活动。

充分依靠和发动群众，结合爱国卫生运动等多种形式，组织群众开展血防公益活动和义务劳动，查螺、灭螺、查病、报病，改造生产生活环境，逐步形成群防群控的局面。

充分发挥广播电视等大众传媒的作用，积极宣传当前血防工作的严峻形势以及党和政府采取的措施，大力普及防病知识，提高人民群众的自我防护意识和能力。

（二）经费保障。

血防工作经费由中央财政和疫区各级人民政府按照分级负担的原则，纳入财政预算予以安排。省、市（地）级人民政府对县、乡两级开展血防工作给予必要的业务经费补助，县、乡级人民政府合理安排血防工作经费、人员工资和福利以及有关专项防治经费。

结合卫生、农业、水利和林业建设的血防综合治理项目，中央对与灭螺有关的重大工程项目投资给予适当支持，对地方防治机构的基本建设经费给予必要支持；中央财政通过专项转移支付对困难地区购买人畜治病及灭螺药品、血吸虫病重大疫情应急处理给予适当补助；省、市（地）级人民政府负责落实本地区血防综合治理工程项目经费。

各级财政要切实加强对资金的监管和审计，保证专款专用，提高使用效益。同时，广泛动员和争取企业、个人和社会力量提供资金和物质支持。

（三）法规和政策保障。

制定《血吸虫病防治条例》，并完善地方性法规，依法规范和加强血防工作。

国家对农民免费提供抗血吸虫病的基本预防药品，并对经济困难农民血吸虫病治疗费用给予适当减免。在已建立新型农村合作医疗制度的疫区，将晚期血吸虫病病人的治疗费用纳入救助范围，按有关规定，对符合救助条件、生活贫困的晚期血吸虫病病人实行医疗救助；在未建立新型农村合作医疗制度和开展农村医疗救助的疫区，对生活贫困的晚期血吸虫病病人实行特殊临时救助措施，适当补助有关医疗费用。

对感染血吸虫病的家畜进行治疗，检查和治疗费用由中央财政和地方各级财政视经济状况分级负担，鼓励疫区推行以机代牛，并逐步纳入农业机械购置补贴试点范围。

疫区可组织村民在生产生活区开展义务灭螺活动，灭螺义务工可由村民委员会通过"一事一议"程序确定。有条件的地方，还可积极探索引入市场竞争机制，实行灭螺工程招投标管理，由符合条件的机构组织实施。

（四）机构和人员保障。

省、市（地）、县、乡级现有血防机构的预防职能原则上纳入同级疾病预防控制机构，在疾病预防控制机构内配备专门人员承担防治技术指导和重大疫情处理等血防工作。疫区市（地）、县级现有血防机构的医疗部分原则上与当地医疗资源整合，乡级血防机构的医疗部分纳入当地卫生院，从事包括血吸虫病治疗在内的综合医疗服务。在疾病预防控制机构建设时，统筹安排血防基础设施建设，到2005年年底，基本完成有关疾病预防控制机构中血防基础设施的改造和建设任务。

加强血防队伍建设，开展血防专业人员的素质教育与技术培训，充实优秀专业技术人员，逐步建立一支信息灵敏、反应快速、能胜任防治技术指导职责和及时有效处理突发疫情的血防工作队伍。

疫区省各级畜牧兽医、水利部门要有适应血防工作的机构和队伍。疫区农垦系统血防工作实行属地化管理，由所在地血防工作领导小组办公室组织、协调农垦系统有关单位的防治工作。

（五）技术保障。

将血防科研项目列入国家重点科研计划，组织多部门、跨学科的联合攻关。研究开发新型有效、方便快捷的查螺查病方法和高效、安全、价廉、方面、持久的灭螺药品及预防、治疗药品，研究筛选预防疫苗，研究改进以改善生态环境灭螺为主的防治策略和血防卫生学评价等。开展国际合作与交流、引进国外先进技术，推广应用先进适用科技成果。

五、监督检查和考核评估

（一）目标责任制和责任追究制。

疫区各级人民政府、各有关部门要根据本规划的要求，结合实际，制订本地区、本部门的实施计划和方案。各有关地区要将防治工作目标和任务层层分解，签订目标责任书。对没有实现防治工作目标的，要追究有关责任人的行政责任。

（二）监督检查。

疫区各级人民政府、各有关部门要实行述职制度和规划目标考评制度。国务院血防工作领导小组每年召开会议，请各有关地区和有关部门对本地区、本部门履行血防工作职责情况进行述职。疫区各级血防工作领导小组办公室要组织有关部门，根据"科学、定量、随机"的原则，制订详细的监督检查方案，通过开展定期与不定期相结合的自查、抽查，对工作内容和实施效果进行综合考核评价。要及时将监督检查的情况反馈被检查单位，通报同级血防工作领导小组各成员单位，报告同级人民政府和上级血防工作领导小组办公室。国务院血防工作领导小组将不定期对各有关地区和有关部门执行规划的情况进行检查和通报。

（三）中期考评和终期评估。

国务院血防工作领导小组办公室组织成员单位，分别于2009年、2016年开展规划实施情况中期考评和终期评估，根据实际工作需要和中期考评情况对2015年的目标进行调整。

附表：全国预防控制血吸虫病中长期规划纲要压缩流行区范围目标计划表

（注：本规划的实施范围是上海、江苏、浙江、安徽、福建、江西、湖北、湖南、广东、广西、重庆、四川、云南13个省、自治区、直辖市。）

全国预防控制血吸虫病中长期规划纲要压缩流行区范围目标计划表

地区	2003 年流行区范围				2004—2008 年计划实现目标		2009—2015 年计划实现目标	
	流行县（市、区）总数	尚未控制传播县（市、区）数	达到传播控制县（市、区）数	达到传播控制县（市、区）数	达到传播控制县（市、区）数	达到传播阻断县（市、区）数	达到传播控制县（市、区）数	达到传播控制县（市、区）数
江苏	71	15	7	49（1）	2	3	2	2
安徽	41	14	13（9）	14（1）	1	6	13	8
江西	39	11	9（1）	19	2	7	3	4
湖北	58	25	10	23（9）	5	2	4	7
湖南	34	27	1	6（2）	5	1	3	7
四川	62	15	20（8）	27	15	3	0	30
云南	18	3	3（3）	12（4）	3	0	0	6
合计	323	110	63（21）	（17）150	33	22	25	64

注：表中括号内的数字为达到血吸虫病传播控制或传播阻断县（市、区）数中重新出现疫情的县（市、区）数。

附录三　血吸虫病综合治理重点项目规划纲要（2004—2008）

卫生部、发展改革委、农业部、水利部、林业局、财政部

（二○○四年九月）

一、纲要制订背景

血吸虫病是一种具有地方性和自然疫源性的人畜共患传染病，它除了一般传染病具有的传染源、传播途径和易感人群三个要素外，还有40余种哺乳动物能够感染血吸虫，众多的传染源和重复感染给血吸虫病防治（以下简称血防）工作带来了极大的困难。

血吸虫病在我国传播流行，严重危害着流行区人民健康，影响当地经济社会发展。在流行严重的地区曾经出现"千村薜荔人遗矢，万户萧疏鬼唱歌"的悲惨景象。党中央、国务院历来十分重视血防工作。1955年，中央成立了血防工作领导小组；1956年，中央发出了"一定要消灭血吸虫病"的号召，掀起了轰轰烈烈的群众性血防运动；1984年，邓小平同志批示："防治地方病，为人民造福"；1989年，江泽民同志在致湖区五省血防工作会议的信中指出："控制和消灭血吸虫病是疫区各级政府义不容辞的责任"，从而在20世纪90年代初期掀起了"全民齐动员，再次送瘟神"的血防工作新高潮。经过半个多世纪的努力，我国先后有广东、上海、福建、广西、浙江5个省、自治区、直辖市消灭了血吸虫病。目前，全国血吸虫病疫区主要分布在江苏、安徽、江西、湖北、湖南5个湖区省及四川、云南2个省的部分山区。

近几年来，由于生物、自然和社会、经济等因素变化较大，我国血吸虫病疫情回升显著，表现为血吸虫病患病人数增多，急性感染人数呈上升趋势，局部地区钉螺扩散明显，感染性钉螺分布范围逐渐扩大，部分已经达到传播控制标准和传播阻断标准的地区疫情严重回升，出现向城市蔓延的趋势，对人民健康、经济发展和社会进步构成威胁，血防工作形势严峻。

以胡锦涛同志为总书记的党中央，坚持把保护人民的身体健康和生命安全放在第一位，坚持全面、协调、可持续发展的科学发展观。胡锦涛总书记批示指出，做好血防工作关系到人民的身体健康和生命安全，关系到经济社会发展和社会稳定。各级党委、政府务必从实践"三个代表"重要思想，坚持立党为公、执政为民的高度，深刻认识做好这项工作的重要性和紧迫性。要加强领导，明确责任；依靠科学，综合治理；发动群众，联防联控；完善政策，增加投入。确保各项防治措施的落实，确保有效控制血吸虫病流行目标的实现。2004年2月，国务院成立了血防工作领导小组，2004年5月，下发了《国务院关于进一步加强血吸虫病防治工作的通知》（国发〔2004〕14号，以下简称《通知》）。

国务院副总理吴仪多次对血防工作作出重要批示，要求采取切实有效的措施，控制血吸

虫病疫情。在2004年2月国务院血防工作领导小组第一次会议和2004年5月全国血防工作会议上，吴仪副总理都强调，要抓住源头，强化综合治理措施，有效遏制血吸虫病疫情，并要求有关部门和地区尽快确定并实施综合治理重点项目。

为了贯彻落实中央领导同志的批示，实现《国务院办公厅关于转发卫生部等部门全国预防控制血吸虫病中长期规划纲要（2004—2015）的通知》（国办发〔2004〕59号，以下简称《中长期规划纲要》）确定的目标，由国务院血防工作领导小组办公室牵头，各成员单位参与，组织相关专家和专业人员，成立综合治理重点项目编制小组，制订了编制大纲。按照"预防为主、防治结合、科学防治、综合治理、突出重点、分类指导、全面规划、分步实施"的原则，在对国内外血防工作经验进行总结、对疫区各省的项目需求进行分析和汇总的基础上，经多部门联合专家组的多次论证，2004年5月完成了《血吸虫病综合治理重点项目规划（2004—2008）（讨论稿）》（以下简称《讨论稿》），并提交全国血防工作会议讨论。

为确保综合治理重点项目方向准确、目标可及、措施可行，根据全国血防工作会议要求，在广泛征求国务院血防工作领导小组成员单位、重点疫区省的意见的基础上，对《讨论稿》重新修改，最终形成了《血吸虫病综合治理重点项目规划纲要（2004—2008）》（以下简称《重点项目规划纲要》）。

二、全国血防工作概况

（一）历史流行概况。

新中国成立初期，我国血吸虫病流行区遍及长江流域及以南的上海、江苏、浙江、安徽、福建、江西、湖北、湖南、广东、广西、四川、云南12个省、自治区、直辖市。从地理分布情况看，北至江苏省的宝应县（北纬33°15′），南至广西壮族自治区的玉林县（北纬22°42′），东至上海市的南汇县（东经121°51′），西至云南省的云龙县（东经99°05′）。流行区最低海拔为零（上海市），最高海拔为3 000m左右（云南省）。其中，由湖北省宜昌到上海的长江中下游流行区基本连成一片，其余流行区呈分散、相对隔离状态。

据估计，新中国成立初期，全国累计查出钉螺面积143亿m^2，血吸虫病人数1 160万人，其中晚期病人60万人，受血吸虫病威胁的人口约1亿多人。平均每年有1万人发生急性感染，病死率约为1%（表1）。

表1　新中国成立初期12个省、自治区、直辖市血吸虫病人和钉螺面积分布情况

省份	病人数（万人）	占全国病人总数（%）	钉螺面积（亿 m²）	占全国钉螺面积（%）
上海	75.9	6.54	1.66	1.16
江苏	247.7	21.33	14.00	9.78
浙江	203.7	17.54	6.43	4.49
安徽	88.1	7.59	12.62	8.81
福建	6.8	0.59	0.27	0.19
江西	54.8	4.72	23.95	16.72
湖北	227.5	19.59	43.00	30.03
湖南	94.7	8.16	35.38	24.70
广东	7.8	0.67	0.97	0.68
广西	7.7	0.66	0.24	0.17
四川	117.3	10.10	2.54	1.77
云南	29.2	2.51	2.15	1.50
合计	1 161.2	100.0	143.21	100.00

（二）血防工作主要成就与经验。

经过50多年的有效防治，全国血防工作取得了举世瞩目的成绩。截至1995年，已有广东、上海、福建、广西、浙江5个省、自治区、直辖市消灭了血吸虫病。据2003年统计，全国433个流行县（市、区）中，已有260个县（市、区）达到了传播阻断标准，63个县（市、区）达到了传播控制标准。在疫区范围大幅度压缩的同时，疫情和病情也显著减轻。与建国初期相比，全国血吸虫病人数由1 160万人降至84万人左右，下降了93%；钉螺面积由143亿 m²降至37.9亿 m²，下降了73.5%，有效地保护了人民健康，推动了疫区经济发展。

我国血防工作的主要经验是：

一是党和政府对血防工作高度重视。早在1955年中央就成立了血防领导小组，将血防工作作为党和政府工作的重要内容，纳入经济和社会发展总体规划。

二是各部门密切配合，通力合作。卫生、农业、水利、林业、发展改革（计划）、财政等有关部门在政府统一领导下，密切配合、分工协作、群防群控，逐步形成了"政府领导、部门配合、社会参与"的血防工作机制。

三是有健全的组织管理和防治专业机构。疫区各省均成立了血防工作领导小组及办事机构，负责协调解决防治工作中的重大问题。全国有县级以上血防专业机构296个，专业人员约1.8万人。

四是保证血防经费投入。"八五"和"九五"期间，中央和地方各级财政加大了对血防的投入。1992—2001年间，世界银行贷款血吸虫病控制项目（以下简称世行贷款项目）贷款金额49 100万元。1995—1998年，国务院在湖北孝感、湖南常德、江西南昌开展了大区域血

防综合治理试点，共投入41 581万元，其中中央财政投入2 300万元。为血防工作的开展提供了有力的保障。

五是坚持"综合治理、科学防治、因地制宜、分类指导"的原则。结合农业、水利、林业工程建设，彻底改造钉螺滋生环境，同时针对湖区、丘陵地区和高原山区等不同流行区的特点，有针对性地开展人畜同步化疗、易感地带灭螺、粪便无害化处理、改善疫区卫生环境、加强健康教育等综合防治措施。

六是以科技为先导，依靠科技进步加快血防进程。将血防科学研究列入国家重大科技攻关项目，积极引进和推广应用最新科技成果，加快了控制血吸虫病的进程。

（三）流行现状和分析。

1. 已经达到传播阻断标准的省份。

广东、上海、福建、广西、浙江5个省、自治区、直辖市的110个历史流行县（市、区）消灭血吸虫病的成果较稳定。通过多年监测，未查出感染性钉螺和当地感染的病人病畜，仅于近年来在浙江、福建和上海发现部分残存钉螺。

2. 尚未控制流行的省份。

（1）疫区范围。江苏、安徽、江西、湖北、湖南、四川、云南7个省，共有323个流行县（市、区）。其中，150个县（市、区）达到传播阻断标准，占46.4%；63个县（市、区）达到传播控制标准，占19.5%；尚有110个县（市、区）疫情仍处于严重流行状态，占34.1%（表2）。这部分未控制地区是我国疫情最重、防治难度最大的地区。据2003年统计，7个省钉螺面积几乎占全国钉螺面积的100%；病人数约占全国病人总数的99.9%；急性感染病人数占全国急性感染病人总数的99.6%。

由于受种种因素影响，近年来，7个省部分已达到传播控制标准和传播阻断标准的地区出现疫情回升。在150个已达到传播阻断标准的县（市、区）中，有17个螺情、病情出现回升，占传播阻断县（市、区）数的11.3%。在63个已达到传播控制标准的县（市、区）中，有21个螺情、病情出现明显回升，占传播控制县（市、区）数的33.3%（表3）。

（2）发病情况。近几年来，7个省病人数维持在80万左右，且呈逐年上升趋势（图1）。据2003年统计，7个省共有病人84.2万人，其中慢性病人81.7万人，晚期病人2.3万人（表4）。急性感染人数在1999年后，呈上升趋势（图2）。2003年，7个省报告急性感染1 110人，较2002年上升了22%，其中有51%为学龄儿童，有30余起急性暴发疫情。

（3）钉螺分布情况。近年来，7个省钉螺面积持续上升（图3），感染性钉螺分布范围明显扩大，人畜感染的危险度增加。2003年，7个省钉螺面积为37.86亿m²，其中湖沼地区钉螺面积36.15亿m²，占钉螺总面积的95.48%；水网地区钉螺面积0.04亿m²，占0.11%；山丘地区为1.67亿m²，占4.41%（表5）。

表 2 2003 年 7 个省血吸虫病流行县（市、区）、乡（镇）分布情况

省份	流行县（市、区）数	流行乡（镇）数	达到传播阻断标准		达到传播控制标准		未控制	
			县（市、区）数	乡（镇）数	县（市、区）数	乡（镇）数	县（市、区）数	乡（镇）数
江苏	71	632	49	530	7	42	15	60
安徽	41	497	14	256	13	117	14	124
江西	39	337	19	139	9	96	11	102
湖北	58	527	23	156	10	116	25	255
湖南	34	386	6	131	1	41	27	214
四川	62	812	27	218	20	309	15	285
云南	18	84	12	43	3	15	3	26
总计	323	3 275	150	1 473	63	736	110	1 066

表 3 2003 年 7 个省血吸虫病疫情回升县（市、区）统计表

省份	总县（市、区）数	达到传播阻断标准		达到传播控制标准			合计回升县（市、区）数
		其中回升县（市、区）数	占比（%）	总县（市、区）数	其中回升县（市、区）数	占比（%）	
江苏	49	1	2.04	7	0	0.00	1
安徽	14	1	7.14	13	9	69.23	10
江西	19	0	0.00	9	1	11.11	1
湖北	23	9	39.13	10	0	0.00	9

（续）

省份	达到传播阻断标准			达到传播控制标准			合计县（市、区）数
	总县（市、区）数	其中县（市、区）数	占比（%）	总县（市、区）数	其中县（市、区）数	占比（%）	
湖南	6	2	33.33	1	0	0.00	2
四川	27	0	0.00	20	8	40.00	8
云南	12	4	33.33	3	3	100.00	7
合计	150	17	11.33	63	21	33.33	38

表4　2003年7个省血吸虫病病人数统计表

省份	现有病人数（人）	其中		
		急性（人）	慢性（人）	晚期（人）
江苏	25 438	116	22 541	2 781
安徽	60 647	256	54 751	5 640
江西	131 253	126	127 468	3 659
湖北	295 383	247	290 879	4 257
湖南	205 461	234	199 820	5 407
四川	76 888	58	75 321	1 509
云南	46 750	73	46 677	0
合计	841 820	1 110	817 457	23 253

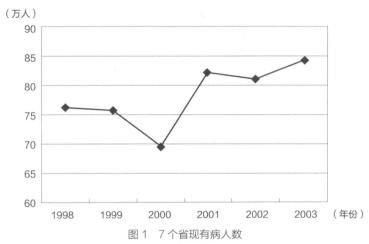

图1　7个省现有病人数

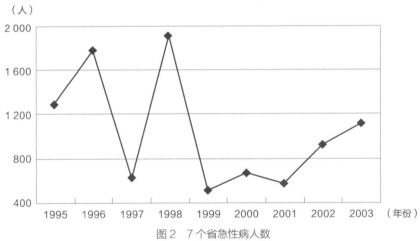

图2　7个省急性病人数

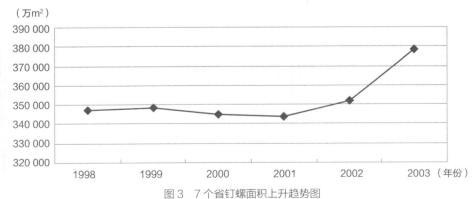

图3　7个省钉螺面积上升趋势图

表5　2003年7个省钉螺面积统计表

省份	流行村数（个）	查出钉螺村数（个）	实有钉螺面积（万 m²）				
			总面积	湖沼地区		水网型	山丘型
				垸内	垸外		
江苏	5 478	420	7 562.74	0	7 062.53	419.22	80.99
安徽	3 333	899	28 621.75	0	26 166.7	0	2 455.05
江西	2 318	405	77 534.15	675.90	75 769.86	0	1 088.39
湖北	5 652	2 614	80 591.64	23 171.73	55 451.61	0	1 968.3
湖南	3 987	725	175 252.39	2 378.26	170 837.23	0	2 036.9
四川	6 222	2 915	7 018.62	0	0	0	7 018.62
云南	462	202	2 015.54	0	0	0	2 015.54
总计	27 452	8 180	378 596.83	26 225.89	335 287.93	419.22	16 663.79

3．主要困难和疫情回升的原因。

（1）血吸虫宿主和传播环节多，单一的防病措施很难奏效。对人群和家畜进行同步化疗是控制疫情的重要手段，但反复化疗群众接受程度下降，由于基层动物血防机构不健全、防治经费得不到保障、治疗药品短缺，家畜传染源的查治难以开展，且管理难度大。

药物灭螺只是控制感染的应急措施，不能彻底解决钉螺控制问题，而且还会带来环境污染；环境改造灭螺是控制血吸虫病的治本措施，但工程治理费用落实困难。

健康教育虽是最具成本效益的预防手段，但疫区环境未得到根本改善，群众因生产、生活需要，不可避免地接触疫水，造成重复感染。由于血吸虫病治疗药物疗效显著，服用方便，疫区群众对血吸虫病的危害性有所忽视，放松了自我防范意识。

（2）自然环境因素复杂，防治难度大。长江流域洪涝灾害频繁，使湖区钉螺扩散加剧。山丘型地区钉螺滋生环境复杂，交通不便，灭螺难度大。此外，南水北调等大型水利工程建设对钉螺扩散和血吸虫病传播也存在潜在的影响。

（3）血防经费投入严重不足。世行贷款项目结束后，由于缺少项目的支撑，血防经费投入相应减少。农村税费改革实施后，疫区血防义务工的使用受到一定影响。经费短缺制约了药物灭螺工作的开展，近年来，疫区省的药物灭螺面积仅占易感地带钉螺面积的1/3；有关部门在疫区安排工程项目时，难以将血防设施投入纳入工程预算，综合治理措施落实困难。

（4）对血防工作重要性和艰巨性的认识不足。一些疫区领导对血防工作的重要性、长期性、艰巨性认识不足，放松了对血防工作的领导。一是部分疫区领导忽视了血防工作与发展经济间协调发展的关系；二是认为血防工作只是单纯的卫生防病工作；三是在流行严重地区普遍存在畏难厌战情绪，而在达到传播控制标准和传播阻断标准的地区又有思想麻痹松劲现象，影响了防治工作的开展。

（5）专业机构和队伍难以适应血防工作的需要。血防机构大多是20世纪50年代建立的，许多办公和实验用房年久失修，交通工具和检验、诊疗仪器设备陈旧、简陋。血防队伍一方面由于专业人员待遇低、工资得不到保障等原因，导致人才流失，出现青黄不接的问题；另一方面，大量非专业技术人员涌入，造成机构臃肿、人浮于事，出现防治工作效益低下的问题。

（6）血防科学研究不能满足防治工作的需要。血防科学研究滞后于血防工作形势的变化与发展要求，防治技术无突破性进展。急需开发研制高效、低毒、廉价、使用方便的灭螺药物和血吸虫病预防治疗后备药物，加快现场使用方便的血清学诊断方法和快速诊断试剂的研制，加强对可持续发展的血防策略的研究。

（四）实施项目的必要性、紧迫性和可行性。

1．必要性和紧迫性。

实施综合治理重点项目是实践"三个代表"重要思想，保护疫区人民健康，密切党群关系，促进经济和社会发展的重要内容；也是加速我国血防进程，实现《中长期规划纲要》确定目标的前提和基础。

（1）严重危害疫区人民健康。血吸虫感染人体后，可出现皮疹、发热、肝脾肿大、腹泻、咳嗽、消瘦等症状，长期反复感染者可引起肝硬化、腹水（腹大如鼓）、丧失劳动能力，甚至危及生命。儿童患血吸虫病，会引起发育不良，甚至成为"侏儒"；妇女患血吸虫病，会影响妊娠和生育。

（2）严重制约社会经济的发展。急性血吸虫病多为群体性发病，极易出现暴发疫情，常常引起较严重的社会影响。急性病人病情来势凶猛，应立即住院治疗。由于潜伏期较长，给及时诊断和正确治疗带来一定难度，一些病人因此延误了病情，导致治疗费用的上升。一般一个急性血吸虫病病人治疗费用在1 000元左右。

慢性血吸虫病多为反复多次感染或经治疗未愈演变而来。慢性病人通过粪便大量排卵，污染环境，造成疾病的传播，是主要的传染源之一。为了最大限度地控制传染源，每年需要对慢性病人和易感染人群进行吡喹酮化疗，全国每年需要治疗和扩大化疗的人数为150万～200万人次。

长期反复感染又不能得到及时有效治疗，可发展成晚期血吸虫病。据统计，在重疫区，晚期病人数占血吸虫感染者总数的5%～10%。晚期病人病情危重，丧失劳动力，每年医疗费用十分昂贵，是导致疫区农村病人家庭致贫、返贫的主要原因，成为影响疫区经济发展和社会稳定的主要因素。

（3）当前正处于血吸虫病控制的关键时期，如果现有的措施得不到进一步加强，几代人经过半个世纪艰苦奋斗所取得的防治成果将消失殆尽，"瘟神"就会卷土重来。我国目前湖沼地区居民血吸虫重复感染率一般为20%～30%，年发病人数递增幅度约为10%～15%，如不采取积极有效的防治措施，按此递增幅度，专家预测在5年后病人数可能达到160万～200万人。同时，钉螺面积将继续大面积回升，加上退田还湖新增的钉螺滋生地，预计全国钉螺面积可达到60亿m²。

2．可行性。

（1）疫区干部群众对消灭血吸虫病，摆脱"瘟神"，脱贫致富，有强烈的愿望和迫切的要求，也有充分的准备和信心。彻底改变疫区面貌更是当地人民群众多年的夙愿。

（2）疫区各县（市、区）均有血防工作领导小组及办事机构，各有关部门职责明确，分工具体，有健全的血防专业机构和能防能治的专业队伍，为项目实施提供了组织保证。

（3）本《重点项目规划纲要》按照"综合治理、科学防治、突出重点、分类指导、以人为本"的原则进行设计，经过了多次修改，并经过各部门专家反复论证，目标明确，技术措施科学合理。项目地区主要选择在疫情较重地区或水系相对独立、单元性较强、受外界环境影响较小的湖沼地区、丘陵山区和垸内水网地区，防治效果容易巩固。项目中运用的防治措施，是广大干部和血防科学工作者几十年防治实践的经验总结和智慧结晶，是血防科研成果的推广和运用。

为了迎接挑战，实现《中长期规划纲要》确定的目标，有必要同时发挥中央和地方两方面的积极性，共同开展区域性综合治理项目，集中力量对血防工作的重点和难点地区实施攻坚战役，改善疫区生态环境，促进血防工作的可持续发展。

三、指导思想和防治目标

（一）规划依据。

根据国务院领导同志关于血防要"抓住源头，开展综合治理，有关部门和地区要尽快确定综合治理重点项目"的指示精神和《中长期规划纲要》提出的防治目标和工作重点，经过认真分析各地区疫情现状，反复论证后提出本《重点项目规划纲要》。

（二）指导思想。

认真贯彻落实《通知》精神，坚持"预防为主、标本兼治、综合治理、群防群控、联防联控"的工作方针，重视和加强健康教育，尤其是针对青少年儿童的健康教育，切实提高广大群众自我防护意识和能力，重视和加强与农业、水利、林业工程结合，改善自然环境，切实压缩钉螺面积，重视和加强人畜查病治病和粪便管理，切实控制传染源，重视和加强群众性血防工作，切实建立群防群控工作机制，重视和加强区域性防治工作，切实建立联防联控工作机制；健全法律法规、提高科技水平、深化体制改革、完善工作机制，有效控制血吸虫病的流行。

（三）防治目标。

1．总目标。

至2008年年底，全国所有流行县（市、区）达到疫情控制标准，不发生或极少发生暴发疫情。四川、云南以及其他省以山丘型为主或水系相对独立的流行县（市、区）要全部达到传播控制标准。已达到传播控制标准或传播阻断标准但2003年年底前出现疫情回升的流行县（市、区），要重新达到传播控制标准或传播阻断标准。

2．具体目标。

（1）降低人畜感染率。到2008年年底，全国所有流行县（市、区），以行政村为单位，居民粪检阳性率降至5%以下，家畜粪检阳性率降至3%以下，重复感染得到有效控制。

（2）压缩钉螺面积，降低钉螺密度。到2008年年底，四川、云南以及其他省以山丘型为主或水系相对独立的流行县（市、区），钉螺面积达到传播控制标准。湖沼型地区所有尚未控制传播的县（市、区），垸内钉螺面积较2003年有显著下降，其中易感地带钉螺面积下降30%以上，感染性钉螺密度下降50%以上。

（3）压缩疫区范围。到2008年年底，江苏、安徽、江西、湖北、湖南、四川、云南7个省43个2003年年底前尚未控制传播的县（市、区）达到传播控制标准。38个已达到传播控制标准或传播阻断标准但在2003年年底前出现疫情回升的县（市、区），重新达到传播控制标准或传播阻断标准。

（4）普及农村自来水和无害化厕所。到2008年年底，全国尚未控制传播的县（市、区），农村自来水普及率达到70%，农村沼气式或三格式无害化厕所普及率达到70%。

（5）提高防治知识普及率，增强防病意识。到2008年年底，全国已达到疫情控制标准和传播控制标准的县（市、区），中小学生和家庭主妇血防知识知晓率和正确行为形成率分别达到90%和80%以上。

（6）加大家畜传染源管理力度。到2008年年底，全国以家畜为主要传染源的尚未控制传播的县（市、区），家畜圈养普及率达到50%以上。

四、实施范围和主要策略

（一）实施范围。

根据《中长期规划纲要》确定的2008年所要达到的目标，本《重点项目规划纲要》重点选择164个县（市、区）作为综合治理重点项目县（市、区）（以下简称项目县）。其中：67个项目县要达到疫情控制标准、61个项目县要达到传播控制标准、36个项目县要达到传播阻断标准（附录1与附录2）。

血吸虫病是一种与环境因素密切相关的疾病，环境影响着血吸虫病流行区域的分布和流行程度，要采取不同的防治策略和措施。根据血吸虫病流行特点及中间宿主钉螺的地理分布特点，本《重点项目规划纲要》将164个项目县分为湖沼型和山丘型两类地区。

1．湖沼型地区。

主要分布于江苏、安徽、江西、湖北、湖南5个省的102个流行县（市、区）。

2．山丘型地区。

主要分布于四川、云南2省和江苏、安徽、江西、湖北、湖南5个省的62个流行县（市、区）。

（二）主要策略。

1．2008年要达到疫情控制标准的县（市、区）。

分布在目前疫情较为严重的湖区5个省67个项目县。主要采取以控制传染源为主的防治措施，实施人畜同步化疗，易感地带灭螺，家畜圈养舍饲，以机耕代替牛耕，在有条件的地区结合农田基本建设项目和林业工程项目改变生态环境，抑制钉螺滋生，以较为经济有效的策略来达到遏制疫情回升、有效控制疫情扩散的目标。

2．2008年要达到传播控制标准的县（市、区）。

包括山区2个省的18个项目县，以及湖区5个省中疫情较轻的25个项目县和曾达到传播控制标准而疫情出现回升的18个项目县。主要采取结合农业、水利、林业等工程灭螺措施，对流行区实施综合治理的防治策略，有效控制血吸虫病的流行和部分地区的疫情回升，努力降低人畜感染率，达到控制血吸虫病传播的目标。

3．2008年要达到传播阻断标准的县（市、区）。

包括湖区5个省中疫情控制已较为稳定的19个项目县和曾达到传播阻断标准而出现疫情回升的17个项目县。主要采取结合流行区经济发展的总目标，在实施农业、水利、林业等发展项目的同时，开展有效益而成果易巩固的血防工程，彻底改造钉螺滋生环境，达到阻断血吸虫病传播的目标。

4．跨流域、跨地区的综合治理项目。

由于湖区各省水系相连，相互影响较大，应根据钉螺按水系或河流分布的特点，实施跨流域、跨地区的系统水利工程，控制钉螺通过水系或河流扩散，从而有效地控制疫情的回升和在当地的流行。有条件的地区还应结合国家重点自然保护区和湿地恢复建设项目，禁止人畜进入保护区的易感地带，减少人畜感染机会，从源头控制血吸虫病流行。

五、综合治理重点项目专项分类

根据防治措施的内容和执行部门的不同，综合治理重点项目可分为农业、水利、林业、卫生四大类，分别由农业部、水利部、林业局和卫生部负责会同有关部门根据本《重点项目规划纲要》制订专项规划（项目）。

（一）农业血防规划（项目）。

1．农业灭螺工程。

（1）种植旱地经济作物或水旱轮作。结合农业种植结构调整，在现有钉螺分布地区，因地制宜地种植旱地经济作物或水旱轮作，改变钉螺滋生环境，消灭钉螺，减少因水田作业感染血吸虫病的机会。

(2) 沟渠硬化。结合农田节水灌溉等项目，对有钉螺分布的斗渠实施硬化、开新填旧等措施，控制钉螺沿灌溉沟渠扩散。

(3) 养殖灭螺。在有钉螺分布的低洼地带（非农田）开挖鱼塘，在发展养殖业的同时，进行水淹灭螺。

2. 家畜传染源的管理。

(1) 圈养舍饲。在以家畜为主要传染源的流行区，禁止在钉螺分布区域放牧家畜（包括牛、猪、羊），实施圈养舍饲，以减少家畜对环境的污染，减轻危害。

(2) 以机代牛。通过推进农业耕作机械化，以机耕代替牛耕，在提高劳动生产力的同时，消除耕牛传染源的危害。

(3) 建沼气池。结合生态家园建设和农村能源开发建设，大力发展沼气池，达到杀灭粪便中血吸虫卵，切断污染来源的目的。

(4) 家畜查治。对暂未实行家畜圈养的地区，对放牧的大牲畜每年进行1～2次普查、普治或选择性化疗，以控制家畜感染，减少污染。

(5) 机构能力建设。加强承担血防工作任务的县级家畜防疫机构建设，对县级家畜防疫机构进行房屋改建，更新必需的设备。

（二）水利血防规划（项目）。

1. 河流治理项目。

(1) 已列入有关水利规划的项目。已经列入水利部组织编制的《长江主要支流和重要湖泊防洪工程建设规划》，与血防紧密相关的河道治理项目，将其中护坡、抬洲降滩等灭螺效果显著的工程措施纳入河道治理规划，一并设计、一并实施。

(2) 其他中小河流治理项目。不在上述规划之列，但所处区域疫情和螺情特别严重、影响范围大且对血防具有较大作用的其他中小河流治理项目，将其中可能因溃决、倒堤等导致钉螺蔓延的重点河段的治理列入规划，分期分步实施。

(3) 已整治的河流治理项目。根据防洪等方面的要求已经进行过治理的其他河流项目，过去在工程设计和建设中未考虑穿堤涵闸的血防功能，根据目前的血防需要，可在条件适宜的情况下，对涵闸进行改建，增设阻螺、拦螺设施。

2. 人畜饮水工程。结合水利部正在组织编制的《2004—2006年农村饮水安全应急工程规划》统筹考虑，优先重点安排疫区农村人、畜饮水工程建设项目，抓紧实施，加快疫区人畜饮水解困工作的步伐。

3. 节水灌溉工程。

(1) 优先安排已经列入水利部组织编制的《全国大型灌区续建配套与节水改造规划》的大型灌区中的支渠以上硬化工程、现有口门（涵闸）增建阻螺、拦螺血防设施工程等。

（2）对于不在上述规划之列的其他中小型灌区，如果其灌溉范围处于重点疫区且对疫情传播影响大，可考虑将其中的支渠以上的硬化工程、现有口门（涵闸）增建阻螺、拦螺等血防设施工程列入规划，分期分步实施。

4．水系相对独立的小流域治理项目。

（1）山丘型地区。结合人畜饮水工程、节水灌溉工程等项目，对山区小流域水系采取沟渠硬化、修建蓄水塘堰等微水工程的综合整治措施，改善疫区生态环境，彻底改变钉螺滋生地，控制血吸虫病传播。

（2）湖沼型地区。对湖沼型地区水系相对独立、受外界影响较小的流行区，主要进行涵闸改建，增建阻螺、拦螺等血防设施，以达到控制钉螺蔓延和疫情传播的目的，减少人畜感染的威胁。

（三）林业血防规划（项目）。

1．兴林抑螺。

在湖沼和江滩型流行区，通过在不同类型的丘陵滩地种植适生树种，结合翻耕套种农作物，改变滩地生态环境，减少钉螺滋生，减少人畜粪便对江滩、湖滩的污染，达到降低感染性钉螺密度、减轻感染危险，保护农民健康的目的。

2．退耕还林。

在山丘型流行区，对符合退耕还林政策的坡耕地实施退耕还林（草）工程，通过改变山区农村种植结构和习惯，填埋有螺沟渠，消灭钉螺，减少农民因水田劳作感染血吸虫病的机会，减少耕牛粪便对环境的污染。

3．湿地保护。

结合野生动植物保护及自然保护区建设工程，在湖沼型流行区，加强对流行区内的自然保护区疫情监测，设立警示牌，建设防止钉螺扩散设施，加强管理，减少人畜感染。

（四）卫生血防规划（项目）。

1．查、灭钉螺。

对可能滋生钉螺的环境进行扩大查螺，对查出的易感地带和感染性螺点，采用氯硝柳胺浸杀、反复喷洒或泥敷等方式灭螺，控制钉螺扩散，减少人畜感染。

2．查、治病人。

采取不同流行程度疫区分层防治的策略，强化对重疫区易感人群的查、治病措施，并加强对晚期病人的治疗。

人群查治项目要与农业血防项目中的家畜查治项目相结合，做到人畜同步化疗。

3．改建厕所。

结合农村爱国卫生运动，修建卫生厕所，将粪便无害化处理，防止粪便污染环境，切断传染途径，改善农村卫生条件。

4．健康教育。

配合教育部门，在疫区中小学中安排血防知识健康教育课程，落实教学计划和教材。开展多种形式的健康教育，使疫区居民普遍接受血防知识教育，引导和帮助疫区居民建立健康的生产、生活方式，提高疫区群众防病意识和自我保护的能力。

5．应急处理。

发生暴发疫情时，卫生行政部门（血防部门）成立疫情应急处理技术指导小组，开展流行病学调查，负责制定疫情控制方案，积极救治病人，实施药物或环境改造灭螺，开展健康教育，落实各项措施，及时扑灭疫情，评估疫情控制效果。

6．机构能力建设。

加强承担血防工作任务的县级疾病预防控制机构建设，更新部分省级、县级和乡级机构的预防设备，使其具备承担血吸虫病预防控制工作任务的能力。中央重点支持纳入综合治理重点项目规划的县（市、区）血防机构业务用房建设（附录3）。

7．应用性研究。

按招标投标方式，进行应用性研究项目申报，引入竞争机制，积极组织动员各行业科研人员，开展应用性研究。重点支持以改善环境灭螺为主的防治策略研究，对新型有效、方便快捷的查螺查病技术，高效、安全、价廉的灭螺、预防治疗药物等防治工作急需解决或能显著提高血防工作效益的重大课题进行研究。

8．督导、评估。

借鉴和引进先进管理方法，对项目经费的使用、疫情的监测、质量控制等进行督导、评估和考核。具体评估办法另行制订。

六、资金安排与实施计划

（一）资金安排。

根据资金的筹措渠道和落实情况，可以分为新增项目和可结合部门规划的项目（以下简称可结合项目）。

各部门要统筹安排开展项目所需的资金。要充分利用现有资源，广辟筹资渠道，避免重复。对于河流整治等大型水利工程、沼气池建设、退耕还林和湿地保护等可结合项目，各有关部门根据本《重点项目规划纲要》要求，纳入本部门工作计划，保证资金投入，落实到位。对于新增项目，由财政部和发展改革委设立专项经费，加大投入，保证投资，重点向中西部和贫困地区倾斜。

其中，水利血防项目各分类项目投入原则为：

1．河流治理项目。

各类河流综合项目要根据有关规程规范的要求完善项目前期工作，并按照水利项目的基本建设程序上报审批，国家针对项目的具体情况，安排补助资金进行建设。

（1）已列入有关水利规划的项目。中央补助血防措施分摊投资的50%，作为近期实施重点。

（2）其他中小河流治理项目。对其中可能因溃决、倒堤等导致钉螺蔓延的重点河段治理，中央补助30%，根据疫情的严重性和血防效果分期分步实施。

（3）已整治的河流治理项目。中央补助30%，根据疫情的严重性和血防效果分期分步实施。

2．人畜饮水工程。

按现行人畜饮水解困工程中央补助标准安排中央投资，其余投资由地方负责筹措。

3．节水灌溉工程。

（1）对于已经列入水利部组织编制的《全国大型灌区续建配套与节水改造规划》的节水灌溉项目，按现行大型灌区节水改造工程中央补助标准安排中央投资，其余投资由地方负责筹措。

（2）对于不在上述规划之列的其他中小型灌区的节水改造项目，中央对建材费进行补助，按总投资30%的比例考虑，其余投资由地方负责筹措。

4．水系相对独立的小流域治理项目。

此类项目主要是小型沟渠硬化工程、涵闸改建工程、微水工程（蓄水塘堰）等，中央原则上暂不考虑投资，主要由地方负责解决。

其中河流治理项目中已列入规划的项目、人畜饮水工程及节水灌溉工程中已列入规划的项目为可结合项目，其投资在现有水利项目中安排；其他项目为新增项目，其投资列专项解决。

（二）实施计划。

1．纲要编制阶段。

农业部、水利部、林业局、卫生部应根据本《重点项目规划纲要》的要求，完成本部门综合治理专项规划（项目）的编制、申请、论证工作，为项目实施做好政策、技术、物资等准备。

2．项目实施阶段。

2005—2008年为项目的实施阶段。

3．项目验收与评估。

每个具体项目完工后均需进行验收，评估血防效果。2009年对整个项目规划实施情况进行终期评估考核。

七、效益分析

（一）血防效益分析。

本《重点项目规划纲要》实施后，可大幅度减轻疫情，压缩流行区范围，极大地保护疫区人民的身体健康和生命安全。到2008年，全国共减少钉螺面积约4亿m²，有67个县（市、区）达到疫情控制标准，有61个县（市、区）达到或重新达到传播控制标准，有36个县（市、区）达到或重新达到传播阻断标准。由于项目采取的是标本兼治的措施，因此不仅会产生显著的血防效益，而且效果巩固，并对今后血防工作的持续发展奠定良好的基础（见附录3）。

（二）社会效益分析。

通过实施项目，减轻血吸虫病危害，解除疫区群众受血吸虫病威胁的痛苦，极大地改善疫区群众生产生活和投资环境，有利于保护和促进人民群众身体健康和劳动生产力，有利于农村经济社会的可持续发展，有利于社会安定和协调发展。

（三）经济效益分析。

1. 直接效益。

通过重点项目的实施，不仅减少了疫区群众的医疗费用支出，减少了实施药物灭螺的经费，而且实施农业、水利、林业工程本身也可以产生巨大的经济效益。

2. 间接效益。

首先，可以减少疫区居民因病返贫的机会，能有健康的身体创造财富。其次，可以改善环境加快疫区的经济发展。第三，随着洁净能源的广泛使用和湿地保护、退耕还林建设，将使水源保护、防止水土流失、净化空气和防止污染等生态环境效益得到进一步的实现。

八、保障措施

（一）建立健全管理和工作机制。

在国务院血防工作领导小组的领导下，卫生、农业、水利、林业等部门密切配合，分别负责指导卫生、农业、水利、林业项目的实施。国务院血防工作领导小组办公室负责协调、督促各项目的落实，确保综合治理项目的效果。各项目省、项目县卫生、农业、水利、林业部门在当地血防工作领导小组的统一领导和上级职能部门的指导下，负责本地区血防综合治理各有关项目的组织实施。同级血防工作领导小组办公室负责审核项目地区的选择，协调、督促本地区各相关项目的执行。必须严格按照项目规划选定的疫区安排项目计划、落实项目经费，不得随意更改、调换。疫区各级人民政府要签订血防工作责任书，将项目工作开展情况和目标的实现情况纳入疫区各级人民政府任期目标责任制，疫区各有关部门也要层层签订责任书，明确职责，实行奖惩。对不按规划要求安排项目，或擅自更改项目地点和项目执行不力的，要通报批评并限期整改，追究县级主要领导和项目负责人的责任。

（二）严格质控标准，加强督导评估。

各级有关部门要按行业质量管理标准，对本部门负责的项目进行督导、考核、评估。工程类项目要对立项、设计、施工和完工验收等全过程实施监督。工程完成后，由承建单位提交完工报告，根据工程的覆盖范围，由省、市（地）、县（市、区）主管工程的行政部门会同同级血防工作领导小组办公室组织血防、工程专家结合工程质量和防治质量进行综合评估和验收。

国务院血防工作领导小组结合"春查秋会"对各地区项目实施情况进行督导，及时通报督导结果。项目省、项目县血防工作领导小组根据当年项目进度，适时组织有关部门的管理和技术人员进行检查。项目完成后，由国务院血防工作领导小组组织各成员单位和专家对总体执行情况和效果进行综合评估。

为了保证项目执行质量，国务院血防工作领导小组办公室、项目省和项目县分别成立由有关部门专家组成的项目技术指导组，负责项目立项审核、可行性研究，承担实施过程中的技术指导、检查、评估和验收等工作。

（三）拓宽投资渠道，加强经费稽核和监管。

各级财政和发展改革（计划）部门按照分级管理的原则和各自的职责，分别安排落实本规划的有关项目和资金。疫区村民灭螺义务工可由村民委员会通过"一事一议"程序落实。审计、纪检监察部门要会同发展改革（计划）、财政和有关主管部门定期监督、检查、稽核项目经费使用情况，对于未按有关要求对项目资金实行专款专用的单位和个人，要追缴、没收被挤占、挪用的资金，并对有关责任人按国家有关规定进行查处。

（四）制订血防条例，加大执法力度。

加快《血吸虫病防治条例》的起草进程，制定和完善地方性法律法规，保证有法可依。加强执法队伍建设，提高执法能力，做到有法必依，执法必严，违法必究。

（五）加强血防科研工作。

加强科技平台建设，依托科技进步和科技创新，促进血防工作可持续进展。鼓励卫生、农业、水利、林业科研机构和大专院校发挥各自的优势，分工协作，加强以改善生态环境灭螺为主的防治策略等应用性研究，加快研究方便快捷的查螺查病方法和高效、安全、价廉、使用方便的灭螺药物和预防、治疗等药物。积极开展国际合作与交流，注重引进国外先进理论和技术，推广应用国内外优秀科技成果。

（六）加强血防机构队伍建设。

贯彻《通知》精神，结合实际，进一步深化和加快血防专业机构改革。将血防专业机构作为疾病预防控制机构建设的重要组成部分，省、市（地）、县级血防机构中的预防职能纳入同级疾病预防控制机构，在疾病预防控制机构内建立一支能胜任防治技术指导职责和及时有效处理重大疫情的血防工作队伍。重疫区市（地）、县级血防机构的医疗部分可与当地医疗资源整合，乡级血防机构与当地卫生院合并。同时，在安排疾病控制机构建设时，统筹安排血防基础设施建设。

加强血防预防专业人员的素质教育与能力培养，不断提高专业技术水平。按照精干高效的原则，实行定岗定编、全员聘用、竞争上岗，逐步建立一支信息灵敏、反应快速、能胜任防治技术指导职责和及时有效处理突发疫情的血防工作队伍。疫区省各级畜牧兽医、水利部门要有适应血防工作要求的机构和队伍。

（七）加强地区间血防联防联控。

按照血吸虫病地理分布特点，结合跨省份、跨地区的重大工程建设，统一制订区域联防工作规划，开展血吸虫病联防联控。

附录：1. 2004年全国血吸虫病综合治理重点项目县（市、区）及疫情分类表。

2. 2008年全国血吸虫病综合治理重点项目县（市、区）及预期目标分类表。

3. 全国血吸虫病综合治理重点项目血防机构业务用房建设县（市、区）。

4. 2008年全国血吸虫病综合治理重点项目规划纲要预期效果表。

附录1　2004年全国血吸虫病综合治理重点项目县（市、区）及疫情分类表

省份	未控制县（市、区）	传播控制县（市、区）	疫情回升的传播阻断县（市、区）	合计
江苏	建邺区、鼓楼区、浦口区、六合区、栖霞区、雨花台区、江宁区、邗江区、仪征市、京口区、润州区、丹徒区、扬中市、扬州开发区*、镇江新区*	东台市、大丰市、宜兴市	高淳县	19
安徽	当涂县、繁昌县、南陵县、铜陵县、安庆市辖区、怀宁县、枞阳县、宿松县、望江县、无为县、和县、贵池区、东至县、宣州区	天长市、郎溪县、广德县、（马鞍山市辖区、芜湖市辖区、芜湖县、铜陵市辖区、桐城市、潜山县、石台县、青阳县、泾县）	太湖县	27
江西	南昌县、新建县、进贤县、瑞昌市、永修县、星子县、都昌县、彭泽县、余干县、鄱阳县、共青开放开发区*	九江县、德安县、湖口县、九江开发区、上饶县、玉山县、丰城市、（南昌高新开发区*）		19
湖北	江岸区、洪山区、东西湖区、汉南区、蔡甸区、江夏区、黄陂区、孝南区、汉川市、黄州区、团风县、阳新县、赤壁市、嘉鱼县、沙市区、荆州区、石首市、洪湖市、松滋市、江陵县、公安县、监利县、仙桃市、潜江市、沌口开发区*	青山区、鄂城区	新洲区、南漳县、东宝区、沙洋县、武穴市、浠水县、蕲春县、黄梅县、咸安区	36

（续）

省份	未控制县（市、区）	传播控制县（市、区）	疫情回升的传播阻断县（市、区）	合计
湖南	岳麓区、天心区、长沙县、望城县、鼎城区（含贺家山农场）、津市市、安乡县、汉寿县、澧县、桃源县、赫山区、资阳区、沅江市、南县、岳阳楼区、君山区（含建新农场）、云溪区、汨罗市、临湘市、岳阳县、华容县、湘阴县、荷塘区、芦淞区、石峰区、屈原管理区*、大通湖管理区*	西湖管理区*	涔澹农场*、宁乡县	30
四川	邛崃市、大邑县、蒲江县、沙湾区、夹江县、东坡区、仁寿县、彭山县、洪雅县、丹棱县、芦山县、西昌市、德昌县、普格县、昭觉县	（涪城区、旌阳区、安县、广汉市、罗江县、中江县、天全县、绵阳高新开发区*）		23
云南	永胜县、洱源县、巍山县	（大理市、南涧县、鹤庆县）	古城区、宾川县、弥渡县、剑川县	10
合计	110	37（21）	17	164

注：1．表中括号内为出现疫情回升的县（市、区）。

2．表中*为县级管理区、开发区等单位。

附录2　2008年全国血吸虫病综合治理重点项目县（市、区）及预期目标分类表

省份	疫情控制县（市、区）	传播控制县（市、区）	传播阻断县（市、区）	合计
江苏	建邺区、浦口区、六合区、栖霞区、雨花台区、江宁区、邗江区、京口区、润州区、丹徒区、扬中市、扬州开发区*、镇江新区*	鼓楼区、仪征市	东台市、大丰市、宜兴市、高淳县	19
安徽	当涂县、繁昌县、南陵县、铜陵县、安庆市辖区、怀宁县、枞阳县、宿松县、望江县、无为县、贵池区、东至县、宣州区	马鞍山市辖区、芜湖市辖区、芜湖县、铜陵市辖区、和县、石台县、青阳县、泾县	天长市、郎溪县、广德县、桐城市、潜山县、太湖县	27
江西	南昌县、新建县、进贤县、永修县、星子县、都昌县、余干县、鄱阳县、共青开放开发区*	瑞昌市、彭泽县	九江县、德安县、湖口县、九江开发区、上饶县、玉山县、丰城市、南昌高新开发区*	19
湖北	汉南区、蔡甸区、黄陂区、孝南区、汉川市、黄州区、团风县、阳新县、赤壁市、嘉鱼县、沙市区、石首市、洪湖市、松滋市、江陵县、公安县、监利县、仙桃市、潜江市、沌口开发区*	江岸区、洪山区、东西湖区、江夏区、荆州区	青山区、鄂城区、新洲区、南漳县、东宝区、沙洋县、武穴市、浠水县、蕲春县、黄梅县、咸安区	36

（续）

省份	疫情控制县（市、区）	传播控制县（市、区）	传播阻断县（市、区）	合计
湖南	鼎城区(含贺家山农场)、津市市、汉寿县、澧县、沅江市、南县、君山区（含建新农场）、汨罗市、岳阳县、华容县、湘阴县、屈原管理区*	岳麓区、天心区、长沙县、望城县、安乡县、桃源县、赫山区、资阳区、岳阳楼区、云溪区、临湘市、荷塘区、芦淞区、石峰区、大通湖管理区*	宁乡县、西湖管理区*、涔澹农场*	30
四川		邛崃市、大邑县、蒲江县、沙湾区、夹江县、东坡区、仁寿县、彭山县、洪雅县、丹棱县、芦山县、西昌市、德昌县、普格县、昭觉县、涪城区、旌阳区、安县、广汉市、罗江县、中江县、天全县、绵阳高新开发区*		23
云南		永胜县、洱源县、巍山县、大理市、南涧县、鹤庆县	古城区、宾川县、弥渡县、剑川县	10
合计	67	61	36	164

注：表中*为县级管理区、开发区等单位。

附录3　全国血吸虫病综合治理重点项目血防机构业务用房建设县（市、区）

省份	县（市、区）	合计
安徽	当涂县、安庆市辖区、无为县	3
江西	进贤县、彭泽县、余干县	3
湖北	东西湖区、汉南区、蔡甸区、江夏区、黄陂区、孝南区、团风县、阳新县、赤壁市、嘉鱼县、石首市、洪湖市、松滋市、江陵县、公安县、监利县、潜江市	17
湖南	长沙县、望城县、鼎城区、津市市、安乡县、汉寿县、澧县、桃源县、赫山区、资阳区、沅江市、南县、君山区、云溪区、汨罗市、临湘市、岳阳县、华容县、湘阴县	19
四川	邛崃市、蒲江县、沙湾区、夹江县、仁寿县、彭山县、洪雅县、丹棱县、芦山县、西昌市、德昌县、普格县、昭觉县	13
云南	永胜县、洱源县、巍山县	3
合计		58

附录4　2008年全国血吸虫病综合治理重点项目规划纲要预期效果表

省份	项目县（市.区）数	项目乡（镇）数	项目涉及流行区村数（个）	项目区受益人口数（万人）	项目现有钉螺面积（万m²）	消灭钉螺面积（万m²）	预期效果					
							疫情控制		传播控制		传播阻断	
							乡（镇）数	村数	乡（镇）数	村数	乡（镇）数	村数
江苏	19	106	499	137	1 236.78	1 115.69	19	70	10	48	35	230
安徽	27	398	1 554	286	25 627.76	4 647.90	77	425	98	510	50	220
江西	19	218	1 012	232	32 978.27	5 168.85	27	207	31	208	67	408
湖北	36	397	2 872	619	56 058.84	13 183.30	124	1 418	75	847	96	521
湖南	30	335	2 232	303	96 880.37	7 353.42	98	1 398	57	584	42	250
四川	23	398	3 132	486	5 623.59	5 235.74	0	0	398	3 132	0	0
云南	10	66	412	157	3 956.73	3 552.89	0	0	39	142	27	270
合计	164	1 918	11 713	2 220	222 362.34	40 257.79	345	3 518	708	5 471	317	1 899

附录四 国务院关于进一步加强血吸虫病防治工作的通知

国发〔2004〕14号

各省、自治区、直辖市人民政府，国务院各部委、各直属机构：

血吸虫病是严重危害人民身体健康和生命安全、阻碍疫区经济发展和社会进步的重大传染病。经过多年努力，我国血吸虫病防治（以下简称血防）工作取得了显著成效。但由于血吸虫病流行因素复杂，一些地区综合治理措施落实不好，防治基础工作薄弱，近年来血吸虫病疫情明显回升，血防工作形势十分严峻。在全国12个血吸虫病流行省（自治区、直辖市）中，上海、浙江、福建、广东、广西5个省（自治区、直辖市）达到血吸虫病传播阻断标准，江苏、安徽、江西、湖北、湖南、四川、云南7个省尚有110个未控制血吸虫病流行的疫区县（市、区）。为了切实遏制血吸虫病疫情回升的趋势，有效控制血吸虫病的流行，保护人民群众身体健康，保障疫区经济社会发展，现就有关工作通知如下。

一、加强政府领导，强化部门职责

（一）建立健全领导机制。成立国务院血吸虫病防治工作领导小组（以下简称血防工作领导小组），负责研究制定全国血防工作方针、政策、规划，领导全国血防工作。血防工作领导小组下设办公室，承担血防工作领导小组日常工作。疫区各省也要根据本地区血防工作需要，建立健全本省的血防工作领导小组及其办事机构。

（二）落实政府责任。做好血防工作是政府义不容辞的责任。血吸虫病流行区各级人民政府必须切实负起责任，增强责任感和紧迫感，加强对血防工作的领导。要把血防工作纳入本地区经济和社会发展总体规划，与公共卫生建设紧密结合，统筹规划，周密部署，狠抓落实。要建立血防工作政府目标管理责任制，明确各级政府领导和有关部门的职责和任务，确保血防工作责任到位，工作到位。

（三）明确部门职责。血防工作领导小组成员单位要按照《国务院办公厅关于成立国务院血吸虫病防治工作领导小组的通知》（国办发〔2004〕16号）确定的职责，加强协调，密切配合，认真组织开展查螺灭螺、人畜查病治病、健康教育、改水改厕等工作，并结合农业产业结构调整、水利工程建设、林业重点工程建设等开展环境改造，努力做好预防控制血吸虫病流行的各项工作。

（四）坚持"春查秋会"制度。血防工作领导小组办公室每年定期组织成员单位对疫区各省完成全国血防工作规划及开展防治工作情况进行督导检查，总结推广经验，针对存在问题和薄弱环节提出改进意见。血防工作领导小组每年召开全国血防工作会议，总结防治工作进展情况，研究解决工作中的重大问题，部署防治工作任务。疫区各级人民政府也应建立和完善相应的工作制度，确保各项防治措施落到实处。

二、明确防治目标，统筹规划实施

（五）制订预防控制规划。按照统一规划、分步实施、标本兼治、综合治理、群防群控、联防联控、突出重点、分类指导的原则，制订全国预防控制血吸虫病总体规划及专项规划，有计划地积极推进血防工作。因地制宜地探索建立湖沼型和山丘型疫区预防控制模式，逐步从根本上控制血吸虫病的流行。

（六）切实遏制疫情回升，实现近期防治目标。到2008年年底，云南、四川两省以及其他省以山丘型为主的或水系相对独立的血吸虫病流行县（市、区），要全部达到血吸虫病传播控制标准。尚不能控制血吸虫病流行的湖沼型地区，要采取有力措施降低人畜感染率，努力压缩钉螺面积，有效降低易感地带钉螺感染率和感染性钉螺密度，控制急性血吸虫病暴发流行。

（七）有效控制血吸虫病流行，努力实现中长期防治目标。到2015年年底，力争全国所有未控制血吸虫病流行的县（市、区）达到血吸虫病传播控制标准，已经实现血吸虫病传播控制10年以上的县（市、区）全部达到传播阻断标准。已经达到血吸虫病传播阻断标准的地区，要继续巩固和扩大防治成果。

三、坚持综合治理，实行联防联控

（八）加大以环境改造为主的各项灭螺工作力度。农业部门要结合种植业、养殖业结构调整，围绕改变传统的生产、生活方式和改造疫区环境，采取鼓励措施，逐步实行家畜禁牧、舍饲和"以机代牛""水改旱"等，减少钉螺滋生地，减轻血吸虫病危害。水利部门要将进螺涵闸改造、有螺水系治理、垸外易感地带治理纳入水利综合治理工程规划，结合人畜饮水工程、小流域治理、微型水利工程、灌区改造、山区集雨节水灌溉、农田节水灌溉等项目，改善农村水环境，防止疫区钉螺滋生。林业部门要结合退耕还林工程、长江防护林工程等重点林业工程，在长江中下游滩地、丘陵地区积极开展兴林抑螺工作，建立抑螺防病林业生态工程，改变钉螺滋生环境，降低钉螺密度，切断人畜接触疫水途径，实行兴林、抑螺、防病综合治理。卫生部门要根据疫情控制的需要，及时组织实施高危易感地带的药物灭螺工作，降低血吸虫病感染危险性。同时，积极引导和支持疫区群众开展改水改厕，改善生活环境，减少和控制血吸虫病传播。

（九）加强疫区大型建设项目卫生学评估工作。建设单位应根据《中华人民共和国传染病防治法》及其实施办法的规定，在血吸虫病疫区大型建设项目规划和开工前，向当地卫生部门申请对施工环境进行卫生学调查与评估，并根据卫生部门的意见，采取必要的预防控制措施。在项目规划中以及开工前未进行卫生学评估的，有关主管部门不予立项和办理开工手续。开展卫生学评估和施工中采取的血吸虫病预防控制措施所需经费应纳入建设项目预算。

（十）加强人畜同步查病治病和疫情监测。在尚未控制血吸虫病流行的地区，卫生部门要对接触疫水的人群进行检查，对易感人群进行抗血吸虫病药物预防性治疗，并对感染者进行治疗。其中，对农民免费提供抗血吸虫病的基本预防药物，对经济困难农民血吸虫病治疗费用给予适当减免。在已经实现血吸虫病传播控制和传播阻断的地区，卫生部门要加强对流动人口的血吸虫病监测工作，及时发现和处理疫情，防止疫情扩散和蔓延。农业部门负责疫区家畜（牛、羊、猪等）血吸虫病的检查及对感染的家畜进行治疗，检查和治疗费用由中央财政和地方各级财政视经济状况分级负担。同时，加强对疫区家畜交易的管理和检疫，防止病畜流入其他地区传播血吸虫病。

（十一）广泛深入持久地开展健康教育。教育部门要对血吸虫病疫区中小学生普遍进行血防知识宣传教育。卫生、新闻单位应积极承担血防健康教育的责任，结合"亿万农民健康促进行动"计划，利用多种形式宣传普及血防知识，引导和帮助农民建立先进的生产方式和科学健康的生活方式，提高疫区群众预防血吸虫病的意识和自我保护能力。

（十二）完善联防联控工作机制。认真总结推广湖区五省（江苏、安徽、江西、湖北、湖南）联防工作经验，按照血吸虫病地理分布和流行特点，在江苏、安徽、江西、湖北、湖南、四川、云南7省建立区域性血吸虫病联防联控机制，统一制订联防工作制度，结合跨省、跨地区的水利、林业工程建设，安排投资少、见效快、效益好、易巩固的综合治理工程。上海、浙江、福建、广东、广西5省（自治区、直辖市）以及重庆市（三峡库区省份）也可根据实际工作需要，因地制宜地组织省际和省内不同地区间的联防联控，切实做好疫情监测工作。

四、完善政策措施，加大投入力度

（十三）落实血防经费。中央财政和有关地方各级人民政府要按照分级负担的原则，将血防工作经费纳入财政预算，及时足额拨付。中央财政通过专项转移支付对困难地区购买人畜治病及灭螺药物、血吸虫病重大疫情应急处理给予适当补助，中央基本建设投资对灭螺有关的跨地区重大工程项目给予适当支持。省、市（地）级人民政府负责落实本地区血防综合治理工程项目经费，并对县、乡两级开展血防工作给予必要的业务经费补助，县、乡级人民政府要合理安排血防工作所需经费。各级财政要切实加强对资金的监管和审计，保证专款专用，提高使用效益。同时，广泛动员和争取企业、个人和社会力量提供资金和物质支持。

（十四）积极救助治疗晚期血吸虫病患者。在已经进行新型农村合作医疗试点的疫区，要将晚期血吸虫病患者的治疗费用纳入救助范围，按有关规定，对符合救助条件、生活贫困的晚期血吸虫病患者实行医疗救助。在未建立新型农村合作医疗制度和农村医疗救助制度的疫区，对生活贫困的晚期血吸虫病患者实行特殊临时救助措施，适当补助有关医疗费用。

（十五）保证灭螺用工。疫区村民有义务对生产生活区开展灭螺，灭螺义务工可由村民委员会通过"一事一议"程序确定。有条件的地区可积极探索引入市场竞争机制，实行灭螺工程招投标管理，由符合条件的机构组织实施。

（十六）加强法制建设。加大《中华人民共和国传染病防治法》和《中华人民共和国动物防疫法》执法力度，加强对血吸虫病重大疫情的报告和应急处理，逐步规范家畜交易的市场管理。卫生部、法制办要抓紧研究拟订《血吸虫病防治条例》，有关省、自治区、直辖市也应当完善地方立法，使血防工作尽快走上规范化、法制化管理轨道。

五、加强队伍建设，提高人员素质

（十七）理顺体制，深化改革。血防工作是农村卫生和公共卫生的重要组成部分，要将血防工作纳入农村工作和卫生工作中统筹部署。省、市（地）、县、乡级血防机构中的预防职能纳入同级疾病预防控制机构，在疾病预防控制机构内建立一支能胜任防治技术指导职责和及时有效处理重大疫情的血防工作队伍。重疫区地、县级血防机构的医疗部分可与当地医疗资源整合，乡级血防机构的医疗部分可纳入当地卫生院，从事包括血吸虫病治疗在内的综合医疗服务。疫区各级畜牧兽医部门要有家畜血防工作机构和人员。有关地区应结合本地血防工作实际，加快血防专业机构的改革。要按照精干高效的原则，实行定岗定编、全员聘用、竞争上岗。

（十八）加强基本建设。血吸虫病流行区各级人民政府在安排疾病控制机构建设时，要统筹安排血防基本建设。到2005年年底，要基本完成血防基础设施改造和建设任务。

（十九）改进工作作风，提高业务素质。要加强对血防专业人员的医德医风教育，强化全心全意为人民服务的意识，大力开展血防新知识、新技术培训，逐步建立一支作风优良、技术过硬、精干高效的血吸虫病预防控制队伍。

六、提高科研水平，加强国际交流

（二十）依靠科技进步和科技创新，促进血防工作可持续发展。科技部门要将血防科研项目列入国家重点科研计划，组织跨学科的联合攻关。要特别注重加强以改善环境灭螺为主的防治策略等的应用性研究，研究开发新型有效、方便快捷的查螺查病技术和高效、安全、价廉、方便、持久的灭螺、治病、预防等药物，力争三五年内取得突破性进展。食品药品监管部门要加强对抗血吸虫病药物的质量管理，保证血吸虫病患者化疗的质量和效果。

（二十一）加强国际信息交流与合作，注重引进国外先进理论和技术，推广应用国外优秀科技成果，不断提高血防工作水平。

各有关地区、有关部门要从实践"三个代表"重要思想的高度，从保护人民身体健康、促进农村经济和社会发展的全局出发，发扬与时俱进、求真务实的作风，切实加强对血防工作的领导，落实各项防治措施，有效控制血吸虫病的流行。

国　务　院

二〇〇四年五月十三

附录五　国务院办公厅关于进一步做好血吸虫病传染源控制工作的通知

国办发明电〔2007〕44号

国务院办公厅

江苏、安徽、江西、湖北、湖南、四川、云南省人民政府，发展改革委、教育部、科技部、民政部、财政部、国土资源部、水利部、农业部、卫生部、广电总局、林业局、法制办：

《全国预防控制血吸虫病中长期规划纲要（2004—2015）》（国办发〔2004〕59号）明确了加强血防工作的各项任务，并确定到2008年年底，全国所有流行县（市、区）达到疫情控制标准；云南、四川省以及其他省以山丘型为主的或水系相对独立的流行县（市、区）全部达到传播控制标准；已达到传播控制标准或传播阻断标准但出现疫情回升的流行县（市、区），重新达到传播控制标准或传播阻断标准。各有关地区和部门按照全国血防工作部署和中长期规划纲要要求，努力落实各项措施，血防工作取得一定成效。但工作中还存在一些亟待解决的问题：部分地区以传染源控制为主的综合防治策略没有完全落实，多数地区对传染源控制措施仍停留在试点阶段，有螺地带放牧现象仍较普遍，改厕、沼气池建设等血防综合治理项目进展较慢、没有形成合力，致使有的地区疫情依然较重。目前，距实现2008年工作目标的时限要求仅有一年多的时间，工作任务相当艰巨。其中安徽、江西、湖北、湖南省未达到疫情控制标准的流行县（市、区）有55个，四川、云南未达到传播控制标准的流行县（市、区）有7个，安徽、湖北、湖南、江西、云南省未重新达到传播控制标准或传播阻断标准的流行县（市、区）有28个。为确保如期实现2008年血防工作目标，现就深入推进以血吸虫病传染源控制为主的综合防治策略，进一步做好血防工作通知如下。

一、全面实施有螺地带禁牧措施

地方各级人民政府和有关部门要明确责任，安排必要经费认真抓好有螺地带禁牧工作，加强禁牧监督。县、乡两级人民政府要制定实施禁牧的管理办法和具体方案，抓紧组织实施。县级卫生主管部门要会同有关部门划定有螺地带，并由县级人民政府批准、公布，乡级人民政府负责有螺地带警示标志的设立和维护。要对靠近村庄和人畜活动频繁的有螺洲滩设立禁牧铁丝网等必要的隔离设施，或安排专人看管。对在有螺地带放牧的家畜，禁牧监管人员可予暂扣，并由动物防疫监督机构进行强制检疫。今年秋季有螺洲滩退水以后，血吸虫病一、二类流行村应率先实行有螺洲滩禁牧，2008年全面推开。

二、进一步落实人畜粪便管理措施

要大力推进建沼气池、改厕、改厨、改圈（以下简称一建三改）和建无害化卫生厕所等项目的实施，切实改善农村卫生环境，有效控制血吸虫病和其他肠道传染病的传播。按照农村改厕和沼气池建设项目相结合安排的原则，确保改厕、沼气池建设项目优先、集中落实到血吸虫病一、二类流行村。要在沿江沿湖船舶停靠地修建无害化卫生厕所，加快推行在渔船和水上运输工具上安装使用粪便收集容器并集中进行无害化处理，切实加强水上流动人群的粪便管理。到今年底争取完成中央已经下达的100万户无害化卫生厕所建设任务，2008年完成78万户一建三改建设任务。农业部门要加大对以耕牛为主的家畜查治病工作力度，最大限度减少病畜粪便对环境的污染。

三、统筹推进血防综合治理项目的实施

要统筹协调，突出重点，科学合理地配套安排好卫生、水利、农业、林业血防综合治理项目，形成合力，发挥综合效应。国土资源部门要对与垸内有螺沟渠相连的适宜农田，特别是钉螺密度较高、对群众的生产和生活威胁较大的重疫区村的钉螺滋生环境，优先实行土地整理。水利、农业、林业等部门要将河流、排灌渠道、刘桥涵闸、田间道路和防护林网等建设项目，与有螺河段和沟渠治理、涵闸防螺设施建设、修建机耕道等血防灭螺工程结合起来，科学规划，联片整治。要加大"以机代牛"工程实施力度，加快推进疫区农业机械化，切断血吸虫病传播途径。

要按照国家有关规定和政策，科学编制规划，有序开发利用洲滩资源，引导农民群众调整养殖结构，兴利避害。

四、切实加强组织领导和督导检查

各有关地区和部门，特别是距2008年工作目标差距较大的地区要进一步增强做好血防工作的责任感和紧迫感，依照《血吸虫病防治条例》（以下简称《条例》），切实履行职责。要制定倒计时工作表，针对存在的主要问题和薄弱环节，进一步采取有力措施。疫区各级人民政府要将血防工作纳入重要议事日程，进一步明确血防工作目标责任制和责任追究制，主要负责同志和分管负责同志要深入基层一线开展调研，查找问题，分析原因，一村一户地研究制定有效解决办法。各有关部门要分工负责，加强协调配合，加大对血防工作的支持和督导检查力度。

国务院血防工作领导小组将适时组织，对有关地区血防措施的落实情况进行检查。对不认真履行职能，未按要求落实血防措施的，予以通报批评，限期改进；对违反《条例》，未依法实施有螺地带禁牧的，要依法追究有关责任人的行政责任。

国务院办公厅

二〇〇七年十月二十三日

附录六　全国血吸虫病农业综合治理重点项目建设规划（2006—2008）

农业部
二〇〇六年十月八日

为贯彻《国务院关于进一步加强血吸虫病防治工作的通知》（国发〔2004〕14号）精神，落实国务院办公厅《关于转发卫生部等部门全国预防控制血吸虫病中长期规划纲要（2004—2015）的通知》（国办发〔2004〕59号），加快实施六部委《关于印发血吸虫病综合治理重点项目规划纲要的通知》（卫疾控发〔2004〕357号）规定的农业血防任务和目标，以及《血吸虫病防治条例》确定的农业部门职责，有计划、有重点、有步骤地开展新时期农业血防工作，特制定《血吸虫病农业综合治理重点项目规划（2006—2008）》。

一、规划背景

血吸虫病是严重危害人民身体健康和生命安全、影响经济社会发展的人畜共患传染病。该病具有地方性和自然疫源性的流行病学特点，有40余种哺乳动物能够感染血吸虫，成为血吸虫病发生的主要传染源。从我国血吸虫病发生看，发病主要原因是家畜在有螺地带放牧形成疫源地，农民通过水田耕种、从疫源地引水或捕鱼等活动导致接触疫水反复感染。血吸虫病在我国危害两千多年，至今没有被彻底根治。

党中央、国务院历来十分重视血防工作。为控制和消灭血吸虫病，各级政府和有关部门采取一系列有效措施。经过半个多世纪努力，我国血防工作取得显著成效，广东、广西、上海、浙江、福建5个省（自治区、直辖市）已经消灭血吸虫病。目前，我国血吸虫病主要流行于以湖区为主的江西、湖南、湖北、安徽、江苏5省份和以山区丘陵为主的四川、云南2省份。截至2005年年底，在这7个血吸虫病疫区省中，共有323个流行县（市、区），钉螺面积37亿m^2（555万亩），其中有150个县（市、区）达到血吸虫病传播阻断标准，63个县（市、区）达到血吸虫病传播控制标准，还有110个县（市、区）仍处于未控制流行状态。

血吸虫病直接危害的主要对象是农民，家畜是血吸虫病主要传染源，是造成血吸虫病流行的重要载体。因此，实施农业血防，控制家畜传染源是血吸虫病防治工作的关键环节。农业血防是指围绕农业生产，实施综合治理工程和动物传染源控制措施，改造钉螺滋生环境，切断血吸虫病传播途径，预防和控制血吸虫病。"十五"期间，农业部坚持"围绕农业抓血防，送走瘟神奔小康"血防思路，对部分重疫区村，实施综合治理，并做到治病与治穷相结合，开创了我国农业血防工作新局面，防治成效显著。经过治理的重疫区村家畜感染率、阳性钉螺感染率、村民感染等明显下降，有效控制了疫情，受到疫区人民欢迎。在农业血防综合治理项目示范和辐射作用下，大量社会资金投入血防工程，7个疫区省共完成水改旱、水旱轮作271.14万亩，低洼有螺地带挖鱼池97.59万亩，种草21.95万亩，圈养家畜596.42万头，调整养殖结构发展水禽2 104.97万羽，建设沼气62.6万户，以机代牛26.6万头。同时，抓住动物传染源控制这个难点，贯彻在减少放牧基础上进行查治的防治策略，疫区放牧耕牛大幅度下降。完成家畜查病380.55万头，治疗和扩大预防性投药217.49万头，病牛数量从"十五"初10万头下降到目前的5万多头，下降50%。

近几年来，由于生物、自然和社会、经济等多方面因素影响，我国血吸虫病疫情在部分地区出现回升，一些疫区疫情出现反弹，急性血吸虫病人也不断增加。据统计，全国仍有80多万血吸虫病病人，钉螺面积37.8亿m^2，受威胁家畜1 000多万头（其中放牧耕牛150万头，病牛5万头），受威胁人口约6 000万，已经达到血吸虫病传播阻断标准和传播控制标准的县（市、区）中有38个县（市、区），出现疫情回升。

为遏制血吸虫病回升势头，2004年5月，国务院发出《关于进一步加强血吸虫病防治工作的通知》（国发〔2004〕14号）（以下简称《通知》），同时成立以中共中央政治局委员、国务院副总理吴仪任组长的全国血吸虫病防治工作领导小组。《通知》要求各地要进一步加强对血防工作领导，加大血吸虫病防治力度，并明确提出以项目带动，抓住源头，进行综合治理。到2008年，四川、云南以及其他以山丘型为主或水系相对独立的血吸虫病流行县（市、区），要全部达到血吸虫病传播控制标准，其他未控制流行县达到疫情控制标准。为实现《通知》提出的目标任务，2004年7月，国务院办公厅下发了《全国预防控制血吸虫病防治中长期规划纲要（2004—2015）》（以下简称《纲要》）。《纲要》进一步明确了目标，以及完成这些目标所需采取的一系列措施。为突出重点，分步实施《纲要》目标任务，2004年9月，六部委又联合制定《血吸虫病综合治理重点项目规划纲要(2004—2008)》（以下简称《重点项目纲要》。《重点项目纲要》对农业系统提出在全国164个血吸虫病流行县（市、区）、11 713个重流行村中，实施农业工程灭螺（水改旱、水旱轮作、沟渠硬化、养殖灭螺）和家畜传染源管理（家畜圈养、以机代牛、建沼气池、家畜查治）等农业血防重点项目，加大血吸虫病防治力度，完成《纲要》目标。

本规划重点是江苏、江西、安徽、湖北、湖南、四川、云南7个血吸虫病疫区省的164个血吸虫病流行县（市、区）、11 713个重流行村。其中110个为血吸虫病未控制流行县，37个为血吸虫病传播控制县，17个为近年疫情有所回升的血吸虫病传播阻断县。在110个未控制流行县和部分疫情回升县中，4 532个村是治理重点，其中1 200个血吸虫病重疫村是重中之重，这1 200个重疫村病人感染率在15%以上，病畜感染率在10%以上，是区域血吸虫病扩散的源头。

二、必要性和可行性

（一）必要性

1. 实施血吸虫病农业综合治理重点项目是确保疫区人民群众健康和安全的迫切需要。目前，7个重疫区省仍有80多万血吸虫病人，对疫区人民群众健康和安全构成严重威胁。人体血吸虫感染后，危害极大，如肝硬化、腹水等，病人最终将丧失劳动能力，甚至危及生命。实施血吸虫病农业综合治理重点项目，可以大幅度压缩疫区范围，减少疫区群众接触疫水机会，最大限度保护疫区人民群众身体健康，对维持社会稳定具有重要意义。

2. 实施血吸虫病农业综合治理重点项目是扎实推进社会主义新农村建设的迫切需要。党的十六届五中全会提出建设社会主义新农村重大历史任务，今年中央一号文件明确各项具体要求。血防工作主战场是农村，血吸虫病危害的主要对象是农民，如果钉螺滋生环境得不到有效改造和治理，血吸虫病流行得不到有效遏止，将直接影响社会主义新农村建设进程。实施血吸虫病农业综合治理重点项目，是净化疫区生产生活环境，控制血吸虫病传播，建设社会主义新农村工作的重要内容之一。

3. 实施血吸虫病农业综合治理重点项目是确保疫区农业生产发展和农民增收的迫切需要。血吸虫病流行不仅严重危害疫区人民群众身体健康甚至生命安全，还严重制约着疫区农村经济发展。据统计，目前每年血吸虫病治疗费用近6亿元，是广大疫区人民的沉重负担。同时由于劳动能力丧失，影响疫区人民发展生产，阻碍疫区人民致富奔小康步伐。实施血吸虫病农业综合治理重点项目，在控制或消灭血吸虫病的同时，可直接为疫区农民创造一定经济收益，对疫区农民增收具有十分重要意义。

4. 实施血吸虫病农业综合治理重点项目是确保疫区畜牧业健康发展的迫切需要。血吸虫病流行直接影响疫区畜牧业健康发展。一是家畜感染血吸虫病，造成很大经济损失。据不完全统计，每年仅因耕牛感染血吸虫病使耕牛生产性能、产仔率下降等造成的直接经济损失达1亿元。二是血吸虫病危害疫区家畜产品质量安全，影响疫区群众对畜产品消费信心，不利于疫区畜产品加工业发展。三是严重制约疫区牧草资源利用和开发。疫区沿江、沿湖地区，由于血吸虫及钉螺滋生和繁殖，丰富的天然牧草等资源，不能被有效利用。实施本项目，可以逐步控制和消除血吸虫病对疫区家畜的危害，确保疫区畜牧业健康发展。

（二）可行性

1. 《血吸虫病防治条例》的颁布为血吸虫病农业综合治理重点项目实施提供了法律依据。今年4月1日，国务院颁布《血吸虫病防治条例》，从法律上明确血防工作任务、工作地位和防治目标。《血吸虫病防治条例》规定，在血吸虫病防治地区，各级人民政府农业或兽医主管部门应按法律规定引导和扶持农业种植结构调整，推行以机械化耕作代替牲畜耕作，引导和扶持养殖结构调整，推行对牛、羊、猪等家畜舍饲圈养，加强对圈养家畜粪便无害化处理，开展对家畜血吸虫病检查和对已染病家畜进行治疗、处理等。《血吸虫病防治条例》为本规划实施提供了法律保障。

2. 党中央、国务院对公共卫生安全高度重视为血吸虫病农业综合治理重点项目实施提供极为有利的条件。公共卫生安全关系到人类身体健康，直接影响着国民经济发展。血防工作是公共卫生重要组成部分，党中央、国务院对此高度重视，制定一系列有利于血防工作开展的政策措施。这些政策措施，体现了党中央、国务院彻底根治血吸虫病的决心，为本项目实施提供了可靠的政策保证。

3. 兽医体制改革为血吸虫病农业综合治理重点项目实施提供了难得的机遇。2005年，国务院15号文件下发关于兽医管理体制改革的若干意见。这次改革将以健全机构、理顺职能、完善机制为主要目标和任务，逐步建立与国际接轨的兽医管理体制。通过这次改革，我国兽医行政、执法监督、技术支持体系将更加健全，基层动物防疫机构和队伍将更加稳定。为实施血吸虫病农业综合治理提供了坚强的技术人员保障。

4. 实施血吸虫病农业综合治理重点项目已具备良好的群防群控基础。多年来，血防工作已经形成各级政府领导高度重视，多个部门齐抓共管的良好局面。卫生、农业、水利、林业等部门建立有效合作机制，多渠道筹集资金，在血防工作中发挥着重要作用。同时，在全国血吸虫病重疫区，由于长期遭受血吸虫病危害，疫区人民群众对消灭血吸虫病有着强烈愿望和迫切要求。结合农业生产发展，改善疫区生产生活环境，坚持防病与生产相结合，治疫与致富相结合，已经得到疫区人民群众广泛认同。

5. 多年来农业部门在疫区开展农业血防综合治理，已积累大量成功经验。10多年来，农业系统已总结出一套比较成功的技术措施和管理经验，收到很好的防治效果。转变传统种植习惯、养殖习惯、生产方式等改变钉螺滋生环境。实施以机代牛降低易感家畜数量。实行牲畜圈养，加大查治力度，加强动物传染源管理。结合沼气池建设，对家畜粪便实施无害化处理等。

三、指导思想、原则和目标

（一）指导思想

坚持以人为本，牢固树立和落实科学发展观，贯彻"预防为主、标本兼治、综合治理、群防群控、联防联控"的工作方针，切实把农业血防工作与建设社会主义新农村，发展农村经济相结合，努力提高疫区公共卫生安全，促进农村经济发展、农民增收，实现农业血防生态效益、经济效益和社会效益。

（二）规划原则

因地制宜，分类指导。根据不同疫区血吸虫病流行特点，分别提出适宜的综合治理策略，对山丘型疫区重点采取以机代牛、调整养殖结构、禁牧圈养等综合治理措施；对湖沼型疫区重点采取水改旱种植、开挖鱼池，发展经济作物和水产养殖等措施。

全面规划，突出重点。对全国疫区省份农业血防工作进行全面、统筹规划，明确防治目标，并对血吸虫病重疫区村重点规划，优先综合治理。

整合资源，综合防治。在开展家畜查病治病工作同时，强化部门协作，整合能源沼气工程、农机购置补贴等项目，发挥行业技术、管理优势，集中开展区域综合治理，做到治理一片，巩固一片。

协调推进，同步实施。在血吸虫病重疫区，农业种植结构调整、养殖结构调整、沼气池建设、家畜圈养、查治病畜和疫区家畜预防性治疗等措施同步实施，有关部门资金协调使用，实现血防效益和经济效益同步发展。

（三）规划目标

1. 压缩疫区范围。164个血吸虫病项目县11 713个流行村得到治理，其中110个未控制流行县和部分疫情回升县的4 532个重疫区村是治理重点，达到疫情控制标准。

164个项目县中，67个项目县达到疫情控制标准，61个县达到传播控制标准，36个项目县要达到传播阻断标准。110个未控制流行县，67个达到疫情控制标准，43个达到传播控制标准。

2. 降低家畜感染率。各省疫区家畜血吸虫病感染率分别在2005年基础上有明显下降，家畜感染率要下降至2.8%以下。疫区病畜由5万头下降到2万头。

3. 各省疫区放牧家畜圈养率要分别达到50%以上，放牧耕牛150万头下降到75万头。其中圈养56万头，以机代牛减少耕牛19万头。

4. 164个项目县有钉螺面积22亿m^2（330万亩），其中40%（132万亩）适合结合农业生产进行环境改造灭螺。从重疫区县4 532个重疫区村中，选择1 200个生产生活区有钉螺的村进行水改旱和低洼地挖鱼池灭螺，计划改造钉螺滋生面积52万亩，灭螺面积26万亩。

5. 建设和完善省级和县级家畜血吸虫病专业实验室，包括7个省级实验室、164个县级实验室。

6. 提高农业生产能力，产生明显经济效益，疫区人民生产、生活条件得到较大改善。具体目标见表1、表2。

表1　压缩疫区范围、降低家畜感染率目标表

| 省份 | 压缩疫区范围（个） | | | 降低家畜感染率 | | |
| | 县（市、区） | | 村 | 2005 年感染率 | 2008 年感染率 | 减少病畜数量（头） |
	疫情控制	传播控制				
江苏省	13	5	110	1%	0.6%	200
江西省	9	5	160	3%	2.5%	5 000
安徽省	13	5	155	3%	2.5%	10 000
湖北省	20	5	280	4%	3%	10 000
湖南省	12	5	280	4%	3%	10 000
四川省	0	15	175	2.45%	2%	5 800
云南省	0	3	40	1.5%	1%	4 000
合计	67	43	1 200	3.5%	2.8%	45 000

表2　家畜圈养和压缩钉螺面积目标表

| 省份 | 家畜圈养 | | 压缩钉螺面积（亩） | |
	圈养数量（万头）	圈养率	改造钉螺面积	消灭钉螺面积
江苏省	3	50%	18 279	9 140
江西省	8	50%	67 070	33 535
安徽省	8	50%	58 350	29 175
湖北省	10	50%	195 670	97 835
湖南省	12	50%	36 520	18 260
四川省	10	50%	108 073	54 037
云南省	5	50%	36 313	18 157
合计	56	50%	519 735	259 869

四、主要防治措施

（一）血吸虫病重疫区村综合治理

4 532个血吸虫病重疫区村占全国疫区村的39%，但病人病畜占全国的95%以上。多年血防工作实践证明，单一防治技术措施不能有效防治血吸虫病，应该根据血吸虫病流行特点，

传播规律，采取综合防治措施。

1. 实施水改旱或水旱轮作，切断血吸虫病传播途径。结合农业种植结构调整，对现有钉螺分布的低产水田实施水改旱或水旱轮作，因地制宜种植旱地或经济作物，有效减少人、畜水田作业接触疫水机会，降低血吸虫病感染率。同时，也可改变钉螺滋生环境，逐步消灭钉螺，控制疫情。

2. 实施挖塘养鱼，改造钉螺滋生环境灭螺。目前常用方法：一是开挖精养鱼塘，实施立体养殖。在疫区低洼有螺潮湿地带，通过挖池养鱼虾蟹等，水淹灭螺，既发展渔业，又改善疫区农民生产生活条件，达到灭螺防病、农业增效、农民增收、发展疫区农村经济的目的。二是矮埂高网蓄水养鱼灭螺，综合治理垸外易感地带。在防洪大堤外洲，修建一批矮埂高网蓄水养鱼灭螺工程，通过开发湖洲治理易感地带，取得养鱼、灭螺、防病等综合效益。

3. 实施家畜圈养，控制传染源扩散。从改变家畜饲养方式入手，实行圈养、禁牧等疫区控制血吸虫病流行措施，让家畜远离疫水，避免重复感染，防止病原散播，从而切断血吸虫病循环链，有效控制血吸虫病疫情。同时通过沼气池处理圈养家畜粪便，为种植业提供大量有机肥料，发展生态农业。

（二）实施农村沼气建设工程

在血吸虫病疫区的164个县，结合社会主义新农村建设，实施农村沼气建设项目，沼气池建设与改水、改厕、改厨结合，改变农村生活环境，减少群众接触疫水，防止血吸虫病感染。人畜粪便经过沼气池发酵处理，可有效杀灭虫卵，减少对水源污染。该项工程不仅能够改善农村卫生环境，而且可以解决农村能源问题，加快新农村建设步伐，产生血防、环境卫生、利用新能源、高效生态农业等多方面综合效益。

（三）实施以机代牛工程

带虫耕牛是污染湖洲、传播血吸虫病的主要疫源。在疫区实施以机耕代牛耕，实行"五统一"（统一作业、统一调配机具、统一技术培训、统一负责维修、统一收费标准），实现稻田耕作机械化，减少耕牛饲养量，减少传染源数量，控制阳性钉螺形成，控制血吸虫病传播。同时，由于机械耕作效率高，减少人畜接触疫水时间，避免重复感染。

（四）强化疫区家畜查病和预防性治疗

带病家畜排出带有血吸虫卵的粪便，形成疫源地，感染区域内的人畜。因此，抓好以耕牛为主家畜血吸虫病检查和治疗工作，对于阻断血吸虫病流行尤为重要。从杀灭病原体着手，以净化草洲草坡为目的，采用普遍投药的预防措施，最大限度地减少病人、病畜体内病原体散布，净化环境。根据钉螺繁殖规律，确定每年对易感家畜实行局部抽查和全面预防相结合的查治措施，即每年8月份查病1次，9、11月份2次全面预防性投药治疗，确保家畜不排出血吸虫卵，有效控制阳性钉螺数量和感染率。

五、重点建设项目

根据血吸虫病流行规律，以及六部委《关于印发血吸虫病综合治理重点项目规划纲要的通知》（卫疾控发〔2004〕357号）确定的农业血防项目，《血吸虫病农业综合治理重点项目规划》实施血吸虫病重疫区村农业综合治理、农村沼气建设、以机耕代牛耕、疫区易感家畜查治等四大项目，控制动物传染源，切断人感染血吸虫病的途径，保护疫区群众身体健康。

（一）血吸虫病重疫区村农业综合治理项目

对1 200个重疫区村进行综合治理，实施水改旱、养鱼灭螺、圈养舍饲，减少钉螺面积，切断传染源。

1. 水改旱。结合农业种植结构调整，对现有钉螺分布的水田实施水改旱，因地制宜地种植旱粮或经济作物，改变钉螺滋生环境，消灭钉螺，减少人畜因水田作业感染血吸虫病机会。共需水改旱48.1万亩。

2. 养鱼灭螺。在有钉螺分布的低洼地带开挖池塘3.9万亩。

3. 圈养舍饲。禁止在钉螺分布区域放牧家畜（包括牛、猪、羊），推行圈养舍饲。计划新增圈养舍饲56.1万头，减少患病家畜对环境污染，减轻危害。

（二）农村沼气建设项目

结合社会主义新农村建设、农村能源开发建设和生态家园富民行动，在164个县实施农村沼气建设项目，并与改厕、改圈、改厨结合起来，改变农村生活环境。规划三年内在164个县建设沼气池75.70万个。

（三）以机耕代牛耕项目

在164个县推进农业耕作机械化，以机耕代替牛耕，推广适合疫区需要的农机具，提高农机利用率和农业生产力，减少耕牛传播疫病机会。需要4.75万台机械，以机代牛22万头。

（四）疫区易感家畜查治项目

对疫区易感家畜，特别是以放牧耕牛为重点，每年进行1次普查，9、11月份2次普治，共需普查320.5万头次，普治643万头次，以控制感染家畜数量，减少污染。

（五）建设完善家畜血吸虫病专业实验室

建设省、县两级家畜血吸虫病专业实验室，配备必要的诊断检测设备，进行实验室改造，提高实验室诊断检测能力，满足基层血防工作需要。

六、投资测算

（一）规划投资及资金来源

规划总资金37.654 3亿元，其中，中央投资16.070 9亿元、地方配套1.691 1亿元、农民投入19.892 3亿元。总投资中，基本建设投资31.828 0亿元（中央投资13.486 1亿元、地方财政配套1.369 6亿元、农民投入16.972 3亿元）；财政专项资金5.826 3亿元（中央财政2.584 8亿元、地方财政0.321 5亿元、农民投入2.92亿元）。

1. 血吸虫病重疫区村农业综合治理项目。

（1）水改旱。水改旱每亩工程量250m³，每立方米中央投资2.1元，每亩需中央投资525元，地方补助105元，农民投工每亩5个折合100元。1 200个重疫区村，三年完成水改旱48.1万亩，共需投资35 114万元。其中，政府投资30 304万元，中央、地方按1：0.2承担，中央投资25 253万元、地方投资5 051万元；农民投资4 810万元。

（2）养鱼灭螺。在有钉螺分布低洼地带（非农田）开挖池塘，每亩工程量1 250m³，每立方米中央投资2.1元，每亩需中央投资2 625元，地方补助525元，生产配套设施由农民投入，每亩500元。三年完成挖鱼池3.9万亩，需投资14 236万元。其中，政府投资12 286万元，中央、地方按1：0.2承担，中央投资10 238万元、地方投资2 048万元；农民投资1 950万元。

（3）圈养舍饲。圈养舍饲每头家畜建4m²栏舍，每平方米栏舍中央投资105元，地方补助21元，农民投入修建圈舍人工费，每平方米10元。区域内三年共需圈养舍饲家畜56.1万头，投资30 518万元。其中，政府投资28 274万元，中央、地方按1：0.2承担，中央投资23 562万元、地方投资4 712万元；农民投资2 244万元。

2. 农村户用沼气建设项目。在164个县农户建沼气池连同改厕、改圈、改厨，每户需建设经费3 000元，中央财政对湖南、湖北、江西、安徽、江苏等中东部省份每个沼气池建设投资840元，对云南、四川西部省份投资1 050元，其余由农民投入。共需建设75.7万个户用沼气池，需投资227 100万元，其中中央投资66 381万元、农民出工出资投入160 719万元。

3. 以机耕代牛耕项目。在164个县推进农业耕作机械化，以机耕代替牛耕，购置农机4.75万台，其中购置中型农机2.75万台，每台补助4 000元，需1.1亿元。购置小型农机2万台，每台补助1 800元，需要3 600万元。

4. 疫区易感动物查治项目。164个县每年1次普查放牧家畜、2次普治家畜，共需普查320.5万头次，普查费用每头5元，需要1 603万元；普治643万头次，每头次中央补助治疗药物费用15元，需要9 645万元。家畜治疗人工费用5元/头，需要3 215万元（人工费用由地方财政承担）。共需财政资金1.446 3亿元。其中中央财政资金11 248万元，地方财政承担3 215万元。

5．家畜血防专业实验室建设。建设省、县两级家畜血吸虫病专业实验室，按省级126万元、县级64万元的标准建设，主要用于购置必要的仪器设备、实验室的改造等。7个省级实验室、164个县级实验室，共需经费11 378万元、中央、地方按1：0.2承担，中央投资9 482万元、地方投资1 896万元。

（二）投资来源

血吸虫病农业综合治理需全社会共同努力，本规划所需资金采取中央、地方财政共同投入，并引导农户积极投入方式解决。各级财政要加大支持力度，确保规划任务按期完成。对于需中央安排的资金，通过以下渠道积极争取。

1．基本建设资金。共需中央投资13.486 1亿元，可结合已有项目安排2 110万元，需新增投资13.275 1亿元。其中：

重疫区村综合治理59 053万元。2005年已开始实施的"血吸虫病农业综合治理项目"可以安排投资2 110万元，需要新增56 943万元。

农村户用沼气建设66 381万元，积极争取新增投资解决。

家畜血防专业实验室建设9 427万元，积极争取新增投资解决。

2．财政资金。共需要中央财政资金25 848万元，结合已有项目可落实12 500万元，需新增13 348万元。其中：

疫区易感动物查治项目11 248万元，已落实1 500万元，需新增9 748万元。

以机代牛项目需14 600万元，结合大中型农机购置补贴专项资金可以落实11 000万元，还需新增小型农机具补贴经费3 600万元。

七、保障措施

（一）统一领导，加强协调

农业部血吸虫病防治领导小组统一领导，落实责任制，承担任务司（局）加强协调，确保项目资金集中，同步投放在重疫区县重疫村。各省农业血防领导小组充分发挥在规划实施和管理中的作用，加强农业血防工作协调，保障规划项目顺利实施。

（二）增加资金投入，建立稳定投入机制

农业血防经费投入，是保障规划落实的基本条件。按照《血吸虫病防治条例》的规定，中央财政和地方财政每年在预算中都应安排家畜血吸虫病监测和防治经费。各级财政根据

《血吸虫病防治条例》要求和本规划，积极安排经费支持相关项目建设，保障对家畜进行普治和检查。

（三）加强农业血防机构和队伍建设，加强技术指导和培训

血吸虫病重点防治地区动物防疫监督机构内应设置农业血防的职能部门，设置农业血防专职人员，负责农业血防项目治理和动物传染源控制。加强农业血防队伍建设。印发有关技术材料，农业部血防专家咨询委员会负责技术指导。各省农业血防办负责组织对实施项目建设的重疫区县农业血防人员进行技术培训，加强血防预防专业人员素质教育与能力培养，不断提高专业技术水平，完善有关专业技术知识，适应项目建设需要。

（四）加大科技攻关力度，提高农业血防工作科技水平

要组织全国农业血防人员进行科研大协作，对关键实用技术进行攻关。重点加强血吸虫病疫苗研制，牲畜化疗药物开发等科研工作，提高血防工作科技水平。同时，积极开展国际交流与合作，推广国内外先进科技成果。

（五）签订项目建设合同，落实责任制

为保证项目顺利执行，农业部血防办将成立专家技术指导组，负责项目立项审核、可行性研究，承担实施过程中的技术指导、检查、评估和验收等工作，农业部与各项目实施单位签订项目建设合同，保证保质保量按时完成项目建设任务。

（六）加强宣传，提高群众自觉防疫意识

各级农业部门积极向群众宣传血吸虫病防治知识，增强群众自觉防疫和自我防护意识，引导疫区人民积极参与血防工作。同时，充分利用农业系统《动物血防简报》，交流成功经验和新技术、新信息。

附录七　家畜血吸虫病防治技术规范

家畜血吸虫病是由日本血吸虫引起的一种人、畜共患寄生虫病，世界卫生组织（WHO）将其列为热带病防治的重要寄生虫病之一，我国列为二类动物疫病。

为了预防和控制家畜血吸虫病，依据《中华人民共和国动物防疫法》和《血吸虫病防治条例》，制定本技术规范。

一、适用范围

本规范适用于中华人民共和国境内血吸虫病疫区从事家畜血吸虫病防治以及家畜饲养、经营等活动。

本规范包括家畜血吸虫病流行病学、诊断、治疗、疫情报告、疫情处理、防治措施、控制标准、考核验收和巩固监测等。

二、诊　　断

（一）临床诊断

家畜患血吸虫病所表现的临床症状，因家畜品种及其年龄和感染强度而异。一般黄牛、奶牛较水牛、马属动物、猪明显，山羊较绵羊明显，犊牛较成年牛明显，急性型症状多出现在三岁以下的犊牛，体温升高达40℃以上。临床症状主要表现为消瘦，被毛粗乱，腹泻，便血，生长停滞，役力下降，奶牛产奶量下降，母畜不孕或流产，少数患畜特别是重度感染的犊牛和羊，往往长期腹泻、便血，肛门括约肌松弛，直肠外翻、疼痛，食欲停止，步态摇摆、久卧不起，呼吸缓慢，最后衰竭而死亡。

（二）病理诊断

血吸虫尾蚴钻入家畜皮肤后，皮肤发生红斑，出现尾蚴性皮炎，进入真皮层中周围组织水肿，毛细血管充血、游走细胞集聚并有中性和嗜酸性细胞浸润。幼虫移到肺部时出现弥漫性出血性病灶。

成虫产卵后主要引起肝和肠病理变化。由于大部分虫卵随静脉血流进入门静脉系统和肝脏并在此发育或死亡和钙化，引起肝脏肿大，肝表面有大量大小不等的灰白色颗粒，结缔组织形成的粗网状花纹和斑痕，最后导致肝硬化。部分虫卵穿透毛细血管进入肠黏膜后，造成肠壁增厚，浆膜面凹凸不平，有黄豆到鸡蛋大小的肿块，黏膜充血，黏膜下有灰白色点状或线状虫卵结节，形成溃疡面或肉芽肿。其他脏器如胃、脾、肾、肺等主要在脏器表面见有数目不等的虫卵结节。

（三）血清学诊断

操作详见附件1。

（四）病原学诊断

操作详见附件2。

（五）判定标准

1．疑似

凡到过流行区活动过的家畜，出现被毛粗乱、消瘦、腹泻等临床症状。

2．确诊

活畜经粪便检查发现血吸虫虫卵或粪便孵化发现毛蚴；尸检检到虫体或肝组织压片发现虫卵。

在进行流行病学调查或普查时，要求诊断方法敏感性、特异性均高且操作简便快速，建议可采用间接血凝试验法。阳性畜可列为治疗对象。但在报告疫情或进行达标考核、验收时，必须以粪检结果为准。

三、疫情报告

任何单位和个人发现血吸虫病可疑病畜时，应及时向当地动物疫病预防控制（血防）机构报告。当地动物疫病预防控制（血防）机构应及时组织确诊，对确诊的按规定逐级上报并通报当地卫生部门。

四、疫情处置

（一）病畜处理

1．隔离病畜，限制移动。

2．治疗病畜，详见附件3。

（二）对发现病畜地区有关家畜的处置

对病畜所在地以村为单位所有放牧家畜采用血清学或病原学方法进行检查。对感染率在5%以上的，采取扩大化疗措施；对感染率在5%以下的，采取治疗措施；必要时可淘汰病畜。

（三）污染物的处理

将病畜粪便及污染和可疑污染的饲草、垫料、设备设施等，进行消毒、发酵等无害化处理。

（四）必要时进行流行病学调查

对曾经到过流行区耕作、放牧或其他活动的家畜，以村为单位采用血清学或病原学检查，统计感染率。

1．感染率

$$感染率 = \frac{发现病畜数}{受检畜数} \times 100\%$$

2．新感染率

$$新感染率 = \frac{原为阴性转为阳性畜数}{原检查为阴性畜数} \times 100\%$$

3．再感染率

$$再感染率 = \frac{期初阳性经治疗转阴后再获感染的家畜数}{期初阳性畜数} \times 100\%$$

五、防治措施

（一）查治

1．查病，详见附件1和附件2。
2．治疗，详见附件3。

（二）检疫

在血吸虫病流行区对输出的活畜除进行国家规定的检疫项目外尚须进行本病的血清学检验，经检疫合格方可出具检疫合格证明。

（三）综合治理

各地应根据国家和当地血吸虫病农业综合治理规划计划和技术要求结合当地实际，实施以机代牛、建沼气池、封洲禁牧、家畜圈养、挖池养殖灭螺、调整种养结构等进行综合治理。

六、控制和消灭标准

（一）疫情控制标准

1．粪检阳性率在5%以下。
2．不出现急性血吸虫病暴发疫情。
3．已建立以行政村为单位，能反映当地家畜疫情变化的档案资料。

（二）传播控制标准

1．粪检阳性率在1%以下。
2．不出现当地感染的急性血吸虫病病例。
3．已建立以行政村为单位，能反映当地家畜疫情变化的档案资料。

（三）传播阻断标准

1. 连续五年未发现当地感染血吸虫病病畜。
2. 已建立以行政村为单位，能反映当地家畜疫情变化的档案资料。
3. 有监测巩固方案和措施。

（四）消灭标准

达到传播阻断标准后，连续五年未发现当地新感染血吸虫病的家畜。

七、考核验收

（一）组织形式

乡级的达标考核验收由市（设区的市，以下简称市）级兽医行政部门负责；县级的达标考核验收由省级兽医行政部门负责；省级的达标考核验收由国务院兽医行政部门负责。

（二）验收程序

凡达到相应标准的，应按以下要求提出书面申请：

1. 乡级达标考核由县级兽医行政部门向市级兽医行政部门申请；县级达标考核由市级兽医行政部门向省级兽医行政部门申请；省级达标评估由省级兽医行政部门向国务院兽医行政部门申请。

书面申请应包括基本情况、疫情变化情况、既往考核情况和自查结果等内容。

2. 审查书面申请

地市级以上兽医行政部门收到书面申请后，批转同级动物疫病预防控制（血防）机构进行审查评估，符合条件的组织验收工作。

3. 现场考核验收

由动物疫病预防控制（血防）机构组织专家组成考核验收小组，进行达标考核。考核结束后考核验收小组完成验收报告并报兽医行政主管部门。

4. 批复

兽医行政主管部门对考核结果进行审查、批复，并报上级兽医行政主管部门备案。

（三）内容与方法

1. 考核时间

应在当年血吸虫病感染季节后（秋季）进行。

2. 资料审核

（1）内容

凡需考核的乡、县应具备以行政村为单位，能反映当地达到相应标准的病情逐年动态变化的各种查治记录和报表等资料。

（2）分级考核的方法

乡级达标考核要求对每个行政村的档案资料进行审核；县级达标考核要求对县、乡和抽查行政村的档案资料进行审核；省级达标考核要求对省达标考核资料及抽样单位的档案资料进行审核。

3. 现场考核与评估

（1）乡级达标考核

疫情控制：随机抽取一个行政村进行现场考核。采用粪便毛蚴孵化法（GB/T 18640—2002）一粪三检，对该村最主要传染源的家畜抽查100头，不足100头全部检查。

传播控制：随机抽取一个历史上疫情较重的行政村进行现场考核。采用粪便毛蚴孵化法（GB/T 18640—2002）一粪三检，对该村最主要传染源的家畜抽查100头，不足100头全部检查。

传播阻断：随机抽取一个行政村进行现场考核。采用粪便毛蚴孵化法（GB/T 18640—2002）一粪三检，对该村最主要传染源的家畜抽查100头，不足100头全部检查。

（2）县级达标考核

疫情控制：随机抽取两个乡，每个乡随机抽取一个行政村进行现场考核。采用粪便毛蚴孵化法（GB/T 18640—2002）一粪三检，对该村最主要传染源的家畜抽查100头，不足100头全部检查。

传播控制：随机抽取三个乡，每个乡随机抽取一个历史上疫情较重的行政村进行现场考核。采用粪便毛蚴孵化法（GB/T 18640—2002）一粪三检，对该村最主要传染源的家畜抽查100头，不足100头全部检查。

传播阻断：随机抽取三个乡，每个乡随机抽取一个历史上疫情较重的行政村进行现场考核。采用粪便毛蚴孵化法（GB/T 18640—2002）一粪三检，对该村最主要传染源的家畜抽查100头，不足100头全部检查。

（3）省级达标考核

省级所辖的血吸虫病防治地区达到疫情控制、传播控制、传播阻断标准后，由省级兽医行政部门组织省内外专家进行考核，随机抽取两个市，每个市随机抽取1～2个县进行现场考察。评估结果报请国务院兽医行政部门审批。

各省级兽医行政部门根据本规范，结合当地实际情况制定具体考核验收办法。

（4）其他

国务院血防办部署的达标考核、评估工作，根据国务院血防办下达的方案组织实施。

八、监测巩固

（一）监测

凡达到传播阻断标准的地区，每年要组织定期监测。

1. 监测时间

每年秋季监测一次。

2. 抽样方法

原流行区要抽检10%的行政村，每个行政村至少抽检2岁以下的牛30头，不足30头的全部检查。

3. 监测方法

采用间接血凝试验进行检测，检出的阳性牛采用粪便毛蚴孵化法进行确认。

（二）阳性结果处置

1. 阳性畜处理

淘汰阳性畜。

2. 疫情排查

对阳性畜所在乡的放牧家畜采用血清学或病原学方法进行普查，并根据普查结果采取相应措施。

附件1
血清学诊断（间接血凝试验）

1. 材料准备

1.1 器材：V形微孔有机玻璃血凝板（孔底角90°），移液器（在条件较差的地方，可用滴管或带12号针头滴管代替，操作时每一滴代表25μL）。

1.2 生理盐水、蒸馏水。

1.3 诊断液和阴、阳性血清：按说明书处理和保藏。

1.4 待检血清（可用血纸代替，方法为：在耳静脉采血，滴于滤纸，当纸吸够血液后，将多余血甩掉，于阴凉处晾干，放在干净白纸中。实验时将1cm×1.2cm血纸剪碎，加200μL生理盐水，浸泡10min，浸泡液相当于10倍稀释血清。）

2. 操作方法

2.1 加100μL生理盐水于血凝板左边第1孔内，再加入被检血清25μL，使血清成5倍稀释。

2.2 在左边第2、3孔中各加25μL生理盐水。

2.3　将第1孔血清混匀，混匀方法是反复吸吹三次，然后取25μL已混匀液加入右边邻孔中，混匀，此孔血清成1：10稀释。

2.4　再取第2孔稀释血清25μL加入第3孔中，混匀，吸取25μL丢弃，此时该孔血清成1：20稀释。

2.5　每份被检血清和阳、阴性血清按同样方法用3个孔，也可不用阴性血清而设生理盐水对照孔，此时另取2个孔各加25μL生理盐水作空白对照。

2.6　在1：10及1：20血清稀释孔及空白对照孔中分别加入25μL诊断液，混匀，20～37℃条件下放置1～2h，待空白或阴性血清对照孔中血球全部沉于孔底中央，呈一圆形红点，且阳性血清两孔中血球没有全部沉入孔底中央即无圆形红点或仅有很小的圆形红点即可判定结果。

3.　判定

3.1　判定标准

3.1.1　红细胞全部下沉到孔底中央，形成紧密红色圆点，周缘整齐为阴性（-）。

3.1.2　红细胞少量沉于孔底中央，形成一较阴性小的红色圆点，周围有少量凝集红细胞为弱阳性（+）。

3.1.3　红细胞约半数沉于孔底中央，形成一更小红色圆点，周围有一层淡红色凝集红细胞为阳性（++）。

3.1.4　红细胞均匀地分散于孔底，形成一淡红色薄层为强阳性（+++）。

3.2　结果判定：以血清10倍和20倍稀释孔出现3.1.2、3.1.3、3.1.4的凝集现象时，被检血清判为阳性。

3.3　如阴性或生理盐水对照孔2h后红细胞沉淀图像不标准，说明生理盐水质量不合标准或血凝板孔未洗净，须检查原因，重新操作。

附件2
病原学诊断（粪便毛蚴孵化法）

1.　材料准备

1.1　水：pH6.8～7.2，无水虫和化学物质污染（包括氯气）的澄清水，否则需作如下处理：有氯气的自来水应在盛器中存放8h以上。河水、池水、井水、雨水等混有水虫的水加温至60℃，冷却后再用。或在50 000mL水中加含30%有效氯的漂白粉0.35g，搅匀，放置20h，待氯气逸尽；也可在放漂白粉后加入硫代硫酸钠0.2～0.4g脱氯，0.5h后再用。对混浊的水，于每50 000mL水中加明矾3～5g，充分搅拌，待水澄清后用。

1.2　器材、试剂：竹筷、40～80目的铜筛滤杯、260目的尼龙筛兜、500mL量杯、粪桶、放大镜、显微镜、吸管、载玻片、盖玻片、取暖炉、水温计、盆、水缸、水桶、剪刀、闹钟、天平、200～250mL三角烧瓶、300～500mL长颈平底烧瓶、脱脂棉、食盐。

1.3 送粪卡：包括村名、组名、饲养员或畜主姓名、畜别、畜名或畜号、性别、年龄、有无孕、采粪日期。

1.4 孵育室（箱）。室温低于20℃时需有保持20～25℃的环境条件，如有温箱或有取暖设备的房间。

2. 操作方法

2.1 采粪和送检：采粪季节宜于春秋两季，其次是夏季，不宜于冬季。采粪的时间最好于清晨从家畜直肠中采取，或新排出的粪便。采粪量：牛、马属200g，猪100g，羊和犬粪（农家）40g，每份粪样需附上填好的送粪卡，于采粪当天送到检验室。

2.2 洗粪和孵化：将每头家畜的粪便分三份，每份粪量牛、马50g，猪20g，羊、犬10g。然后根据实际情况选用下列一种方法进一步操作。

2.2.1 尼龙兜淘洗孵化法：粪便在40目铜筛和量杯中淘洗，细粪渣存于500mL量杯中，待沉淀后去上清液，沉渣倒入尼龙兜用水冲淘洗，把尼龙兜中的粪渣装入三角烧瓶或长颈平底烧瓶中加25℃左右清水，为便于观察毛蚴，在瓶颈下1/2处加一块2～3cm厚的脱脂棉，再加清水至瓶口。

2.2.2 塑料杯顶管法：置粪于铜筛量杯中加水充分淘洗，弃去粪筛量杯中的上层水，倒去2/3，加25℃水，盖上中间有孔的塑料盖再加满25℃清水，再将盛满水的试管口塞一块2～3cm厚的脱脂棉，倒插入塑料盖孔中。

2.2.3 直孵法：将粪置于量杯中加少量水搅匀，再加满水，沉淀30min左右，倒去1/3～1/2，余下粪水倒入平底长颈瓶中，加水至瓶颈1/3处，加入2～3cm厚的脱脂棉，再加满25℃左右清水。

3. 孵育

上述三种方法压好的三角烧瓶、长颈烧瓶或塑料杯放于20～25℃的箱（室）中，在一定的光照（日光或灯光）条件下进行孵育。

4. 判定

从孵育开始到1、3、5h后各观察一次，每个样品每次观察应在2min以上。发现血吸虫毛蚴即判定为阳性。血吸虫毛蚴肉眼观察为针尖大小、灰白色、梭形、折光强，和水中其他小虫不同之处是在近水面作水平或斜向直线运动，当用肉眼观察难与水中的其他小虫相区别时，可用滴管将毛蚴吸出，置显微镜下可见毛蚴前部宽，中间有个顶突，两侧对称，后渐窄，周身有纤毛则可判为血吸虫感染。在一个样品中有1～5个毛蚴为+，6～10个毛蚴为++，11～20个毛蚴为+++，21个毛蚴以上为++++。这是判断血吸虫病感染的程度。

附件3
家畜血吸虫病的治疗

1．治疗对象的确定

凡用病原学或血清学方法查出的阳性畜，经健康检查除列为缓治或不治的病畜外，均应进行治疗。

2．缓治或不治对象

2.1 妊娠6个月以上和哺乳期母牛以及3月龄以内的犊牛可缓治。

2.2 有急性传染病、心血管疾病或其他严重疾病的牛缓治或不治或建议淘汰。

2.3 年老体弱丧失劳力或生产能力的病牛建议淘汰。

3．称重或估重

在有条件的情况下，尽可能称重，以便准确计算用药量，无称重条件时则可采用测量估重，计算公式如下：

$$黄牛体重（kg）= \frac{（胸围cm）^2 × 体斜长cm}{10\,800}$$

$$水牛体重（kg）= \frac{（胸围cm）^2 × 体斜长cm}{12\,700}$$

$$羊体重（kg）= \frac{（胸围cm）^2 × 体斜长cm}{300}$$

$$猪体重（kg）= \frac{（胸围cm）^2 × 体斜长cm}{14\,400}$$

马属动物体重（kg）=体高× 系数（瘦弱者为2.1，中等者为2.33，肥胖者为2.56）。

胸围是指从肩胛骨的后角围绕胸部一周的长度，体斜长是指从肩端到坐骨端的直线长度，两侧同时测量，取其平均值。体高是指鬐甲到地面的高度。

4．病畜治疗记录

最好以县（市）为单位统一印制病畜治疗记录表。

家畜血吸虫病治疗记录表（正面）

乡村　　　　畜主　　　　　　　　　　　　　　　　年　月　日　编号

畜号畜别性别膘度特征 病：化验结果	

体重：胸围（　　cm）^{2}× 体斜长（　　cm）+　　=　　kg

用药情况	治疗药物拟用剂量　　mg/（kg·d）　　拟用疗程日总剂量　　g 含　　% 溶液　　mL 治疗药物拟用剂量　　mg/（kg·d）　　拟用疗程日总剂量　　g 含　　mg　片 每次药量治疗药物　1.　　2.　　3.　　4.　　5.　　mL 分配治疗药物　1.　　2.　　3.　　4.　　5.　　片 用药日期自　　月　　日至　　月　　日
治疗前健康检查	体重　　食欲　　饮水　　反刍　　瘤胃蠕动　　次/2分钟 大便　　小便　　心音　　心跳　　次/分钟　呼吸　　次/分钟 精神　　鼻镜　　眼结膜　　其他 检查人签名　　　　年　月　日
反应处理	取药： 兽医签名　　　　年　月　日

家畜血吸虫病治疗记录表（反面）

反应检查																
时间			体温 （℃）	食欲	饮水	反刍	瘤胃蠕动		大便	小便	精神	心跳 （次/ 分钟）	心音	呼吸 （次/ 分钟）	鼻镜	眼结膜	局部	检查人签名
月	日	时					（次/ 2分钟）	强弱										

对已确定的治疗对象，要认真填写治疗登记表。在治疗过程中要认真做好记录，治疗结束后，要整理成册，归档备查。

5．治疗的药物和方法

5.1 药物：当前用于治疗血吸虫病病畜的首选药物是吡喹酮，其粉剂、片剂或其他剂型一次口服治疗各种家畜均可达到99.3%～100%的杀虫效果。

5.2 剂量：因病畜种类不同其用药量也不尽相同。黄牛（奶牛）每千克体重30mg（限重300kg），水牛每千克体重25mg（限重400kg），羊每千克体重20mg，猪每千克体重60mg，马属动物参照水牛或羊的剂量。

6．药物反应及处理

吡喹酮一次口服疗法治疗家畜血吸虫病，一般无副作用或出现轻微反应，主要表现为反刍减少，食欲减退，瘤胃臌气，流涎，腹泻，心跳加快，精神沉郁，严重时可引起流产，也见有出现牛死亡的报告。

反应处理：一般轻微反应不需特殊处理，少数病例特别是老弱病畜或奶牛可能出现奶产量下降等反应，应加强观察，采用对症疗法，即可康复。